# Python数据分析从入门到精通

明日科技　编著

清華大学出版社
北京

## 内容简介

本书全面介绍了使用Python进行数据分析所必需的各项知识。全书共分为14章，包括了解数据分析、搭建Python数据分析环境、Pandas统计分析、Matplotlib可视化数据分析图表、Seaborn可视化数据分析图表、第三方可视化数据分析图表Pyecharts、图解数组计算模块NumPy、数据统计分析案例、机器学习库Scikit-Learn、注册用户分析（MySQL版）、电商销售数据分析与预测、二手房房价分析与预测，以及客户价值分析。

本书所有示例、案例和实战项目都提供源码，另外本书的服务网站提供了模块库、案例库、题库、素材库、答疑服务，力求为读者打造一本"基础入门+应用开发+项目实战"一体化的Python数据分析图书。

本书内容详尽，图文丰富，非常适合作为数据分析人员的学习参考用书，也可作为想拓展数据分析技能的普通职场人员和Python开发人员学习参考用书。



图书在版编目（CIP）数据

Python数据分析从入门到精通 / 明日科技编著. —北京：清华大学出版社，2021.6(2023.8重印)
ISBN 978-7-302-56618-2

Ⅰ. ①P… Ⅱ. ①明… Ⅲ. ①软件工具—程序设计 Ⅳ. ①TP311.561

中国版本图书馆CIP数据核字（2020）第193297号

责任编辑：贾小红
封面设计：飞鸟互娱
版式设计：文森时代
责任校对：马军令
责任印制：曹婉颖

出版发行：清华大学出版社
网　　址：http://www.tup.com.cn，http://www.wqbook.com
地　　址：北京清华大学学研大厦A座　　邮　　编：100084
社 总 机：010-83470000　　邮　　购：010-62786544
投稿与读者服务：010-62776969，c-service@tup.tsinghua.edu.cn
质量反馈：010-62772015，zhiliang@tup.tsinghua.edu.cn
印 装 者：大厂回族自治县彩虹印刷有限公司
经　　销：全国新华书店
开　　本：203mm×260mm　　印　　张：24.25　　字　　数：664千字
版　　次：2021年6月第1版　　印　　次：2023年8月第7次印刷
定　　价：89.80元

产品编号：089829-01

# 前　言

Preface

大数据、人工智能以及5G时代的到来，使得每个人都可以随时随地产生大量的真实数据。这些数据中隐藏着巨大商机，能否通过快捷、有效的数据分析，找到对管理者判断、决策有价值的分析结果，决定着一个企业，甚至一个城市能否在发展中占得先机。可以说，未来人人都需要掌握一定的数据分析技能。

Python 语言简单易学，做数据处理快捷、高效、容易上手。而且，Python 的第三方扩展库一直在更新，因此未来其应用范围会越来越广。目前，Python 在科学计算、数据分析、数学建模、数据挖掘等方面，占据着非常重要的地位。

本书将从零开始，详细讲解 Python 数据分析的相关知识。无论你有没有 Python 基础，通过本书你都能最终成为数据分析高手。

## 本书内容

本书提供了从 Python 入门到成为数据分析高手所必需的各项知识，共分 4 篇，大体结构如下图所示。

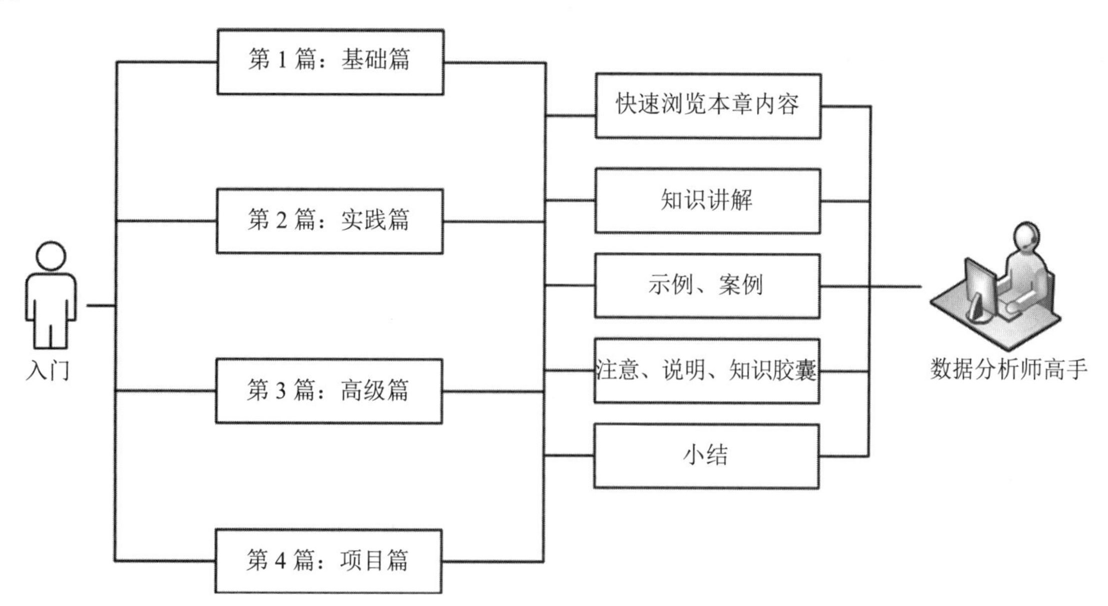


**第 1 篇：基础篇。**本篇首先介绍什么是数据分析，然后带领读者搭建 Python 数据分析环境，并介绍了五大开发环境，包括 Python 自带的 IDLE、集成开发环境 PyCharm、适合数据分析的标准环境 Anaconda、Jupyter Notebook 开发工具和 Spyder 开发工具。

**第 2 篇：实践篇。**本篇以数据分析三剑客 Pandas、Matplotlib 和 Numpy 为主线，以数据分析的基本流程展开讲解，详细介绍了 Pandas 数据处理与数据分析，数据可视化三大图表 Matplotlib、Seaborn 和第三方图表 Pyecharts，图解数组计算模块 NumPy。最后，通过 8 个典型的数据统计分析案例，对前面所学的知识进行综合应用，通过实际案例来检验学习成果。

**第 3 篇：高级篇。**本篇以机器学习库 Scikit-Learn 为主，介绍了什么是 Scikit-Learn、线性模型、支持向量机和聚类。

**第 4 篇：项目篇。**本篇以项目实战为主，侧重提升读者的实际数据分析能力。涉及四大领域，主要包括 APP 注册用户分析（MySQL 版）、电商销售数据分析与预测、二手房房价分析与预测，以及客户价值分析。

## 本书特点

☑ **主流技术，全面覆盖。**本书内容丰富，涵盖了数据分析三剑客 Pandas、Matplotlib 和 Numpy，数据可视化三大图表 Matplotlib、Seaborn 和 Pyecharts，机器学习库 Scikit-Learn 等，一本书可以掌握数据分析领域的所有主流核心技术。

☑ **由浅入深，循序渐进。**本书在介绍晦涩难懂的专业术语时，给出了大量示意图，并以现实生活中的场景为例讲解，力求轻松、有趣、易懂，扫除专业壁垒，帮助读者快速入门。

☑ **示例典型，轻松易学。**通过例子学习是最好的学习方式，本书通过“一个知识点、一个例子、一个结果”的模式，透彻详尽地讲述了数据处理、数据分析、数据可视化、数组计算和机器学习的相关知识。另外，为了便于读者阅读程序代码，快速掌握 Python 数据分析技能，书中几乎每行代码都给出了注释。

☑ **应用实践，随时练习。**书中提供了 248 个应用示例、20 个综合案例，4 个项目案例，同时提供了大量的样本数据，读者可以随时拿来操练，巩固和提升自己的数据处理和分析能力。

☑ **精彩栏目，贴心提醒。**本书根据需要在各章使用了很多“注意”“说明”“知识胶囊”等小栏目，让读者可以在学习的过程中更轻松地理解相关知识点及概念，更快地掌握数据分析技能和应用技巧。

## 读者对象

☑ 自学编程的初学者
☑ 大中专院校的老师和学生
☑ 毕业设计的学生
☑ 与数据打交道的人员
☑ 刚踏入数据分析师门槛的人员
☑ 相关培训机构的老师和学员
☑ 初、中级程序开发人员
☑ 想掌握数据分析技能的职场人员

## 读者服务

本书附赠的各类学习资源，读者可登录清华大学出版社网站（www.tup.com.cn），在对应图书页面下获取其下载方式，也可扫描本书封底的“文泉云盘”二维码，获取其下载方式。

## 致读者

本书由明日科技 Python 开发团队组织编写。明日科技是一家专业从事软件开发、教育培训以及软件开发教育资源整合的高科技公司，其编写的教材非常注重选取软件开发中的必需、常用内容，同时也很注重内容的易学、方便性以及相关知识的拓展性，深受读者喜爱。其教材多次荣获“全行业优秀畅销品种”“全国高校出版社优秀畅销书”等奖项，多个品种长期位居同类图书销售排行榜的前列。

在编写本书的过程中，我们始终本着科学、严谨的态度，力求精益求精，但错误、疏漏之处在所难免，敬请广大读者批评指正。

感谢您购买本书，希望本书能成为您编程路上的领航者。

“零门槛”编程，一切皆有可能。

祝读书快乐！

编　者

2021 年 4 月

# 目录

Contents

# 第1篇 基础篇

# 第 2 篇　实　践　篇

# 第 3 篇　高　级　篇



# 第 4 篇　项　目　篇

# 第 1 篇　基础篇

本篇首先介绍什么是数据分析，然后带领读者搭建 Python 数据分析环境，并介绍了五大开发环境，包括 Python 自带的 IDLE、集成开发环境 PyCharm、适合数据分析的标准环境 Anaconda、Jupyter Notebook 开发工具和 Spyder 开发工具。

# 第 1 章

# 了解数据分析

数据分析首先应了解数据分析基础知识。本章首先介绍什么是数据分析以及数据分析的重要性，然后开始讲解数据分析的基本流程。

学习数据分析，先要掌握数据分析工具，Python 则是数据分析工具的首选。接下来，就让我们开启数据分析之旅，体验数据之美。

## 1.1　什么是数据分析

数据分析是利用数学、统计学理论与实践相结合的科学统计分析方法，对 Excel 数据、数据库中的数据、收集的大量数据、网页抓取的数据进行分析，从中提取有价值的信息并形成结论进行展示的过程。

数据分析实际就是通过总结数据的规律来解决业务问题，以帮助在实际工作中的管理者做出判断和决策。

数据分析包括如下几个主要内容。

☑　现状分析：分析已经发生了什么。

☑　原因分析：分析为什么会出现这种现状。

☑　预测分析：预测未来可能发生什么。

## 1.2　数据分析的重要性

大数据、人工智能时代的到来，数据分析无处不在。数据分析帮助人们做出判断，以便采取适当的措施，发现机遇、创造新的商业价值，以及发现企业自身的问题和预测企业的未来。

在实际工作中，无论从事哪种行业，什么岗位，从数据分析师、市场营销策划、销售运营、财务管理、客户服务、人力资源，到教育、金融等行业（见图 1.1），数据分析都是基本功，不单单是一个职位，而是职场必备技能，能够掌握一定的数据分析技能必然是职场的加分项。

下面列举两个例子为大家展示合理运用数据分析的重要性。

**情景 1：运营人员向管理者汇报工作，说明销量增长情况**

☑　表达一：这个月比上个月销量好。

☑　表达二：11 月份销量环比增长 69.8%，全网销量排名第一。

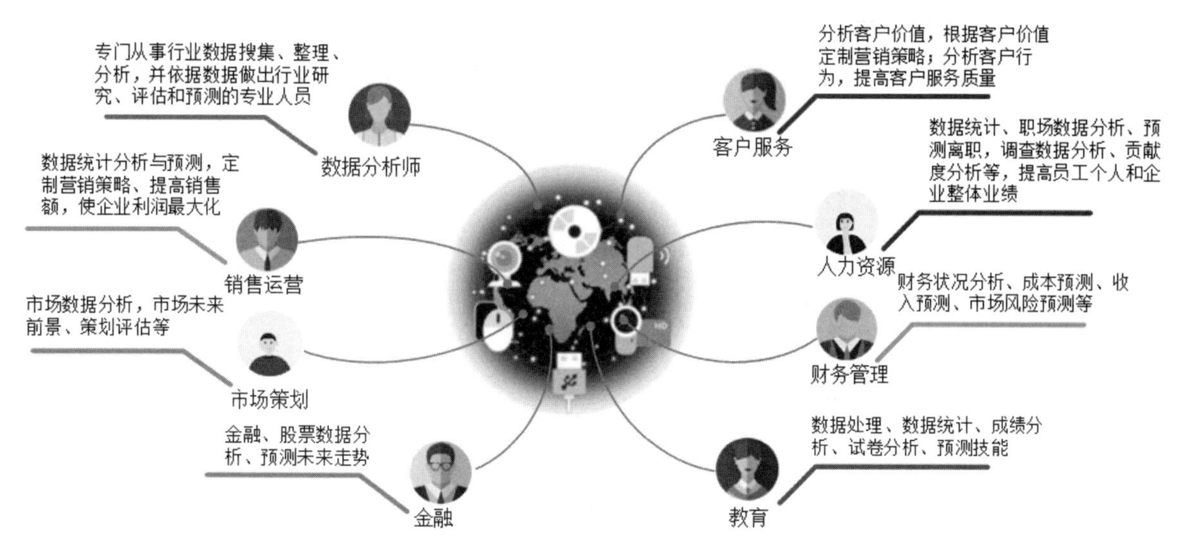


图 1.1　数据分析的行业需求

☑　表达三：近一年全国销量如图 1.2 所示，月平均销量 2834.5，整体呈上升趋势，其中受 618 和双十一影响，6 月份环比增长 43.7%、7 月份环比增长 16.1%、9 月份环比增长 55.8%、11 月份环比增长 69.8%。虽然 618 大促销量比 5 月份有所提高，但表现并不好，与双十一相比差很多，未来要加大 618 前后的宣传力度，做好预热和延续。

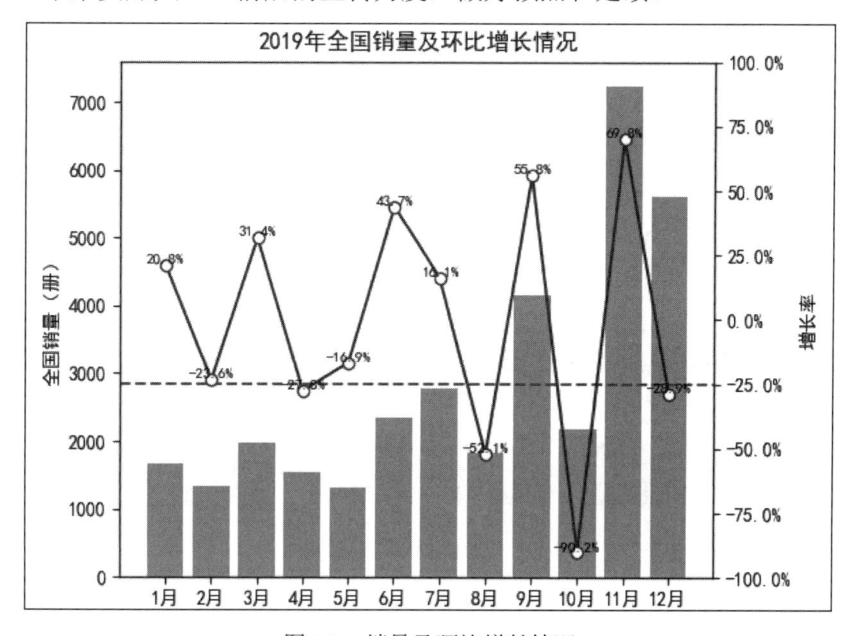


图 1.2　销量及环比增长情况

如果您是管理者，更青睐于哪一种？

其实，管理者要的是真正简单、清晰的分析，以及接下来的决策方向。根据运营给出的解决方案，他可以预见公司未来的发展。解决真正的问题，提高平台的业务量。

**情景 2：啤酒和纸尿裤的故事**

为什么沃尔玛会将看似毫不相干的啤酒和纸尿裤（见图 1.3）摆在一起销售，而啤酒和纸尿裤的销量双双增长！

图 1.3　啤酒和纸尿裤

因为沃尔玛很好地运用了数据分析，发现了“纸尿裤”和“啤酒”的潜在联系。原来，美国的太太们常叮嘱她们的丈夫下班后为小孩买纸尿裤，而丈夫们在购买纸尿裤的同时又随手带回了两瓶啤酒。而这一消费行为导致了这两种产品经常被同时购买。所以，沃尔玛索性就将它们摆放在一起，既方便顾客，又提高了产品销量。

还有许多通过数据分析而获得成功的例子。比如在营销领域，对客户分群数据进行统计、分类等，判断客户购买趋势，对产品数据进行统计，预测销量，还可以找出销量薄弱点进行改善。在金融领域预测股价及其波动，无不是依靠以往大量的股价及其波动数据得出的结论。

综上所述，数据分析如此重要，是因为数据的真实性，我们对真实数据的统计分析，就是对问题的思考和分析过程，这个过程中，我们会发现问题，并寻找解决问题的方法。

那么，未来如果不懂数据分析，也将会与很多热门职位失之交臂。

# 1.3　数据分析的基本流程

图 1.4 为数据分析的基本流程，其中数据分析的重要环节是明确分析目的，这也是做数据分析最有价值的部分。

图 1.4　数据分析的基本流程

## 1.3.1　熟悉工具

掌握一款数据分析工具至关重要，它能够帮助你快速解决问题，从而提高工作效率。常用的数据分析工具有 Excel、SPSS、R 语言、Python 语言。本书采用的则是 Python 语言。

## 1.3.2　明确目的

“如果给我 1 个小时解答一道决定我生死的问题，我会花 55 分钟来弄清楚这道题到底是在问什么。一旦清楚了它到底在问什么，剩下的 5 分钟足够回答这个问题。”

——爱因斯坦

在数据分析方面，首先要花一些时间搞清楚为什么要做数据分析、分析什么、想要达到什么效果。例如，为了评估产品改版后的效果比之前是否有所提升，或通过数据分析找到产品迭代的方向等。

只有明确了分析目的，才能够找到适合的分析方法，也才能够有效地进行数据处理、数据分析和预测等后续工作，最终将得到的结论应用到实际中。

## 1.3.3　获取数据

数据的来源有很多，像我们熟悉的 Excel 数据、数据库中的数据、网站数据以及公开的数据集等。

那么，获取数据之前首先要知道需要什么时间段的数据，哪张表中的数据，以及如何获得，是下载、复制还是爬取等。

## 1.3.4　数据处理

数据处理是从大量、杂乱无章、难以理解、缺失的数据中，抽取并推导出对解决问题有价值、有意义的数据。数据处理主要包括数据规约、数据清洗、数据加工等处理方法，具体如图 1.5 所示。

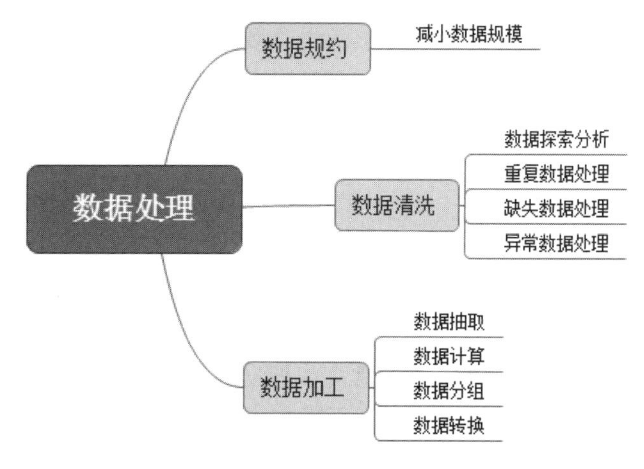


图 1.5　数据处理

☑　数据规约：在接近或保持原始数据完整性的同时将数据集规模减小，以提高数据处理的速度。例如，一张 Excel 表中包含近 3 年的几十万条数据，由于我们只分析近一年的数据，因此要一年的数据即可，这样做的目的就是减小数据规模，提高数据处理速度。

☑　数据清洗：在获取到原始数据后，可能其中的很多数据都不符合数据分析的要求，那么就需要按照如下步骤进行处理。

- ➢ 数据探索分析：分析数据的规律，通过一定的方法统计数据，通过统计结果判断数据是否存在缺失、异常等情况。例如，通过最小值判断数量、金额是否包含缺失数据，如果最小值为 0，那么这部分数据就是缺失数据，以及通过判断数据是否存在空值来判断数据是否缺失。
- ➢ 重复数据处理：对于重复的数据删除即可。
- ➢ 缺失数据处理：对于缺失的数据，如果比例高于 30%可以选择放弃这个指标，删除即可；如果低于 30%可以将这部分缺失数据进行填充，以 0 或均值填充。
- ➢ 异常数据处理：异常数据需要对具体业务进行具体分析和处理，对于不符合常理的数据可进行删除。例如，性别男或女，但是数据中存在其他值，以及年龄超出正常年龄范围，这些都属于异常数据。

☑ 数据加工：包括数据抽取、数据计算、数据分组和数据转换。

- ➢ 数据抽取：是指选取数据中的部分内容。
- ➢ 数据计算：是进行各种算术和逻辑运算，以便得到进一步的信息。
- ➢ 数据分组：是按照有关信息进行有效的分组。
- ➢ 数据转换：是指数据标准化处理，以适应数据分析算法的需要，常用的有 z-score 标准化，“最小、最大标准化”和“按小数定标标准化”等。经过上述标准化处理后，数据中各指标值将会处在同一个数量级别上，以便更好地对数据进行综合测评和分析。

### 1.3.5 数据分析

数据分析过程中，选择适合的分析方法和工具很重要，所选择的分析方法应兼具准确性、可操作性、可理解性和可应用性。但对于业务人员（如产品经理或运营）来说，数据分析最重要的是数据分析思维。

### 1.3.6 验证结果

通过数据分析我们会得到一些结果，但是这些结果只是数据的主观结果的体现，有些时候不一定完全准确，所以必须要进行验证。

例如，数据分析结果显示某产品点击率非常高，但实际下载量平平，那么这种情况，不要轻易定论，这种产品受欢迎，而要进一步验证，找到真正影响点击率的原因，这样才能做出更好的决策。

### 1.3.7 结果呈现

现如今，企业越来越重视数据分析给业务决策带来的有效应用，而可视化是数据分析结果呈现的重要步骤。可视化是以图表方式呈现数据分析结果，这样的结果更清晰、更直观、更容易理解。

### 1.3.8 数据应用

数据分析的结果并不仅仅是把数据呈现出来，而更应该关注的是通过分析这些数据，后面可以做什么？如何将数据分析结果应用到实际业务中才是学习数据分析的重点。

数据分析结果的应用是数据产生实际价值的直接体现，而这个过程需要具有数据沟通能力、业务推动能力和项目工作能力。如果看了数据分析结果后并不知道做什么，那么这个数据分析就是失败的。

## 1.4 数据分析常用工具

工欲善其事，必先利其器，选择合适的数据分析工具尤为重要。下面介绍两款常用的数据分析工具，即 Excel 工具和 Python 语言。

### 1.4.1 Excel 工具

Excel 具备多种强大功能，例如创建表格、数据透视表、VBA 等，Excel 的系统如此庞大，确保了大家可以根据自己的需求分析数据。

但是在今天，大数据、人工智能时代，数据量很大的情况下 Excel 已经无法胜任，不仅处理起来很麻烦而且处理速度也会变慢。从数据分析的层面，Excel 也只是停留在描述性分析，如对比分析、趋势分析、结构分析等。

### 1.4.2 Python 语言

虽然 Excel 已尽最大努力考虑到数据分析的大多数应用场景，但由于它是定制软件，很多东西都固化了，不能自由地修改。而 Python 非常的强大和灵活，可以编写代码来执行所需的任何操作，从专业和方便的角度来看，它比 Excel 更加强大。另外，Python 可以实现 Excel 难以实现的应用场景。

#### 1．专业的统计分析

例如，正态分布、使用算法对聚类进行分类和回归分析等。这种分析就像用数据做实验一样。它可以帮助我们回答下面的问题。

数据的分布是正态分布、三角分布还是其他类型的分布？离散情况如何？它是否在我们想要达到的统计可控范围内？不同参数对结果的影响是多少？

#### 2．预测分析

例如，我们打算预测消费者的行为。他会在我们的商店停留多长时间？他会花多少钱？我们可以找出他的个人信用情况，并根据他的在线消费记录确定贷款金额。或者，我们可以根据他在网页上的浏览历史推送不同的产品。这也涉及当前流行的机器学习和人工智能概念。

综上所述，Python 作为数据分析工具的首选，具有以下优势。

☑ Python 语言简单易学、数据处理简单高效，对于初学者来说更加容易上手。

☑ Python 第三方扩展库不断更新，可用范围越来越广。

☑ 在科学计算、数据分析、数学建模和数据挖掘方面占据越来越重要的地位。

☑ 可以和其他语言进行对接，兼容性稳定。

当然，如果您既会 Excel 又会 Python，那么绝对是职场的加分项！

## 1.5 小　　结

通过本章的学习，能够使读者对数据分析有所了解，主要包括什么是数据分析、数据分析的重要性，以及数据分析的基本流程和常用工具。

# 第 2 章

# 搭建 Python 数据分析环境

Python 简单易学，它是一种强大的编程语言。Python 作为数据分析工具，包括高级的数据结构，其提供的数据处理、绘图、数组计算、机器学习等相关模块，使得数据分析工作变得简单高效。

那么，认识 Python 少不了 IDLE 或者集成开发环境 PyCharm，以及适合数据分析的标准环境 Anaconda、Jupyter Notebook 开发工具和 Spyder 开发工具。接下来本章将详细介绍这几款开发工具，以便为后期的开发做准备。

## 2.1　Python 概述

本节简单了解什么是 Python 以及 Python 的版本。

### 2.1.1　Python 简介

Python 英文本义是指“蟒蛇”。1989 年，由荷兰人 Guido van Rossum 发明的一种面向对象的解释型高级编程语言，命名为 Python，其标志如图 2.1 所示。Python 的设计哲学为优雅、明确、简单。实际上，Python 也始终贯彻这个理念，以至于现在网络上流传着“人生苦短，我用 Python”的说法。可见 Python 有着简单、开发速度快、节省时间和容易学习等特点。

图 2.1　Python 的标志

Python 简单易学，而且还提供了大量的第三方扩展库，如 Pandas、Matplotlib、NumPy、Scipy、Scikit-Learn、Keras 和 Gensim 等，这些库不仅可以对数据进行处理、挖掘、可视化展示，其自带的分析方法模型还使得数据分析变得简单高效，只需编写少量的代码就可以得到分析结果。

因此，使得 Python 在数据分析、机器学习及人工智能等领域占据了越来越重要的地位，并成为科学领域的主流编程语言。图 2.2 是 2020 年 4 月编程语言排行榜，Python 占据前三并且仍呈现上升趋势。

| Apr 2020 | Apr 2019 | Change | Programming Language | Ratings | Change |
|---|---|---|---|---|---|
| 1 | 1 | | Java | 16.73% | +1.69% |
| 2 | 2 | | C | 16.72% | +2.64% |
| 3 | 4 | ^ | Python | 9.31% | +1.15% |
| 4 | 3 | v | C++ | 6.78% | -2.06% |
| 5 | 6 | ^ | C# | 4.74% | +1.23% |
| 6 | 5 | v | Visual Basic | 4.72% | -1.07% |
| 7 | 7 | | JavaScript | 2.38% | -0.12% |
| 8 | 9 | ^ | PHP | 2.37% | +0.13% |
| 9 | 8 | v | SQL | 2.17% | -0.10% |
| 10 | 16 | ^^ | R | 1.54% | +0.35% |

图 2.2　TIOBE 编程语言排行榜 TOP10（2020 年 4 月）

**说明**

图 2.2 中数据来自 TIOBE 编程语言排行榜，对应网址为 https://www.tiobe.com/tiobe-index。

### 2.1.2　Python 的版本

Python 自发布以来，主要经历了 3 个版本的变化，分别是 1994 年发布的 Python 1.0 版本（已过时）、2000 年发布的 Python 2.0 版本（到 2018 年 9 月已经更新到 2.7.15）和 2018 年发布的 Python 3.0 版本（2020 年 5 月已经更新到 3.8.2）。如果新手学习 Python，建议从 Python 3.x 版本开始，因为自 2019 年 12 月 31 日，官方已停止了对 Python 2 的支持。

## 2.2　搭建 Python 开发环境

### 2.2.1　什么是 IDLE

IDLE 全称 Integrated Development and Learning Environment（集成开发和学习环境），它是 Python 的集成开发环境。

### 2.2.2　安装 Python

#### 1．查看计算机操作系统的位数

现在很多软件，尤其是编程工具，为了提高开发效率，分别对 32 位操作系统和 64 位操作系统做了优化，推出了不同的开发工具包。Python 也不例外，所以安装 Python 前，需要了解计算机操作系统的位数。

在桌面找到“此电脑”图标（由于笔者使用的 Windows 10 系统，而 Windows 7 为“计算机”），右击该图标，在打开的快捷菜单中选择“属性”命令（见图 2.3），将弹出如图 2.4 所示的“系统”窗体，在“系统类型”标签处标示着本机是 64 位操作系统还是 32 位操作系统，该信息就是操作系统的位数。图 2.4 中展示的计算机操作系统的位数为 64 位。

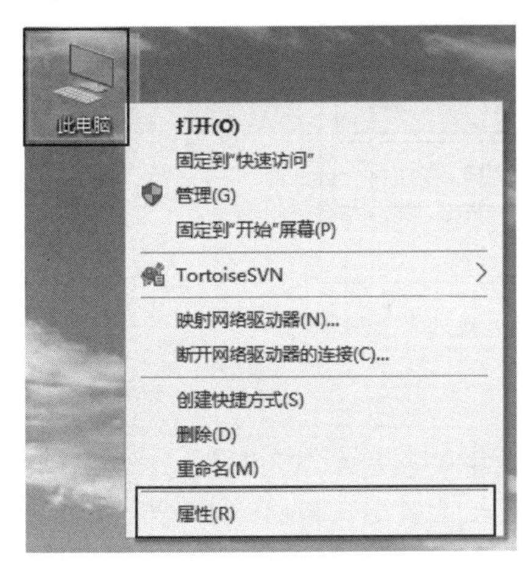


图 2.3　选择“属性”命令

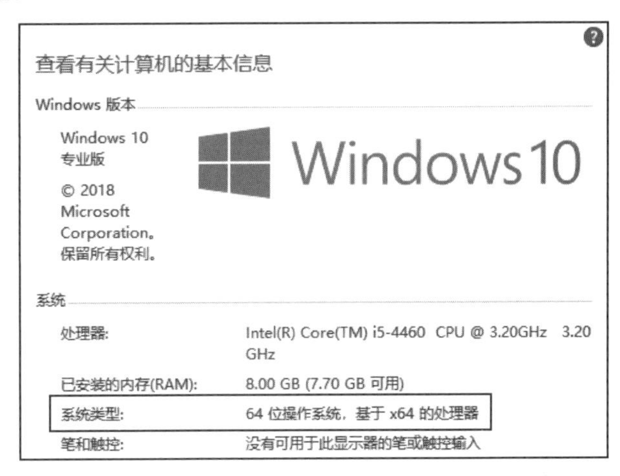


图 2.4　查看系统类型

## 2. 下载 Python 安装包

在 Python 的官方网站中，可以方便地下载 Python 的开发环境，具体下载步骤如下所示。

（1）打开浏览器（如谷歌浏览器），在地址栏中输入 https://www.python.org，按 Enter 键进入 Python 官方网站，将光标移动到 Downloads 菜单上，如图 2.5 所示。选择 Windows 命令，即可进入详细的下载列表，如图 2.6 所示。

图 2.5　Python 官方网站首页

（2）在如图 2.6 所示的详细下载列表中，列出了 Python 提供的各个版本的下载链接。读者可以根

据需求下载对应的版本，这里我们选择下载 3.7。

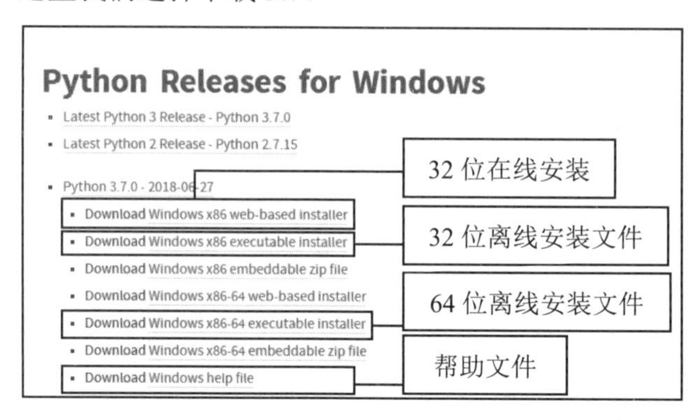


图 2.6　适合 Windows 系统的 Python 下载列表

**说明**

在如图 2.6 所示的列表中，只带有“x86”字样的，表示该安装包是在 Windows 32 位系统上使用的；带有“x86-64”字样的，则表示该安装包是在 Windows 64 位系统上使用的；标记为“web-based installer”字样的，表示需要通过联网完成安装；标记为“executable installer”字样的，表示通过可执行文件（*.exe）方式离线安装；标记为“embeddable zip file”字样的，表示该安装包为嵌入式版本，可以集成到其他应用中。

（3）下载完成后，在下载位置可以看到已经下载的 Python 安装文件 python-3.7.0-amd64.exe，如图 2.7 所示。

| python-3.7.0-amd64.exe | 2018/7/7 10:34 | 应用程序 | 25,647 KB |
|---|---|---|---|

图 2.7　下载后的 python-3.7.0-amd64.exe 文件

### 3．在 Windows 64 位系统上安装 Python

在 Windows 64 位系统上安装 Python 3.x 的步骤如下所示。

（1）双击下载后得到的安装文件 python-3.7.0-amd64.exe，将显示安装向导对话框，选中 Add Python 3.7 to PATH 复选框，让安装程序自动配置环境变量，如图 2.8 所示。

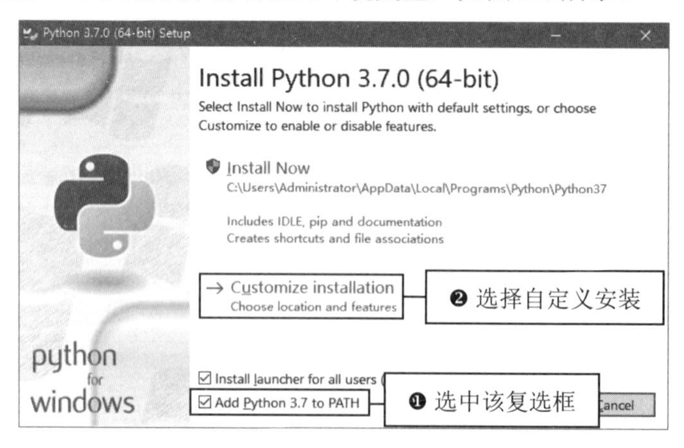


图 2.8　Python 安装向导

（2）单击 Customize installation 按钮，进行自定义安装（自定义安装可以修改安装路径），随后在弹出的“安装选项”对话框中采用默认设置，如图 2.9 所示。

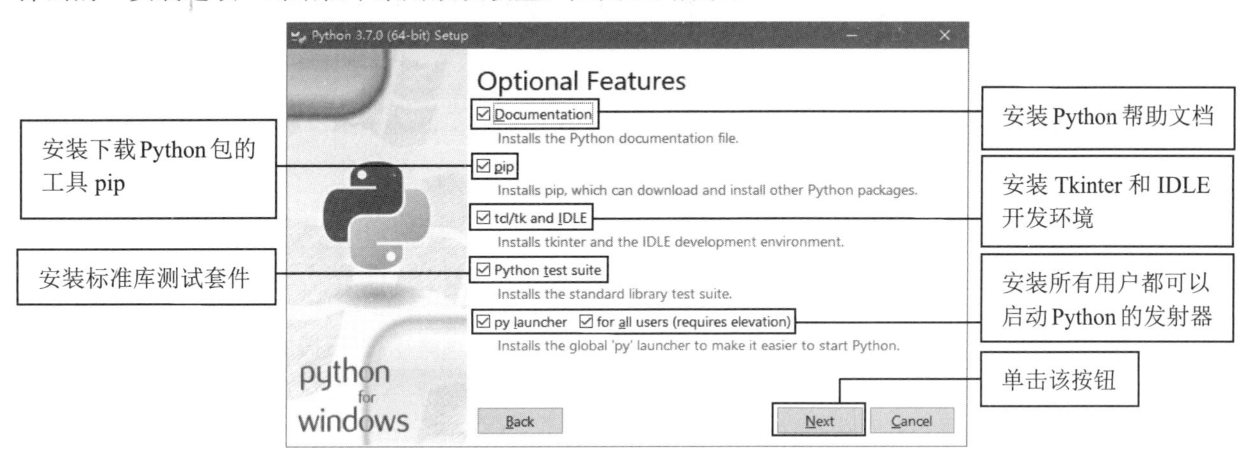


图 2.9　设置“安装选项”对话框

（3）单击 Next 按钮，在打开的“高级选项”对话框中，设置安装路径为 G:\Python\Python37（建议 Python 的安装路径不要选择操作系统的安装路径，否则一旦操作系统崩溃，在 Python 路径下所编写的程序将非常危险），其他采用默认设置，如图 2.10 所示。

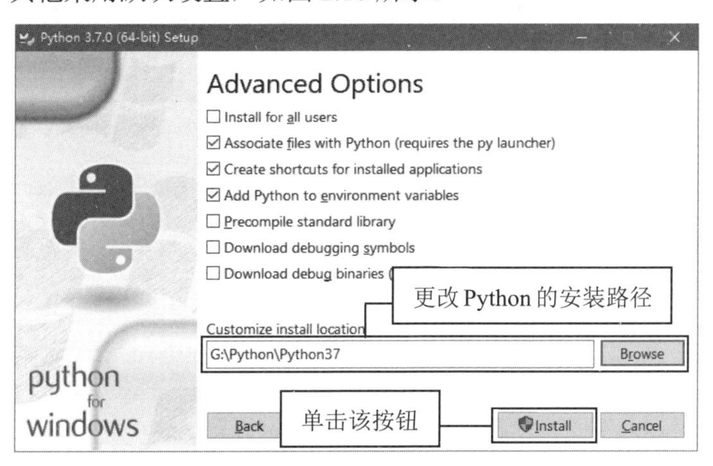


图 2.10　“高级选项”对话框

（4）单击 Install 按钮，将显示如图 2.11 所示的“用户账户控制”窗体，在该窗体中确认是否允许此应用对你的设备进行更改，此处单击“是”按钮即可。

（5）单击“是”按钮，开始安装 Python，安装完成后将显示如图 2.12 所示的对话框。

### 4．测试 Python 是否安装成功

Python 安装成功后，需要检测 Python 是否已被成功安装。例如，在 Windows 10 系统中检测 Python 是否已被成功安装，可通过单击 Windows 10 系统的开始菜单，在桌面左下角“搜索程序和文件”文本框中输入 cmd 命令，并按 Enter 键，即可启动命令行窗口，在当前的命令提示符后面输入 python，并按 Enter 键时，如果出现如图 2.13 所示的信息，则说明 Python 已被成功安装，同时也进入交互式 Python

解释器中。

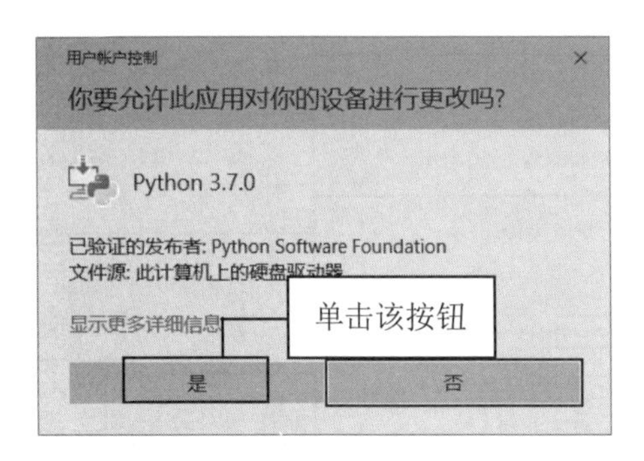


图 2.11　确认是否允许此应用对你的设备进行更改[①]

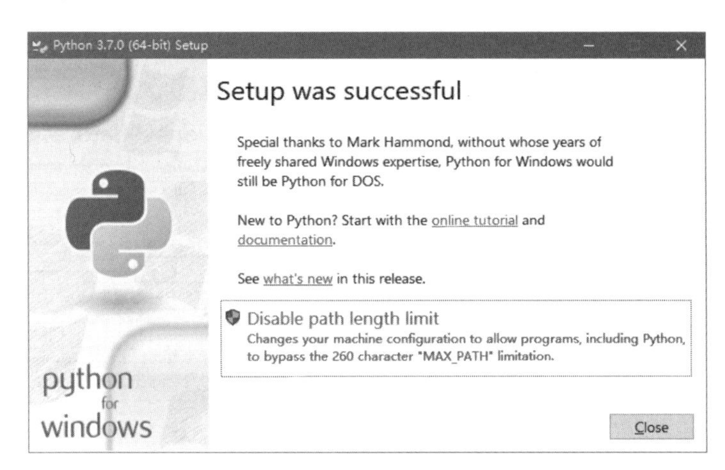


图 2.12　“安装完成”对话框

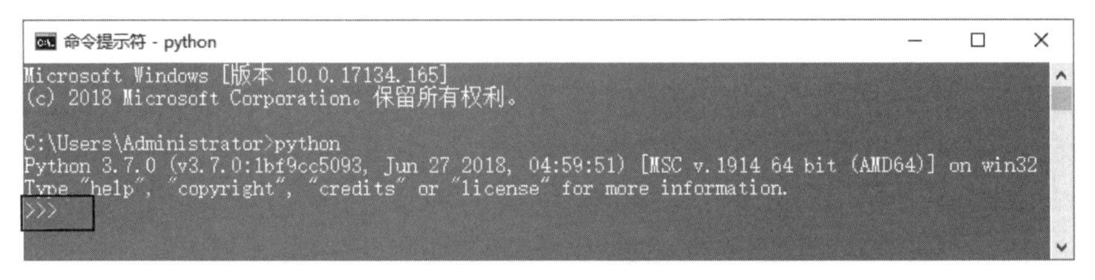


图 2.13　在命令行窗口中运行的 Python 解释器

**说明**

图 2.13 中的信息是笔者计算机中安装的 Python 的相关信息，其中包括 Python 的版本、该版本发行的时间、安装包的类型等。因为选择的版本不同，这些信息可能会有所差异，只要命令提示符变为“>>>”就说明 Python 已被安装成功，正在等待用户输入 Python 命令。

**注意**

如果输入 python 后，没有出现如图 2.13 所示的信息，而是显示“'python'不是内部或外部命令，也不是可运行的程序或批处理文件”，这时，需要在环境变量中配置 Python。具体方法参见 2.2.4 节。

## 2.2.3　使用 IDLE 编写“Hello World”

安装 Python 后，会自动安装一个 IDLE。它是一个 Python Shell（可以在打开的 IDLE 窗口的标题栏上看到），程序开发人员可以利用 Python Shell 与 Python 交互。下面将详细介绍如何使用 IDLE 开发 Python 程序。

打开 IDLE 时，可以在 Windows 10 系统的任务栏中找到“搜索”，在其文本框中输入 python 并按 Enter

[①] 本书中的“账户”与软件中的“帐户”为同一内容，后文不再赘述。

键，然后在“应用”列表中选择 IDLE (Python 3.7 64-bit)菜单项即可打开 IDLE 窗口，如图 2.14 所示。

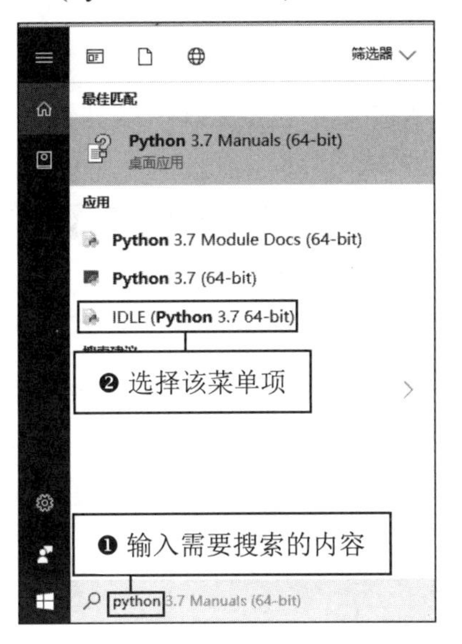


图 2.14　搜索 Python 开发工具

选择 IDLE (Python 3.7 64-bit)菜单项以后，将显示如图 2.15 所示的 IDLE 窗口。

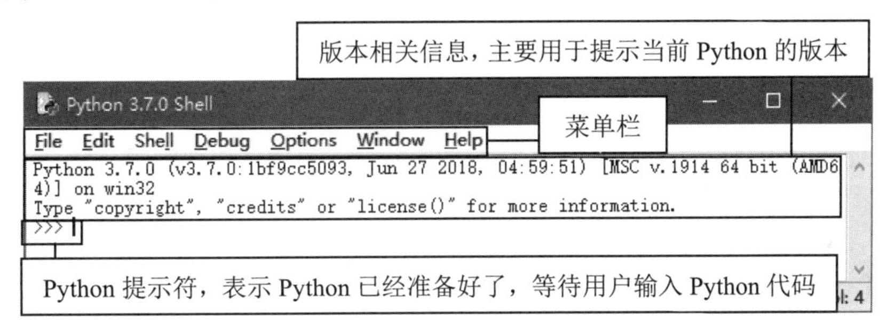


图 2.15　IDLE 主窗口

在 Python 提示符“>>>”右侧输入代码，当每写完一条语句时，按 Enter 键，就会执行该条语句。而在实际开发时，通常不能只包含一行代码。如果需要编写多行代码时，可以单独创建一个文件保存这些代码，在全部编写完毕后，一起执行。具体方法如下所示。

（1）在 IDLE 主窗口的菜单栏上，选择 File→New File 命令，打开一个新窗口，在该窗口中，可以直接编写 Python 代码，当输入完一行代码时，按 Enter 键，将自动换到下一行，等待继续输入，如图 2.16 所示。

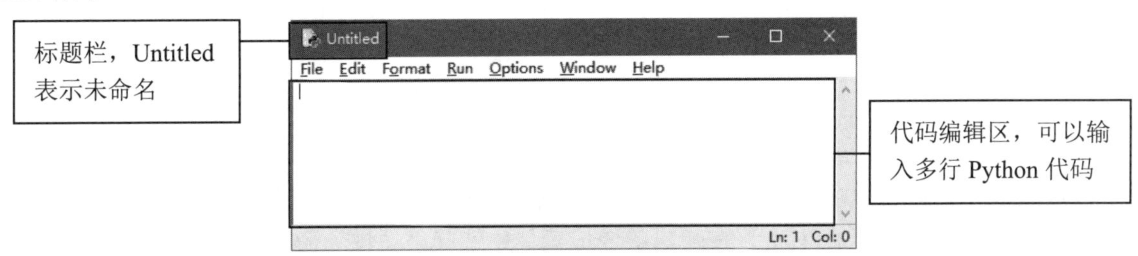


图 2.16　新创建的 Python 文件窗口

（2）在代码编辑区中，编写“Hello World”程序，代码如下：

```
print("Hello World")
```

（3）编写完成的代码效果如图 2.17 所示。按 Ctrl+S 快捷键保存文件，这里将其保存为 demo.py，其中，.py 是 Python 文件的扩展名。

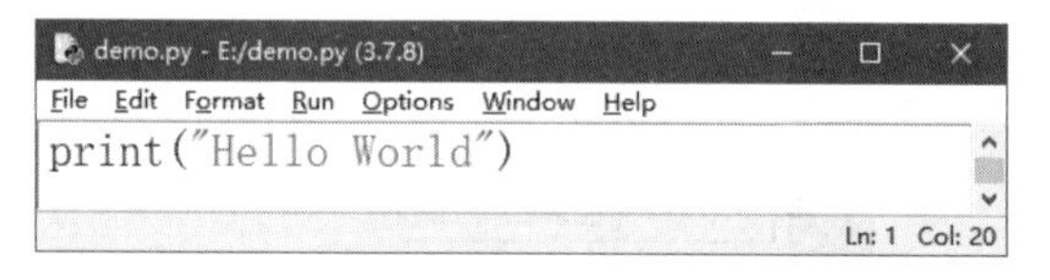


图 2.17　编辑代码后的 Python 文件窗口

（4）运行程序。在菜单栏中选择 Run→Run Module 命令（或按 F5 键），运行结果如图 2.18 所示。

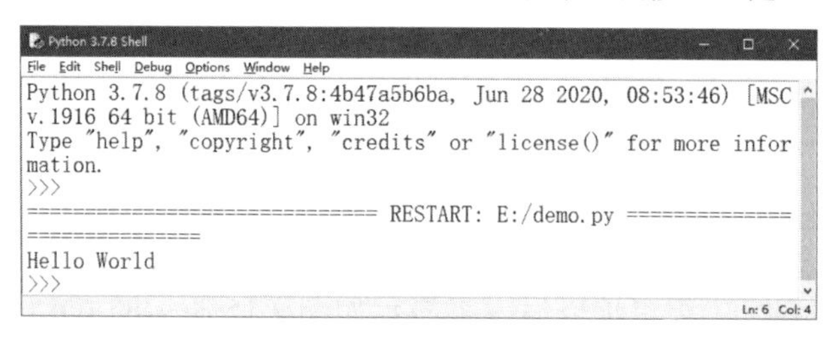


图 2.18　运行结果

程序运行结果会在 IDLE 中呈现，每运行一次程序，就在 IDLE 中呈现一次。

## 2.2.4　配置环境变量——解决“'python'不是内部或外部命令”

在命令行窗口中输入 python 命令后，显示“'python'不是内部或外部命令，也不是可运行的程序或批处理文件。”的错误提示，如图 2.19 所示。

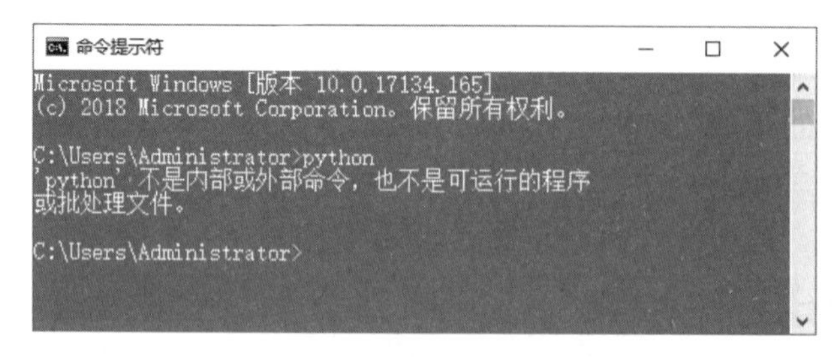


图 2.19　输入 python 命令后出错

出现该问题的原因是在当前的路径中，找不到 python.exe 可执行程序，具体的解决方法是配置环境变量，这里以 Windows 10 系统为例介绍配置环境变量的方法，具体如下所示。

（1）在“此电脑”图标上右击，在弹出的快捷菜单中选择“属性”命令，在弹出的“系统”对话框中单击“高级系统设置”超链接，将出现如图 2.20 所示的“系统属性”对话框。

（2）单击“环境变量”按钮，将弹出“环境变量”对话框，如图 2.21 所示。

图 2.20　“系统属性”对话框

图 2.21　“环境变量”对话框

（3）在“Administrator 的用户变量”中，单击“新建”按钮，将弹出“新建用户变量”对话框，如图 2.22 所示。在“变量名”对应的编辑框中输入 Path，然后在“变量值”所对应的编辑框中输入“G:\Python\Python37;G:\Python\ Python37\Scripts;”变量值（注意：最后的分号“;”需要在英文输入法下输入，且不要漏写，它用于分隔不同的变量值。另外，G 盘为笔者安装 Python 的路径，读者可以根据计算机实际情况进行修改）。

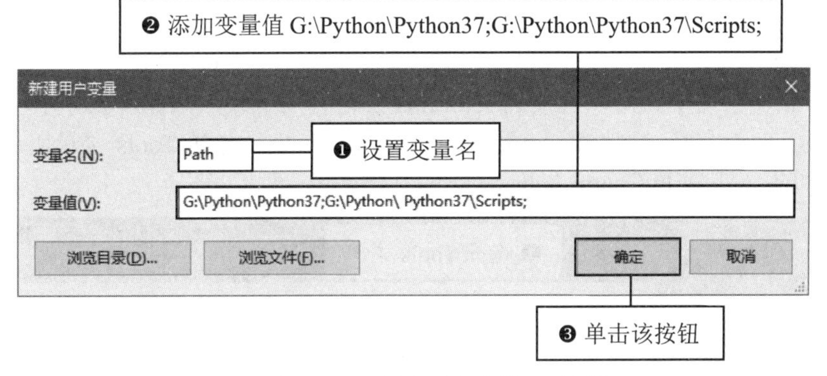


图 2.22　“新建用户变量”对话框

（4）在“新建用户变量”对话框中，单击“确定”按钮，将返回“环境变量”对话框，如图 2.23 所示。继续单击“确定”按钮，完成环境变量的设置。

（5）在命令行窗口中，输入 python 命令，如果 Python 解释器可以成功运行，则说明配置成功；如果已经正确配置了注册信息，仍无法启动 Python 解释器，则建议重新安装 Python。

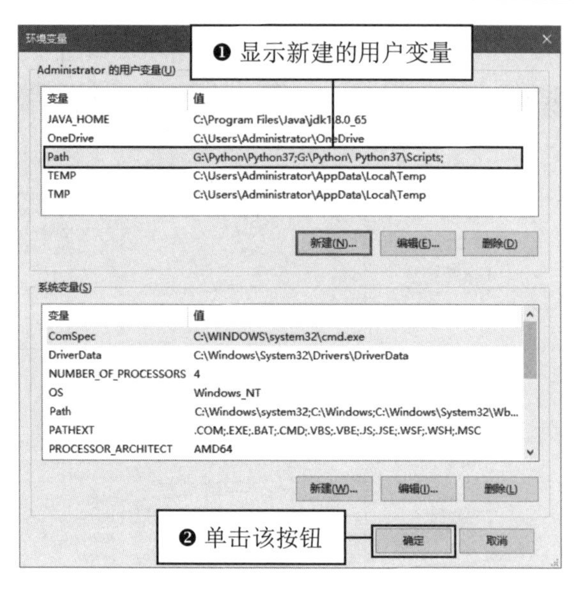


图 2.23 确定新建的用户变量

# 2.3 集成开发环境 PyCharm

PyCharm 是由 Jetbrains 公司开发的 Python 集成开发环境，是专门开发 Python 程序的集成开发环境，由于它具有智能代码编辑器，因此可实现自动代码格式化、代码完成、智能提示、重构、单元测试、自动导入和一键代码导航等功能，目前已成为 Python 专业开发人员和初学者使用的有力工具。下面介绍 PyCharm 工具的使用方法。

## 2.3.1 下载 PyCharm

PyCharm 的下载非常简单，可以直接到 Jetbrains 公司官网下载，具体步骤如下所示。

（1）打开 PyCharm 官网，网址为 http://www.jetbrains.com，选择 Tools 菜单下的 PyCharm 选项，（见图 2.24），即可进入下载 PyCharm 界面。

图 2.24 PyCharm 官网页面

（2）在 PyCharm 下载界面中，单击 DOWNLOAD 按钮（见图 2.25），即可进入 PyCharm 环境选择和版本下载选择界面。

图 2.25　PyCharm 下载页面

（3）选择下载 PyCharm 的操作系统平台为 Windows，单击 Download 按钮开始下载社区版 PyCharm（Community），如图 2.26 所示。

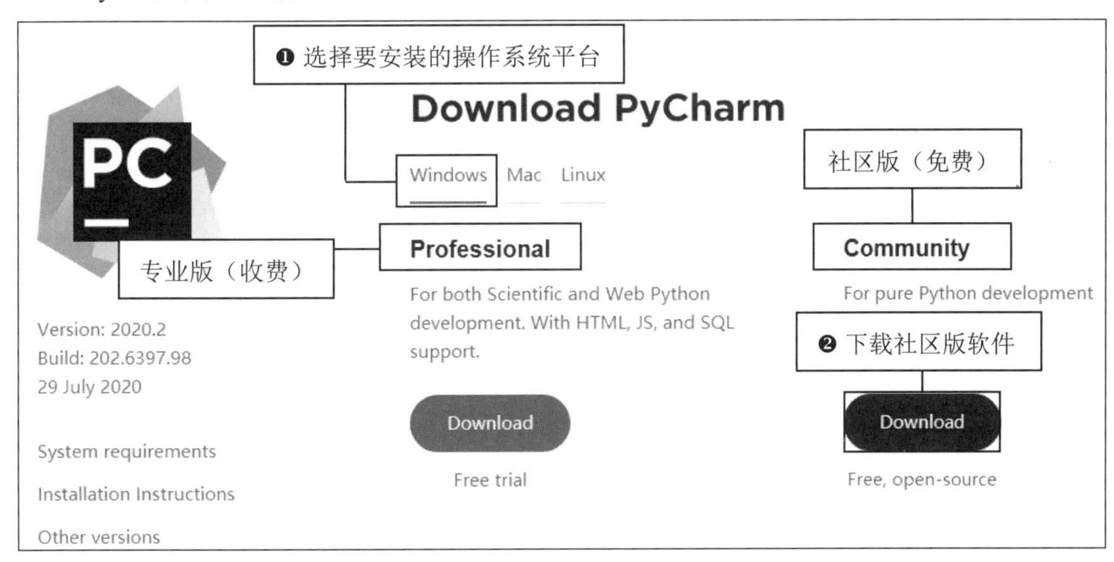


图 2.26　PyCharm 环境选择和版本下载选择界面

（4）单击“下载”按钮，开始下载，如图 2.27 所示。

（5）下载完成后，浏览器会自动提示“此类型的文件可能会损害您的计算机。您仍然要保留 pycharm-comm....exe 吗？”，此时，单击“保留”按钮，保留该文件即可。

图 2.27　下载 PyCharm

## 2.3.2　安装 PyCharm

安装 PyCharm 的步骤如下所示。

（1）双击 PyCharm 安装包进行安装，在欢迎界面单击 Next 按钮进入软件安装路径设置界面。

（2）在软件安装路径设置界面，设置合理的安装路径。这里建议不要把软件安装到操作系统所在的路径；否则当出现操作系统崩溃等特殊情况而必须重做操作系统时，PyCharm 程序路径下的程序将被破坏。当 PyCharm 默认的安装路径为操作系统所在的路径时，建议更改，另外安装路径中建议不要使用中文字符。笔者选择的安装路径为 D:\Program Files\JetBrains\PyCharm，如图 2.28 所示。单击 Next 按钮，进入创建快捷方式界面。

（3）在创建桌面快捷方式界面（Create Desktop Shortcut）中设置 PyCharm 程序的快捷方式。如果计算机操作系统是 32 位，则选中 32-bit launcher 复选框；否则选中 64-bit launcher 复选框。这里的计算机操作系统是 64 位系统，所以选中 64-bit launcher 复选框。接下来设置关联文件（Create Associations），选中.py 复选框，这样以后当打开.py（.py 文件是 Python 脚本文件，接下来编写的很多程序都是.py 文件）文件时，会默认调用 PyCharm 打开，如图 2.29 所示。

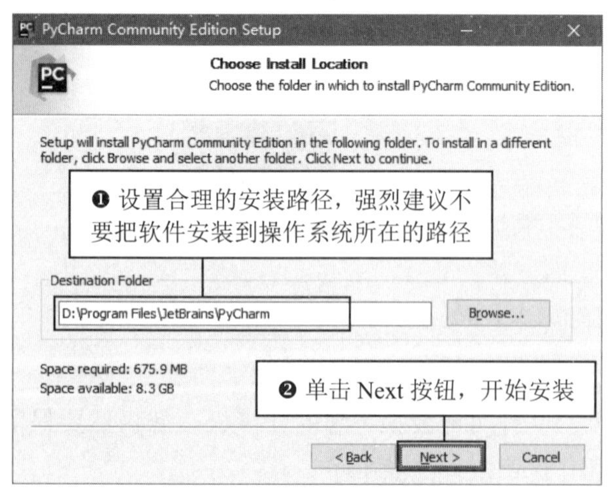

图 2.28　设置 PyCharm 安装路径

图 2.29　设置快捷方式和关联

（4）单击 Next 按钮，进入选择开始菜单文件夹界面，如图 2.30 所示。该界面不用设置，采用默认即可，单击 Install 按钮（安装大概 10min 左右，请耐心等待）。

（5）安装完成后，单击 Finish 按钮，结束安装，如图 2.31 所示。也可以选中 Run PyCharm Community Edition 复选框，并单击 Finish 按钮，这样可以直接运行 PyCharm 开发环境。

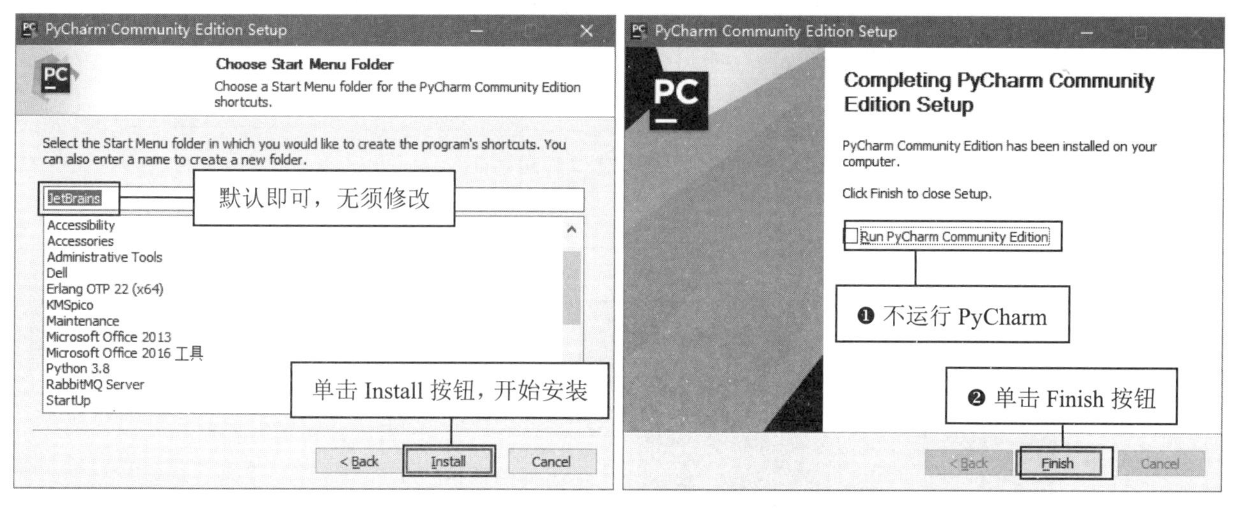


图 2.30　选择开始菜单文件夹界面　　　　图 2.31　完成安装

（6）PyCharm 安装完成后，会在开始菜单中建立一个文件夹，如图 2.32 所示。单击“PyCharm Community Edition...”，启动 PyCharm 程序。另外，快捷打开 PyCharm 的方式是双击桌面快捷方式 PyCharm Community Edition2020.1.2 x64，图标如图 2.33 所示。

图 2.32　PyCharm 菜单

图 2.33　PyCharm 桌面快捷方式

## 2.3.3　运行 PyCharm

运行 PyCharm 开发环境的步骤如下所示。

（1）双击 PyCharm 桌面快捷方式，启动 PyCharm 程序。选择是否导入开发环境配置文件，这里选择不导入，单击 OK 按钮，如图 2.34 所示。随后进入阅读协议页面。

（2）将打开自定义 PyCharm 对话框，在该对话框中选择界面方案，默认为 Darcula（深色），这里选择 Light（浅色），如图 2.35 所示。此处可根据个人喜好选择即可。

（3）单击 Skip Remaining and Set Defaults，跳过剩余设置，使用系统默认设置的开发环境进行配置，此时程序将进入欢迎界面。

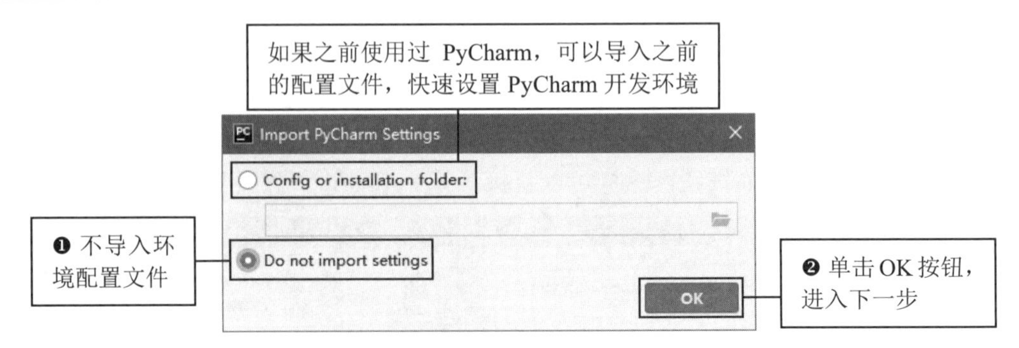


图 2.34　环境配置文件对话框

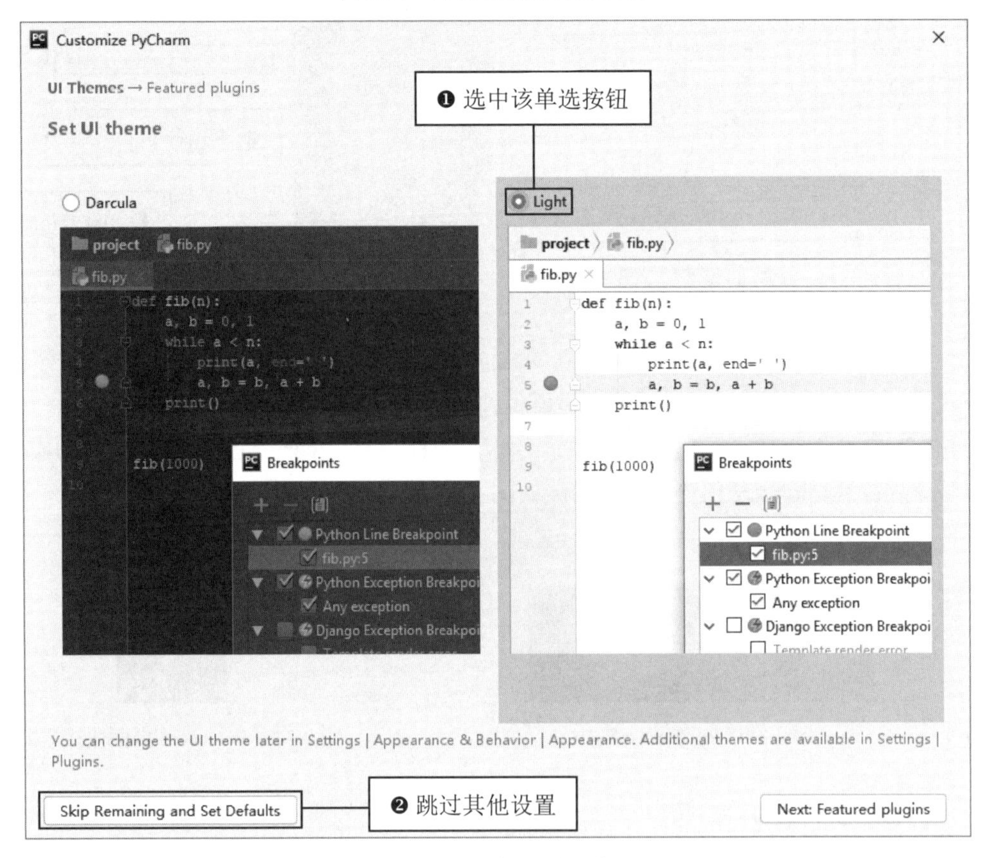


图 2.35　选择界面方案

## 2.3.4　创建工程目录

为了方便存放 PyCharm 工程文件，需要在 PyCharm 欢迎界面设置工程目录的位置。步骤如下所示。

（1）进入 PyCharm 欢迎界面，单击 Create New Project，创建一个新的工程文件，如图 2.36 所示。

（2）PyCharm 会自动为新工程文件设置一个存储路径。为了更好地管理工程，最好设置一个容易管理的存储路径，可以在存储路径输入框中直接输入工程文件放置的存储路径；也可以通过单击右侧的存储路径选择按钮，打开路径选择对话框进行选择（存储路径不能为已经设置的 Python 存储路径），

其他采用默认，如图 2.37 所示。

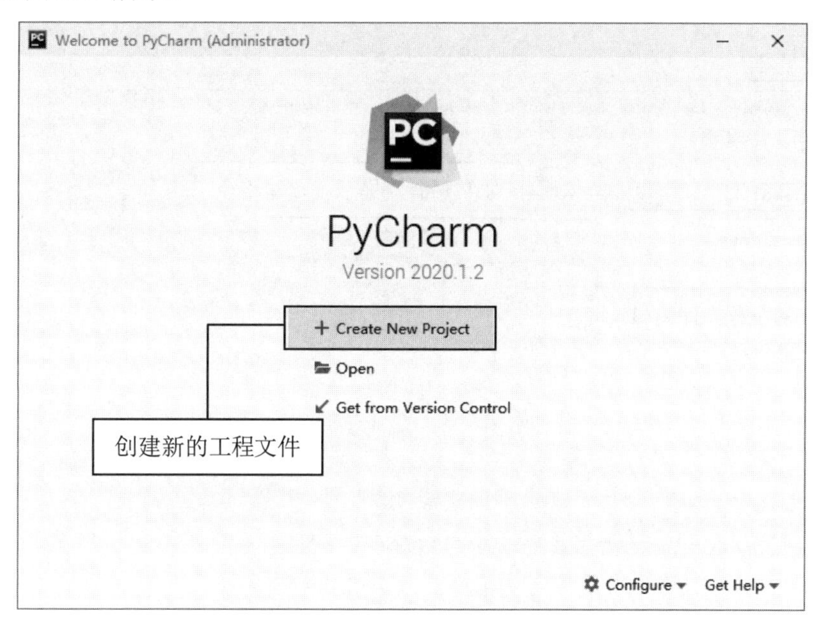


图 2.36　PyCharm 欢迎界面

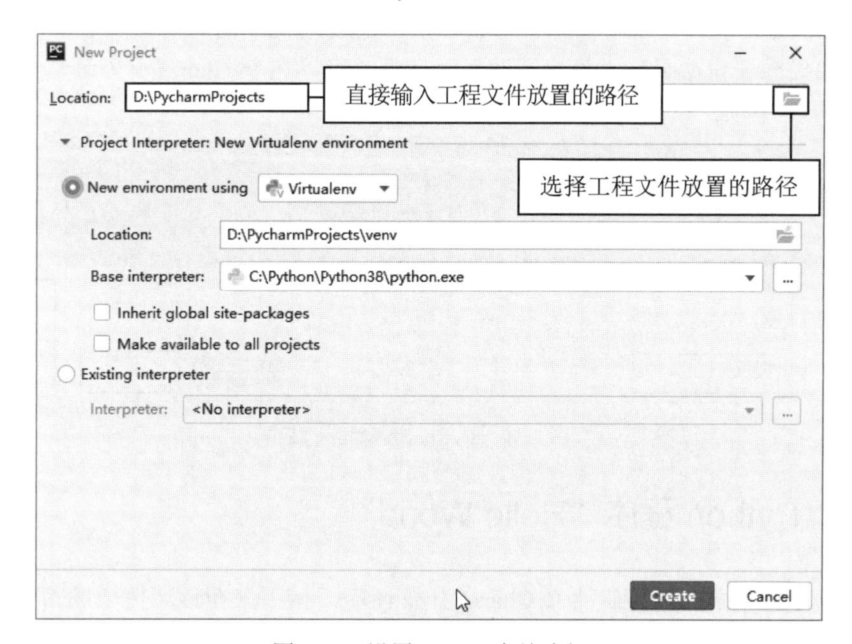


图 2.37　设置 Python 存储路径

**说明**

创建工程文件前，必须保证安装 Python；否则创建 PyCharm 工程文件时会出现 “Interpreter field is empty.” 提示，且 Create 按钮不可用。

（3）单击 Create 按钮，即可创建一个工程，并且打开如图 2.38 所示的工程列表。

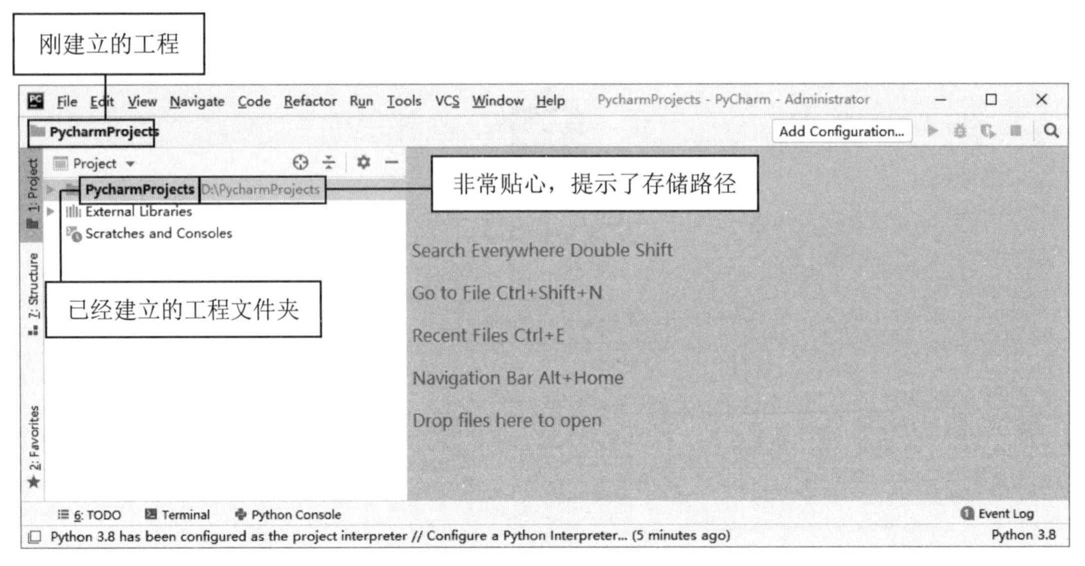


图 2.38　工程窗口

（4）程序初次启动时会显示“每日一贴”对话框，每次提供一个 PyCharm 功能的小贴士。如果要关闭“每日一贴”对话框，可以将显示“每日一贴”的复选框取消选中，然后单击 Close 按钮即可，如图 2.39 所示；如果想要再次显示“每日一贴”对话框，可以在 PyCharm 开发环境的菜单中依次选择 Help→tip of the day 菜单项，以启动“每日一贴”对话框。

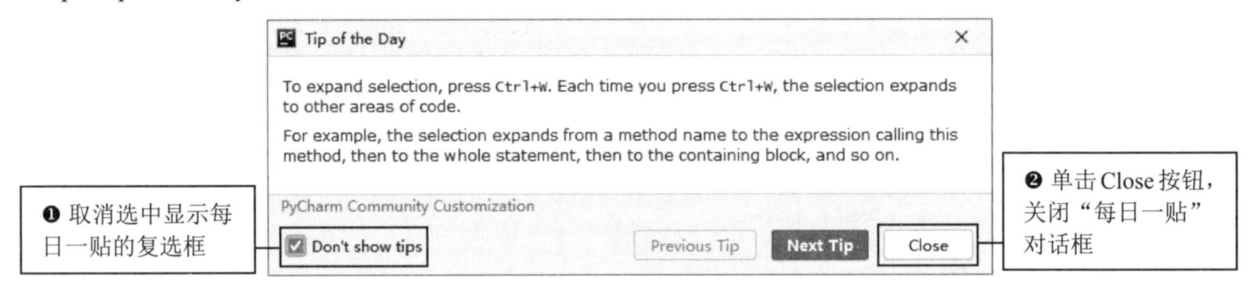


图 2.39　PyCharm 每日一贴

## 2.3.5　第一个 Python 程序“Hello World”

通过前面的学习已经学会如何启动 PyCharm 开发环境，接下来在该环境中编写“Hello World”程序，具体步骤如下所示。

（1）右击新建好的 PycharmProjects 项目，在弹出的快捷菜单中选择 New→Python File 命令（一定要选择 Python File 命令，这个至关重要，否则无法后续学习），如图 2.40 所示。

（2）在新建文件对话框中输入要创建的 Python 文件名 first，双击 Python file 选项，如图 2.41 所示，完成新建 Python 文件工作。

（3）在新建文件的代码编辑区输入代码“print("Hello World")”，如图 2.42 所示。

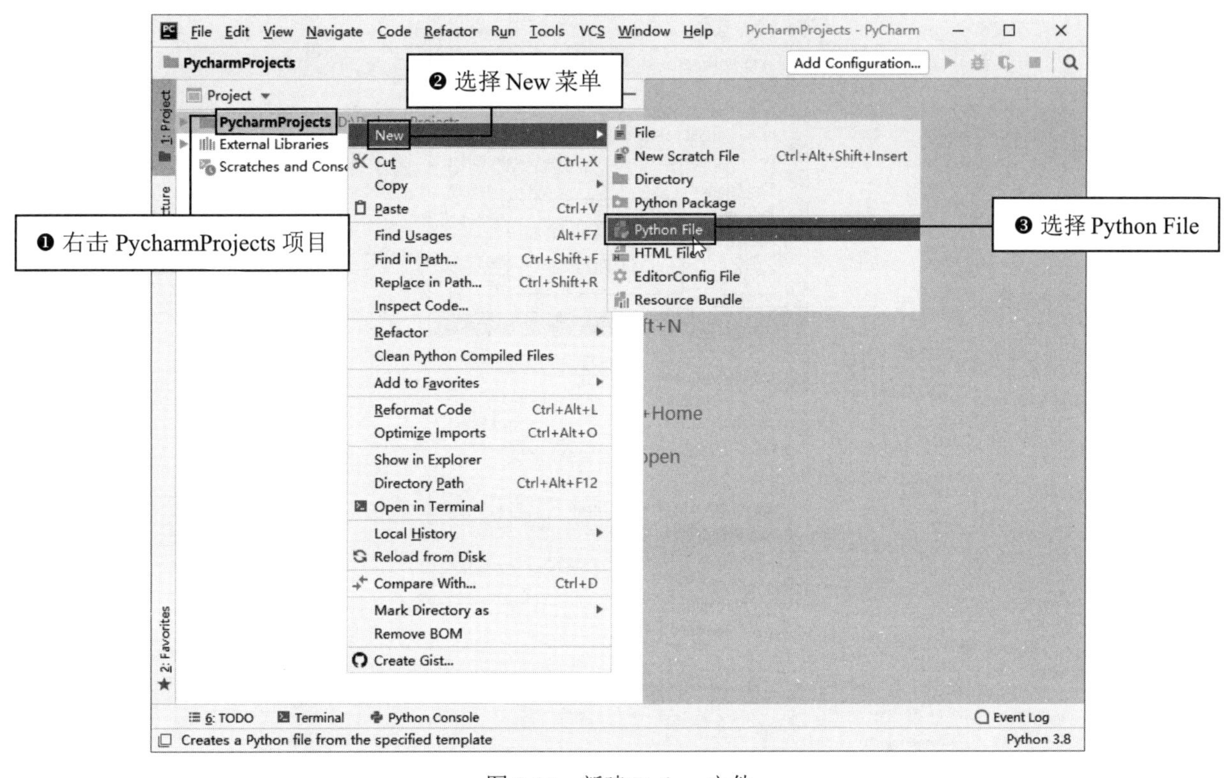


图 2.40　新建 Python 文件

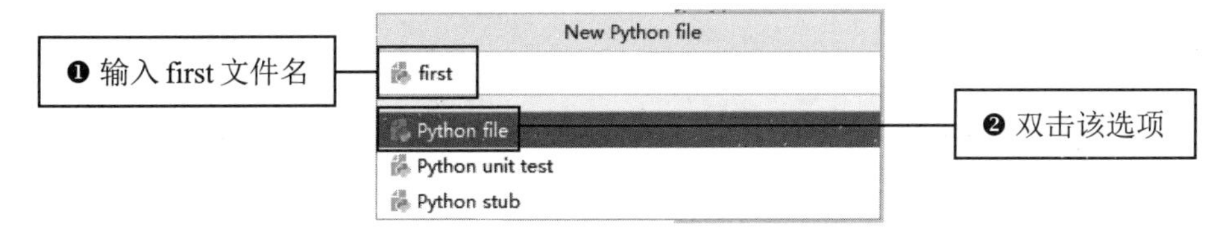


图 2.41　新建文件对话框

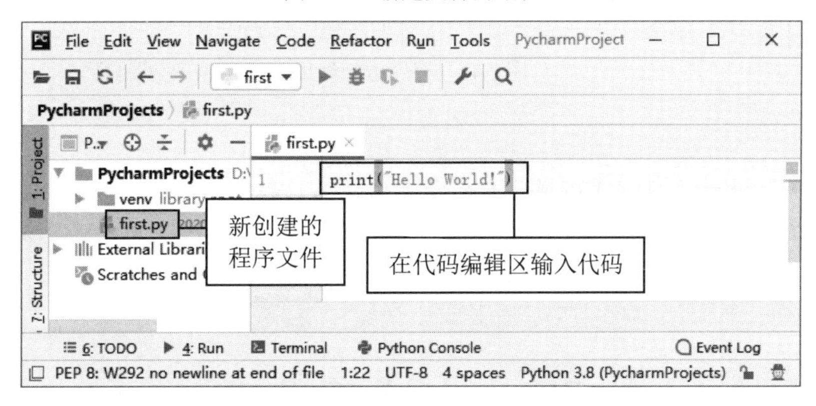


图 2.42　输入“Hello World”程序的代码

（4）在代码编辑区中右击，在弹出的快捷菜单中选择 Run 'first'命令，运行程序，如图 2.43 所示。

（5）如果程序代码没有错误，将显示运行结果，如图 2.44 所示。

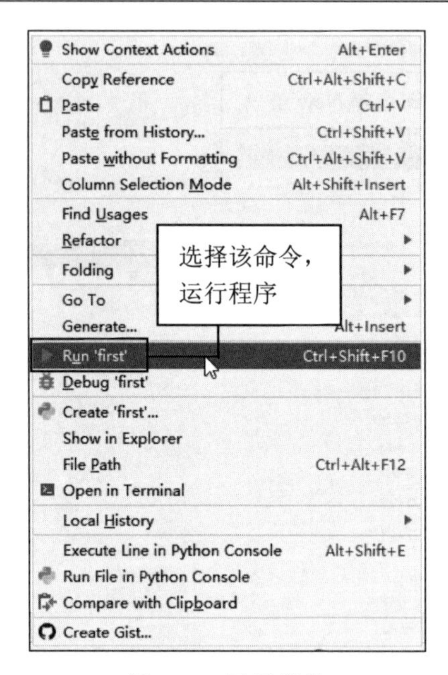


图 2.43　运行菜单

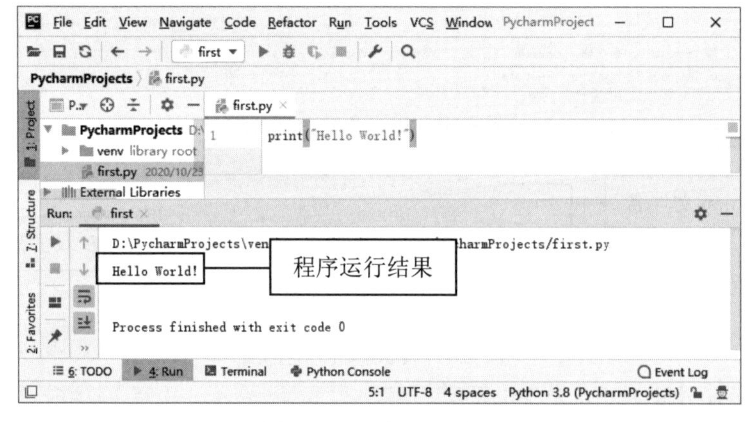


图 2.44　程序运行结果

**说明**

在编写程序时，有时代码下面还弹出黄色的小灯泡，该小灯泡的作用是什么？

其实程序没有错误，这只是 PyCharm 对代码提出的一些改进建议或提醒。如添加注释、创建使用源等。因此，显示黄色灯泡不会影响代码的运行结果。

## 2.4　数据分析标准环境 Anaconda

Anaconda 是适合数据分析的 Python 开发环境，它是一个开源的 Python 发行版本，其中包含了 Conda（包管理和环境管理）、Python 等 180 多个科学包及其依赖项。

## 2.4.1　为什么安装 Anaconda

通过前面的介绍，基本的 Python 开发环境已经搭建好了，也学会了编写简单的程序。这些对于编程者来说足够了，那为什么还要安装 Anaconda、学习 Anaconda 呢？原因有以下几点。

（1）当我们使用 Python 一段时间后，便会遇到以下问题。

**场景一**：编写代码过程经常出现提示缺少模块或版本错误。

例如，获取 Excel 数据，代码如下：

```
01 import pandas as pd
02 df=pd.read_excel('天气.xlsx','Sheet1')
03 print(df)
```

运行程序出现缺少 pandas 模块的错误提示信息，如图 2.45 所示。

```
Traceback (most recent call last):
  File "F:\PythonBooks\1 开发资源库\编程1小时\每天编程1小时 积累\city.py", line
1, in <module>
    import pandas as pd
ModuleNotFoundError: No module named 'pandas'
```

图 2.45　缺少 pandas 模块的错误提示信息

接下来使用 pip install pandas 命令安装 pandas 模块，但又提示 pip 版本问题，经过一番努力终于安装好了 pandas 模块，当满怀希望、兴致勃勃继续运行程序时，程序又提示 xlrd 模块版本错误，如图 2.46 所示。

```
    self._reader = self._engines[engine](self._io)
  File "C:\Users\Administrator\AppData\Local\Programs\Python\Python37\lib\site-p
ackages\pandas\io\excel.py", line 393, in __init__
    raise ImportError(err_msg)
ImportError: Install xlrd >= 1.0.0 for Excel support
```

图 2.46　缺少 xlrd 模块的错误提示信息

**场景二**：某程序员在 A 项目中用了 Python 2，而新项目 B 要求使用 Python 3，然而同时安装两个版本的 Python 可能会造成许多混乱和错误。此时就需要为不同的项目建立不同的运行环境。

**场景三**：项目中可能会用到不同版本的包。例如，不同版本的 Pandas，那么不可能同时安装两个 Pandas 版本，此时需要为每个 Pandas 版本创建一个环境，然后使得项目可以在对应的环境中工作。

针对以上 3 种情况，Anaconda 就可以充分发挥它的作用了。

（2）Anaconda 附带了常用的科学数据包，它附带了 Conda、Python 等 180 多个科学包及其依赖项，因此我们可以立即开始处理数据。

（3）管理包。在数据分析中，可能会用到很多第三方的包，Anaconda 附带的 Conda 可以很好地帮助我们在计算机上安装和管理这些包，包括安装、卸载和更新包。

## 2.4.2　下载 Anaconda

Anaconda 的下载文件比较大（约 500MB），因为它附带了 Python 中最常用的数据科学包。如果计算机上已经安装了 Python，则安装不会有任何影响。实际上，脚本和程序使用的默认 Python 是 Anaconda 附带的 Python，所以安装完 Anaconda 已经自带安装好了 Python，无须另外安装。

下面介绍如何下载 Anaconda，具体步骤如下所示。

（1）首先查看计算机操作系统的位数，以决定下载哪个版本。

（2）下载 Anaconda。进入官网（https://www.anaconda.com），单击右上角的“Get Started（开始使用）”按钮，如图 2.47 所示。

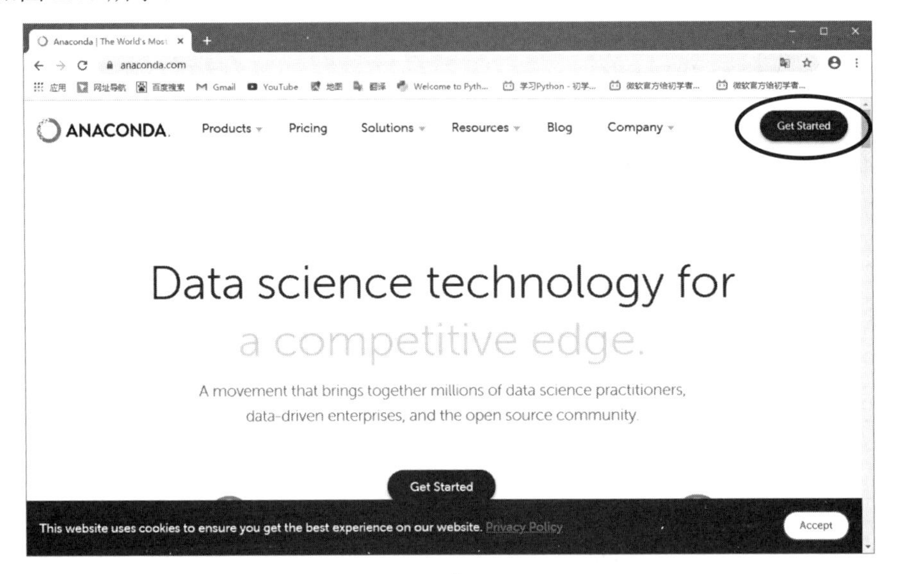


图 2.47　下载 Anaconda

（3）选择安装 Anaconda 个人版 Install Anaconda Individual Edition 菜单项，如图 2.48 所示。拖曳窗口滚动条向下移动窗口找到 Download 按钮，如图 2.49 所示。

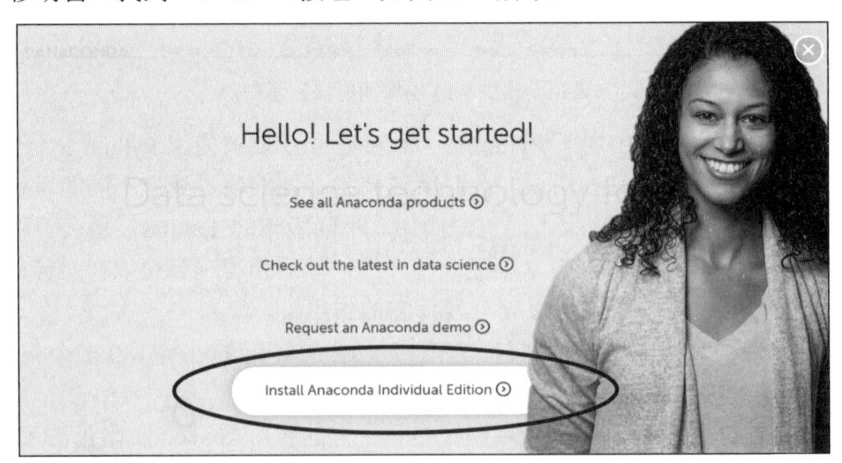


图 2.48　选择安装 Anaconda 个人版

（4）根据计算机操作系统选择相应的操作系统（Windows/macOS/Linux），我们选择 Windows，同时选择 Python 版本，由于 2019 年 12 月 31 日官方已停止了对 Python 2 的支持，所以建议大家使用 Python 3 及以上版本，注意选择与本机操作系统相同的位数，如图 2.50 所示。

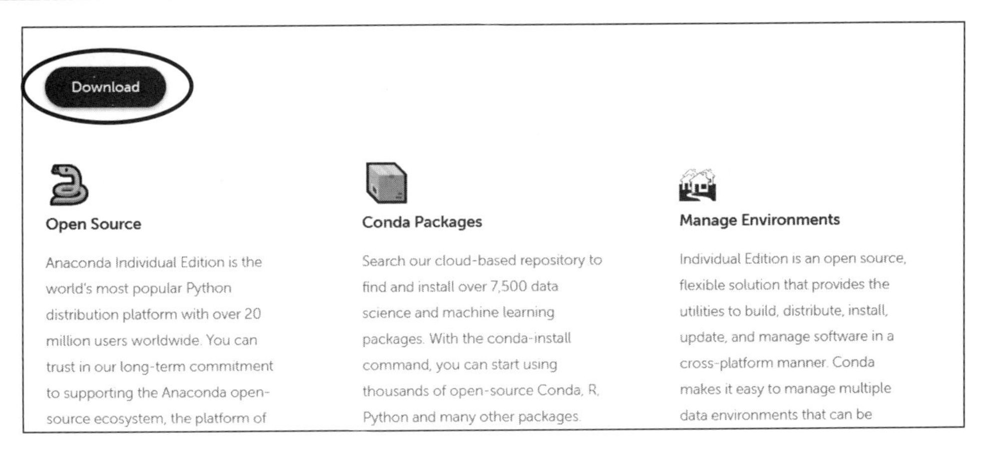


图 2.49　单击 Download 按钮

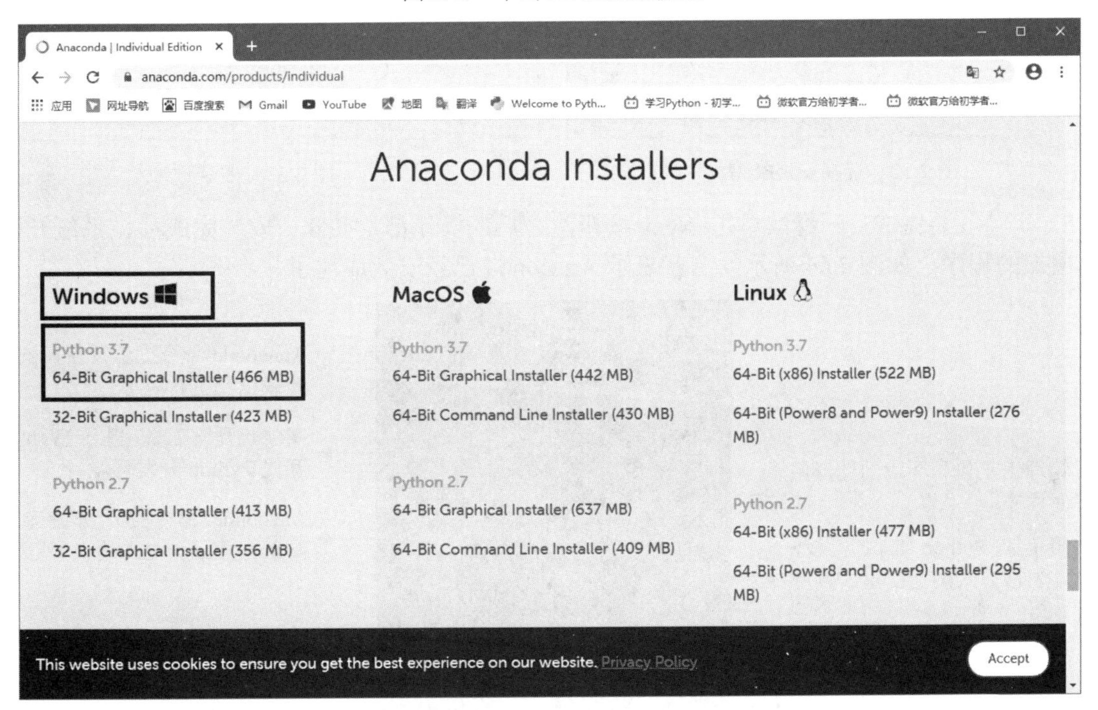


图 2.50　选择相应的操作系统和 Python 版本

（5）开始下载 Anaconda，此时会弹出窗口，关闭即可。

## 2.4.3　安装 Anaconda

下载完成后，开始安装 Anaconda，具体步骤如下所示。

（1）如果是 Windows 10 操作系统，注意在安装 Anaconda 软件时，右击安装软件，在弹出的快捷菜单中选择“以管理员身份运行”命令，如图 2.51 所示。

（2）单击 Next 按钮。

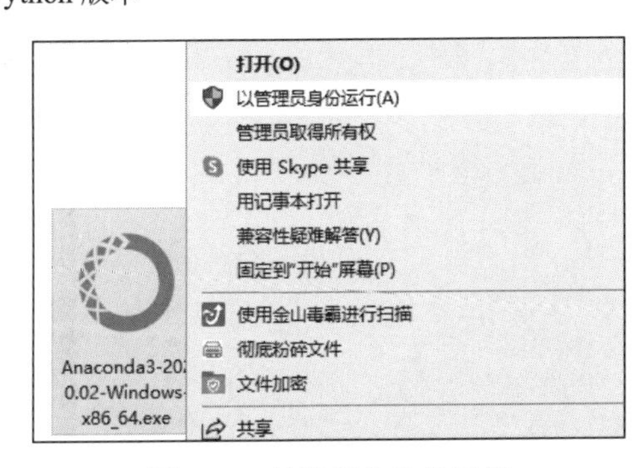


图 2.51　以管理员身份运行

（3）单击 I Agree 按钮接受协议，选择安装类型，如图 2.52 所示，然后单击 Next 按钮。

（4）安装路径选择默认路径即可，暂时不需要添加环境变量，然后单击 Next 按钮，在弹出的对话框中选中如图 2.53 所示的复选框，单击 Install 按钮，开始安装 Anaconda。

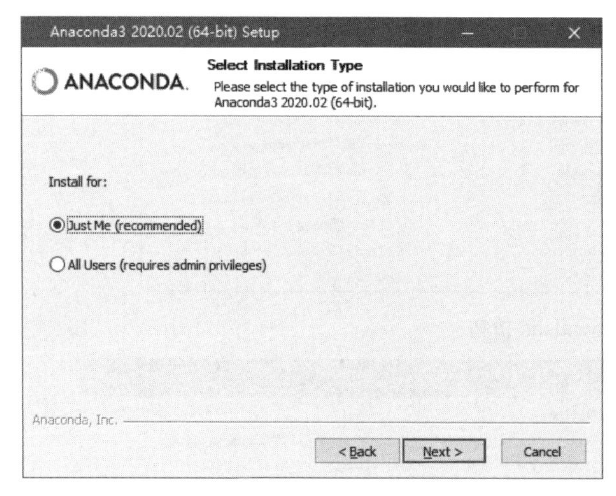


图 2.52　选择安装类型

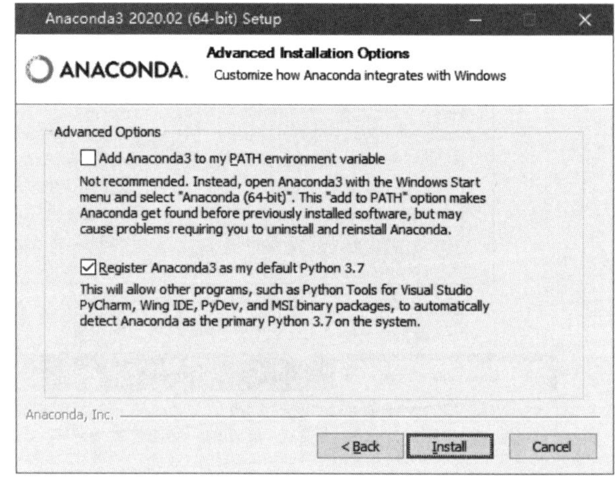


图 2.53　安装选项

（5）等待安装完成后，继续单击 Next 按钮，之后的操作都是如此。安装完成后，系统开始菜单会显示增加的程序，如图 2.54 所示，这就表示 Anaconda 已经安装成功了。

图 2.54　安装完成

# 2.5　Jupyter Notebook 开发工具

Jupyter Notebook 被誉为“文学式开发工具”。为什么这样说呢？因为 Jupyter Notebook 将代码、说明文本、数学方程式、数据可视化图表等内容全部组合到一起显示在一个共享的文档中，可以实现一边写代码一边记录，而这些功能是 Python 自带的 IDLE 和集成开发环境 PyCharm 无法比拟的。

## 2.5.1　认识 Jupyter Notebook

Jupyter Notebook 是一个在线编辑器、Web 应用程序，它可以在线编写代码、创建和共享文档，以及支持实时编写代码、数学方程式、说明文本和可视化数据分析图表。

Jupyter Notebook 的用途包括数据清理、数据转换、数值模拟、统计建模、机器学习等。目前，数据挖掘领域中很热门的比赛 Kaggle（举办机器学习竞赛、托管数据库、编写和分享代码的平台）里的资料均为 Jupyter 格式。对于机器学习新手来说，学会使用 Jupyter Notebook 非常重要。

下面为笔者使用 Jupyter Notebook 分析的天气数据，效果如图 2.55 所示。

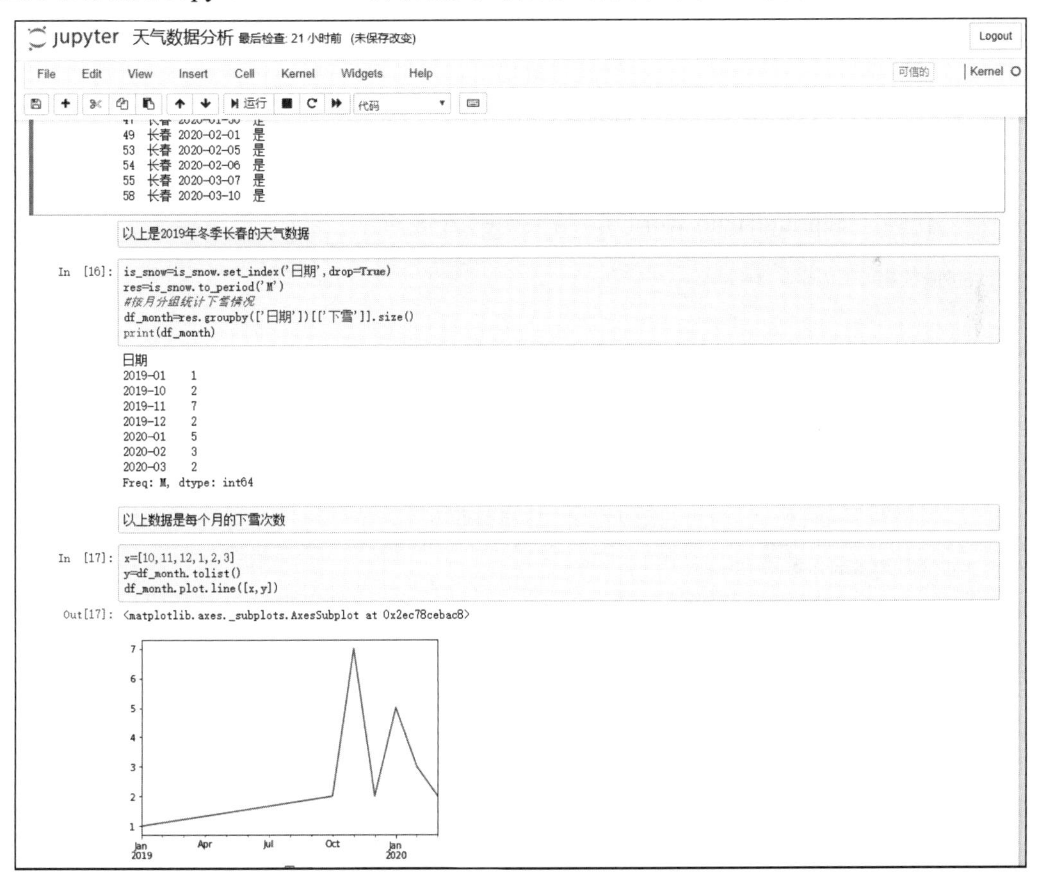


图 2.55　在 Jupyter Notebook 中编写代码

从图 2.55 中可以看出，Jupyter Notebook 将编写的代码、说明文本和可视化数据分析图表全部组合在一起并同时显示出来，非常直观，而且还支持导出各种格式，如 HTML、PDF、Python 等格式。

## 2.5.2 新建一个 Jupyter Notebook 文件

在系统开始菜单的搜索框中输入 Jupyter Notebook（不区分大小写），运行 Jupyter Notebook，新建一个 Jupyter Notebook 文件，单击右上角的 New 按钮，由于我们创建的是 Python 文件，因此选择 Python 3，如图 2.56 所示。

图 2.56 新建 Jupyter Notebook 文件

## 2.5.3 在 Jupyter Notebook 中编写“Hello World”

2.5.2 节我们已经创建好了文件，下面开始编写代码。文件创建完成后会打开如图 2.57 所示的窗口，在代码框中输入代码，如 print('Hello World')，结果如图 2.58 所示。

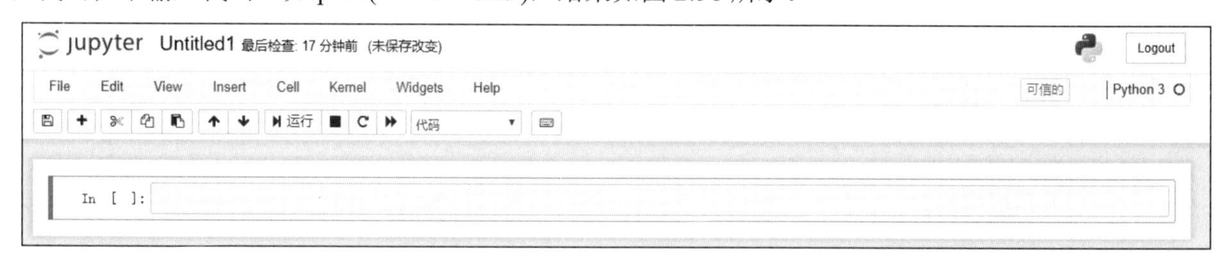


图 2.57 代码编辑窗口

图 2.58 编写代码

### 1．运行程序

单击“运行”按钮或者使用快捷键 Ctrl+Enter，然后将输出 Hello World，结果如图 2.59 所示，这

就表示程序运行成功了。

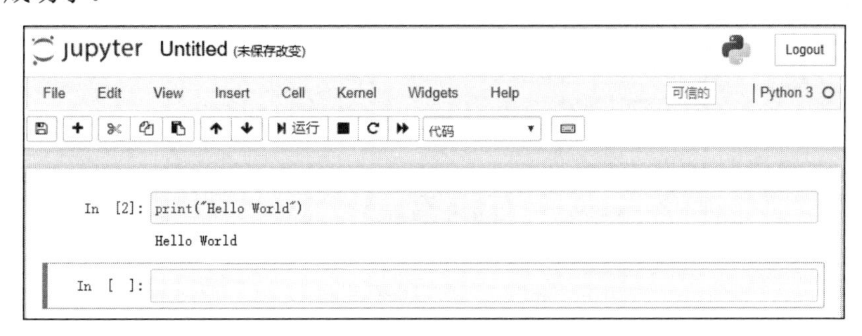


图 2.59　运行程序

## 2．重命名 Jupyter Notebook 文件

例如，重命名为“Hello World”，首先选择 File→Rename 命令（见图 2.60），然后在打开的“重命名”对话框中输入文件名（见图 2.61），最后单击“重命名”按钮即可。

## 3．保存 Jupyter Notebook 文件

最后一步保存 Jupyter Notebook 文件，也就是保存程序。常用格式有以下两种：一种是 Jupyter Notebook 的专属格式；另一种是 Python 文件。

☑ Jupyter Notebook 的专属格式：选择 File→Save and Checkpoint 命令，将 Jupyter Notebook 文件保存在默认路径下，文件格式默认为 ipynb。

☑ Python 格式：它是我们常用的文件格式。选择 File→Download as→Python(.py)命令，如图 2.62 所示。打开“新建下载任务”对话框，此处选择文件保存路径，如图 2.63 所示。单击“下载”按钮，即可将 Jupyter Notebook 文件保存为 Python 格式，并保存在指定路径下。

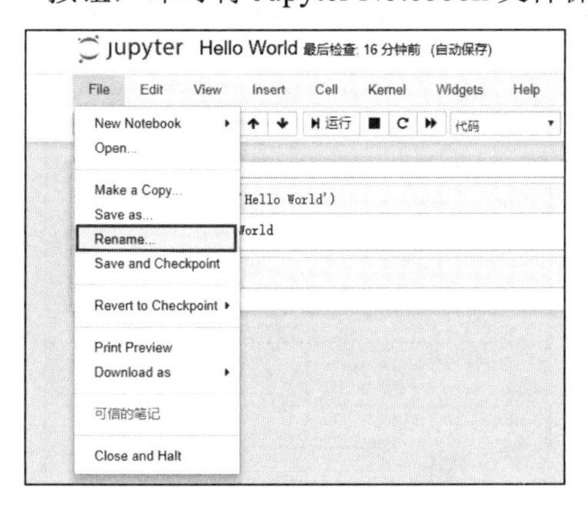


图 2.60　重命名菜单

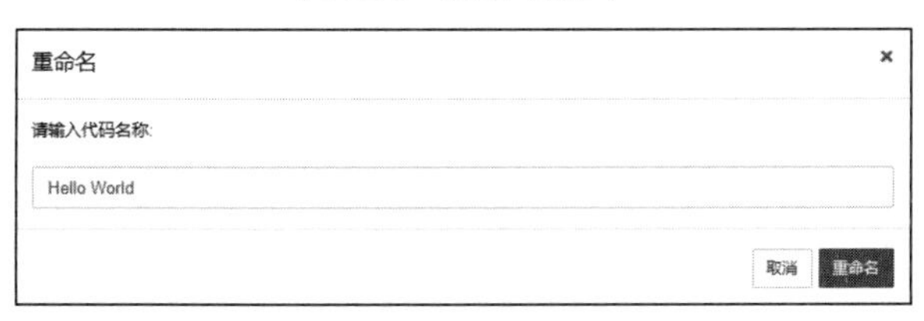


图 2.61　重命名

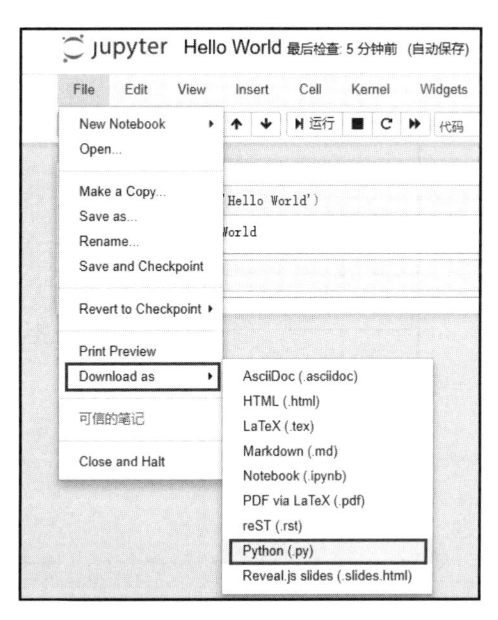


图 2.62　选择 Python 菜单项

图 2.63　指定保存路径

# 2.6　Spyder 开发工具

Spyder 是一款简单的集成开发环境，被誉为“轻量级”的开发工具。与其他的 Python 开发环境相比，它最大的优点就是模仿 MATLAB（商业数学软件，用于算法开发、数据可视化和数据分析等）的“工作空间”的功能，并且能够以表格的方式显示数据，更易于数据分析。

## 2.6.1　初识 Spyder

安装完成 Anacoda 以后，Spyder 同时也被安装到系统中。单击“开始”菜单，选择 Anaconda 3→Spyder（Anaconda）菜单项，启动 Spyder 开发环境。Spyder 的界面由许多窗口构成，主要包括“项目管理窗口”“代码编辑窗口”“变量浏览窗口”“IPython 控制台”，如图 2.64 所示。

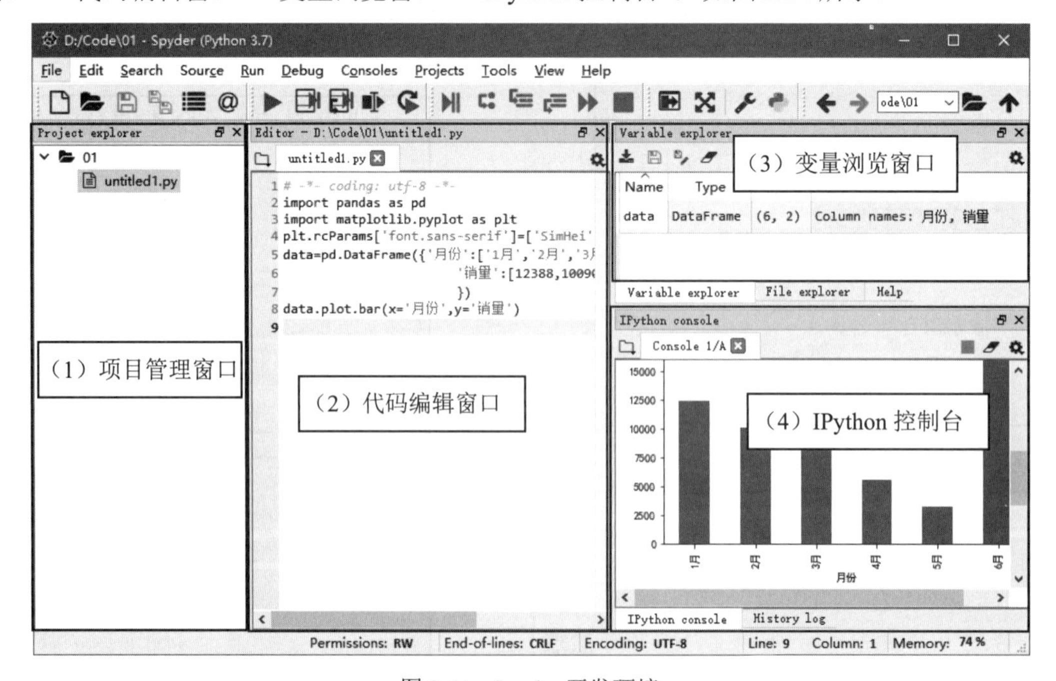


图 2.64　Spyder 开发环境

下面简单介绍一下各个窗口的功能。

### 1. 项目管理窗口

项目管理窗口主要用于创建项目文件夹和文件、管理项目。一个项目可以通过创建多个文件夹来管理项目中所使用的模块。默认情况下，可能出现不显示项目管理窗口的情况，此时可以选择 Projects→Project explorer 命令，或者按快捷键 Shift+Ctrl+P。

### 2. 代码编辑窗口

主要用于编写代码和编辑文本文件，像 PyCharm 一样，Spyder 代码编辑窗口也可以同时打开多个程序文件，但是每次只能对一个程序文件中的代码进行编辑。通过选项卡选择不同的程序文件。

### 3. 变量浏览窗口

变量浏览窗口是 Spyder 的一大特色，在此窗口中可以浏览变量，如数组、列表、字典和元组等，并且能够通过表格方式显示变量名称、变量类型、变量长度和变量值，如图 2.65 所示。

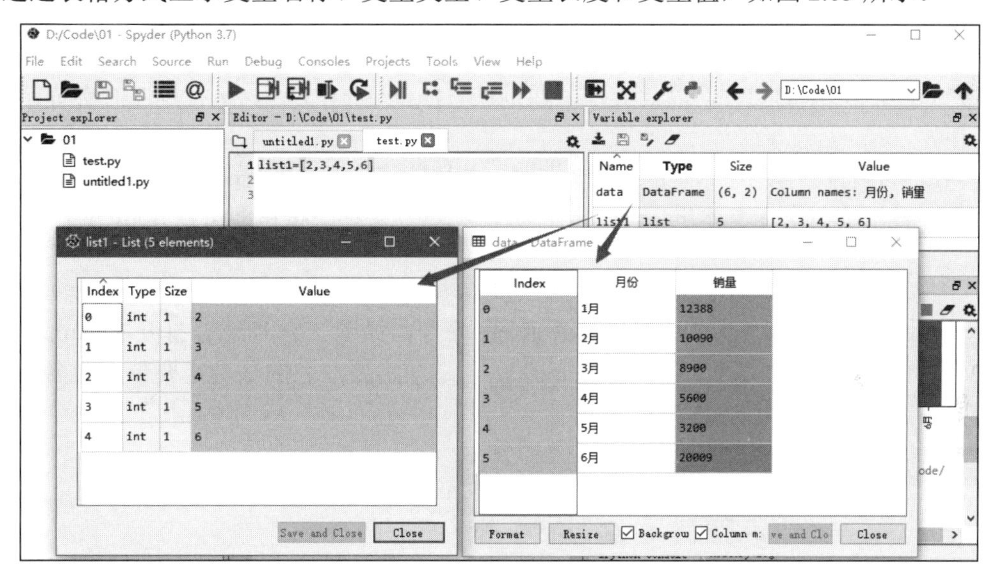


图 2.65　变量浏览窗口

### 4. IPython 控制台

IPython 控制台主要用于显示程序运行结果。例如，图 2.64 中的可视化数据分析图表。

## 2.6.2　创建项目

为了方便存放 Spyder 项目文件，首先要设置一下项目目录的位置。方法如下所示。

（1）进入 Spyder 开发环境，选择 Projects→New Project 命令，创建一个新项目。首先选择在新目录中创建项目，还是在已存在的目录中创建项目，然后在 Project name 文本框中输入项目文件名称，同时选择项目文件存储路径。例如，在“D:\Code\”文件夹下创建 test 项目，如图 2.66 所示。

（2）单击 Create 按钮即可完成创建项目的工作，同时系统将自动生成一个空的 temp.py 文件，如

图 2.67 所示。此时，在代码编辑窗口 Editor 中就可以编写代码了。

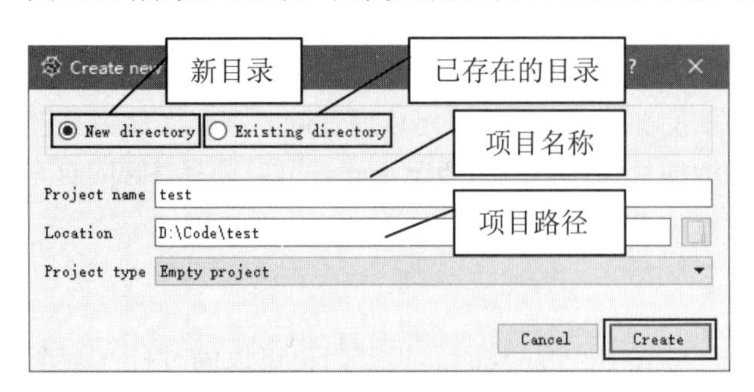


图 2.66　创建项目文件

图 2.67　自动创建 temp.py 文件

## 2.6.3　新建/重命名.py 文件

### 1．新建.py 文件

方法 1：新建.py 文件，选择 File→New File 命令，Spyder 将默认创建一个名为 untitled0.py 的文件，继续创建名为 untitled1.py 的文件，以此类推，通过该方法创建.py 文件。运行程序时会提示保存程序，也可直接另存为。

方法 2：在项目目录中，右击指定的目录，在弹出的快捷菜单中选择 Module（模块）命令，打开 New module 对话框，在"文件名"文本框中输入文件名，单击"保存"按钮即可新建.py 文件。

### 2．重命名.py 文件

右击.py 文件，在弹出的快捷菜单中选择 Rename 命令，如图 2.68 所示。打开 Rename 对话框，在 New name 文本框中输入新的文件名称（如 demo1.py，这里需要注意的是一定要带后缀名），如图 2.69 所示。单击 OK 按钮即可重命名文件。

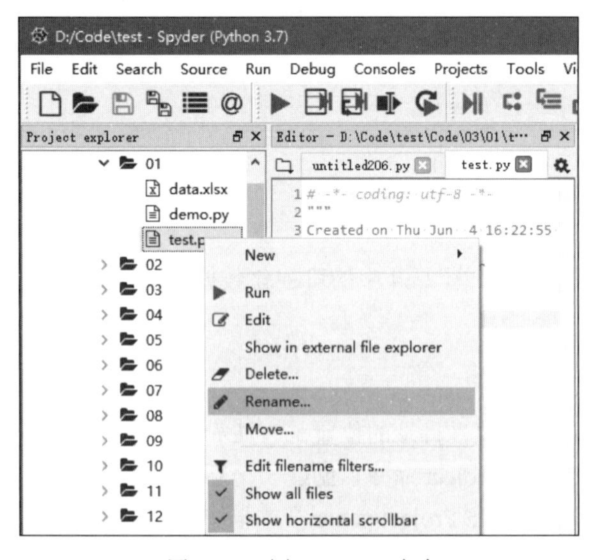


图 2.68　选择 Rename 命令

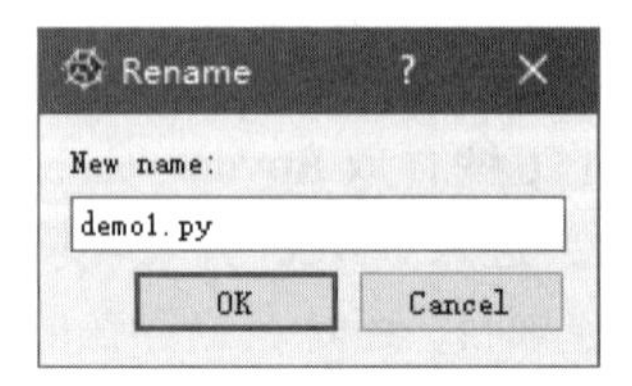


图 2.69　重命名.py 文件

另外，通过另存为也可以重命名.py 文件，选择 File→Save as 命令，在“文件名”文本框中输入新的文件名即可重命名文件。

## 2.6.4　创建第一个程序——月销量分析

新建.py 文件，选择 File→New File 命令，默认创建一个名为 untitled0.py 的文件，然后开始编写代码实现月销量分析，具体步骤如下所示。

（1）导入 Pandas 模块和 Matpoltlib 模块，代码如下：

```
01    import pandas as pd
02    import matplotlib.pyplot as plt
```

（2）解决图表中文乱码问题，代码如下：

```
plt.rcParams['font.sans-serif']=['SimHei']
```

（3）创建 DataFrame 数据，代码如下：

```
data=pd.DataFrame({'月份':['1 月','2 月','3 月','4 月','5 月','6 月'],
                                   '销量':[12388,10090,8900,5600,3200,20009]
                                   })
```

（4）生成柱形图图表，代码如下。

```
data.plot.bar(x='月份',y='销量',color=['#9400D3','#9932CC','#4B0082','#8A2BE2','#9370DB','#7B68EE'])
```

运行程序，输出结果如图 2.70 所示。

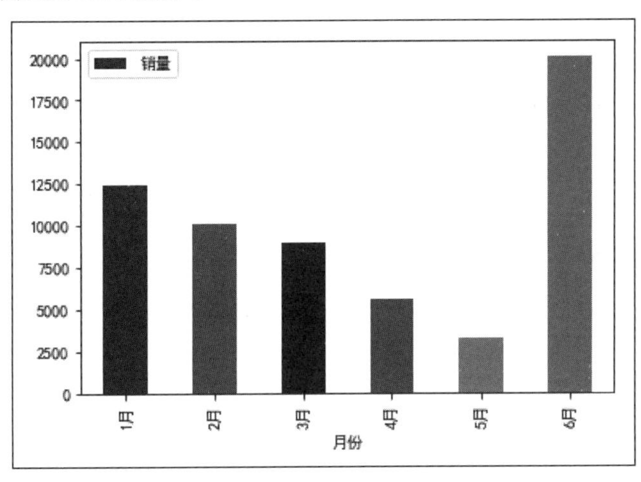


图 2.70　月销量分析

## 2.6.5　设置图表显示方式

默认情况下，图表嵌入控制台（IPython console）中并以静态方式显示，无法进行移动、放大、缩小等操作。此时需要在工具中的首选项窗口进行设置，方法为选择 Tools→Preferences 命令，打开

“Preferences（首选项）”窗口，在左侧列表中选择 IPython console（IPython 控制台），在右侧窗口选择 Graphics（图形）选项卡，在 Backend（后端）下拉列表框中选择 Automatic（自动）或者 Qt5，如图 2.71 所示。单击 Apply（应用）按钮，然后单击 OK 按钮。设置完成后一定要重新启动 Spyder。

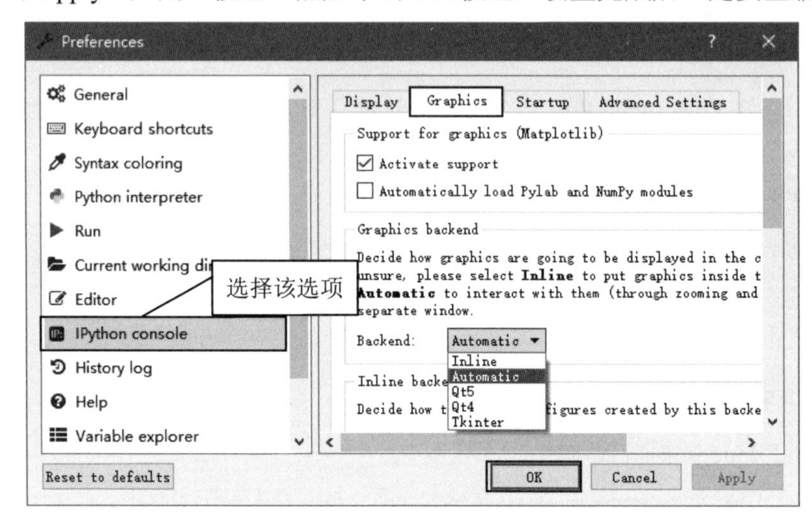


图 2.71　设置图表显示方式

## 2.6.6　在 Spyder 中安装和卸载第三方库

本节介绍在 Spyder 中如何安装和卸载第三方库。

### 1．安装第三方库

Spyder 中的第三方库需要在 Anaconda Prompt 命令提示符窗口中安装，具体操作如下所示。

在系统搜索框中输入 anaconda prompt，单击 Anaconda Prompt 打开 Anaconda Prompt 命令提示符窗口，使用 pip 工具安装即可。例如，安装第三方库 Pandas，命令如下：

```
pip install pandas
```

### 2．安装第三方库指定版本

在安装第三方库的过程中，还可以指定安装版本。例如，安装第三方图表库 Pyecharts 的 1.7.1 版本，命令如下：

```
pip install pyecharts==1.7.1
```

按 Enter 键运行，开始安装 Pyecharts，安装完成后如图 2.72 所示。

### 3．卸载已经安装的库

在 Anaconda Prompt 命令提示符窗口中输入 pip uninstall XXX（库名称）即可。例如，卸载 Pandas 库，命令如下：

```
pip uninstall pandas
```

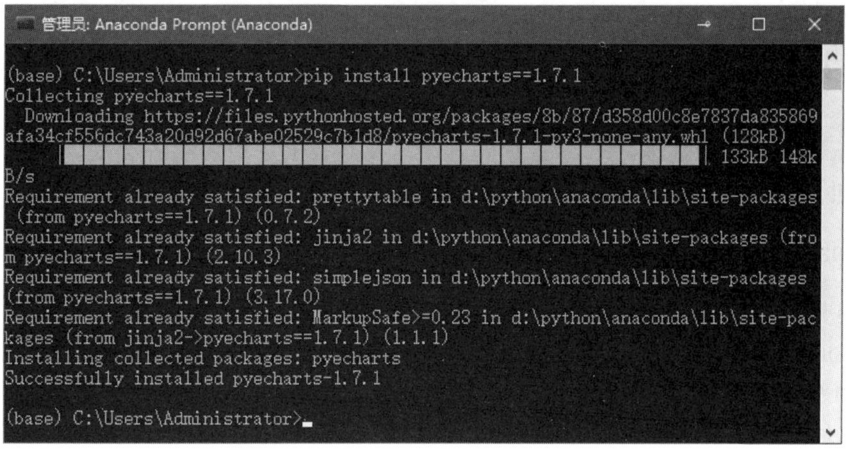

```
管理员: Anaconda Prompt (Anaconda)
(base) C:\Users\Administrator>pip install pyecharts==1.7.1
Collecting pyecharts==1.7.1
  Downloading https://files.pythonhosted.org/packages/8b/87/d358d00c8e7837da835869
afa34cf556dc743a20d92d67abe02529c7b1d8/pyecharts-1.7.1-py3-none-any.whl (128kB)
     |████████████████████████████████| 133kB 148k
B/s
Requirement already satisfied: prettytable in d:\python\anaconda\lib\site-packages
 (from pyecharts==1.7.1) (0.7.2)
Requirement already satisfied: jinja2 in d:\python\anaconda\lib\site-packages (fro
m pyecharts==1.7.1) (2.10.3)
Requirement already satisfied: simplejson in d:\python\anaconda\lib\site-packages
(from pyecharts==1.7.1) (3.17.0)
Requirement already satisfied: MarkupSafe>=0.23 in d:\python\anaconda\lib\site-pac
kages (from jinja2->pyecharts==1.7.1) (1.1.1)
Installing collected packages: pyecharts
Successfully installed pyecharts-1.7.1

(base) C:\Users\Administrator>
```

图 2.72　安装 Pyecharts

# 2.7　开发工具比较与代码共用

## 2.7.1　开发工具比较

前面章节分别介绍了 PyCharm、Jupyter Notebook 和 Spyder 这 3 种开发工具，它们各有特点。

☑　数据分析，建议使用 Spyder 和 Jupyter Notebook。

☑　复杂、大型项目，建议使用 PyCharm。

☑　数据分析、复杂和大型项目，建议三者可以结合使用。

### 1. PyCharm

Pycharm 是很强大的 Python IDE，容易上手，所有的变量都能够显示，方便程序调试。缺点是查看数据不方便、不美观，会出现列不对齐，或者多行多列显示不全的问题。

### 2. Jupyter Notebook

Jupyter Notebook 将代码、说明文本、数学方程式、数据可视化图表等内容全部组合到一起显示在一个共享的文档中，可以实现一边写代码一边记录，而这些功能是 Python 自带的 IDLE 和集成开发环境 PyCharm 无法比拟的。

### 3. Spyder

Spyder 特色是变量可以直观地以表格方式显示，随时随地查看变量和值，不容易出错。还可以用颜色区分数据，并对数据进行排序。

缺点是创建工程只支持在 Spyder 环境中创建，自己在本地创建的文件夹导入 Spyder 中则不支持，这一点逊色于 PyCharm，PyCharm 比较灵活，无论是在环境中创建还是自己在本地创建均支持。另外，Spyder 调试程序没有 PyCharm 方便。

### 2.7.2 代码共用

由于 Spyder 以表格显示数据，查看变量更方便，并且看上去更加整齐美观，本书采用了 Spyder，其生成的.py 文件，在 Pycharm 和 Jupyter Notebook 中都可以运行。下面分别进行介绍。

#### 1. 在 PyCharm 中运行.py 文件

在 PyCharm 中运行.py 文件，如果只运行某一个文件，右击该文件，在弹出的快捷菜单中选择 Edit with PyCharm Community Edition 命令直接运行即可；如果运行项目文件夹，则需要运行 Pycharm，选择 File→Open 命令，在 Open File or Project 窗口中选择项目文件夹即可。

接下来运行代码，需要注意以下 3 点。

（1）在 PyCharm 中查看运行结果需要使用 print()方法在控制台输出。

（2）需要解决列不对齐，或者多行多列显示不全的问题。

当在控制台输出数据时，会出现列不对齐，或者多行多列显示不全的问题。此时需要使用 Pandas 模块的 set_option()函数来解决这两个问题。

☑ 解决列不对齐

通过将 display.unicode.east_asian_width 设置为 True，使列对齐。例如：

```
pd.set_option('display.unicode.east_asian_width', True)
```

☑ 行列显示不全

通过 display.max_rows 和 display.max_columns 修改输出数据的最大行数和列数。例如：

```
pd.set_option('display.max_rows',1000)
pd.set_option('display.max_columns',1000)
```

其中 pd 为 Pandas 模块。

（3）显示图表需要使用 show()方法。

在使用 Matplotlib 和 Seaborn 绘制图表时，显示图表需要使用 show()方法。代码如下：

```
plt.show()
```

其中 plt 为 Matplotlib 模块的 pyplot 子模块。

**说明**

相关内容介绍可参见第 5 章。

下面将介绍如何在 PyCharm 下运行.py 文件，以及修改相关代码以匹配 PyCharm 开发环境。具体步骤如下所示。

（1）运行 PyCharm，选择 File→Open 命令，在 Open File or Project 窗口中选择 Code 文件夹，如图 2.73 所示。单击 OK 按钮，在弹出的对话框中单击 New Windows 按钮，在新窗口中导入本书源码，展开 Code\03\01，双击 demo.py 文件，如图 2.74 所示。

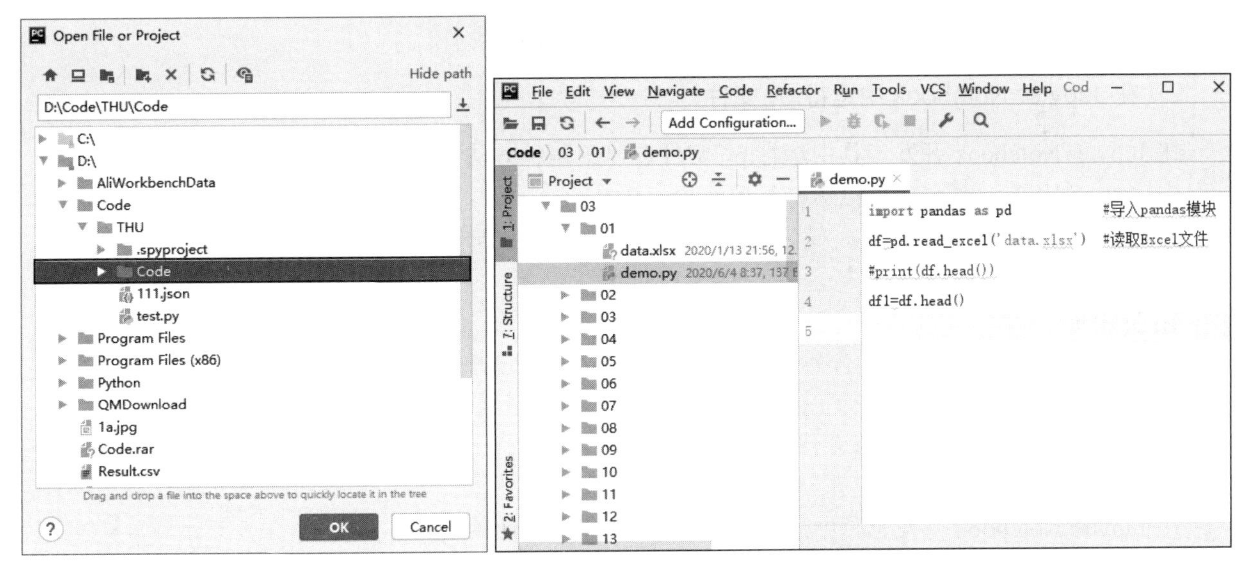


图 2.73　选择 Code 文件夹

图 2.74　查看 demo.py 文件的代码

（2）由于在 Spyder 中不需要使用 print()方法就可以查看变量，因此上述代码直接在 PyCharm 中运行将不会显示运行结果，需要使用 print()方法输出，修改后的代码如下：

```
01  import pandas as pd              #导入 pandas 模块
02  df=pd.read_excel('data.xlsx')    #读取 Excel 文件
03  print(df.head())
```

（3）运行程序，输出结果如图 2.75 所示。

|   | 排名 | 球员 | 球队 | 进球（点球） | 出场次数 | 出场时间 | 射门 | 射正 |
|---|---|---|---|---|---|---|---|---|
| 0 | 1 | 瓦尔迪 | 莱斯特 | 17(3) | 20 | 1800 | 49 | 29 |
| 1 | 2 | 英斯 | 南安普敦 | 14 | 22 | 1537 | 57 | 26 |
| 2 | 3 | 奥巴梅扬 | 阿森纳 | 14(1) | 22 | 1945 | 55 | 22 |
| 3 | 4 | 拉什福德 | 曼联 | 14(5) | 22 | 1881 | 74 | 34 |
| 4 | 5 | 亚伯拉罕 | 切尔西 | 13 | 21 | 1673 | 66 | 29 |

图 2.75　输出结果 1

正如前文所述，出现了列不对齐的现象，增加一行代码来解决这一问题，代码如下：

```
pd.set_option('display.unicode.east_asian_width', True)
```

再次运行程序，输出结果如图 2.76 所示。可以看到，列不对齐现象已解决。

|   | 排名 | 球员 | 球队 | 进球（点球） | 出场次数 | 出场时间 | 射门 | 射正 |
|---|---|---|---|---|---|---|---|---|
| 0 | 1 | 瓦尔迪 | 莱斯特 | 17(3) | 20 | 1800 | 49 | 29 |
| 1 | 2 | 英斯 | 南安普敦 | 14 | 22 | 1537 | 57 | 26 |
| 2 | 3 | 奥巴梅扬 | 阿森纳 | 14(1) | 22 | 1945 | 55 | 22 |
| 3 | 4 | 拉什福德 | 曼联 | 14(5) | 22 | 1881 | 74 | 34 |
| 4 | 5 | 亚伯拉罕 | 切尔西 | 13 | 21 | 1673 | 66 | 29 |

图 2.76　输出结果 2

接下来，我们还将介绍如何在 Jupyter Notebook 中运行.py 文件。

### 2. 在 Jupyter Notebook 中运行.py 文件

在 Jupyter Notebook 开发工具中运行.py 文件有以下两种方法。

方法 1：利用%run xx.py 直接运行得出结果。

方法 2：利用%load xx.py 导入代码再选择 Run 命令运行。为了方便修改代码，推荐使用这种方法。

Jupyter Notebook 中以%开头的代码为魔法函数，具体说明如下。

☑ %run：用于调用外部的 Python 脚本文件。

☑ %load：用于加载本地文件。

在 Jupyter Notebook 开发工具中运行.py 文件，具体步骤如下所示。

（1）运行 Jupyter Notebook，首先创建一个项目文件夹，单击右上角的 New 按钮，在弹出的菜单中选择 Folder 选项，如图 2.77 所示。

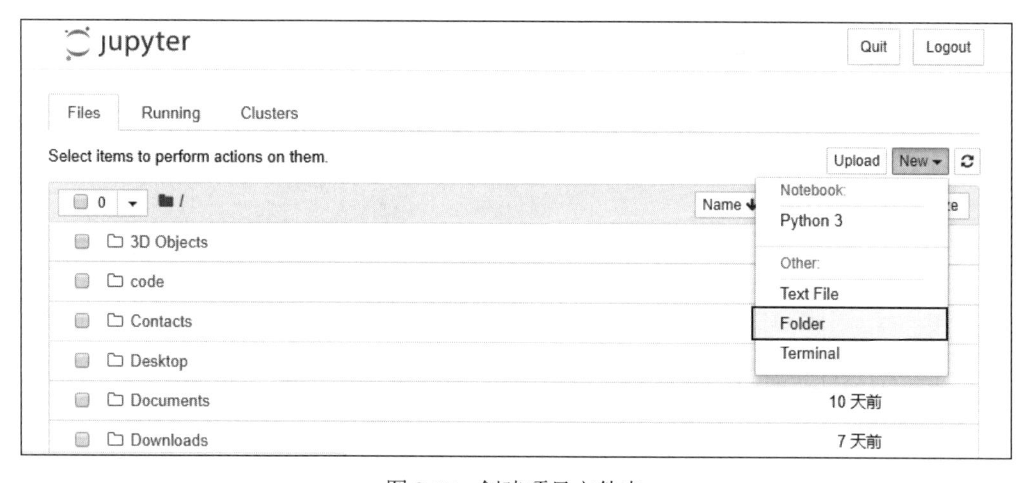


图 2.77　创建项目文件夹

（2）创建完成后，列表中会出现一个默认名为 Untitled Folder 的文件夹，双击进入该文件夹，单击上方的 Upload 按钮上传文件，在“打开”对话框中选择项目文件夹中的文件，单击“打开”按钮，如图 2.78 所示。

（3）导入项目文件，单击“上传”按钮，将项目文件上传到文件夹中。

（4）上传完成后，单击右上角的 New 按钮，新建一个 Python 3 文件，如图 2.79 所示。

（5）加载本地.py 文件，代码如下：

```
%load demo.py
```

（6）运行程序，代码将被导入 Jupyter Notebook 中，如图 2.80 所示。

（7）图 2.80 中并没有输出结果是因为没有指定变量，下面对代码稍作修改，如图 2.81 所示。

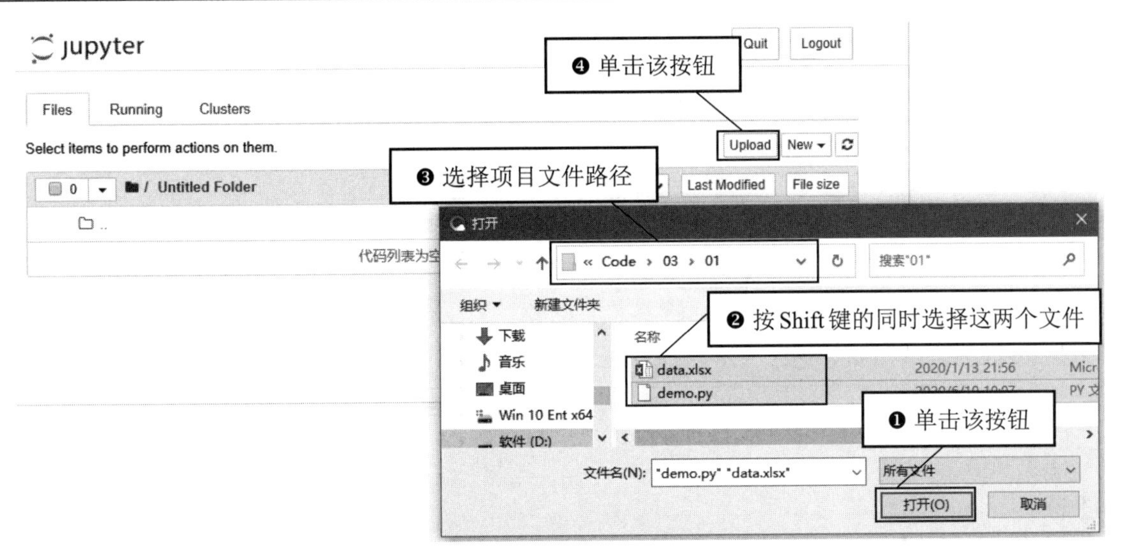


图 2.78　导入项目文件的过程

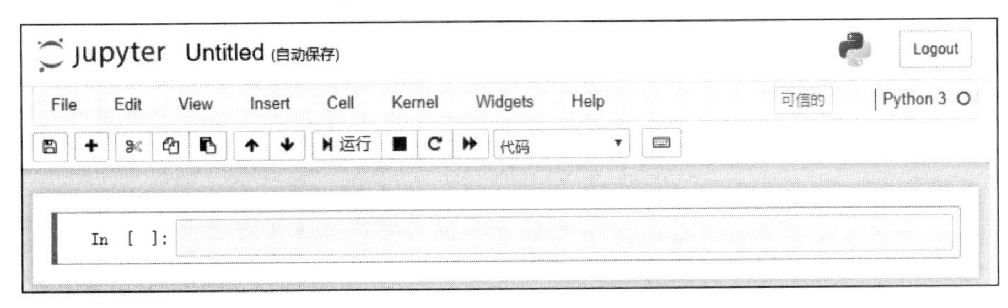


图 2.79　新建一个 Python 3 文件

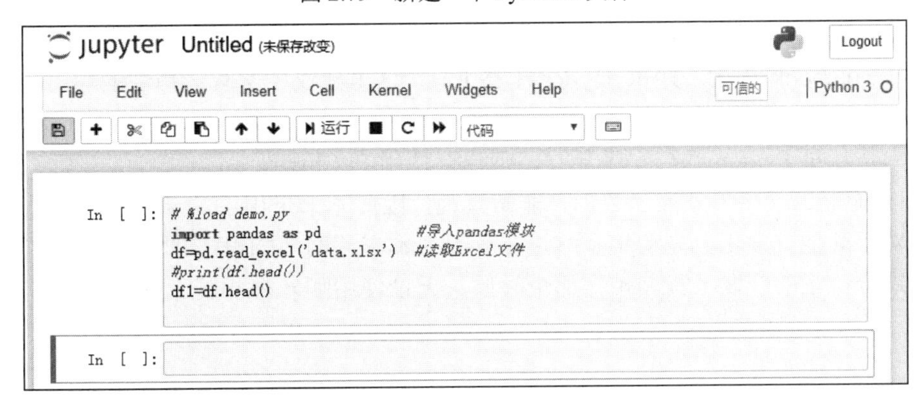


图 2.80　导入.py 文件

图 2.81　修改后的代码

（8）再次运行程序，结果如图 2.82 所示。

```
In [8]: # %load demo.py
        import pandas as pd             #导入pandas模块
        df=pd.read_excel('data.xlsx')  #读取Excel文件
        df.head()
```

Out[8]:

| | 排名 | 球员 | 球队 | 进球（点球） | 出场次数 | 出场时间 | 射门 | 射正 |
|---|---|---|---|---|---|---|---|---|
| 0 | 1 | 瓦尔迪 | 莱斯特 | 17(3) | 20 | 1800 | 49 | 29 |
| 1 | 2 | 英斯 | 南安普敦 | 14 | 22 | 1537 | 57 | 26 |
| 2 | 3 | 奥巴梅扬 | 阿森纳 | 14(1) | 22 | 1945 | 55 | 22 |
| 3 | 4 | 拉什福德 | 曼联 | 14(5) | 22 | 1881 | 74 | 34 |
| 4 | 5 | 亚伯拉罕 | 切尔西 | 13 | 21 | 1673 | 66 | 29 |

图 2.82　输出结果

**注意**

如果不显示运行结果，单击“中断服务”后再次运行即可。

上述文件是符合 Jupyter Notebook 的文件格式，即 Untitled.ipynb。

以上对比了不同的开发工具，无论使用哪一种开发工具，其代码都有一定的通用性，只是在输出结果上略有不同，如果掌握了一定的 Python 技能，就可以安装多种开发工具，并根据需求进行切换。

## 2.8　小　　结

本章介绍了多款开发工具，如 Python 自带的 IDLE、集成开发环境 PyCharm，适合数据分析的标准环境、Jupyter Notebook 开发工具和 Spyder 开发工具。这里建议大家有选择性的学习，对于初学者来说，如果只想从事数据处理和数据分析方面的开发，则建议使用 Jupyter Notebook 开发工具和 Spyder 开发工具；如果是从事 Python 综合程序开发，则建议使用 PyCharm。

由于 Spyder 能够以表格形式显示数据，非常直观，因此本书采用了 Spyder。同时也建议大家首先学习 Spyder，对于其他开发工具先初步了解，在学习完本书后面的知识，并掌握了一定的 Python 技能后，再来选择适合自己的开发工具。相信那个时候，无论使用哪一种开发工具都会游刃有余。

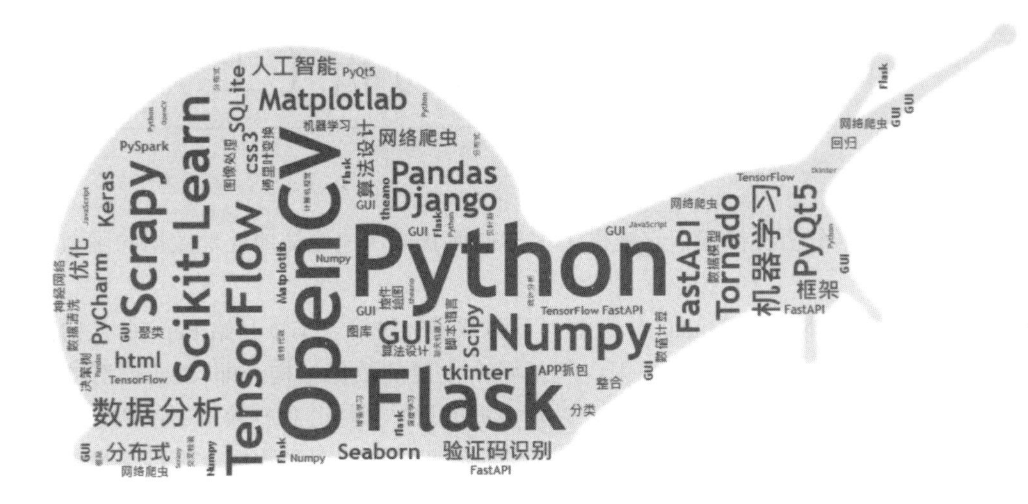


# 第 2 篇　实践篇

本篇以数据分析三剑客 Pandas、Matplotlib 和 Numpy 为主线，以数据分析的基本流程展开讲解，详细介绍了 Pandas 数据处理与数据分析，数据可视化三大图表 Matplotlib、Seaborn 和第三方图表 Pyecharts，图解数组计算模块 NumPy。最后，通过 8 个典型的数据统计分析案例，对前面所学的知识进行综合应用，通过实际案例来检验学习成果。

# 第3章

# Pandas统计分析（上）

Pandas 是 Python 的核心数据分析支持库，它提供了大量能使我们快速便捷地处理数据的函数和方法。

由于 Pandas 相关知识非常多，本书将 Pandas 分为上、下两章进行讲解。本章开始 Pandas 入门内容，从安装开始，逐步介绍 Pandas 相关的入门知识，包括两个主要的数据结构，即 Series 对象和 DataFrame 对象，也包括如何导入外部数据、数据抽取，以及数据的增加、修改和删除，还包括数据清洗、索引设置、数据排序与排名等相关基础知识，这些都是在为后期数据处理和数据分析打下良好的基础。

## 3.1 初识 Pandas

本节主要简单了解 Pandas 及如何安装 Pandas，通过“牛刀小试”使读者能够快速体验 Pandas。

### 3.1.1 Pandas 概述

Pandas 是数据分析三大剑客之一，是 Python 的核心数据分析库，它提供了快速、灵活、明确的数据结构，能够简单、直观、快速地处理各种类型的数据，具体介绍如下所示。

Pandas 能够处理以下类型的数据。

☑ 与 SQL 或 Excel 表类似的数据。

☑ 有序和无序（非固定频率）的时间序列数据。

☑ 带行、列标签的矩阵数据。

☑ 任意其他形式的观测、统计数据集。

Pandas 提供的两个主要数据结构 Series（一维数组结构）与 DataFrame（二维数组结构），可以处理金融、统计、社会科学、工程等领域里的大多数典型案例，并且 Pandas 是基于 NumPy 开发的，可以与其他第三方科学计算库完美集成。

Pandas 的功能很多，它的优势如下。

☑ 处理浮点与非浮点数据里的缺失数据，表示为 NaN。

- ☑ 大小可变，例如插入或删除 DataFrame 等多维对象的列。
- ☑ 自动、显式数据对齐，显式地将对象与一组标签对齐，也可以忽略标签，在 Series、DataFrame 计算时自动与数据对齐。
- ☑ 强大、灵活的分组统计（groupby）功能，即数据聚合、数据转换。
- ☑ 把 Python 和 NumPy 数据结构里不规则、不同索引的数据轻松地转换为 DataFrame 对象。
- ☑ 智能标签，对大型数据集进行切片、花式索引、子集分解等操作。
- ☑ 直观地合并（merge）、连接（join）数据集。
- ☑ 灵活地重塑（reshape）、透视（pivot）数据集。
- ☑ 成熟的导入、导出工具，导入文本文件（CSV 等支持分隔符的文件）、Excel 文件、数据库等来源的数据，导出 Excel 文件、文本文件等，利用超快的 HDF5 格式保存或加载数据。
- ☑ 时间序列：支持日期范围生成、频率转换、移动窗口统计、移动窗口线性回归、日期位移等时间序列功能。

综上所述，Pandas 是处理数据最理想的工具。

## 3.1.2　安装 Pandas

下面介绍两种安装 Pandas 的方法。

### 1. 通过 PyPI 的 pip 工具安装

在系统搜索框中输入 cmd，单击命令提示符，打开命令提示符窗口，在命令提示符后输入安装命令。Pandas 可以通过 PyPI 的 pip 工具安装，安装命令如下：

```
pip install Pandas
```

**知识胶囊**

pip 是开发人员经常使用，却又不知来历的一个工具。下面简单介绍一下它。pip 是一个现代的、通用的 Python 包管理工具，英文全称是 python install packages。

PyPI（Python Package Index）是 Python 官方的第三方库的仓库，所有人都可以下载第三方库或上传自己开发的库到 PyPI。PyPI 可帮助我们查找和安装 Python 社区开发和共享的软件。PyPI 推荐使用 pip 包管理器来下载第三方库，Python 2.7.9 以后的版本已经内置了 pip，所以不需要安装。

### 2. 通过 PyCharm 开发环境安装

除了通过 pip 工具安装以外，还可以通过 PyCharm 开发环境安装。运行 PyCharm，选择 File→Settings 命令，打开 Settings 窗口，选择 Project Interpreter 选项，然后单击+（添加）按钮，如图 3.1 所示。这里要注意，在 Project Interpreter 选项中应选择当前工程项目使用的 Python 版本。

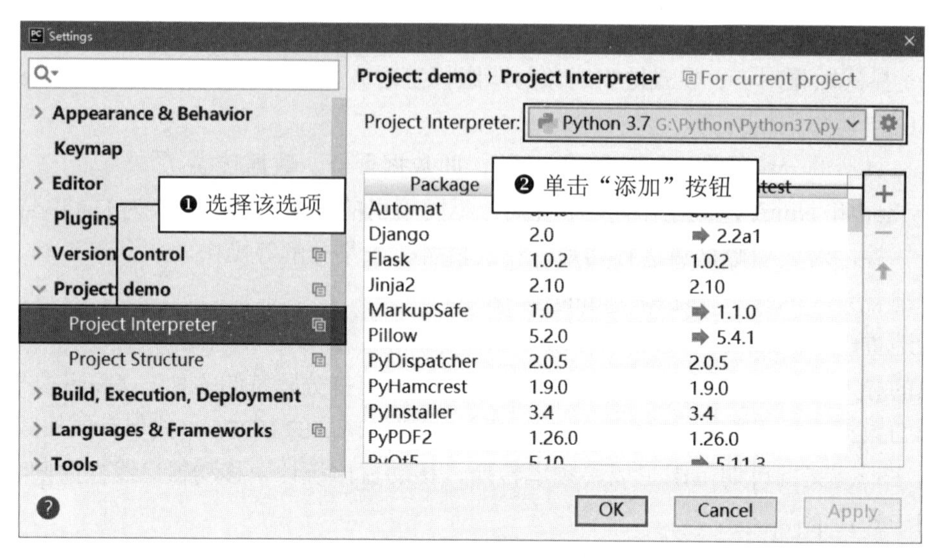


图 3.1 Settings 窗口

单击+（添加）按钮，打开 Available Packages 窗口，在搜索文本框中输入需要添加的模块名称，如 pandas，然后在列表中选择需要安装的模块，如图 3.2 所示。单击 Install Package 按钮即可实现 Pandas 模块的安装。

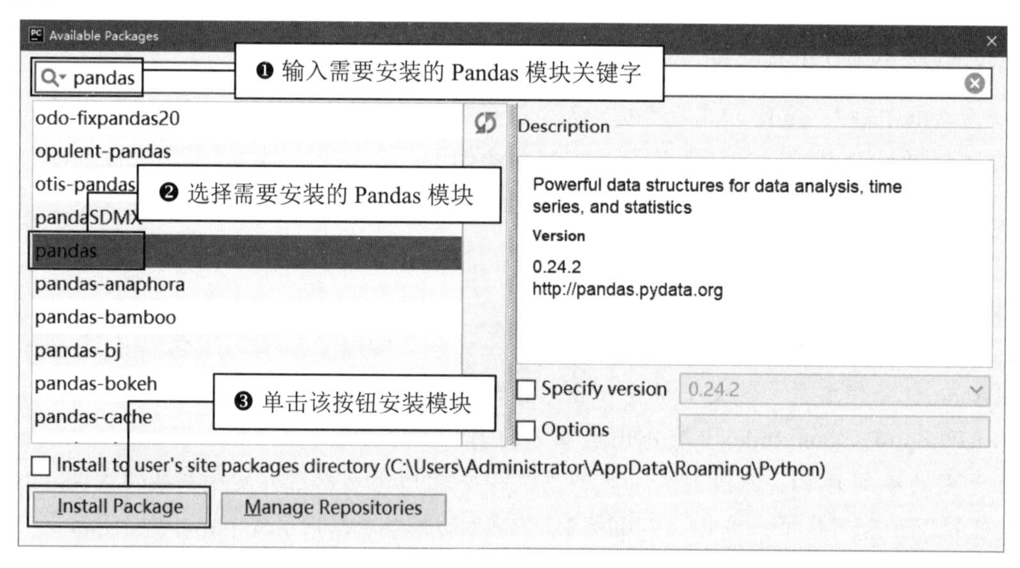


图 3.2 在 PyCharm 开发环境中安装 Pandas 模块

另外，还需要注意以下一点：Pandas 有一些依赖库。

例如，当通过 Pandas 读取 Excel 文件时，如果只安装 Pandas 模块，就会出现如图 3.3 所示的错误提示，意思是缺少依赖库 xlrd；当通过 Pandas 导出 Excel 文件时，也同样会出现缺少依赖库 xlwt 的错误提示，如图 3.4 所示。

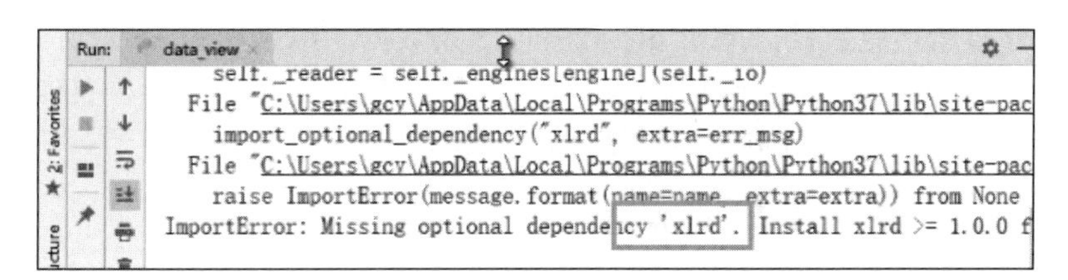


图 3.3　缺少依赖库 xlrd

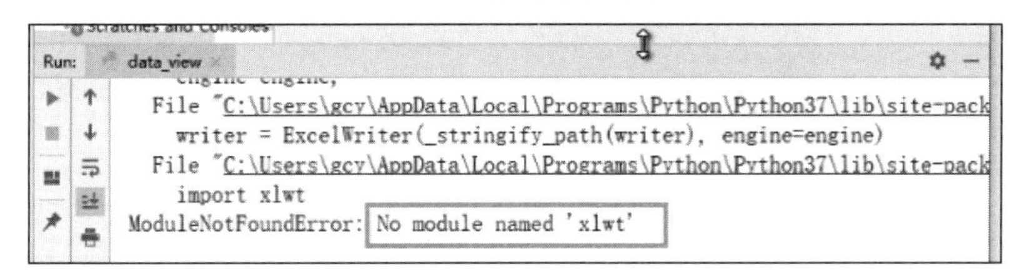


图 3.4　缺少依赖库 xlwt

解决办法：安装 xlrd 模块和 xlwt 模块。方法分别如下。

☑　使用安装命令 pip install xlrd 或通过 PyCharm 开发环境安装 xlrd 模块。

☑　使用安装命令 pip install xlwt 或通过 PyCharm 开发环境安装 xlwt 模块。

由于我们后面举例经常会用到这两项操作，因此需要同时安装 xlrd 和 xlwt 两个模块。

### 3.1.3　小试牛刀——轻松导入 Excel 数据

了解了 Pandas 模块，接下使用 Pandas 导入 Excel 数据。

【示例 01】　导入英超射手榜数据。（**示例位置：资源包\MR\Code\03\01**）

以英超射手榜数据为例，导入英超射手榜数据，按照惯例首先导入模块，然后编写代码。具体步骤如下所示。

（1）运行 Spyder，在代码编辑窗口（Editor）编写如下代码：

```
01  import pandas as pd                    #导入 pandas 模块
02  df=pd.read_excel('data.xlsx')          #读取 Excel 文件
03  df1=df.head()                          #显示前 5 条数据
```

（2）首先按 F5 键（或单击工具栏运行按钮）运行程序，然后通过变量浏览窗口（Variable explorer）查看运行结果，如图 3.5 所示。

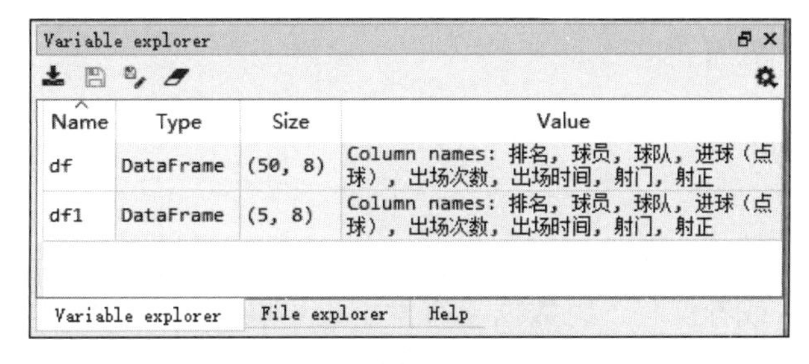


图 3.5　变量浏览窗口

双击表格中的 df 查看所有数据，双击 df1 查看前 5 条数据，结果如图 3.6 所示。

还可以通过在控制台输入变量名输出运行结果。例如，查看前 5 条数据，首先运行程序，然后在控制台输入 df1 并按 Enter 键，即可输出运行结果，如图 3.7 所示。

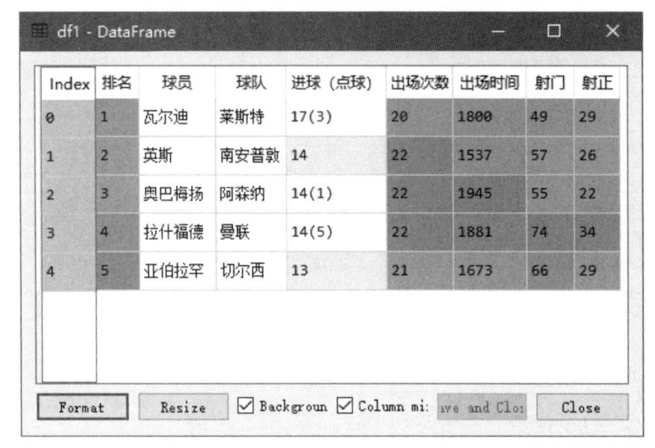


图 3.6　英超射手榜 TOP 5

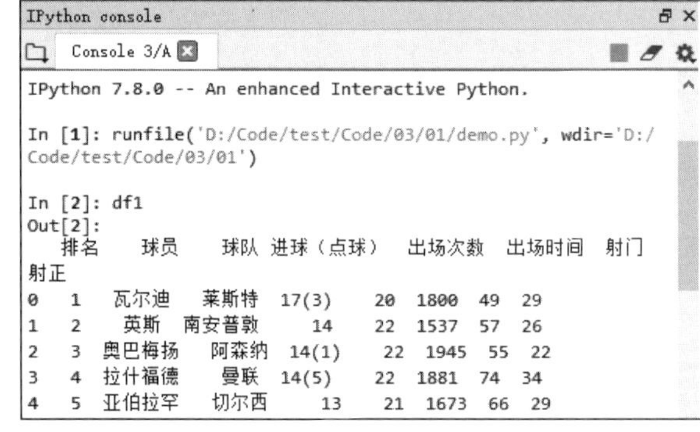


图 3.7　在控制台输出运行结果

另外，还一种方法是在编写代码过程中，通过 print()函数在控制台直接输出运行结果。例如，查看前 5 条数据，代码如下：

```
print(df.head())
```

以上介绍了 3 种方法输出运行结果，可以根据需求选择适合的方法。

# 3.2　Series 对象

Pandas 是 Python 数据分析重要的库，而 Series 和 DataFrame 是 Pandas 库中两个重要的对象，也是 Pandas 中两个重要的数据结构，如图 3.8 所示。

| 维数 | 名称 | 描述 |
|---|---|---|
| 1 | Series | 带标签的一维同构数组 |
| 2 | DataFrame | 带标签的，大小可变的，二维异构表格 |

图 3.8　Pandas 两个重要的数据结构

本节将主要介绍 Series 对象。

## 3.2.1　图解 Series 对象

Series 是 Python 的 Pandas 库中的一种数据结构，它类似一维数组，由一组数据以及与这组数据相关的标签（即索引）组成，或者仅有一组数据没有索引也可以创建一个简单的 Series。Series 可以存储整数、浮点数、字符串、Python 对象等多种类型的数据。

例如，在成绩表（见图 3.9）中包含了 Series 对象和 DataFrame 对象，其中“语文”“数学”“英语”

3 列中的每一列均是一个 Series 对象，而“语文”“数学”“英语”3 列组成了一个 DataFrame 对象，如图 3.10 所示。

| | 语文 | 数学 | 英语 |
|---|---|---|---|
| 0 | 110 | 105 | 99 |
| 1 | 105 | 88 | 115 |
| 2 | 109 | 120 | 130 |

图 3.9　原始数据（成绩表）

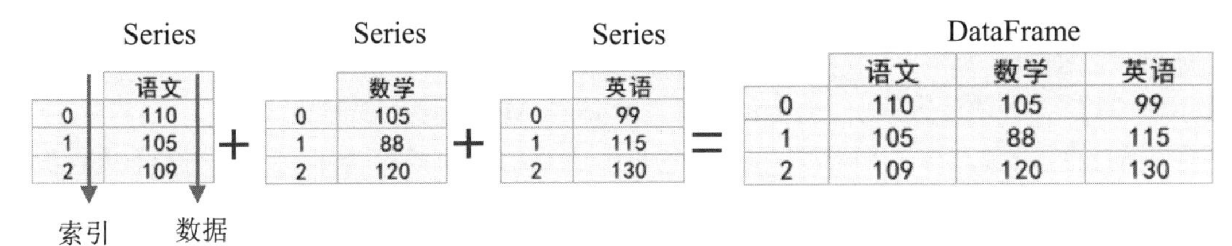


图 3.10　图解 Series

## 3.2.2　创建一个 Series 对象

创建 Series 对象主要使用 Pandas 的 Series()方法，语法如下：

```
s=pd.Series(data,index=index)
```

参数说明：

☑　data：表示数据，支持 Python 字典、多维数组、标量值（即只有大小，没有方向的量。也就是说，只是一个数值，如 s=pd.Series(5)）。

☑　index：表示行标签（索引）。

☑　返回值：Series 对象。

**说明**

当 data 参数是多维数组时，index 长度必须与 data 长度一致。如果没有指定 index 参数，则自动创建数值型索引（从 0～data 数据长度-1）。

【示例 02】　在成绩表添加一列“物理”成绩。（**示例位置：资源包\MR\Code\03\02**）

创建一个 Series 对象，在成绩表中添加一列“物理”成绩。程序代码如下：

```
01  import pandas as pd
02  s1=pd.Series([88,60,75])
03  print(s1)
```

运行程序，控制台输出结果如下：

```
0    88
1    60
2    75
```

上述举例，如果通过 Pandas 模块引入 Series 对象，那么就可以直接在程序中使用 Series 对象了。主要代码如下：

```
01  from pandas import Series
02  s1=Series([88,60,75])
```

## 3.2.3 手动设置 Series 索引

创建 Series 对象时会自动生成整数索引，默认值从 0 开始至数据长度减 1。例如，3.2.1 节举例中使用的就是默认索引，如 0、1、2。除了使用默认索引，还可以通过 index 参数手动设置索引。

【示例 03】 手动设置索引。（**示例位置：资源包\MR\Code\03\03**）

下面手动设置索引，将 3.2.1 节添加的“物理”成绩的索引设置为 1、2、3，也可以是“明日同学”“高同学”“七月流火”。程序代码如下：

```
01  import pandas as pd
02  s1=pd.Series([88,60,75],index=[1,2,3])
03  s2=pd.Series([88,60,75],index=['明日同学','高同学','七月流火'])
04  print(s1)
05  print(s2)
```

运行程序，控制台输出结果如下：

```
1     88
2     60
3     75
dtype: int64
明日同学     88
高同学      60
七月流火     75
dtype: int64
```

**说明**

上述结果中输出的 dtype 是 DataFrame 数据的数据类型，int 为整型，后面的数字表示位数。

## 3.2.4 Series 的索引

### 1. Series 位置索引

位置索引是从 0 开始数，[0]是 Series 第一个数，[1]是 Series 第二个数，以此类推。

【示例 04】 通过位置索引获取学生物理成绩。（**示例位置：资源包\MR\Code\03\04**）

获取第一个学生的物理成绩。程序代码如下：

```
01  import pandas as pd
02  s1=pd.Series([88,60,75])
03  print(s1[0])
```

运行程序，控制台输出结果如下：

```
88
```

**注意**

Series 不能使用[-1]定位索引。

### 2. Series 标签索引

Series 标签索引与位置索引方法类似，用[ ]表示，里面是索引名称，注意 index 的数据类型是字符串，如果需要获取多个标签索引值，用[[ ]]表示（相当于[ ]中包含一个列表）。

【示例 05】　通过标签索引获取学生物理成绩。（**示例位置：资源包\MR\Code\03\05**）

通过标签索引“明日同学”和“七月流火”获取物理成绩，程序代码如下：

```
01    import pandas as pd
02    s1=pd.Series([88,60,75],index=['明日同学','高同学','七月流火'])
03    print(s1['明日同学'])                          #通过一个标签索引获取索引值
04    print(s1[['明日同学','七月流火']])              #通过多个标签索引获取索引值
```

运行程序，控制台输出结果如下：

```
88
明日同学     88
七月流火     75
```

### 3. Series 切片索引

用标签索引做切片，包头包尾（即包含索引开始位置的数据，也包含索引结束位置的数据）。

【示例 06】　通过切片获取数据。（**示例位置：资源包\MR\Code\03\06**）

通过标签切片索引“明日同学”至“七月流火”获取数据。程序代码如下：

```
print(s1['明日同学':'七月流火'])                    #通过切片获取索引值
```

运行程序，控制台输出结果如下：

```
明日同学     88
高同学       60
七月流火     75
```

用位置索引做切片，和 list 列表用法一样，包头不包尾（即包含索引开始位置的数据，不包含索引结束位置的数据）。

【示例 07】　通过位置切片获取数据。（**示例位置：资源包\MR\Code\03\07**）

通过位置切片 1～4 获取数据，程序代码如下：

```
01    s2=pd.Series([88,60,75,34,68])
02    print(s2[1:4])
```

运行程序，控制台输出结果如下：

```
1    60
2    75
3    34
```

### 3.2.5 获取 Series 索引和值

获取 Series 索引和值主要使用 Series 的 index 和 values 方法。

【示例 08】 获取物理成绩的索引和值。（**示例位置：资源包\MR\Code\03\08**）

下面使用 Series 的 index 和 values 方法获取物理成绩的索引和值，程序代码如下：

```
01  import pandas as pd
02  s1=pd.Series([88,60,75])
03  print(s1.index)
04  print(s1.values)
```

运行程序，控制台输出结果如下：

```
RangeIndex(start=0, stop=3, step=1)
[88 60 75]
```

## 3.3 DataFrame 对象

DataFrame 是 Pandas 库中的一种数据结构，它是由多种类型的列组成的二维表数据结构，类似于 Excel、SQL 或 Series 对象构成的字典。DataFrame 是最常用的 Pandas 对象，它与 Series 对象一样支持多种类型的数据。

### 3.3.1 图解 DataFrame 对象

DataFrame 是一个二维表数据结构，由行、列数据组成的表格。DataFrame 既有行索引也有列索引，它可以看作是由 Series 对象组成的字典，不过这些 Series 对象共用一个索引，如图 3.11 所示。

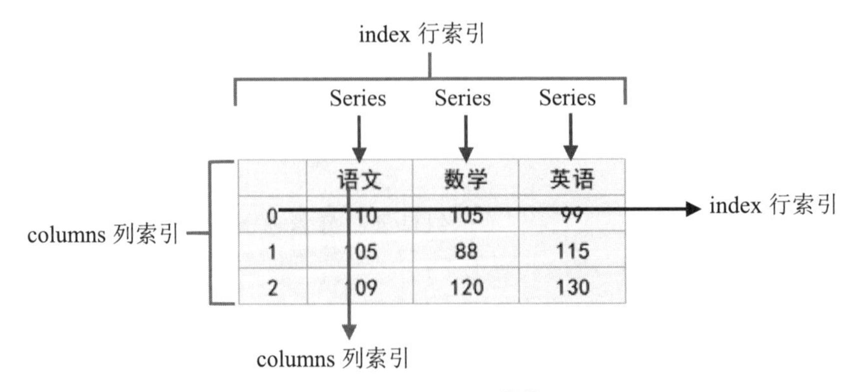


图 3.11 DataFrame 结构

处理 DataFrame 表格数据时，用 index 表示行或用 columns 表示列更直观。用这种方式迭代 DataFrame 的列，代码更易读懂。

【示例 09】　遍历 DataFrame 数据。（**示例位置：资源包\MR\Code\03\09**）

遍历 DataFrame 数据，输出成绩表的每一列数据，程序代码如下：

```
01  import pandas as pd
02  data = [[110,105,99],[105,88,115],[109,120,130]]
03  index = [0,1,2]
04  columns = ['语文','数学','英语']
05  #创建 DataFrame 数据
06  df = pd.DataFrame(data=data, index=index,columns=columns)
07  print(df)
08  #遍历 DataFrame 数据的每一列
09  for col in df.columns:
10      series = df[col]
11      print(series)
```

运行程序，控制台输出结果如下：

```
0    110
1    105
2    109
Name: 语文, dtype: int64
0    105
1     88
2    120
Name: 数学, dtype: int64
0     99
1    115
2    130
Name: 英语, dtype: int64
```

从运行结果得知，上述代码返回的其实是 Series，如图 3.12 所示。Pandas 之所以提供多种数据结构，其目的就是为了代码易读、操作更加方便。

Series

| | 语文 |
|---|---|
| 0 | 110 |
| 1 | 105 |
| 2 | 109 |

Series

| | 数学 |
|---|---|
| 0 | 105 |
| 1 | 88 |
| 2 | 120 |

Series

| | 英语 |
|---|---|
| 0 | 99 |
| 1 | 115 |
| 2 | 130 |

图 3.12　Series 对象

## 3.3.2　创建一个 DataFrame 对象

创建 DataFrame 主要使用 Pandas 的 DataFrame()方法，语法如下：

```
pandas.DataFrame(data,index,columns,dtype,copy)
```

参数说明：

☑ data：表示数据，可以是 ndarray 数组、Series 对象、列表、字典等。

☑ index：表示行标签（索引）。

☑ columns：列标签（索引）。

☑ dtype：每一列数据的数据类型，其与 Python 数据类型有所不同，如 object 数据类型对应的是 Python 的字符型。表 3.1 为 Pandas 数据类型与 Python 数据类型的对应表。

表 3.1　数据类型对应表

| Pandas dtype | Python type |
|---|---|
| object | str |
| int64 | int |
| float64 | float |
| bool | bool |
| datetime64 | datetime64[ns] |
| timedelta[ns] | NA |
| category | NA |

☑ copy：用于复制数据。

☑ 返回值：DataFrame。

下面通过两种方法来创建 DataFrame，即通过二维数组创建和通过字典创建。

### 1. 通过二维数组创建 DataFrame

【示例 10】　通过二维数组创建成绩表。（**示例位置：资源包\MR\Code\03\10**）

通过二维数组创建成绩表，包括语文、数学和英语，程序代码如下：

```
01  import pandas as pd
02  #解决数据输出时列名不对齐的问题
03  pd.set_option('display.unicode.east_asian_width', True)
04  data = [[110,105,99],[105,88,115],[109,120,130]]
05  columns = ['语文','数学','英语']
06  df = pd.DataFrame(data=data, columns=columns)
07  print(df)
```

运行程序，控制台输出结果如下：

```
   语文  数学  英语
0  110   105    99
1  105    88   115
2  109   120   130
```

### 2. 通过字典创建 DataFrame

通过字典创建 DataFrame，需要注意：字典中的 value 值只能是一维数组或单个的简单数据类型，如果是数组，要求所有数组长度一致；如果是单个数据，则每行都添加相同数据。

【示例 11】　通过字典创建成绩表。（**示例位置：资源包\MR\Code\03\11**）

通过字典创建成绩表，包括语文、数学、英语和班级，程序代码如下：

```
01  import pandas as pd
02  #解决数据输出时列名不对齐的问题
03  pd.set_option('display.unicode.east_asian_width', True)
04  df = pd.DataFrame({
05      '语文':[110,105,99],
06      '数学':[105,88,115],
07      '英语':[109,120,130],
08      '班级':'高一 7 班'
09  },index=[0,1,2])
10  print(df)
```

运行程序，控制台输出结果如下：

```
   语文  数学  英语    班级
0  110   105   109  高一 7 班
1  105    88   120  高一 7 班
2   99   115   130  高一 7 班
```

上述代码中，“班级”的 value 值是一个单个数据，所以每一行都添加了相同的数据“高一 7 班”。

## 3.3.3　DataFrame 重要属性和函数

DataFrame 是 Pandas 一个重要的对象，它的属性和函数很多，下面先简单了解 DataFrame 的几个重要属性和函数。重要属性介绍如表 3.2 所示，重要函数介绍如表 3.3 所示。

表 3.2　重要属性

| 属　性 | 描　述 | 举　例 |
|---|---|---|
| values | 查看所有元素的值 | df.values |
| dtypes | 查看所有元素的类型 | df.dtypes |
| index | 查看所有行名、重命名行名 | df.index<br>df.index=[1,2,3] |
| columns | 查看所有列名、重命名列名 | df.columns<br>df.columns=['语','数','外'] |
| T | 行列数据转换 | df.T |
| head | 查看前 *n* 条数据，默认 5 条 | df.head()　df.head(10) |
| tail | 查看后 *n* 条数据，默认 5 条 | df.tail()　df.tail(10) |
| shape | 查看行数和列数，[0]表示行，[1]表示列 | df.shape[0]　df.shape[1] |
| info | 查看索引，数据类型和内存信息 | df.info |

表 3.3　重要函数

| 函　数 | 描　述 | 举　例 |
|---|---|---|
| describe | 查看每列的统计汇总信息，DataFrame 类型 | df.describe() |
| count | 返回每一列中的非空值的个数 | df.count() |
| sum | 返回每一列的和，无法计算返回空值 | df.sum() |
| max | 返回每一列的最大值 | df.max() |
| min | 返回每一列的最小值 | df.min() |
| argmax | 返回最大值所在的自动索引位置 | df.argmax() |
| argmin | 返回最小值所在的自动索引位置 | df.argmin() |
| idxmax | 返回最大值所在的自定义索引位置 | df.idxmax() |
| idxmin | 返回最小值所在的自定义索引位置 | df.idxmin() |
| mean | 返回每一列的平均值 | df.mean() |
| median | 返回每一列的中位数（中位数又称中值，是统计学专有名词，是指按顺序排列的一组数据中居于中间位置的数） | df.median() |
| var | 返回每一列的方差（方差用于度量单个随机变量的离散程度——不连续程度） | df.var() |
| std | 返回每一列的标准差（标准差是方差的算术平方根，反映数据集的离散程度） | df.std() |
| isnull | 检查 df 中的空值，空值为 True；否则为 False，返回布尔型数组 | df.isnull() |
| notnull | 检查 df 中的空值，非空值为 True；否则 False，返回布尔型数组 | df.notnull() |

# 3.4　导入外部数据

数据分析首先就要有数据。那么，数据类型有多种，本节介绍如何导入不同类型的外部数据。

## 3.4.1　导入.xls 或.xlsx 文件

导入.xls 或.xlsx 文件主要使用 Pandas 的 read_excel()方法，语法如下：

```
pandas.read_excel(io,sheet_name=0,header=0,names=None,index_col=None,usecols=None,squeeze=False,
dtype=None,engine=None,converters=None,true_values=None,false_values=None,skiprows=None,nrow=None,
na_values=None,keep_default_na=True,verbose=False,parse_dates=False,date_parser=None,thousands=None,
comment=None,skipfooter=0,conver_float=True,mangle_dupe_cols=True,**kwds)
```

常用参数说明：

☑　io：字符串，.xls 或.xlsx 文件路径或类文件对象。

☑　sheet_name：None、字符串、整数、字符串列表或整数列表，默认值为 0。字符串用于工作表名称，整数为索引表示工作表位置，字符串列表或整数列表用于请求多个工作表，为 None 时获取所有工作表。参数值如表 3.4 所示。

表 3.4　sheet_name 参数值

| 值 | 说　明 |
|---|---|
| sheet_name=0 | 第一个 Sheet 页中的数据作为 DataFrame |
| sheet_name=1 | 第二个 Sheet 页中的数据作为 DataFrame |

续表

| 值 | 说　明 |
|---|---|
| sheet_name="Sheet1" | 名为 Sheet1 的 Sheet 页中的数据作为 DataFrame |
| sheet_name=[0,1,'Sheet3'] | 第一个、第二个和名为 Sheet3 的 Sheet 页中的数据作为 DataFrame |

- ☑ header：指定作为列名的行，默认值为 0，即取第一行的值为列名。数据为除列名以外的数据；若数据不包含列名，则设置 header=None。
- ☑ names：默认值为 None，要使用的列名列表。
- ☑ index_col：指定列为索引列，默认值为 None，索引 0 是 DataFrame 的行标签。
- ☑ usecols：int、list 列表或字符串，默认值为 None。
  - ➢ 如果为 None，则解析所有列。
  - ➢ 如果为 int，则解析最后一列。
  - ➢ 如果为 list 列表，则解析列号列表的列。
  - ➢ 如果为字符串，则表示以逗号分隔的 Excel 列字母和列范围列表（例如“A:E”或“A,C,E:F”）。范围包括双方。
- ☑ squeeze：布尔值，默认值为 False，如果解析的数据只包含一列，则返回一个 Series。
- ☑ dtype：列的数据类型名称或字典，默认值为 None。例如{'a':np.float64,'b':np.int32}。
- ☑ skiprows：省略指定行数的数据，从第一行开始。
- ☑ skipfooter：省略指定行数的数据，从尾部数的行开始。

下面通过示例，详细介绍如何导入.xlsx 文件。

### 1. 常规导入

**【示例 12】**　导入 Excel 文件。（**示例位置：资源包\MR\Code\03\12**）

导入“1 月.xlsx”Excel 文件，程序代码如下：

```
01  import pandas as pd
02  df=pd.read_excel('1 月.xlsx')
03  df1=df.head()                                    #输出前 5 条数据
```

运行程序，输出前 5 条数据，结果如图 3.13 所示。

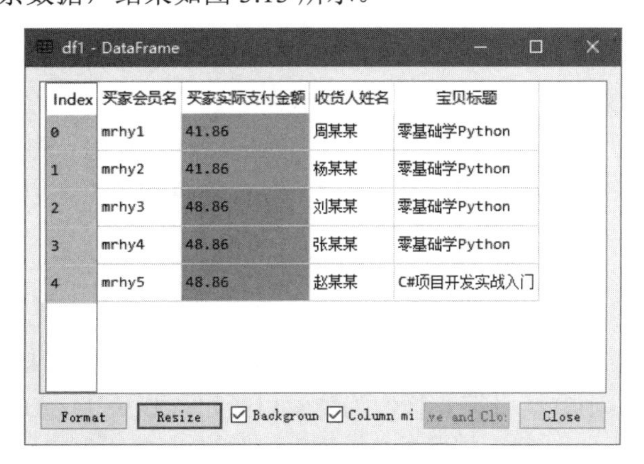


图 3.13　1 月淘宝销售数据（前 5 条数据）

**知识胶囊**

导入外部数据，必然要涉及路径问题，下面来了解一下相对路径和绝对路径。

☑ 相对路径：相对路径就是以当前文件为基准进行一级级目录指向被引用的资源文件。以下是常用的表示当前目录和当前目录的父级目录的标识符。

- ../：表示当前文件所在目录的上一级目录。
- ./：表示当前文件所在的目录（可以省略）。
- /：表示当前文件的根目录（域名映射或硬盘目录)。
- 如果使用系统默认文件路径\，那么，在 Python 中则需要在路径最前面加一个 r，以避免路径里面的\被转义。

☑ 绝对路径：绝对路径是文件真正存在的路径，是指从硬盘的根目录（盘符）开始，进行一级级目录指向文件。

### 2．导入指定的 Sheet 页

一个 Excel 文件包含多个 Sheet 页，通过设置 sheet_name 参数就可以导入指定 Sheet 页的数据。

【示例 13】　导入指定 Sheet 页的数据。（**示例位置：资源包\MR\Code\03\13**）

一个 Excel 文件包含多家店铺的销售数据，导入其中一家店铺（莫寒）的销售数据，如图 3.14 所示。

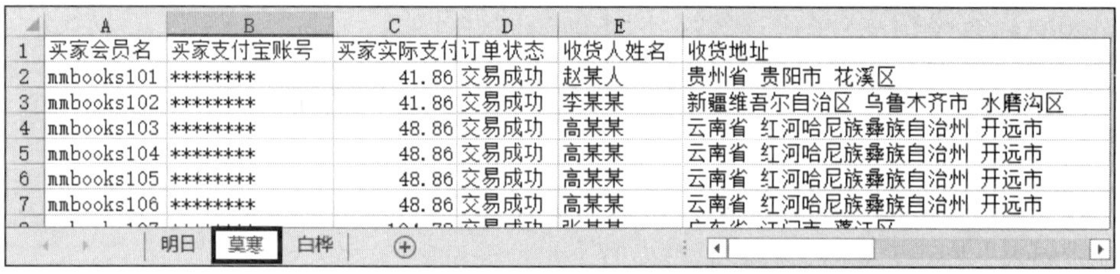

|  | A | B | C | D | E |
|---|---|---|---|---|---|
| 1 | 买家会员名 | 买家支付宝账号 | 买家实际支付 | 订单状态 | 收货人姓名 | 收货地址 |
| 2 | mmbooks101 | ******** | 41.86 | 交易成功 | 赵某人 | 贵州省 贵阳市 花溪区 |
| 3 | mmbooks102 | ******** | 41.86 | 交易成功 | 李某某 | 新疆维吾尔自治区 乌鲁木齐市 水磨沟区 |
| 4 | mmbooks103 | ******** | 48.86 | 交易成功 | 高某某 | 云南省 红河哈尼族彝族自治州 开远市 |
| 5 | mmbooks104 | ******** | 48.86 | 交易成功 | 高某某 | 云南省 红河哈尼族彝族自治州 开远市 |
| 6 | mmbooks105 | ******** | 48.86 | 交易成功 | 高某某 | 云南省 红河哈尼族彝族自治州 开远市 |
| 7 | mmbooks106 | ******** | 48.86 | 交易成功 | 高某某 | 云南省 红河哈尼族彝族自治州 开远市 |

明日　莫寒　白桦

图 3.14　原始数据

程序代码如下：

```
01  import pandas as pd
02  df=pd.read_excel('1 月.xlsx',sheet_name='莫寒')
03  df1=df.head()                                   #输出前 5 条数据
```

运行程序，输出前 5 条数据，结果如图 3.15 所示。

除了指定 Sheet 页的名字，还可以指定 Sheet 页的顺序，从 0 开始。例如，sheet_name=0 表示导入第一个 Sheet 页的数据，sheet_name=1 表示导入第二个 Sheet 页的数据，以此类推。

如果不指定 sheet_name 参数，则默认导入第一个 Sheet 页的数据。

### 3．通过行、列索引导入指定行、列数据

DataFrame 是二维数据结构，因此它既有行索引又有列索引。当导入 Excel 数据时，行索引会自动生成，如 0、1、2；而列索引则默认将第 0 行作为列索引（如 A,B,…,J)。DataFrame 行、列索引的示意图如图 3.16 所示。

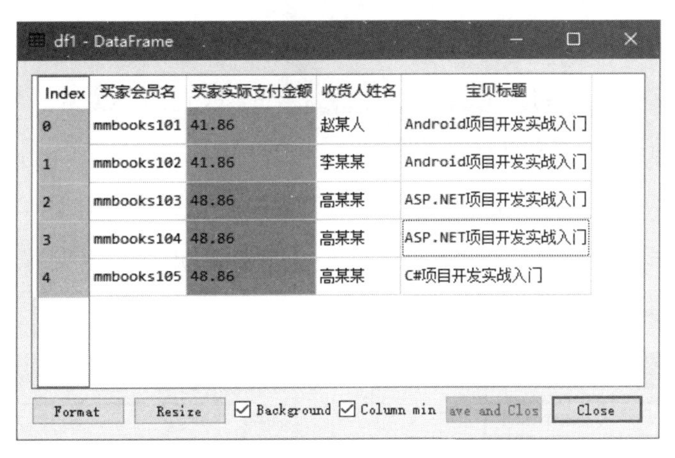

df1 - DataFrame

| Index | 买家会员名 | 买家实际支付金额 | 收货人姓名 | 宝贝标题 |
|---|---|---|---|---|
| 0 | mmbooks101 | 41.86 | 赵某人 | Android项目开发实战入门 |
| 1 | mmbooks102 | 41.86 | 李某某 | Android项目开发实战入门 |
| 2 | mmbooks103 | 48.86 | 高某某 | ASP.NET项目开发实战入门 |
| 3 | mmbooks104 | 48.86 | 高某某 | ASP.NET项目开发实战入门 |
| 4 | mmbooks105 | 48.86 | 高某某 | C#项目开发实战入门 |

Format　Resize　Background　Column min　ave and Clos　Close

图 3.15　导入指定的 Sheet 页（前 5 条数据）

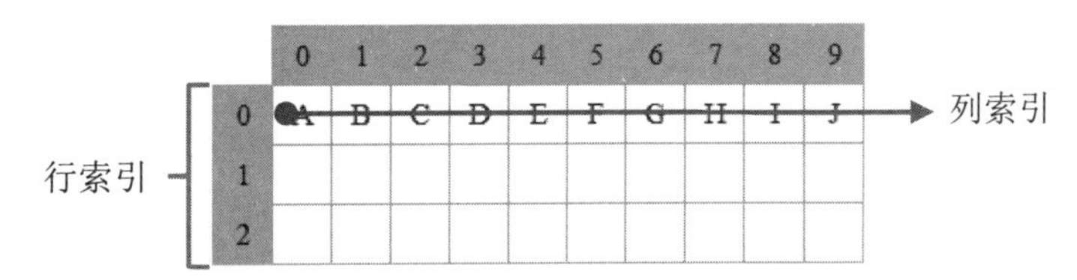


图 3.16　DataFrame 行、列索引示意图

【示例 14】　指定行索引导入 Excel 数据。（示例位置：资源包\MR\Code\03\14）

如果通过指定行索引导入 Excel 数据，则需要设置 index_col 参数。下面将“买家会员名”作为行索引（位于第 0 列），导入 Excel 数据，程序代码如下：

```
01  import pandas as pd
02  df1=pd.read_excel('1 月.xlsx',index_col=0)          #“买家会员名”为行索引
03  df1=df1.head()                                      #输出前 5 条数据
```

运行程序，输出结果如图 3.17 所示。

df1 - DataFrame

| Index | 买家实际支付金额 | 收货人姓名 | 宝贝标题 |
|---|---|---|---|
| mrhy1 | 41.86 | 周某某 | 零基础学Python |
| mrhy2 | 41.86 | 杨某某 | 零基础学Python |
| mrhy3 | 48.86 | 刘某某 | 零基础学Python |
| mrhy4 | 48.86 | 张某某 | 零基础学Python |
| mrhy5 | 48.86 | 赵某某 | C#项目开发实战入门 |

Format　Resize　Backgr　Column　e and Cl　Close

图 3.17　通过指定行索引导入 Excel 数据

如果通过指定列索引导入 Excel 数据，则需要设置 header 参数，主要代码如下：

```
df2=pd.read_excel('1 月.xlsx',header=1)                    #设置第 1 行为列索引
```

运行程序，输出结果如图 3.18 所示。

如果将数字作为列索引，可以设置 header 参数为 None，主要代码如下：

```
df3=pd.read_excel('1 月.xlsx',header=None)                 #列索引为数字
```

运行程序，输出结果如图 3.19 所示。

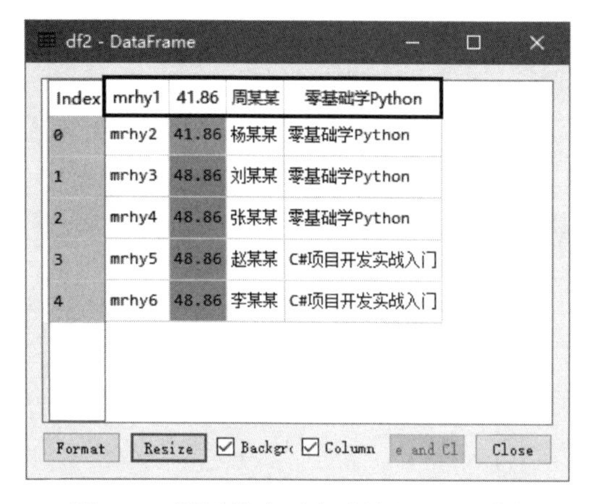

| Index | mrhy1 | 41.86 | 周某某 | 零基础学Python |
|---|---|---|---|---|
| 0 | mrhy2 | 41.86 | 杨某某 | 零基础学Python |
| 1 | mrhy3 | 48.86 | 刘某某 | 零基础学Python |
| 2 | mrhy4 | 48.86 | 张某某 | 零基础学Python |
| 3 | mrhy5 | 48.86 | 赵某某 | C#项目开发实战入门 |
| 4 | mrhy6 | 48.86 | 李某某 | C#项目开发实战入门 |

图 3.18　通过指定列索引导入 Excel 数据

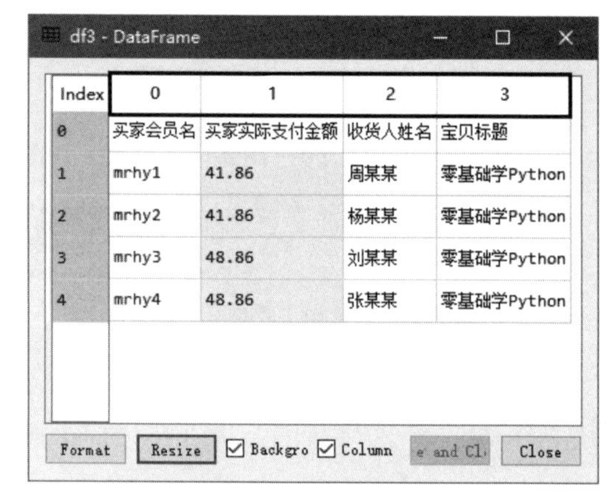

| Index | 0 | 1 | 2 | 3 |
|---|---|---|---|---|
| 0 | 买家会员名 | 买家实际支付金额 | 收货人姓名 | 宝贝标题 |
| 1 | mrhy1 | 41.86 | 周某某 | 零基础学Python |
| 2 | mrhy2 | 41.86 | 杨某某 | 零基础学Python |
| 3 | mrhy3 | 48.86 | 刘某某 | 零基础学Python |
| 4 | mrhy4 | 48.86 | 张某某 | 零基础学Python |

图 3.19　指定列索引

那么，为什么要指定索引呢？因为通过索引可以快速地检索数据，例如 df3[0]，就可以快速检索到“买家会员名”这一列数据。

### 4. 导入指定列数据

一个 Excel 往往包含多列数据，如果只需要其中的几列，可以通过 usecols 参数指定需要的列，从 0 开始（表示第 1 列，以此类推）。

【示例 15】　导入第 1 列数据。（**示例位置：资源包\MR\Code\03\15**）

下面导入第 1 列数据（索引为 0），程序代码如下：

```
01  import pandas as pd
02  df1=pd.read_excel('1 月.xlsx',usecols=[0])              #导入第 1 列
03  df1.head()
```

运行程序，输出结果如图 3.20 所示。

如果导入多列，可以在列表中指定多个值。例如，导入第 1 列和第 4 列，主要代码如下：

```
df2=pd.read_excel('1 月.xlsx',usecols=[0,3])
```

也可以指定列名称，主要代码如下：

```
df3=pd.read_excel('1 月.xlsx',usecols=['买家会员名','宝贝标题'])
```

运行程序，输出结果如图 3.21 所示。

图 3.20　导入第 1 列

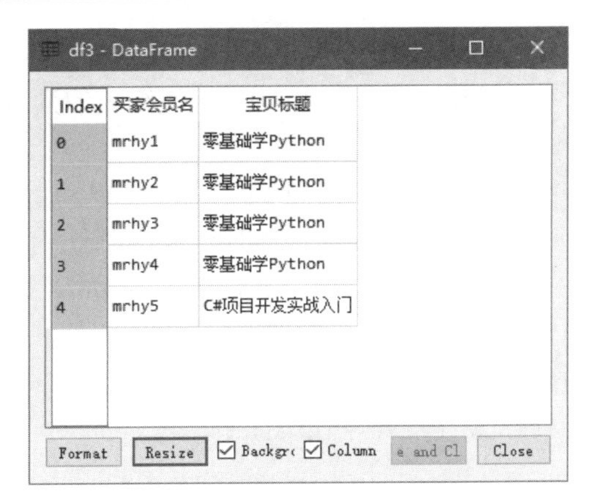


图 3.21　导入第 1 列和第 4 列数据

## 3.4.2　导入.csv 文件

导入.csv 文件主要使用 Pandas 的 read_csv()方法，语法如下：

```
pandas.read_csv(filepath_or_buffer,sep=',',delimiter=None,header='infer',names=None,index_col=None,usecols=None,squeeze=False,prefix=None,mangle_dupe_cols=True,dtype=None,engine=None,converters=None,true_values=None,false_values=None,skipinitialspace=False,skiprows=None,nrows=None,na_values=None,keep_default_na=True,na_filter=True,verbose=False,skip_blank_lines=True,parse_dates=False,infer_datetime_format=False,keep_date_col=False,date_parser=None,dayfirst=False,iterator=False,chunksize=None,compression='infer',thousands=None,decimal=b'.',lineterminator=None,quotechar='"',quoting=0,escapechar=None,comment=None,encoding=None）
```

常用参数说明：

☑　filepath_or_buffer：字符串，文件路径，也可以是 URL 链接。

☑　sep、delimiter：字符串，分隔符。

☑　header：指定作为列名的行，默认值为 0，即取第 1 行的值为列名。数据为除列名以外的数据；若数据不包含列名，则设置 header=None。

☑　names：默认值为 None，要使用的列名列表。

☑　index_col：指定列为索引列，默认值为 None，索引 0 是 DataFrame 的行标签。

☑　usecols：int、list 列表或字符串，默认值为 None。

➢　如果为 None，则解析所有列。

➢　如果为 int，则解析最后一列。

➢　如果为 list 列表，则解析列号列表的列。

➢　如果为字符串，则表示以逗号分隔的 Excel 列字母和列范围列表（例如“A:E”或“A,C,E:F”）。范围包括双方。

☑　dtype：列的数据类型名称或字典，默认值为 None。例如{'a':np.float64,'b':np.int32}。

☑　parse_dates：布尔类型值、int 类型值的列表、列表或字典，默认值为 False。可以通过 parse_dates 参数直接将某列转换成 datetime64 日期类型。例如，df1=pd.read_csv('1 月.csv', parse_dates=['订单付款时间'])。

   - parse_dates 为 True 时，尝试解析索引。
   - parse_dates 为 int 类型值组成的列表时，如[1,2,3]，则解析 1、2、3 列的值作为独立的日期列。
   - parse_date 为列表组成的列表，如[[1,3]]，则将 1、3 列合并，作为一个日期列使用。
   - parse_date 为字典时，如{'总计'：[1, 3]}，则将 1、3 列合并，合并后的列名为“总计”。
- ☑ encoding：字符串，默认值为 None，文件的编码格式。Python 常用的编码格式是 UTF-8。
- ☑ 返回值：返回一个 DataFrame。

【示例 16】 导入.csv 文件。（**示例位置：资源包\MR\Code\03\16**）

导入.csv 文件，程序代码如下：

```
01  import pandas as pd
02  df1=pd.read_csv('1 月.csv',encoding='gbk')                    #导入.csv 文件，并指定编码格式
03  df1=df1.head()                                                #输出前 5 条数据
```

运行程序，输出结果如图 3.22 所示。

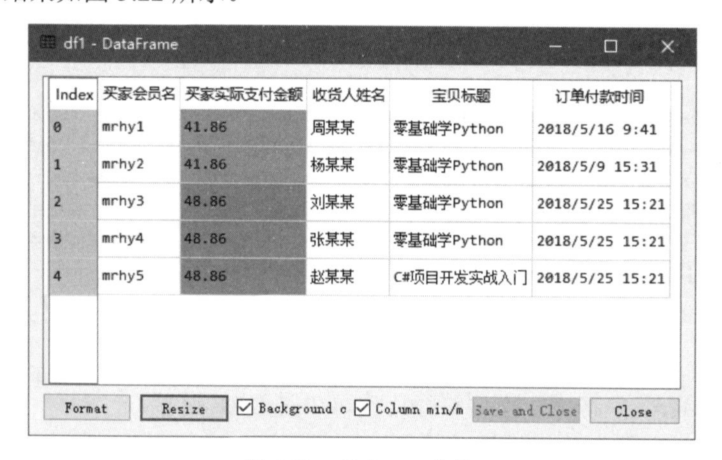

| Index | 买家会员名 | 买家实际支付金额 | 收货人姓名 | 宝贝标题 | 订单付款时间 |
|---|---|---|---|---|---|
| 0 | mrhy1 | 41.86 | 周某某 | 零基础学Python | 2018/5/16 9:41 |
| 1 | mrhy2 | 41.86 | 杨某某 | 零基础学Python | 2018/5/9 15:31 |
| 2 | mrhy3 | 48.86 | 刘某某 | 零基础学Python | 2018/5/25 15:21 |
| 3 | mrhy4 | 48.86 | 张某某 | 零基础学Python | 2018/5/25 15:21 |
| 4 | mrhy5 | 48.86 | 赵某某 | C#项目开发实战入门 | 2018/5/25 15:21 |

图 3.22　导入.csv 文件

**注意**

上述代码中指定了编码格式，即 encoding='gbk'。Python 常用的编码格式是 UTF-8 和 gbk，默认编码格式为 UTF-8。导入.csv 文件时，需要通过 encoding 参数指定编码格式。当将 Excel 文件另存为.csv 文件时，默认编码格式为 gbk，此时当编写代码导入.csv 文件时，就需要设置编码格式为 gbk，与源文件编码格式保持一致；否则会提示错误。

## 3.4.3 导入.txt 文本文件

导入.txt 文件同样使用 Pandas 的 read_csv()方法，不同的是需要指定 sep 参数（如制表符\t）。read_csv()方法读取.txt 文件返回一个 DataFrame，像表格一样的二维数据结构，如图 3.23 所示。

【示例 17】 导入.txt 文件。（**示例位置：资源包\MR\Code\03\17**）

下面使用 read_csv()方法导入 1 月.txt 文件，主要代码如下：

```
01    import pandas as pd
02    df1=pd.read_csv('1 月.txt',sep='\t',encoding='gbk')
03    print(df1.head())
```

运行程序，输出结果如图 3.24 所示。

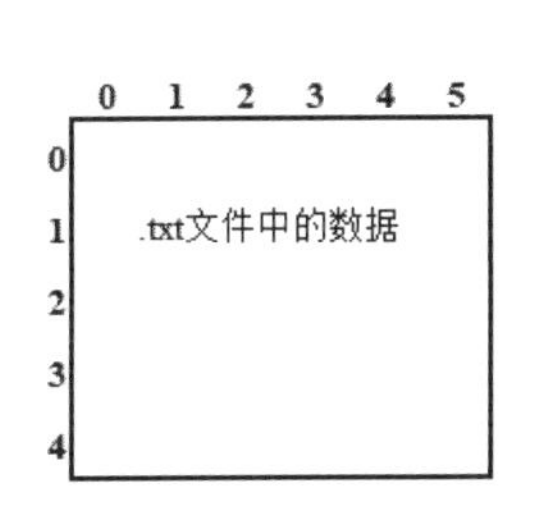


图 3.23　.txt 文件形式

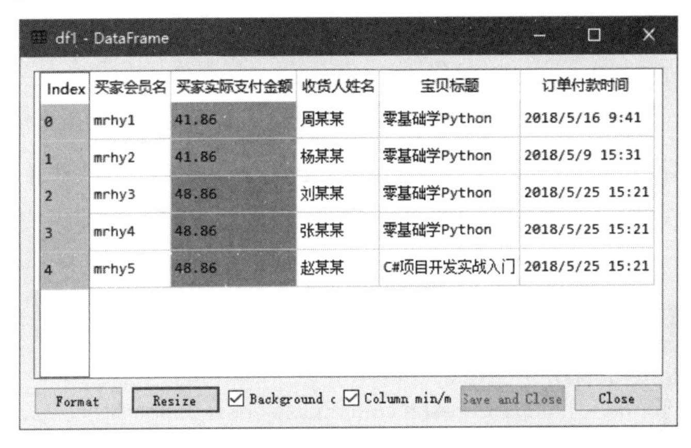


| Index | 买家会员名 | 买家实际支付金额 | 收货人姓名 | 宝贝标题 | 订单付款时间 |
|---|---|---|---|---|---|
| 0 | mrhy1 | 41.86 | 周某某 | 零基础学Python | 2018/5/16 9:41 |
| 1 | mrhy2 | 41.86 | 杨某某 | 零基础学Python | 2018/5/9 15:31 |
| 2 | mrhy3 | 48.86 | 刘某某 | 零基础学Python | 2018/5/25 15:21 |
| 3 | mrhy4 | 48.86 | 张某某 | 零基础学Python | 2018/5/25 15:21 |
| 4 | mrhy5 | 48.86 | 赵某某 | C#项目开发实战入门 | 2018/5/25 15:21 |

图 3.24　导入.txt 文本

## 3.4.4　导入 HTML 网页

导入 HTML 网页数据主要使用 Pandas 的 read_html()方法，该方法用于导入带有 table 标签的网页表格数据，语法如下：

```
pandas.read_html(io,match='.+',flavor=None,header=None,index_col=None,skiprows=None,attrs=None,parse_dates=False,thousands=',',encoding=None,decimal='.',converters=None,na_values=None,keep_default_na=True,displayed_only=True)
```

常用参数说明：

- ☑ io：字符串，文件路径，也可以是 URL 链接。网址不接受 https，可以尝试去掉 https 中的 s 后爬取，如 http://www.mingribook.com。
- ☑ match：正则表达式，返回与正则表达式匹配的表格。
- ☑ flavor：解析器默认为 lxml。
- ☑ header：指定列标题所在的行，列表 list 为多重索引。
- ☑ index_col：指定行标题对应的列，列表 list 为多重索引。
- ☑ encoding：字符串，默认为 None，文件的编码格式。
- ☑ 返回值：返回一个 DataFrame。

使用 read_html()方法前，首先要确定网页表格是否为 table 类型。例如，NBA 球员薪资网页（http://www.espn.com/nba/salaries），右击该网页中的表格，在弹出的快捷菜单中选择“检查元素”命令，查看代码中是否含有表格标签<table>…</table>的字样，如图 3.25 所示。确定后才可以使用 read_html()方法。

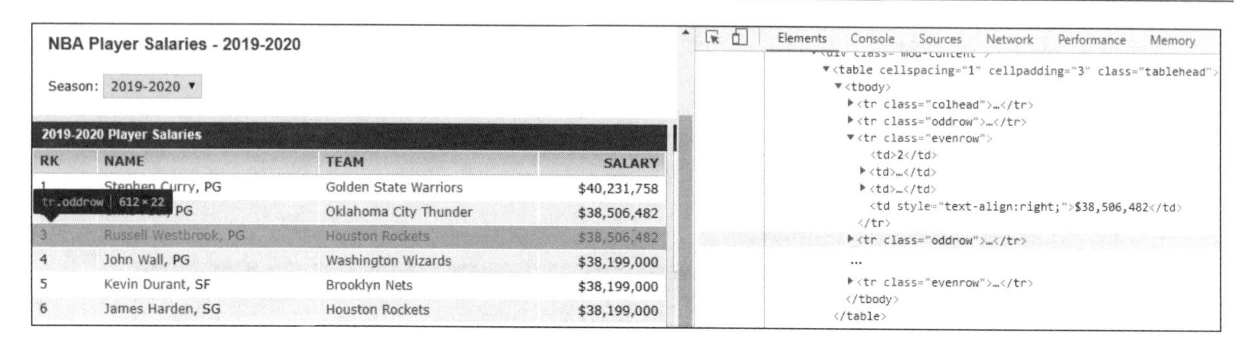


图 3.25　<table>…</table>表格标签

【示例 18】　导入 NBA 球员薪资数据。（**示例位置：资源包\MR\Code\03\18**）

下面使用 read_html()方法导入 NBA 球员薪资数据，程序代码如下：

```
01  import pandas as pd
02  df = pd.DataFrame()
03  url_list = ['http://www.espn.com/nba/salaries/_/seasontype/4']
04  for i in range(2, 13):
05      url = 'http://www.espn.com/nba/salaries/_/page/%s/seasontype/4' % i
06      url_list.append(url)
07  #遍历网页中的 table 读取网页表格数据
08  for url in url_list:
09      df = df.append(pd.read_html(url), ignore_index=True)
10  #列表解析：遍历 dataframe 第 3 列，以子字符串$开头
11  df = df[[x.startswith('$') for x in df[3]]]
12  df.to_csv('NBA.csv',header=['RK','NAME','TEAM','SALARY'], index=False)   #导出 csv 文件
```

运行程序，输出结果如图 3.26 所示。

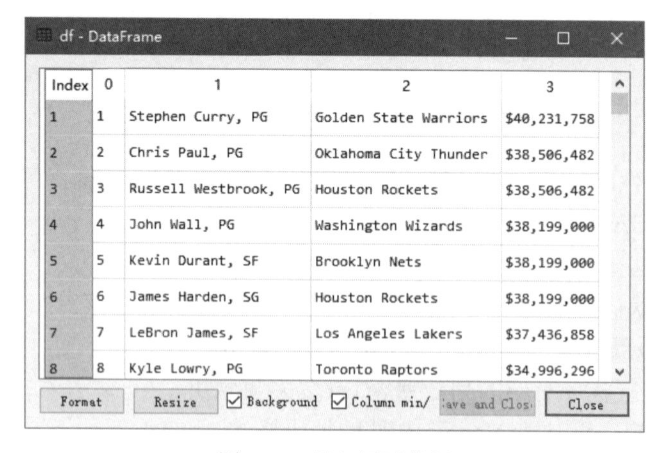

df - DataFrame

| Index | 0 | 1 | 2 | 3 |
|---|---|---|---|---|
| 1 | 1 | Stephen Curry, PG | Golden State Warriors | $40,231,758 |
| 2 | 2 | Chris Paul, PG | Oklahoma City Thunder | $38,506,482 |
| 3 | 3 | Russell Westbrook, PG | Houston Rockets | $38,506,482 |
| 4 | 4 | John Wall, PG | Washington Wizards | $38,199,000 |
| 5 | 5 | Kevin Durant, SF | Brooklyn Nets | $38,199,000 |
| 6 | 6 | James Harden, SG | Houston Rockets | $38,199,000 |
| 7 | 7 | LeBron James, SF | Los Angeles Lakers | $37,436,858 |
| 8 | 8 | Kyle Lowry, PG | Toronto Raptors | $34,996,296 |

Format　Resize　Background　Column min/　Save and Close　Close

图 3.26　导入网页数据

**注意**

运行程序，如果出现 ImportError: lxml not found, please install it 错误提示信息，则需要安装 lxml 模块。

# 3.5　数据抽取

数据分析过程中，并不是所有的数据都是我们想要的，此时可以抽取部分数据，主要使用 DataFrame 对象的 loc 属性和 iloc 属性，示意图如图 3.27 所示。

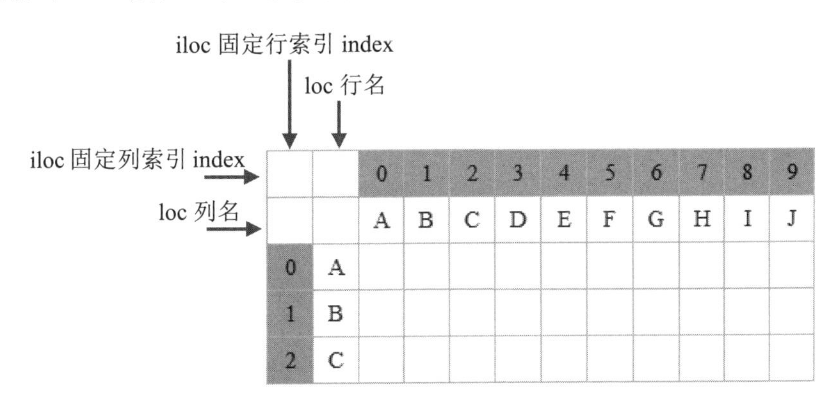


图 3.27　loc 属性和 iloc 属性示意图

对象的 loc 属性和 iloc 属性都可以抽取数据，区别如下。

☑ loc 属性：以列名（columns）和行名（index）作为参数，当只有一个参数时，默认是行名，即抽取整行数据，包括所有列，如 df.loc['A']。

☑ iloc 属性：以行和列位置索引（即 0，1，2，…）作为参数，0 表示第 1 行，1 表示第 2 行，以此类推。当只有一个参数时，默认是行索引，即抽取整行数据，包括所有列。如抽取第 1 行数据，df.iloc[0]。

## 3.5.1　抽取一行数据

抽取一行数据主要使用 loc 属性。

**【示例 19】**　抽取一行考试成绩数据。（**示例位置：资源包\MR\Code\03\19**）

抽取一行名为“明日”的考试成绩数据（包括所有列），程序代码如下：

```
01  import pandas as pd
02  data = [[110,105,99],[105,88,115],[109,120,130],[112,115]]
03  name = ['明日','七月流火','高袁圆','二月二']
04  columns = ['语文','数学','英语']
05  df = pd.DataFrame(data=data, index=name, columns=columns)
06  df1=df.loc['明日']
```

运行程序，输出结果如图 3.28 所示。

使用 iloc 属性抽取第 1 行数据，指定行索引即可，如 df.iloc[0]，输出结果同图 3.28 一样。

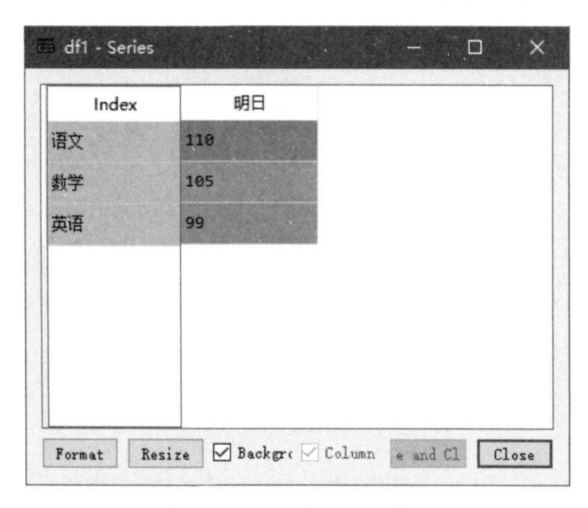


图 3.28　抽取一行数据

## 3.5.2　抽取多行数据

### 1．抽取任意多行数据

通过 loc 属性和 iloc 属性指定行名和行索引即可实现抽取任意多行数据。

【示例 20】　抽取多行考试成绩数据。（**示例位置：资源包\MR\Code\03\20**）

抽取行名为“明日”和“高袁圆”（即第 1 行和第 3 行数据）的考试成绩数据，可以使用 loc 属性，也可以使用 iloc 属性，其输出结果都是一样的，主要代码如下：

```
01  df1=df.loc[['明日','高袁圆']]
02  df1=df.iloc[[0,2]]
```

运行程序，输出结果如图 3.29 所示。

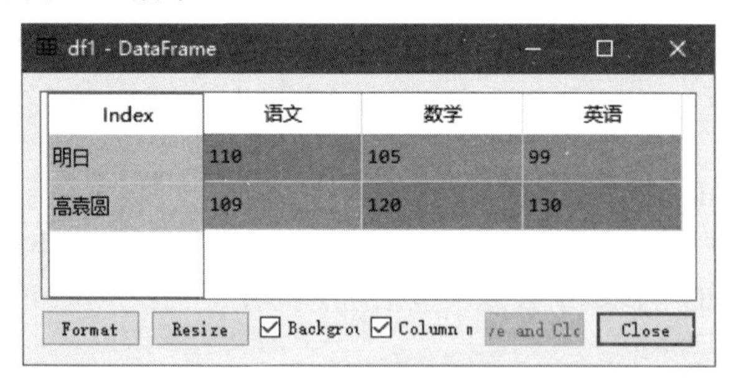


图 3.29　抽取多行数据

### 2．抽取连续任意多行数据

在 loc 属性和 iloc 属性中合理地使用冒号（:），即可抽取连续任意多行数据。

【示例 21】　抽取连续几个学生的考试成绩。（**示例位置：资源包\MR\Code\03\21**）

抽取连续几个学生的考试成绩，主要代码如下：

```
01  print(df.loc['明日':'二月二'])          #从“明日”到“二月二”
02  print(df.loc[:'七月流火':])            #第 1 行到“七月流火”
```

```
03    print(df.iloc[0:4])                    #第 1 行到第 4 行
04    print(df.iloc[1::])                    #第 2 行到最后一行
```

运行程序，控制台输出结果如图 3.30 所示。

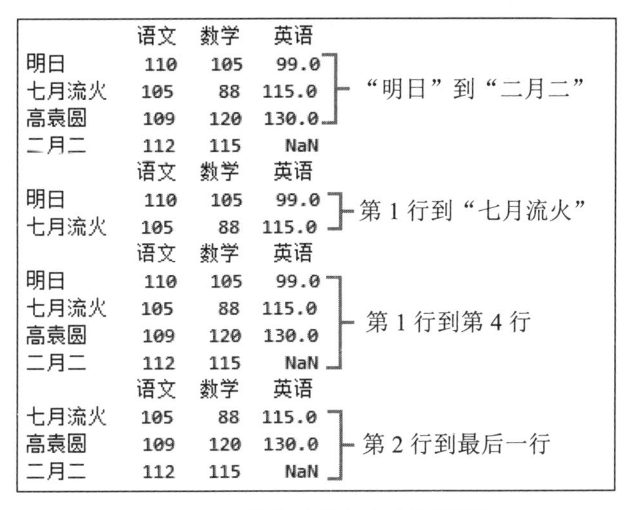


图 3.30　抽取连续任意多行数据

## 3.5.3　抽取指定列数据

抽取指定列数据，可以直接使用列名，也可以使用 loc 属性和 iloc 属性。

### 1. 直接使用列名

【示例 22】　抽取“语文”和“数学”的考试成绩。（**示例位置：资源包\MR\Code\03\22**）

抽取列名为“语文”和“数学”的考试成绩数据，程序代码如下：

```
01    import pandas as pd
02    data = [[110,105,99],[105,88,115],[109,120,130],[112,115]]
03    name = ['明日','七月流火','高袁圆','二月二']
04    columns = ['语文','数学','英语']
05    df = pd.DataFrame(data=data, index=name, columns=columns)
06    df1=df[['语文','数学']]
```

运行程序，输出结果如图 3.31 所示。

### 2. 使用 loc 属性和 iloc 属性

前面介绍 loc 属性和 iloc 属性均有两个参数：第一个参数代表行；第二个参数代表列。那么这里抽取指定列数据时，行参数不能省略。

【示例 23】　抽取指定学科的考试成绩。（**示例位置：资源包\MR\Code\03\23**）

下面使用 loc 属性和 iloc 属性抽取指定列数据，主要代码如下：

```
01    print(df.loc[:,['语文','数学']])          #抽取“语文”和“数学”
02    print(df.iloc[:,[0,1]])                  #抽取第 1 列和第 2 列
```

```
03    print(df.loc[:,'语文':])                     #抽取从“语文”开始到最后一列
04    print(df.iloc[:,:2])                         #连续抽取从第 1 列开始到第 3 列，但不包括第 3 列
```

运行程序，控制台输出结果如图 3.32 所示。

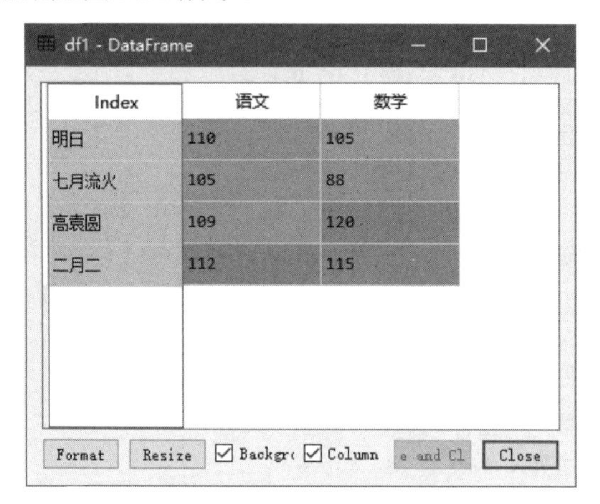


图 3.31　直接使用列名

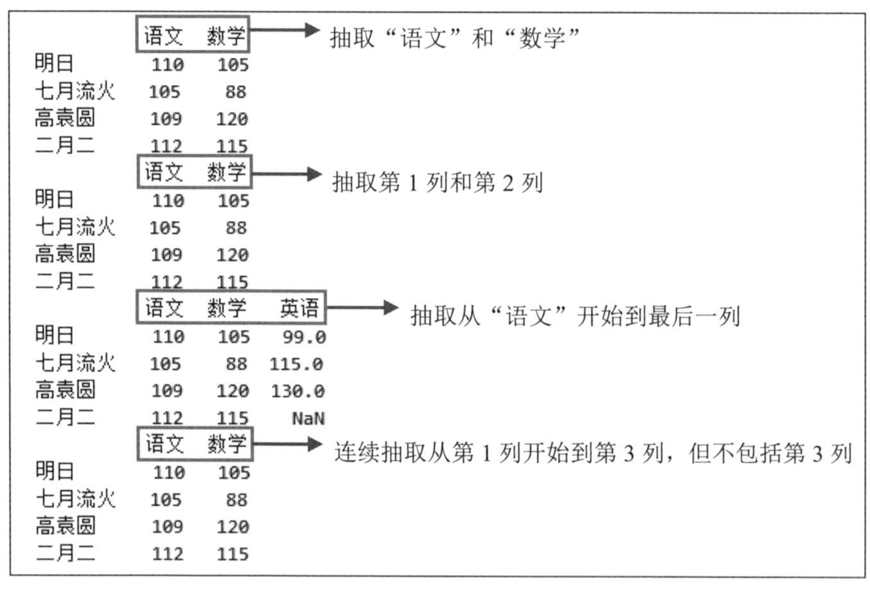


图 3.32　loc 属性和 iloc 属性

## 3.5.4　抽取指定行、列数据

抽取指定行、列数据主要使用 loc 属性和 iloc 属性，这两个方法的两个参数都指定就可以实现指定行、列数据的抽取。

【示例 24】　抽取指定学科和指定学生的考试成绩。(**示例位置：资源包\MR\Code\03\24**)

使用 loc 属性和 iloc 属性抽取指定行、列数据，程序代码如下：

```
01    import pandas as pd
02    data = [[110,105,99],[105,88,115],[109,120,130],[112,115]]
```

```
03  name = ['明日','七月流火','高袁圆','二月二']
04  columns = ['语文','数学','英语']
05  df = pd.DataFrame(data=data, index=name, columns=columns)
06  print(df.loc['七月流火','英语'])                  # “英语” 成绩
07  print(df.loc[['七月流火'],['英语']])              # “七月流火” 的 “英语” 成绩
08  print(df.loc[['七月流火'],['数学','英语']])       # “七月流火” 的 “数学” 和 “英语” 成绩
09  print(df.iloc[[1],[2]])                           #第 2 行第 3 列
10  print(df.iloc[1:,[2]])                            #第 2 行到最后一行的第 3 列
11  print(df.iloc[1:,[0,2]])                          #第 2 行到最后一行的第 1 列和第 3 列
12  print(df.iloc[:,2])                               #所有行，第 3 列
```

运行程序，控制台输出结果如图 3.33 所示。

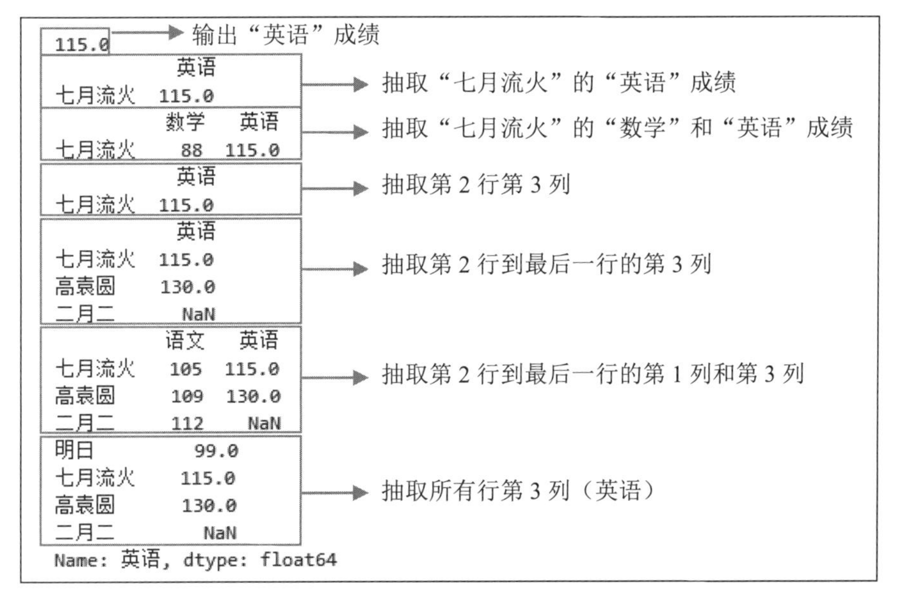


图 3.33　抽取指定行、列数据

在上述结果中，第一个输出结果是一个数，不是数据，是由于“df.loc['七月流火','英语']”没有使用方括号[]，导致输出的数据不是 DataFrame 类型。

## 3.5.5　按指定条件抽取数据

DataFrame 对象实现数据查询有以下 3 种方式。

☑　取其中的一个元素.iat[x,x]。

☑　基于位置的查询，如.iloc[]、iloc[2,1]。

☑　基于行、列名称的查询，如.loc[x]。

【示例 25】　抽取指定学科和指定分数的数据。（**示例位置：资源包\MR\Code\03\25**）

抽取语文成绩大于 105，数学成绩大于 88 的数据，程序代码如下：

```
01  import pandas as pd
02  data = [[110,105,99],[105,88,115],[109,120,130],[112,115]]
```

```
03    name = ['明日','七月流火','高袁圆','二月二']
04    columns = ['语文','数学','英语']
05    df = pd.DataFrame(data=data, index=name, columns=columns)
06    df1=df.loc[(df['语文'] > 105) & (df['数学'] >88)]
```

运行程序，输出结果如图 3.34 所示。

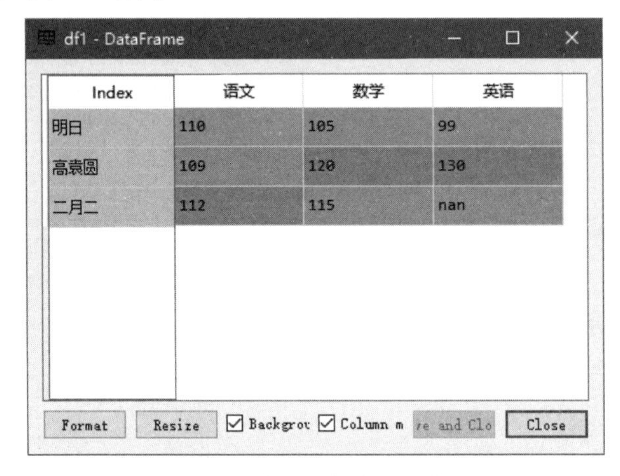

| Index | 语文 | 数学 | 英语 |
|---|---|---|---|
| 明日 | 110 | 105 | 99 |
| 高袁圆 | 109 | 120 | 130 |
| 二月二 | 112 | 115 | nan |

图 3.34　按指定条件抽取数据

# 3.6　数据的增加、修改和删除

本节主要介绍如何操纵 DataFrame 对象中的各种数据。例如，数据的增加、修改和删除。

## 3.6.1　增加数据

DataFrame 对象增加数据主要包括列数据增加和行数据增加。首先看一下原始数据，如图 3.35 所示。

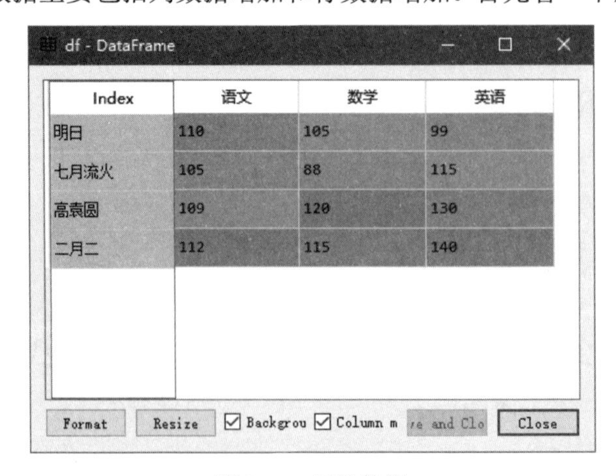

| Index | 语文 | 数学 | 英语 |
|---|---|---|---|
| 明日 | 110 | 105 | 99 |
| 七月流火 | 105 | 88 | 115 |
| 高袁圆 | 109 | 120 | 130 |
| 二月二 | 112 | 115 | 140 |

图 3.35　原始数据

### 1. 按列增加数据

按列增加数据，可以通过以下 3 种方式实现。

（1）直接为 DataFrame 对象赋值

【示例 26】　增加一列“物理”成绩。（**示例位置：资源包\MR\Code\03\26**）

增加一列“物理”成绩，程序代码如下：

```
01    import pandas as pd
02    data = [[110,105,99],[105,88,115],[109,120,130],[112,115,140]]
03    name = ['明日','七月流火','高袁圆','二月二']
04    columns = ['语文','数学','英语']
05    df = pd.DataFrame(data=data, index=name, columns=columns)
06    df['物理']=[88,79,60,50]
```

运行程序，输出结果如图 3.36 所示。

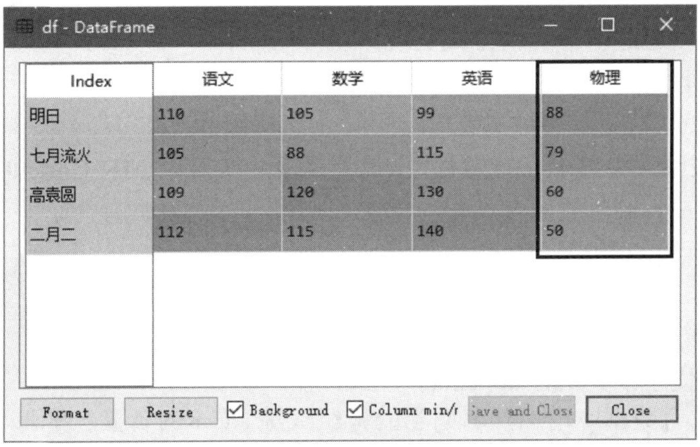

| Index | 语文 | 数学 | 英语 | 物理 |
|---|---|---|---|---|
| 明日 | 110 | 105 | 99 | 88 |
| 七月流火 | 105 | 88 | 115 | 79 |
| 高袁圆 | 109 | 120 | 130 | 60 |
| 二月二 | 112 | 115 | 140 | 50 |

图 3.36　按列增加数据

（2）使用 loc 属性在 DataFrame 对象的最后增加一列

【示例 27】　使用 loc 属性增加一列“物理”成绩。（**示例位置：资源包\MR\Code\03\27**）

使用 loc 属性在 DataFrame 对象的最后增加一列。例如，增加“物理”一列，主要代码如下：

```
df.loc[:,'物理'] = [88,79,60,50]
```

在 DataFrame 对象最后增加一列“物理”，其值为等号右边数据。

（3）在指定位置插入一列

在指定位置插入一列，主要使用 insert()方法。

【示例 28】　在第 1 列后面插入“物理”成绩。（**示例位置：资源包\MR\Code\03\28**）

例如，在第 1 列后面插入“物理”，其值为 wl 的数值，主要代码如下：

```
01    wl =[88,79,60,50]
02    df.insert(1,'物理',wl)
```

运行程序，输出结果如图 3.37 所示。

df - DataFrame

| Index | 语文 | 物理 | 数学 | 英语 |
| --- | --- | --- | --- | --- |
| 明日 | 110 | 88 | 105 | 99 |
| 七月流火 | 105 | 79 | 88 | 115 |
| 高袁圆 | 109 | 60 | 120 | 130 |
| 二月二 | 112 | 50 | 115 | 140 |

Format　Resize　Background　Column min/max　Save and Close　Close

图 3.37　使用 insert()方法增加一列

## 2．按行增加数据

按行增加数据，可以通过以下两种方式实现。

（1）增加一行数据

增加一行数据主要使用 loc 属性实现。

【示例 29】　在成绩表中增加一行数据。（**示例位置：资源包\MR\Code\03\29**）

在成绩表中增加一行数据，即“钱多多”同学的成绩，主要代码如下：

```
df.loc['钱多多'] = [100,120,99]
```

（2）增加多行数据

增加多行数据主要使用字典结合 append()方法实现。

【示例 30】　在原有数据中增加几名同学的考试成绩。（**示例位置：资源包\MR\Code\03\30**）

在原有数据中增加“钱多多”“童年”“无名”同学的考试成绩，主要代码如下：

```
01    df_insert=pd.DataFrame({'语文':[100,123,138],'数学':[99,142,60],'英语':[98,139,99]},index = ['钱多多','童年','无名'])
02    df1 = df.append(df_insert)
```

运行程序，输出结果分别如图 3.38 和图 3.39 所示。

df - DataFrame

| Index | 语文 | 数学 | 英语 |
| --- | --- | --- | --- |
| 明日 | 110 | 105 | 99 |
| 七月流火 | 105 | 88 | 115 |
| 高袁圆 | 109 | 120 | 130 |
| 二月二 | 112 | 115 | 140 |
| 钱多多 | 100 | 120 | 99 |

图 3.38　增加一行数据

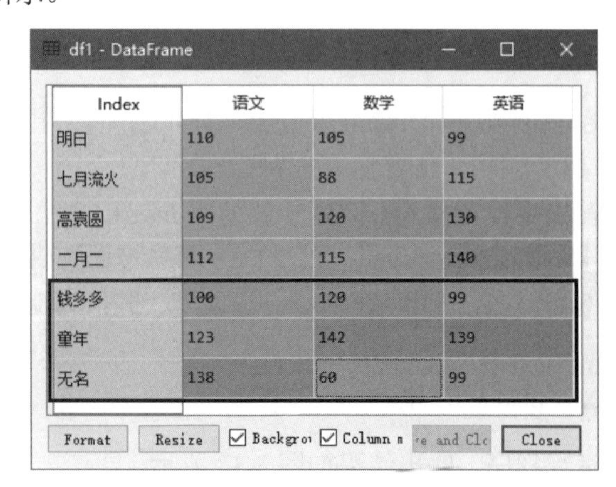

df1 - DataFrame

| Index | 语文 | 数学 | 英语 |
| --- | --- | --- | --- |
| 明日 | 110 | 105 | 99 |
| 七月流火 | 105 | 88 | 115 |
| 高袁圆 | 109 | 120 | 130 |
| 二月二 | 112 | 115 | 140 |
| 钱多多 | 100 | 120 | 99 |
| 童年 | 123 | 142 | 139 |
| 无名 | 138 | 60 | 99 |

图 3.39　增加多行数据

## 3.6.2　修改数据

修改数据包括行、列标题和数据的修改，首先看一下原始数据，如图 3.40 所示。

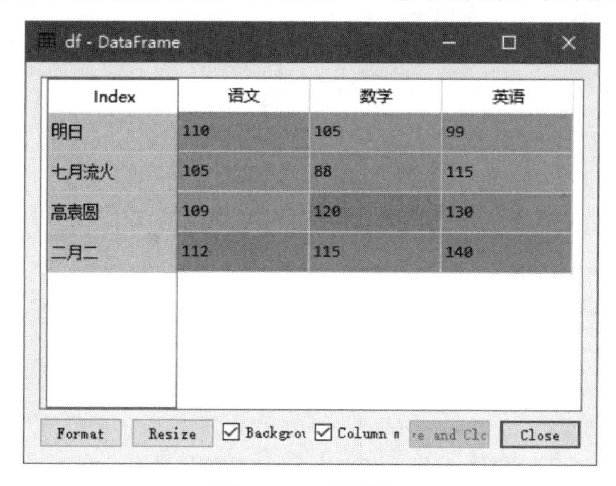


图 3.40　原始数据

### 1. 修改列标题

修改列标题主要使用 DataFrame 对象的 cloumns 属性，直接赋值即可。

【示例 31】　修改“数学”的列名。（**示例位置：资源包\MR\Code\03\31**）

将“数学”修改为“数学（上）”，主要代码如下：

```
df.columns=['语文','数学（上）','英语']
```

上述代码中，即使只修改“数学”为“数学（上）”，但是也要将所有列的标题全部写上；否则将报错。

下面再介绍一种方法，使用 DataFrame 对象的 rename()方法修改列标题。

【示例 32】　修改多个学科的列名。（**示例位置：资源包\MR\Code\03\32**）

将“语文”修改为“语文（上）”、“数学”修改为“数学（上）”、“英语”修改为“英语（上）”，主要代码如下：

```
df.rename(columns = {'语文':'语文（上）','数学':'数学（上）','英语':'英语（上）'},inplace = True)
```

上述代码中，参数 inplace 为 True，表示直接修改 df；否则，不修改 df，只返回修改后的数据。

运行程序，输出结果分别如图 3.41 和图 3.42 所示。

### 2. 修改行标题

修改行标题主要使用 DataFrame 对象的 index 属性，直接赋值即可。

【示例 33】　将行标题统一修改为数字编号。（**示例位置：资源包\MR\Code\03\33**）

将行标题统一修改为数字编号，主要代码如下：

```
df.index=list('1234')
```

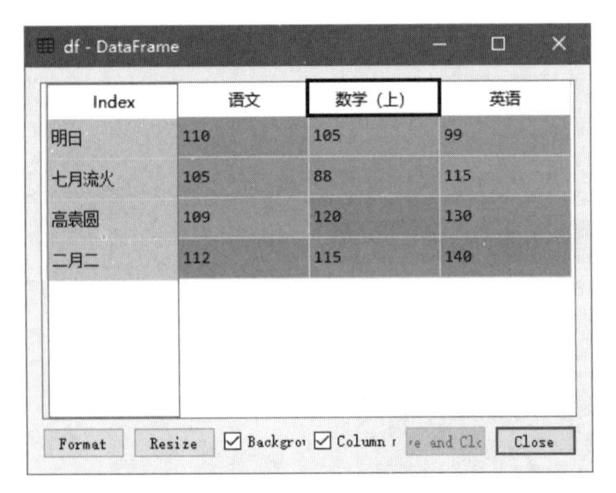

| Index | 语文 | 数学（上） | 英语 |
|---|---|---|---|
| 明日 | 110 | 105 | 99 |
| 七月流火 | 105 | 88 | 115 |
| 高袁圆 | 109 | 120 | 130 |
| 二月二 | 112 | 115 | 140 |

图 3.41　修改列标题 1

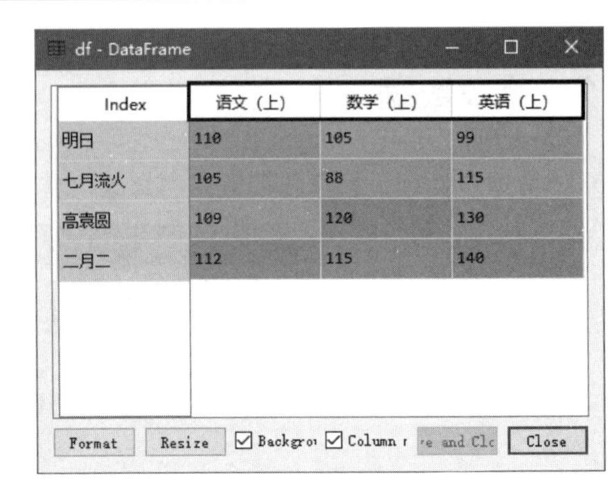

| Index | 语文（上） | 数学（上） | 英语（上） |
|---|---|---|---|
| 明日 | 110 | 105 | 99 |
| 七月流火 | 105 | 88 | 115 |
| 高袁圆 | 109 | 120 | 130 |
| 二月二 | 112 | 115 | 140 |

图 3.42　修改列标题 2

使用 DataFrame 对象的 rename()方法也可以修改行标题。例如，将行标题统一修改为数字编号，主要代码如下：

```
df.rename({'明日':1,'七月流火':2,'高袁圆':3,'二月二':4},axis=0,inplace = True)
```

### 3．修改数据

修改数据主要使用 DataFrame 对象的 loc 属性和 iloc 属性。

**【示例 34】** 修改学生成绩数据。（**示例位置：资源包\MR\Code\03\34**）

（1）修改整行数据

例如，修改“明日”同学的各科成绩，主要代码如下：

```
df.loc['明日']=[120,115,109]
```

如果各科成绩均加 10 分，可以直接在原有值上加 10，主要代码如下：

```
df.loc['明日']=df.loc['明日']+10
```

（2）修改整列数据

例如，修改所有同学的“语文”成绩，主要代码如下：

```
df.loc[:,'语文']=[115,108,112,118]
```

（3）修改某一数据

例如，修改“明日”同学的“语文”成绩，主要代码如下：

```
df.loc['明日','语文']=115
```

（4）使用 iloc 属性修改数据

通过 iloc 属性指定行、列位置实现修改数据，主要代码如下：

```
01    df.iloc[0,0]=115                              #修改某一数据
02    df.iloc[:,0]=[115,108,112,118]                #修改整列数据
03    df.iloc[0,:]=[120,115,109]                    #修改整行数据
```

### 3.6.3　删除数据

删除数据主要使用 DataFrame 对象的 drop()方法。语法如下：

```
DataFrame.drop(labels=None, axis=0, index=None, columns=None, level=None, inplace=False, errors='raise')
```

参数说明：

- ☑ labels：表示行标签或列标签。
- ☑ axis：axis = 0，表示按行删除；axis = 1，表示按列删除。默认值为 0，即按行删除。
- ☑ index：删除行，默认值为 None。
- ☑ columns：删除列，默认值为 None。
- ☑ level：针对有两级索引的数据。level = 0，表示按第 1 级索引删除整行；level = 1 表示按第 2 级索引删除整行，默认值为 None。
- ☑ inplace：可选参数，对原数组做出修改并返回一个新数组。默认值为 False，如果值为 True，那么原数组直接就被替换。
- ☑ errors：参数值为 ignore 或 raise，默认值为 raise，如果值为 ignore（忽略），则取消错误。

#### 1．删除行、列数据

【示例 35】　删除学生成绩数据。（**示例位置：资源包\MR\Code\03\35**）

删除指定的学生成绩数据，主要代码如下：

```
01	df.drop(['数学'],axis=1,inplace=True)                    #删除某列
02	df.drop(columns='数学',inplace=True)                     #删除 columns 为“数学”的列
03	df.drop(labels='数学', axis=1,inplace=True)              #删除列标签为“数学”的列
04	df.drop(['明日','二月二'],inplace=True)                  #删除某行
05	df.drop(index='明日',inplace=True)                       #删除 index 为“明日”的行
06	df.drop(labels='明日', axis=0,inplace=True)              #删除行标签为“明日”的行
```

#### 2．删除特定条件的行

删除满足特定条件的行，首先找到满足该条件的行索引，然后再使用 drop()方法将其删除。

【示例 36】　删除符合条件的学生成绩数据。（**示例位置：资源包\MR\Code\03\36**）

删除“数学”成绩中包含 88 的行、“语文”成绩中小于 110 的行，主要代码如下：

```
01	df.drop(index=df[df['数学'].isin([88])].index[0],inplace=True)     #删除“数学”成绩中包含 88 的行
02	df.drop(index=df[df['语文']<110].index[0],inplace=True)            #删除“语文”成绩中小于 110 的行
```

**说明**

以上代码中的方法都可以实现删除指定的行、列数据，读者选择一种即可。

# 3.7 数 据 清 洗

## 3.7.1 缺失值查看与处理

缺失值是指由于某种原因导致数据为空，这种情况一般有不处理、删除、填充/替换、插值（以均值/中位数/众数等填补）这 4 种处理方式。

### 1. 缺失值查看

首先需要找到缺失值，主要使用 DataFrame 对象的 info()方法。

【示例 37】　查看数据概况。（**示例位置：资源包\MR\Code\03\37**）

以淘宝销售数据为例，首先输出数据，然后使用 info()方法查看数据，程序代码如下：

```
01  import pandas as pd
02  df=pd.read_excel('TB2018.xls')
03  print(df)
04  print(df.info())
```

运行程序，控制台输出结果如图 3.43 所示。

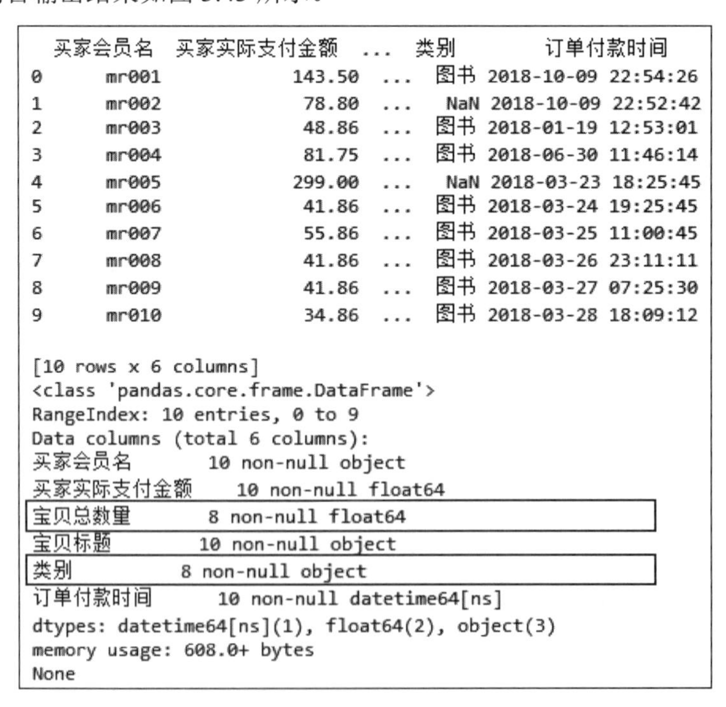

```
  买家会员名  买家实际支付金额  ...  类别          订单付款时间
0      mr001           143.50  ...   图书 2018-10-09 22:54:26
1      mr002            78.80  ...    NaN 2018-10-09 22:52:42
2      mr003            48.86  ...   图书 2018-01-19 12:53:01
3      mr004            81.75  ...   图书 2018-06-30 11:46:14
4      mr005           299.00  ...    NaN 2018-03-23 18:25:45
5      mr006            41.86  ...   图书 2018-03-24 19:25:45
6      mr007            55.86  ...   图书 2018-03-25 11:00:45
7      mr008            41.86  ...   图书 2018-03-26 23:11:11
8      mr009            41.86  ...   图书 2018-03-27 07:25:30
9      mr010            34.86  ...   图书 2018-03-28 18:09:12

[10 rows x 6 columns]
<class 'pandas.core.frame.DataFrame'>
RangeIndex: 10 entries, 0 to 9
Data columns (total 6 columns):
买家会员名         10 non-null object
买家实际支付金额     10 non-null float64
宝贝总数量          8 non-null float64
宝贝标题           10 non-null object
类别               8 non-null object
订单付款时间        10 non-null datetime64[ns]
dtypes: datetime64[ns](1), float64(2), object(3)
memory usage: 608.0+ bytes
None
```

图 3.43　缺失值查看

在 Python 中，缺失值一般用 NaN 表示，如图 3.43 所示。通过 info()方法可看到“买家会员名”“买

家实际支付金额”“宝贝标题”“订单付款时间”的非空数量是 10，而“宝贝总数量”和“类别”的非空数量是 8，那么说明这两项存在空值。

【示例 38】　判断数据是否存在缺失值。（**示例位置：资源包\MR\Code\03\38**）

接下来，判断数据是否存在缺失值还可以使用 isnull()方法和 notnull()方法，主要代码如下：

```
01    print(df.isnull())
02    print(df.notnull())
```

运行程序，控制台输出结果如图 3.44 所示。

```
   买家会员名  买家实际支付金额  宝贝总数量  宝贝标题    类别  订单付款时间
0       False            False       False     False  False        False
1       False            False       False     False   True        False
2       False            False       False     False  False        False
3       False            False        True     False  False        False
4       False            False       False     False   True        False
5       False            False       False     False  False        False
6       False            False       False     False  False        False
7       False            False        True     False  False        False
8       False            False       False     False  False        False
9       False            False       False     False  False        False
   买家会员名  买家实际支付金额  宝贝总数量  宝贝标题    类别  订单付款时间
0        True             True        True      True   True         True
1        True             True        True      True  False         True
2        True             True        True      True   True         True
3        True             True       False      True   True         True
4        True             True        True      True  False         True
5        True             True        True      True   True         True
6        True             True        True      True   True         True
7        True             True       False      True   True         True
8        True             True        True      True   True         True
9        True             True        True      True   True         True
```

图 3.44　判断缺失值

使用 isnull()方法缺失值返回 True，非缺失值返回 False；而 notnull()方法与 isnull()方法正好相反，缺失值返回 False，非缺失值返回 True。

如果使用 df[df.isnull() == False]，则会将所有非缺失值的数据找出来，只针对 Series 对象。

### 2．缺失值删除处理

通过前面的判断得知数据缺失情况，下面将缺失值删除，主要使用 dropna()方法，该方法用于删除含有缺失值的行，主要代码如下：

```
df1=df.dropna()
```

运行程序，输出结果如图 3.45 所示。

**说明**

有些时候数据可能存在整行为空的情况，此时可以在 dropna()方法中指定参数 how='all'，删除所有空行。

df1 - DataFrame

| Index | 买家会员名 | 买家实际支付金额 | 宝贝总数量 | 宝贝标题 | 类别 | 订单付款时间 |
|---|---|---|---|---|---|---|
| 0 | mr001 | 143.5 | 2 | Python黄金组合 | 图书 | 2018-10-09 22:54:26 |
| 2 | mr003 | 48.86 | 1 | 零基础学C语言 | 图书 | 2018-01-19 12:53:01 |
| 5 | mr006 | 41.86 | 1 | 零基础学Python | 图书 | 2018-03-24 19:25:45 |
| 6 | mr007 | 55.86 | 1 | C语言精彩编程200例 | 图书 | 2018-03-25 11:00:45 |
| 8 | mr009 | 41.86 | 1 | Java项目开发实战入门 | 图书 | 2018-03-27 07:25:30 |
| 9 | mr010 | 34.86 | 1 | SQL即查即用 | 图书 | 2018-03-28 18:09:12 |

Format　Resize　Background color　Column min/max　Save and Close　Close

图 3.45　缺失值删除处理 1

从运行结果得知：dropna()方法将所有包含缺失值的数据全部删除了。那么，此时如果我们认为有些数据虽然存在缺失值，但是不影响数据分析，那么可以使用以下方法处理。例如，上述数据中只保留“宝贝总数量”不存在缺失值的数据，而类别是否缺失不关注，则可以使用 notnull()方法判断，主要代码如下：

```
df2=df[df['宝贝总数量'].notnull()]
```

运行程序，输出结果如图 3.46 所示。

df2 - DataFrame

| Index | 买家会员名 | 买家实际支付金额 | 宝贝总数量 | 宝贝标题 | 类别 | 订单付款时间 |
|---|---|---|---|---|---|---|
| 0 | mr001 | 143.5 | 2 | Python黄金组合 | 图书 | 2018-10-09 22:54:26 |
| 1 | mr002 | 78.8 | 1 | Python编程锦囊 | nan | 2018-10-09 22:52:42 |
| 2 | mr003 | 48.86 | 1 | 零基础学C语言 | 图书 | 2018-01-19 12:53:01 |
| 4 | mr005 | 299 | 1 | Python程序开发资源库 | nan | 2018-03-23 18:25:45 |
| 5 | mr006 | 41.86 | 1 | 零基础学Python | 图书 | 2018-03-24 19:25:45 |
| 6 | mr007 | 55.86 | 1 | C语言精彩编程200例 | 图书 | 2018-03-25 11:00:45 |
| 8 | mr009 | 41.86 | 1 | Java项目开发实战入门 | 图书 | 2018-03-27 07:25:30 |
| 9 | mr010 | 34.86 | 1 | SQL即查即用 | 图书 | 2018-03-28 18:09:12 |

Format　Resize　Background color　Column min/max　Save and Close　Close

图 3.46　缺失值删除处理 2

### 3．缺失值填充处理

对于缺失数据，如果比例高于 30%可以选择放弃这个指标，做删除处理；低于 30%尽量不要删除，而是选择将这部分数据填充，一般以 0、均值、众数（大多数）填充。DataFrame 对象中的 fillna()函数可以实现填充缺失数据，pad/ffill 表示用前一个非缺失值去填充该缺失值；backfill/bfill 表示用下一个非缺失值填充该缺失值；None 用于指定一个值去替换缺失值。

【示例 39】　将 NaN 填充为 0。（**示例位置：资源包\MR\Code\03\39**）

对于用于计算的数值型数据如果为空，可以选择用 0 填充。例如，将“宝贝总数量”为空的数据

填充为 0，主要代码如下：

```
df['宝贝总数量'] = df['宝贝总数量'].fillna(0)
```

运行程序，输出结果如图 3.47 所示。

df - DataFrame

| Index | 买家会员名 | 买家实际支付金额 | 宝贝总数量 | 宝贝标题 | 类别 | 订单付款时间 |
|---|---|---|---|---|---|---|
| 0 | mr001 | 143.5 | 2 | Python黄金组合 | 图书 | 2018-10-09 22:54:26 |
| 1 | mr002 | 78.8 | 1 | Python编程锦囊 | nan | 2018-10-09 22:52:42 |
| 2 | mr003 | 48.86 | 1 | 零基础学C语言 | 图书 | 2018-01-19 12:53:01 |
| 3 | mr004 | 81.75 | 0 | SQL Server应用与开发范例宝典 | 图书 | 2018-06-30 11:46:14 |
| 4 | mr005 | 299 | 1 | Python程序开发资源库 | nan | 2018-03-23 18:25:45 |
| 5 | mr006 | 41.86 | 1 | 零基础学Python | 图书 | 2018-03-24 19:25:45 |
| 6 | mr007 | 55.86 | 1 | C语言精彩编程200例 | 图书 | 2018-03-25 11:00:45 |
| 7 | mr008 | 41.86 | 0 | C语言项目开发实战入门 | 图书 | 2018-03-26 23:11:11 |
| 8 | mr009 | 41.86 | 1 | Java项目开发实战入门 | 图书 | 2018-03-27 07:25:30 |
| 9 | mr010 | 34.86 | 1 | SQL即查即用 | 图书 | 2018-03-28 18:09:12 |

Format　Resize　☑ Background color　☑ Column min/max　Save and Close　Close

图 3.47　缺失值填充处理

## 3.7.2　重复值处理

对于数据中存在的重复数据，包括重复的行或者几行中某几列的值重复一般做删除处理，主要使用 DataFrame 对象的 drop_duplicates()方法。

**【示例 40】**　处理淘宝电商销售数据中的重复数据。（**示例位置：资源包\MR\Code\03\40**）

下面以“1 月.xlsx”淘宝销售数据为例，对其中的重复数据进行处理。

（1）判断每一行数据是否重复（完全相同），主要代码如下：

```
df1.duplicated()
```

如果返回值为 False 表示不重复，返回值为 True 表示重复。

（2）去除全部的重复数据，主要代码如下：

```
df1.drop_duplicates()
```

（3）去除指定列的重复数据，主要代码如下：

```
df1.drop_duplicates(['买家会员名'])
```

（4）保留重复行中的最后一行，主要代码如下：

```
df1.drop_duplicates(['买家会员名'],keep='last')
```

**说明**

以上代码中参数 keep 的值有 3 个。当 keep='first'表示保留第一次出现的重复行，是默认值；当 keep 为另外两个取值，即 last 和 False 时，分别表示保留最后一次出现的重复行和去除所有重复行。

（5）直接删除，保留一个副本，主要代码如下：

```
df1.drop_duplicates(['买家会员名','买家支付宝账号'],inplace=Fasle)
```

inplace=True 表示直接在原来的 DataFrame 上删除重复项，而默认值 False 表示删除重复项后生成一个副本。

### 3.7.3 异常值的检测与处理

首先了解一下什么是异常值。在数据分析中异常值是指超出或低于正常范围的值，如年龄大于 200、身高大于 3 米、宝贝总数量为负数等类似数据。那么这些数据如何检测呢？主要有以下几种方法。

（1）根据给定的数据范围进行判断，不在范围内的数据视为异常值。

（2）均方差。

在统计学中，如果一个数据分布近似正态分布（数据分布的一种形式，正态分布的概率密度函数曲线呈钟形，两头低、中间高、左右对称，因此人们又经常称之为钟形曲线），那么大约 68%的数据值会在均值的一个标准差范围内，大约 95%会在两个标准差范围内，大约 99.7%会在 3 个标准差范围内。

（3）箱形图。

箱形图是显示一组数据分散情况资料的统计图。它可以将数据通过四分位数的形式进行图形化描述。箱形图通过上限和下限作为数据分布的边界。任何高于上限或低于下限的数据都可以认为是异常值，如图 3.48 所示。

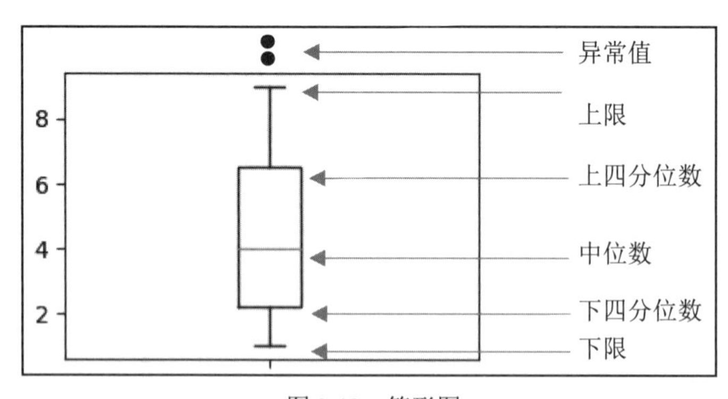


图 3.48　箱形图

**说明**

有关箱形图的介绍以及如何通过箱形图识别异常值可参见第 6 章。

了解了异常值的检测，接下来介绍如何处理异常值，主要包括以下几种处理方式。

（1）最常用的方式是删除。

（2）将异常值当缺失值处理，以某个值填充。

（3）将异常值当特殊情况进行分析，研究异常值出现的原因。

# 3.8　索 引 设 置

索引能够快速查询数据，本节主要介绍索引的作用以及索引的应用。

## 3.8.1　索引的作用

索引的作用相当于图书的目录，可以根据目录中的页码快速找到所需的内容。Pandas 索引的作用如下。

☑　更方便查询数据。

☑　使用索引可以提升查询性能。

- 如果索引是唯一的，Pandas 会使用哈希表优化，查找数据的时间复杂度为 O(1)。
- 如果索引不是唯一的，但是有序，Pandas 会使用二分查找算法，查找数据的时间复杂度为 O(logN)。
- 如果索引是完全随机的，那么每次查询都要扫描数据表，查找数据的时间复杂度为 O(N)。

☑　自动的数据对齐功能，示意图如图 3.49 所示。

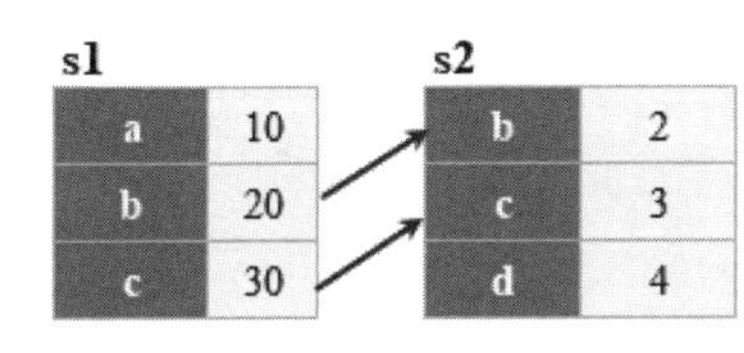


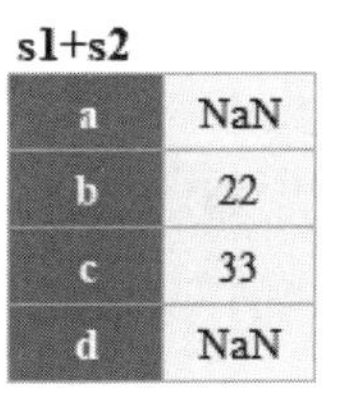


图 3.49　自动数据对齐示意图

实现上述效果，程序代码如下：

```
01  import pandas as pd
02  s1 = pd.Series([10,20,30],index= list("abc"))
03  s2 = pd.Series([2,3,4],index=list("bcd"))
04  print(s1 + s2)
```

☑　强大的数据结构。

- 基于分类数的索引，提升性能。
- 多维索引，用于 groupby 多维聚合结果等。
- 时间类型索引，强大的日期和时间的方法支持。

## 3.8.2　重新设置索引

Pandas 有一个很重要的方法是 reindex()，它的作用是创建一个适应新索引的新对象。语法如下：

```
DataFrame.reindex(labels = None,index = None,columns = None,axis = None,method = None,copy = True,level = None,fill_value = nan,limit = None,tolerance = None)
```

常用参数说明：

- ☑ labels：标签，可以是数组，默认值为 None（无）。
- ☑ index：行索引，默认值为 None。
- ☑ columns：列索引，默认值为 None。
- ☑ axis：轴，axis=0 表示行，axis=1 表示列。默认值为 None。
- ☑ method：默认值为 None，重新设置索引时，选择插值（一种填充缺失数据的方法）方法，其值可以是 None、bfill/backfill（向后填充）、ffill/pad（向前填充）等。
- ☑ fill_value：缺失值要填充的数据。如缺失值不用 NaN 填充，而用 0 填充，则设置 fill_value=0 即可。

### 1．对 Series 对象重新设置索引

**【示例 41】** 重新设置物理成绩的索引。（**示例位置：资源包\MR\Code\03\41**）

在 3.2.3 节已经建立了一组学生的物理成绩，下面重新设置索引，程序代码如下：

```
01  import pandas as pd
02  s1=pd.Series([88,60,75],index=[1,2,3])
03  print(s1)
04  print(s1.reindex([1,2,3,4,5]))
```

运行程序，控制台输出结果对比如图 3.50 和图 3.51 所示。

```
1    88
2    60
3    75
```

图 3.50　原数据

```
1    88.0
2    60.0
3    75.0
4     NaN
5     NaN
```

图 3.51　重新设置索引

从运行结果得知：reindex()方法根据新索引进行了重新排序，并且对缺失值自动填充 NaN。如果不想用 NaN 填充，则可以为 fill_value 参数指定值，如 0，主要代码如下：

```
s1.reindex([1,2,3,4,5],fill_value=0)
```

而对于一些有一定顺序的数据，我们可能需要插值（插值是一种填充缺失数据的方法）来填充缺失的数据，可以使用 method 参数。

**【示例 42】** 向前和向后填充数据。（**示例位置：资源包\MR\Code\03\42**）

向前填充（和前面数据一样）、向后填充（和后面数据一样），主要代码如下：

```
01  print(s1.reindex([1,2,3,4,5],method='ffill'))        #向前填充
02  print(s1.reindex([1,2,3,4,5],method='bfill'))        #向后填充
```

### 2．对 DataFrame 对象重新设置索引

对于 DataFrame 对象，reindex()方法用于修改行索引和列索引。

【示例 43】　创建成绩表并重新设置索引。（**示例位置：资源包\MR\Code\03\43**）

通过二维数组创建成绩表，程序代码如下：

```
01	import pandas as pd
02	#解决数据输出时列名不对齐的问题
03	pd.set_option('display.unicode.east_asian_width', True)
04	data = [[110,105,99],[105,88,115],[109,120,130]]
05	index=['mr001','mr003','mr005']
06	columns = ['语文','数学','英语']
07	df = pd.DataFrame(data=data, index=index,columns=columns)
08	print(df)
```

通过 reindex()方法重新设置行索引，主要代码如下：

```
df.reindex(['mr001','mr002','mr003','mr004','mr005'])
```

通过 reindex()方法重新设置列索引，主要代码如下：

```
df.reindex(columns=['语文','物理','数学','英语'])
```

通过 reindex()方法重新设置行索引和列索引，主要代码如下：

```
df.reindex(index=['mr001','mr002','mr003','mr004','mr005'],columns=['语文','物理','数学','英语'])
```

运行程序，控制台输出结果分别为原始数据（见图 3.52）、重新设置行索引（见图 3.53）、重新设置列索引（见图 3.54）、重新设置行、列索引（见图 3.55）。

| | 语文 | 数学 | 英语 |
|---|---|---|---|
| mr001 | 110 | 105 | 99 |
| mr003 | 105 | 88 | 115 |
| mr005 | 109 | 120 | 130 |

图 3.52　原始数据

| | 语文 | 数学 | 英语 |
|---|---|---|---|
| mr001 | 110.0 | 105.0 | 99.0 |
| mr002 | NaN | NaN | NaN |
| mr003 | 105.0 | 88.0 | 115.0 |
| mr004 | NaN | NaN | NaN |
| mr005 | 109.0 | 120.0 | 130.0 |

图 3.53　重新设置行索引

| | 语文 | 物理 | 数学 | 英语 |
|---|---|---|---|---|
| mr001 | 110 | NaN | 105 | 99 |
| mr003 | 105 | NaN | 88 | 115 |
| mr005 | 109 | NaN | 120 | 130 |

图 3.54　重新设置列索引

| | 语文 | 物理 | 数学 | 英语 |
|---|---|---|---|---|
| mr001 | 110.0 | NaN | 105.0 | 99.0 |
| mr002 | NaN | NaN | NaN | NaN |
| mr003 | 105.0 | NaN | 88.0 | 115.0 |
| mr004 | NaN | NaN | NaN | NaN |
| mr005 | 109.0 | NaN | 120.0 | 130.0 |

图 3.55　重新设置行、列索引

## 3.8.3　设置某列为行索引

设置某列为行索引主要使用 set_index()方法。

【示例 44】　设置“买家会员名”为行索引。（**示例位置：资源包\MR\Code\03\44**）

首先，导入“1 月.xlsx”Excel 文件，程序代码如下：

```
01	import pandas as pd
02	#解决数据输出时列名不对齐的问题
03	pd.set_option('display.unicode.east_asian_width', True)
04	df=pd.read_excel('1 月.xlsx')
05	df1=df.head()
```

运行程序，输出结果如图 3.56 所示。

此时默认行索引为 0、1、2、3、4，下面将“买家会员名”作为行索引，主要代码如下：

```
df2=df.set_index(['买家会员名'])
```

运行程序，输出结果如图 3.57 所示。

| Index | 买家实际支付金额 | 收货人姓名 | 宝贝标题 |
|---|---|---|---|
| mrhy1 | 41.86 | 周某某 | 零基础学Python |
| mrhy2 | 41.86 | 杨某某 | 零基础学Python |
| mrhy3 | 48.86 | 刘某某 | 零基础学Python |
| mrhy4 | 48.86 | 张某某 | 零基础学Python |
| mrhy5 | 48.86 | 赵某某 | C#项目开发实战入门 |

图 3.56　1 月淘宝销售数据（部分数据）

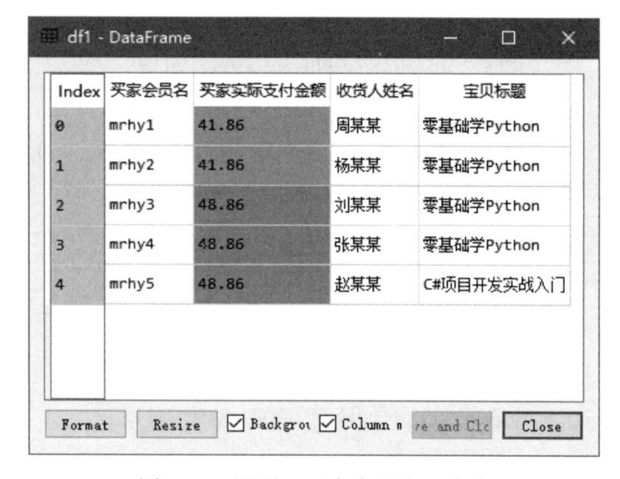

| Index | 买家会员名 | 买家实际支付金额 | 收货人姓名 | 宝贝标题 |
|---|---|---|---|---|
| 0 | mrhy1 | 41.86 | 周某某 | 零基础学Python |
| 1 | mrhy2 | 41.86 | 杨某某 | 零基础学Python |
| 2 | mrhy3 | 48.86 | 刘某某 | 零基础学Python |
| 3 | mrhy4 | 48.86 | 张某某 | 零基础学Python |
| 4 | mrhy5 | 48.86 | 赵某某 | C#项目开发实战入门 |

图 3.57　设置“买家会员名”为索引

如果在 set_index()方法中传入参数 drop=True，则会删除“买家会员名”；如果传入 drop=False，则会保留“买家会员名”。默认为 False。

## 3.8.4　数据清洗后重新设置连续的行索引

在对 Dataframe 对象进行数据清洗后，例如去掉含 NaN 的行之后，发现行索引还是原来的行索引，对比效果如图 3.58 和图 3.59 所示。

| Index | 买家会员名 | 买家实际支付金额 | 宝贝总数量 | 宝贝标题 | 类别 | 订单付款时间 |
|---|---|---|---|---|---|---|
| 0 | mr001 | 143.5 | 2 | Python黄金组合 | 图书 | 2018-10-09 22:54:26 |
| 1 | mr002 | 78.8 | 1 | Python编程锦囊 | nan | 2018-10-09 22:52:42 |
| 2 | mr003 | 48.86 | 1 | 零基础学C语言 | 图书 | 2018-01-19 12:53:01 |
| 3 | mr004 | 81.75 | nan | SQL Server应用与开发范例宝典 | 图书 | 2018-06-30 11:46:14 |
| 4 | mr005 | 299 | 1 | Python程序开发资源库 | nan | 2018-03-23 18:25:45 |
| 5 | mr006 | 41.86 | 1 | 零基础学Python | 图书 | 2018-03-24 19:25:45 |
| 6 | mr007 | 55.86 | 1 | C语言精彩编程200例 | 图书 | 2018-03-25 11:00:45 |
| 7 | mr008 | 41.86 | nan | C语言项目开发实战入门 | 图书 | 2018-03-26 23:11:11 |
| 8 | mr009 | 41.86 | 1 | Java项目开发实战入门 | 图书 | 2018-03-27 07:25:30 |
| 9 | mr010 | 34.86 | 1 | SQL即查即用 | 图书 | 2018-03-28 18:09:12 |

图 3.58　原数据

df1 - DataFrame

| Index | 买家会员名 | 买家实际支付金额 | 宝贝总数量 | 宝贝标题 | 类别 | 订单付款时间 |
|---|---|---|---|---|---|---|
| 0 | mr001 | 143.5 | 2 | Python黄金组合 | 图书 | 2018-10-09 22:54:26 |
| 2 | mr003 | 48.86 | 1 | 零基础学C语言 | 图书 | 2018-01-19 12:53:01 |
| 5 | mr006 | 41.86 | 1 | 零基础学Python | 图书 | 2018-03-24 19:25:45 |
| 6 | mr007 | 55.86 | 1 | C语言精彩编程200例 | 图书 | 2018-03-25 11:00:45 |
| 8 | mr009 | 41.86 | 1 | Java项目开发实战入门 | 图书 | 2018-03-27 07:25:30 |
| 9 | mr010 | 34.86 | 1 | SQL即查即用 | 图书 | 2018-03-28 18:09:12 |

Format　Resize　Background color　Column min/max　Save and Close　Close

图 3.59　数据清洗后还是原来的索引

【示例 45】　删除数据后重新设置索引。（**示例位置：资源包\MR\Code\03\45**）

如果要重新设置索引可以使用 reset_index()方法，在删除缺失数据后重新设置索引，主要代码如下：

```
df2=df.dropna().reset_index(drop=True)
```

运行程序，输出结果如图 3.60 所示。

df2 - DataFrame

| Index | 买家会员名 | 买家实际支付金额 | 宝贝总数量 | 宝贝标题 | 类别 | 订单付款时间 |
|---|---|---|---|---|---|---|
| 0 | mr001 | 143.5 | 2 | Python黄金组合 | 图书 | 2018-10-09 22:54:26 |
| 1 | mr003 | 48.86 | 1 | 零基础学C语言 | 图书 | 2018-01-19 12:53:01 |
| 2 | mr006 | 41.86 | 1 | 零基础学Python | 图书 | 2018-03-24 19:25:45 |
| 3 | mr007 | 55.86 | 1 | C语言精彩编程200例 | 图书 | 2018-03-25 11:00:45 |
| 4 | mr009 | 41.86 | 1 | Java项目开发实战入门 | 图书 | 2018-03-27 07:25:30 |
| 5 | mr010 | 34.86 | 1 | SQL即查即用 | 图书 | 2018-03-28 18:09:12 |

Format　Resize　Background color　Column min/max　Save and Close　Close

图 3.60　数据清洗后重新设置连续的行索引

另外，对于分组统计后的数据，有时也需要重新设置连续的行索引，方法同上。

# 3.9　数据排序与排名

本节主要介绍数据的各种排序和排名方法。

## 3.9.1　数据排序

DataFrame 数据排序主要使用 sort_values()方法，该方法类似于 SQL 中的 ORDER BY。sort_values()

方法可以根据指定行/列进行排序，语法如下：

```
DataFrame.sort_values(by,axis=0,ascending=True,inplace=False,kind='quicksort',na_position='last',ignore_index=False)
```

参数说明：

☑ by：要排序的名称列表。

☑ axis：轴，axis=0 表示行，axis=1 表示列。默认值为 0，即按行排序。

☑ ascending：升序或降序排序，布尔值，指定多个排序可以使用布尔值列表。默认值为 True。

☑ inplace：布尔值，默认值为 False，如果值为 True，则就地排序。

☑ kind：指定排序算法，值为 quicksort（快速排序）、mergesort（混合排序）或 heapsort（堆排），默认值为 quicksort。

☑ na_position：空值（NaN）的位置，值为 first 空值在数据开头，值为 last 空值在数据最后，默认值为 last。

☑ ignore_index：布尔值，是否忽略索引，值为 True 标记索引（从 0 开始按顺序的整数值），值为 False 则忽略索引。

### 1. 按一列数据排序

【示例 46】 按“销量”降序排序。（**示例位置：资源包\MR\Code\03\46**）

按“销量”降序排序，排序对比效果如图 3.61 和图 3.62 所示。

|  | C | D | E | F | G |
|---|---|---|---|---|---|
| 1 | 图书名称 | 定价 | 销量 | 类别 | 大类 |
| 2 | Android项目开发实战入门 | 59.8 | 2355 | Android | 程序设计 |
| 3 | Android精彩编程200例 | 89.8 | 1300 | Android | 程序设计 |
| 4 | 零基础学C语言 | 69.8 | 4888 | C语言C++ | 程序设计 |
| 5 | 零基础学Python | 79.8 | 5888 | Python | 程序设计 |
| 6 | 零基础学Java | 69.8 | 3663 | Java | 程序设计 |
| 7 | C语言项目开发实战入门 | 59.8 | 625 | C语言C++ | 程序设计 |
| 8 | Python从入门到项目实践 | 99.8 | 2559 | Python | 程序设计 |
| 9 | C#项目开发实战入门 | 69.8 | 541 | C# | 程序设计 |
| 10 | 零基础学HTML5+CSS3 | 79.8 | 456 | HTML5+CSS3 | 网页 |
| 11 | PHP项目开发实战入门 | 69.8 | 354 | PHP | 网站 |
| 12 | 零基础学C++ | 79.8 | 1333 | C语言C++ | 程序设计 |
| 13 | 零基础学Javascript | 79.8 | 322 | Javascript | 网页 |
| 14 | Python项目开发案例集锦 | 128 | 2281 | Python | 程序设计 |
| 15 | C语言精彩编程200例 | 79.8 | 271 | C语言C++ | 程序设计 |

图 3.61　原始数据

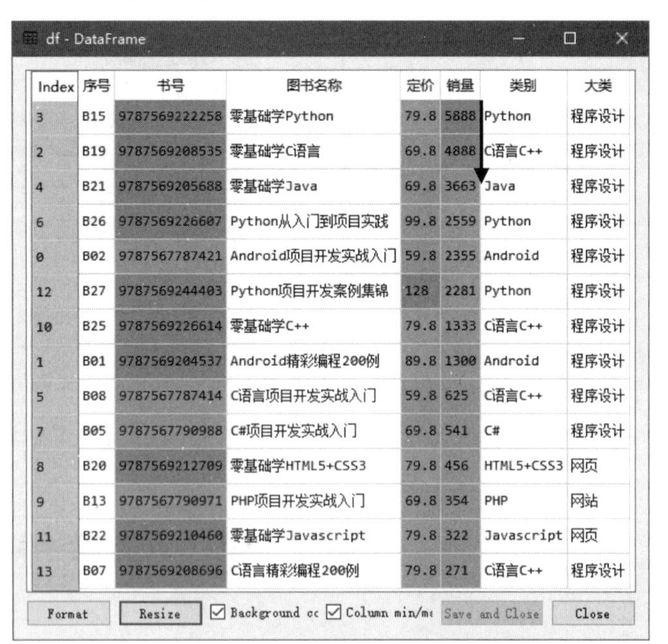
df - DataFrame

| Index | 序号 | 书号 | 图书名称 | 定价 | 销量 | 类别 | 大类 |
|---|---|---|---|---|---|---|---|
| 3 | B15 | 9787569222258 | 零基础学Python | 79.8 | 5888 | Python | 程序设计 |
| 2 | B19 | 9787569208535 | 零基础学C语言 | 69.8 | 4888 | C语言C++ | 程序设计 |
| 4 | B21 | 9787569205688 | 零基础学Java | 69.8 | 3663 | Java | 程序设计 |
| 6 | B26 | 9787569226607 | Python从入门到项目实践 | 99.8 | 2559 | Python | 程序设计 |
| 0 | B02 | 9787567787421 | Android项目开发实战入门 | 59.8 | 2355 | Android | 程序设计 |
| 12 | B27 | 9787569244403 | Python项目开发案例集锦 | 128 | 2281 | Python | 程序设计 |
| 10 | B25 | 9787569226614 | 零基础学C++ | 79.8 | 1333 | C语言C++ | 程序设计 |
| 1 | B01 | 9787569204537 | Android精彩编程200例 | 89.8 | 1300 | Android | 程序设计 |
| 5 | B08 | 9787567787414 | C语言项目开发实战入门 | 59.8 | 625 | C语言C++ | 程序设计 |
| 7 | B05 | 9787567790988 | C#项目开发实战入门 | 69.8 | 541 | C# | 程序设计 |
| 8 | B20 | 9787569212709 | 零基础学HTML5+CSS3 | 79.8 | 456 | HTML5+CSS3 | 网页 |
| 9 | B13 | 9787567790971 | PHP项目开发实战入门 | 69.8 | 354 | PHP | 网站 |
| 11 | B22 | 9787569210460 | 零基础学Javascript | 79.8 | 322 | Javascript | 网页 |
| 13 | B07 | 9787569208696 | C语言精彩编程200例 | 79.8 | 271 | C语言C++ | 程序设计 |

Format　Resize　☑ Background cc　☑ Column min/m　Save and Close　Close

图 3.62　按“销量”降序排序

Spyder 变量浏览窗口本身也支持数据排序，单击需要排序的列即可实现升序或降序排序。

程序代码如下：

```
01	import pandas as pd
02	excelFile = 'mrbook.xlsx'
03	df = pd.DataFrame(pd.read_excel(excelFile))
04	#按“销量”列降序排序
05	df=df.sort_values(by='销量',ascending=False)
```

### 2. 按多列数据排序

多列排序是按照给定列的先后顺序进行排序的。

【示例 47】　按照“图书名称”和“销量”降序排序。（**示例位置：资源包\MR\Code\03\47**）

按照“图书名称”和“销量”降序排序，首先按“图书名称”降序排序，然后再按“销量”降序排序，排序后的效果如图 3.63 所示。

| Index | 序号 | 书号 | 图书名称 | 定价 | 销量 | 类别 | 大类 |
|---|---|---|---|---|---|---|---|
| 1 | B01 | 9787569204537 | Android精彩编程200例 | 89.8 | 1300 | Android | 程序设计 |
| 0 | B02 | 9787567787421 | Android项目开发实战入门 | 59.8 | 2355 | Android | 程序设计 |
| 7 | B05 | 9787567790988 | C#项目开发实战入门 | 69.8 | 541 | C# | 程序设计 |
| 13 | B07 | 9787569208696 | C语言精彩编程200例 | 79.8 | 271 | C语言C++ | 程序设计 |
| 5 | B08 | 9787567787414 | C语言项目开发实战入门 | 59.8 | 625 | C语言C++ | 程序设计 |
| 9 | B13 | 9787567790971 | PHP项目开发实战入门 | 69.8 | 354 | PHP | 网站 |
| 6 | B26 | 9787569226607 | Python从入门到项目实践 | 99.8 | 2559 | Python | 程序设计 |
| 12 | B27 | 9787569244403 | Python项目开发案例集锦 | 128 | 2281 | Python | 程序设计 |
| 10 | B25 | 9787569226614 | 零基础学C++ | 79.8 | 1333 | C语言C++ | 程序设计 |
| 2 | B19 | 9787569208535 | 零基础学C语言 | 69.8 | 4888 | C语言C++ | 程序设计 |
| 8 | B20 | 9787569212709 | 零基础学HTML5+CSS3 | 79.8 | 456 | HTML5+CSS3 | 网页 |
| 4 | B21 | 9787569205688 | 零基础学Java | 69.8 | 3663 | Java | 程序设计 |
| 11 | B22 | 9787569210460 | 零基础学Javascript | 79.8 | 322 | Javascript | 网页 |
| 3 | B15 | 9787569222258 | 零基础学Python | 79.8 | 5888 | Python | 程序设计 |

图 3.63　按照“图书名称”和“销量”降序排序

主要代码如下：

```
df1=df.sort_values(by=['图书名称','销量'])
```

### 3. 对统计结果排序

【示例 48】　对分组统计数据进行排序。（**示例位置：资源包\MR\Code\03\48**）

按“类别”分组统计销量并进行降序排序，统计排序后的效果如图 3.64 所示。

图 3.64　按“类别”分组统计销量并降序排序

主要代码如下：

```
01  df1=df.groupby(["类别"])["销量"].sum().reset_index()
02  df2=df1.sort_values(by='销量',ascending=False)
```

4．按行数据排序

【示例 49】　按行数据排序。（**示例位置：资源包\MR\Code\03\49**）

按行排序，主要代码如下：

```
df=dfrow.sort_values(by=0,ascending=True,axis=1)
```

**注意**

按行排序的数据类型要一致，否则会出现错误提示。

## 3.9.2　数据排名

排名是根据 Series 对象或 DataFrame 的某几列的值进行排名的，主要使用 rank()方法，语法如下：

```
DataFrame.rank(axis=0,method='average',numeric_only=None,na_option='keep',ascending=True,pct=False)
```

参数说明：

☑　axis：轴，axis=0 表示行，axis=1 表示列。默认值为 0，即按行排序。

☑　method：表示在具有相同值的情况下所使用的排序方法。设置值如下。

- average：默认值，平均排名。
- min：最小值排名。
- max：最大值排名。
- first：按值在原始数据中的出现顺序分配排名。
- dense：密集排名，类似最小值排名，但是排名每次只增加 1，即排名相同的数据只占一

个名次。

- ☑ numeric_only：对于 DataFrame 对象，如果设置值为 True，则只对数字列进行排序。
- ☑ na_option：空值的排序方式，设置值如下。
  - ➢ keep：保留，将空值等级赋值给 NaN 值。
  - ➢ top：如果按升序排序，则将最小排名赋值给 NaN 值。
  - ➢ bottom：如果按升序排序，则将最大排名赋值给 NaN 值。
- ☑ ascending：升序或降序排序，布尔值，指定多个排序可以使用布尔值列表。默认值为 True。
- ☑ pct：布尔值，是否以百分比形式返回排名。默认值为 False。

### 1．顺序排名

【示例 50】　对产品销量按顺序进行排名。（**示例位置：资源包\MR\Code\03\50**）

下面对销量相同的产品，按照出现的顺序排名，程序代码如下：

```
01  import pandas as pd
02  excelFile = 'mrbook.xlsx'
03  df = pd.DataFrame(pd.read_excel(excelFile))
04  #按“销量”列降序排序
05  df=df.sort_values(by='销量',ascending=False)
06  #顺序排名
07  df['顺序排名'] = df['销量'].rank(method="first", ascending=False)
08  df1=df[['图书名称','销量','顺序排名']]
```

程序运行结果如图 3.65 所示。

### 2．平均排名

【示例 51】　对产品销量进行平均排名。（**示例位置：资源包\MR\Code\03\51**）

现在对销量相同的产品，按照顺序排名的平均值作为平均排名，主要代码如下：

```
01  df['平均排名']=df['销量'].rank(ascending=False)
02  df1=df[['图书名称','销量','平均排名']]
```

程序运行结果如图 3.66 所示。

### 3．最小值排名

排名相同的，按顺序排名取最小值作为排名，主要代码如下：

```
df['最小值排名']=df['销量'].rank(method="min",ascending=False)
```

### 4．最大值排名

排名相同的，按顺序排名取最大值作为排名，主要代码如下：

```
df['最大值排名']=df['销量'].rank(method="max",ascending=False)
```

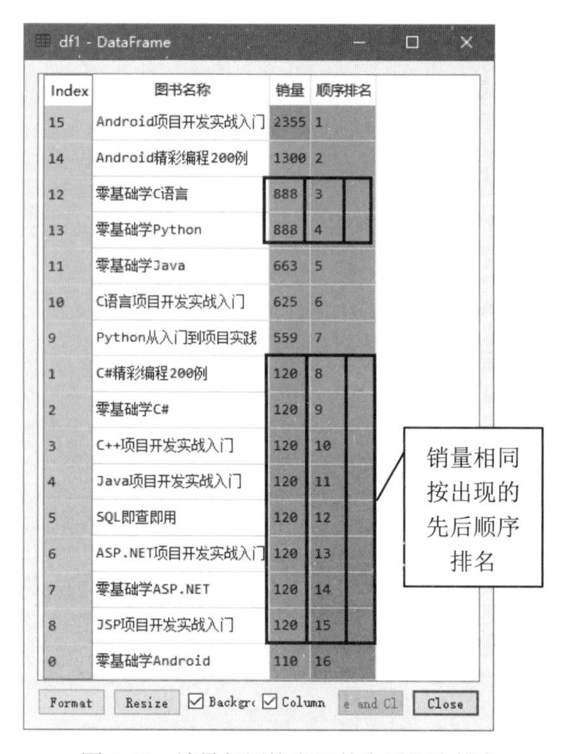

| Index | 图书名称 | 销量 | 顺序排名 |
|---|---|---|---|
| 15 | Android项目开发实战入门 | 2355 | 1 |
| 14 | Android精彩编程200例 | 1300 | 2 |
| 12 | 零基础学C语言 | 888 | 3 |
| 13 | 零基础学Python | 888 | 4 |
| 11 | 零基础学Java | 663 | 5 |
| 10 | C语言项目开发实战入门 | 625 | 6 |
| 9 | Python从入门到项目实践 | 559 | 7 |
| 1 | C#精彩编程200例 | 120 | 8 |
| 2 | 零基础学C# | 120 | 9 |
| 3 | C++项目开发实战入门 | 120 | 10 |
| 4 | Java项目开发实战入门 | 120 | 11 |
| 5 | SQL即查即用 | 120 | 12 |
| 6 | ASP.NET项目开发实战入门 | 120 | 13 |
| 7 | 零基础学ASP.NET | 120 | 14 |
| 8 | JSP项目开发实战入门 | 120 | 15 |
| 0 | 零基础学Android | 110 | 16 |



图 3.65　销量相同按出现的先后顺序排名

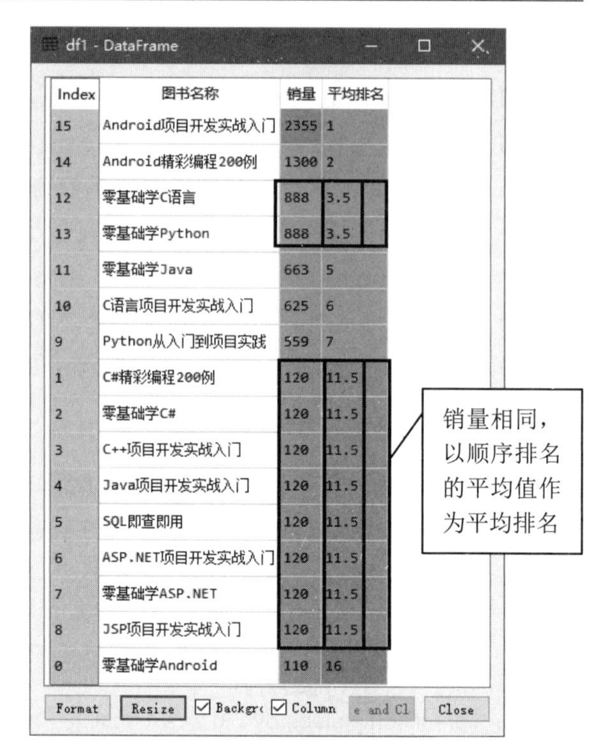

| Index | 图书名称 | 销量 | 平均排名 |
|---|---|---|---|
| 15 | Android项目开发实战入门 | 2355 | 1 |
| 14 | Android精彩编程200例 | 1300 | 2 |
| 12 | 零基础学C语言 | 888 | 3.5 |
| 13 | 零基础学Python | 888 | 3.5 |
| 11 | 零基础学Java | 663 | 5 |
| 10 | C语言项目开发实战入门 | 625 | 6 |
| 9 | Python从入门到项目实践 | 559 | 7 |
| 1 | C#精彩编程200例 | 120 | 11.5 |
| 2 | 零基础学C# | 120 | 11.5 |
| 3 | C++项目开发实战入门 | 120 | 11.5 |
| 4 | Java项目开发实战入门 | 120 | 11.5 |
| 5 | SQL即查即用 | 120 | 11.5 |
| 6 | ASP.NET项目开发实战入门 | 120 | 11.5 |
| 7 | 零基础学ASP.NET | 120 | 11.5 |
| 8 | JSP项目开发实战入门 | 120 | 11.5 |
| 0 | 零基础学Android | 110 | 16 |



图 3.66　销量相同按顺序排名的平均值排名

# 3.10　小　　结

本章介绍了 Pandas 数据处理的基本知识，从最初的数据来源开始（创建 DataFrame 数据或导入外部数据）到数据抽取、数据增删改操作、数据清洗、索引，再到数据排序，常用的数据处理操作基本都涉及了，通过本章的学习基本能够独立完成一些简单的数据处理工作。

# 第4章

# Pandas 统计分析（下）

相信经过第 3 章的学习，您已经了解 Pandas 了，那么本章开始进行 Pandas 进阶，对 Pandas 相关技术进一步加深讲解，主要包括数据计算、数据格式化，以及应用非常广泛的数据分组统计、数据位移、数据转换、数据合并、数据导出和日期数据的处理，时间序列等。

对于本章的学习，可能会存在一定难度，建议读者弹性学习，内容有一定的选择性，对于短时间内无法理解的内容可以先放一放，重要的是多练习、多实践，重复学习是快速提升编程技能的阶梯。

## 4.1 数 据 计 算

Pandas 提供了大量的数据计算函数，可以实现求和、求均值、求最大值、求最小值、求中位数、求众数、求方差、标准差等，从而使得数据统计变得简单高效。

### 4.1.1 求和（sum()函数）

在 Python 中通过调用 DataFrame 对象的 sum()函数实现行/列数据的求和运算，语法如下：

```
DataFrame.sum(axis=None, skipna=None, level=None, numeric_only=None, min_count=0, **kwargs)
```

参数说明：

- ☑ axis：axis=1 表示行，axis=0 表示列，默认值为 None（无）。
- ☑ skipna：布尔型，表示计算结果是否排除 NaN/Null 值，默认值为 None。

**说明**

NaN 表示非数值。在进行数据处理、数据计算时，Pandas 会为缺少的值自动分配 NaN 值。

- ☑ level：表示索引层级，默认值为 None。
- ☑ numeric_only：仅数字，布尔型，默认值为 None。
- ☑ min_count：表示执行操作所需的数目，整型，默认值为 0。
- ☑ **kwargs：要传递给函数的附加关键字参数。
- ☑ 返回值：返回 Series 对象或 DataFrame 对象。行或列求和数据。

【示例 01】 计算语文、数学和英语三科的总成绩。（**示例位置：资源包\MR\Code\04\01**）

首先，创建一组 DataFrame 类型的数据，包括语文、数学和英语三科的成绩，如图 4.1 所示。程序代码如下：

```
01  import pandas as pd
02  data = [[110,105,99],[105,88,115],[109,120,130]]
03  index = [1,2,3]
04  columns = ['语文','数学','英语']
05  df = pd.DataFrame(data=data, index=index, columns=columns)
```

下面使用 sum()函数计算三科的总成绩，代码如下：

```
df['总成绩']=df.sum(axis=1)
```

运行程序，输出结果如图 4.2 所示。

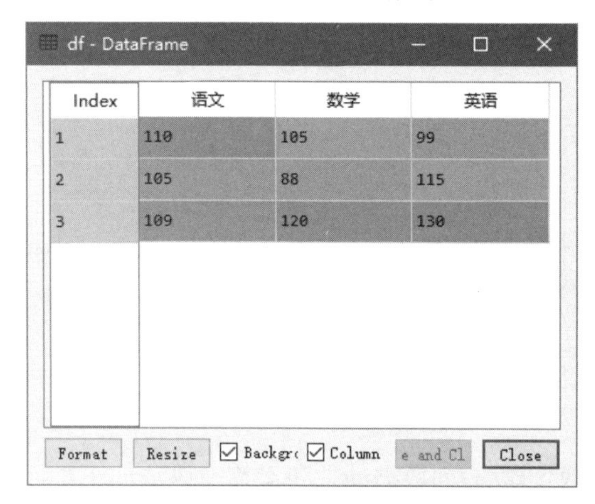


| Index | 语文 | 数学 | 英语 |
|---|---|---|---|
| 1 | 110 | 105 | 99 |
| 2 | 105 | 88 | 115 |
| 3 | 109 | 120 | 130 |

图 4.1 DataFrame 数据

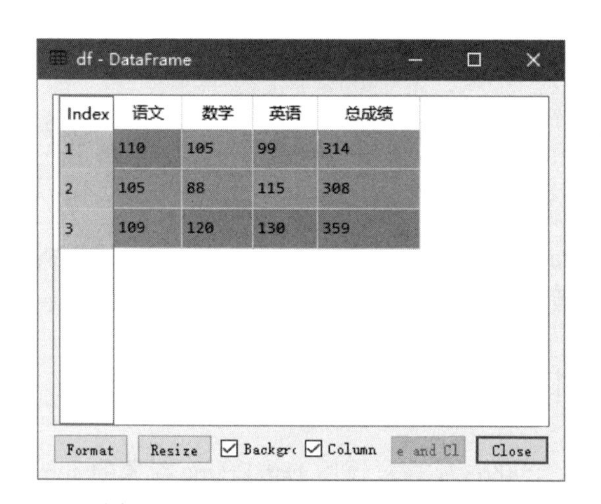


| Index | 语文 | 数学 | 英语 | 总成绩 |
|---|---|---|---|---|
| 1 | 110 | 105 | 99 | 314 |
| 2 | 105 | 88 | 115 | 308 |
| 3 | 109 | 120 | 130 | 359 |

图 4.2 sum()函数计算三科的总成绩

### 4.1.2 求均值（mean()函数）

在 Python 中通过调用 DataFrame 对象的 mean()函数实现行/列数据平均值运算，语法如下：

```
DataFrame.mean(axis=None, skipna=None, level=None, numeric_only=None, **kwargs)
```

参数说明：

☑ axis：axis=1 表示行，axis=0 表示列，默认值为 None（无）。

☑ skipna：布尔型，表示计算结果是否排除 NaN/Null 值，默认值为 None。

☑ level：表示索引层级，默认值为 None。

☑ numeric_only：仅数字，布尔型，默认值为 None。

☑ **kwargs：要传递给函数的附加关键字参数。

☑ 返回值：返回 Series 对象或 DataFrame 对象。行或列平均值数据。

【示例 02】　计算语文、数学和英语各科的平均分。（示例位置：资源包\MR\Code\04\02）

计算语文、数学和英语各科成绩的平均值，程序代码如下：

```
01　import pandas as pd
02　data = [[110,105,99],[105,88,115],[109,120,130],[112,115]]
03　index = [1,2,3,4]
04　columns = ['语文','数学','英语']
05　df = pd.DataFrame(data=data, index=index, columns=columns)
06　new=df.mean()
07　#增加一行数据（语文、数学和英语的平均值，忽略索引）
08　df=df.append(new,ignore_index=True)
```

运行程序，输出结果如图 4.3 所示。

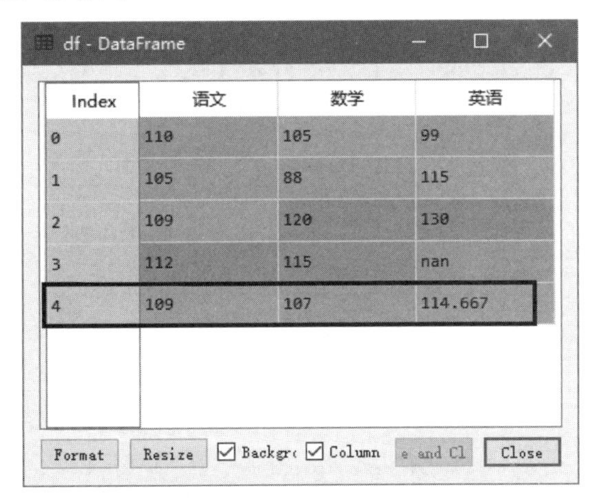


图 4.3　mean()函数计算三科成绩的平均值

从运行结果得知：语文平均分 109，数学平均分 107，英语平均分 114.667。

## 4.1.3　求最大值（max()函数）

在 Python 中通过调用 DataFrame 对象的 max()函数实现行/列数据最大值运算，语法如下：

```
DataFrame.max(axis=None, skipna=None, level=None, numeric_only=None, **kwargs)
```

参数说明：

☑　axis：axis=1 表示行，axis=0 表示列，默认值为 None（无）。

☑　skipna：布尔型，表示计算结果是否排除 NaN/Null 值，默认值为 None。

☑　level：表示索引层级，默认值为 None。

☑　numeric_only：仅数字，布尔型，默认值为 None。

☑　**kwargs：要传递给函数的附加关键字参数。

☑　返回值：返回 Series 对象或 DataFrame 对象。行或列最大值数据。

【示例 03】 计算语文、数学和英语各科的最高分。（**示例位置：资源包\MR\Code\04\03**）

计算语文、数学和英语各科成绩的最大值，程序代码如下：

```
01  import pandas as pd
02  data = [[110,105,99],[105,88,115],[109,120,130],[112,115]]
03  index = [1,2,3,4]
04  columns = ['语文','数学','英语']
05  df = pd.DataFrame(data=data, index=index, columns=columns)
06  new=df.max()
07  #增加一行数据（语文、数学和英语的最大值，忽略索引）
08  df=df.append(new,ignore_index=True)
```

运行程序，输出结果如图 4.4 所示。

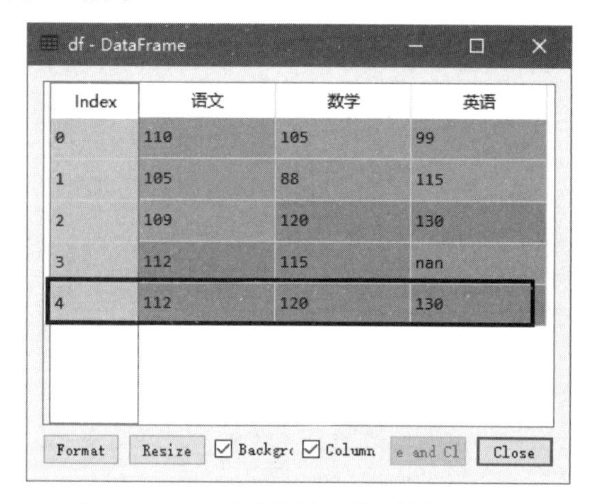


图 4.4 max()函数计算三科成绩的最大值

从运行结果得知：语文最高分 112 分，数学最高分 120 分，英语最高分 130 分。

## 4.1.4 求最小值（min()函数）

在 Python 中通过调用 DataFrame 对象的 min()函数实现行/列数据最小值运算，语法如下：

```
DataFrame.min(axis=None, skipna=None, level=None, numeric_only=None, **kwargs)
```

参数说明：

☑ axis：axis=1 表示行，axis=0 表示列，默认值为 None（无）。

☑ skipna：布尔型，表示计算结果是否排除 NaN/Null 值，默认值为 None。

☑ level：表示索引层级，默认值为 None。

☑ numeric_only：仅数字，布尔型，默认值为 None。

☑ **kwargs：要传递给函数的附加关键字参数。

☑ 返回值：返回 Series 对象或 DataFrame 对象。行或列最小值数据。

【示例 04】　计算语文、数学和英语各科的最低分。（**示例位置：资源包\MR\Code\04\04**）

计算语文、数学和英语各科成绩的最小值，程序代码如下：

```
01  import pandas as pd
02  data = [[110,105,99],[105,88,115],[109,120,130],[112,115]]
03  index = [1,2,3,4]
04  columns = ['语文','数学','英语']
05  df = pd.DataFrame(data=data, index=index, columns=columns)
06  new=df.min()
07  #增加一行数据（语文、数学和英语的最小值，忽略索引）
08  df=df.append(new,ignore_index=True)
```

运行程序，输出结果如图 4.5 所示。

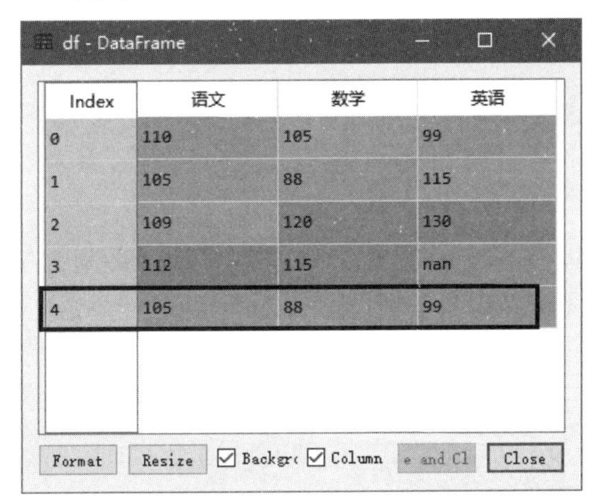


图 4.5　min()函数计算三科成绩的最小值

从运行结果得知：语文最低分 105 分，数学最低分 88 分，英语最低分 99 分。

### 4.1.5　求中位数（median()函数）

中位数又称中值，是统计学专有名词，是指按顺序排列的一组数据中位于中间位置的数，其不受异常值的影响。例如，年龄 23、45、35、25、22、34、28 这 7 个数，中位数就是排序后位于中间的数字，即 28；而年龄 23、45、35、25、22、34、28、27 这 8 个数，中位数则是排序后位于中间两个数的平均值，即 27.5。在 Python 中直接调用 DataFrame 对象的 median()函数就可以轻松实现中位数的运算，语法如下：

```
DataFrame.median(axis=None,skipna=None,level=None,numeric_only=None,**kwargs)
```

参数说明：

☑　axis：axis=1 表示行，axis=0 表示列，默认值为 None（无）。

☑　skipna：布尔型，表示计算结果是否排除 NaN/Null 值，默认值为 None。

☑　level：表示索引层级，默认值为 None。

☑ numeric_only：仅数字，布尔型，默认值为 None。

☑ **kwargs：要传递给函数的附加关键字参数。

☑ 返回值：返回 Series 对象或 DataFrame 对象。

【示例 05】 计算学生各科成绩的中位数 1。（**示例位置：资源包\MR\Code\04\05**）

下面给出一组数据（3 条记录），然后使用 median()函数计算语文、数学和英语各科成绩的中位数，程序代码如下：

```
01  import pandas as pd
02  data = [[110,120,110],[130,130,130],[130,120,130]]
03  columns = ['语文','数学','英语']
04  df = pd.DataFrame(data=data,columns=columns)
05  print(df.median())
```

运行程序，控制台输出结果如下：

```
语文    130.0
数学    120.0
英语    130.0
```

【示例 06】 计算学生各科成绩的中位数 2。（**示例位置：资源包\MR\Code\04\06**）

下面再给出一组数据（4 条记录），同样使用 median()函数计算语文、数学和英语各科成绩的中位数，程序代码如下：

```
01  import pandas as pd
02  data = [[110,120,110],[130,130,130],[130,120,130],[113,123,101]]
03  columns = ['语文','数学','英语']
04  df = pd.DataFrame(data=data,columns=columns)
05  print(df.median())
```

运行程序，控制台输出结果如下：

```
语文    121.5
数学    121.5
英语    120.0
```

## 4.1.6 求众数（mode()函数）

什么是众数？众数的众字有多的意思，顾名思义，众数就是一组数据中出现最多的数称为众数，它代表了数据的一般水平。

在 Python 中通过调用 DataFrame 对象的 mode()函数可以实现众数运算，语法如下：

```
DataFrame.mode(axis=0,numeric_only=False,dropna=True)
```

参数说明：

☑ axis：axis=1 表示行，axis=0 表示列，默认值为 0。

☑　numeric_only：仅数字，布尔型，默认值为 False。如果值为 True，则仅适用于数字列。

☑　dropna：是否删除缺失值，布尔型，默认值为 True。

☑　返回值：返回 Series 对象或 DataFrame 对象。

首先看一组原始数据，如图 4.6 所示。

图 4.6　原始数据

【示例 07】　计算学生各科成绩的众数。（**示例位置：资源包\MR\Code\04\07**）

计算语文、数学和英语三科成绩的众数、每一行的众数和“数学”成绩的众数，程序代码如下：

```
01    import pandas as pd
02    data = [[110,120,110],[130,130,130],[130,120,130]]
03    columns = ['语文','数学','英语']
04    df = pd.DataFrame(data=data,columns=columns)
05    print(df.mode())                               #三科成绩的众数
06    print(df.mode(axis=1))                         #每一行的众数
07    print(df['数学'].mode())                       #“数学”成绩的众数
```

三科成绩的众数：

```
     语文   数学   英语
0    130    120    130
```

每一行的众数：

```
0   110
1   130
2   130
```

数学成绩的众数：

```
0     120
```

## 4.1.7　求方差（var()函数）

方差用于衡量一组数据的离散程度，即各组数据与它们的平均数的差的平方，那么我们用这个结果来衡量这组数据的波动大小，并把它叫作这组数据的方差，方差越小越稳定。通过方差可以了解一个问题的波动性。下面简单介绍下方差的意义，相信通过一个简单的举例您就会了解。

例如，某校两名同学的物理成绩都很优秀，而参加物理竞赛的名额只有一个，那么选谁去获得名次的机率更大呢？于是根据历史数据计算出了两名同学的平均成绩，但结果是实力相当，平均成绩都是 107.6，怎么办呢？这时让方差帮你决定，看看谁的成绩更稳定。首先汇总物理成绩，如图 4.7 所示。

| | 物理 1 | 物理 2 | 物理 3 | 物理 4 | 物理 5 |
|---|---|---|---|---|---|
| 小黑 | 110 | 113 | 102 | 105 | 108 |
| 小白 | 118 | 98 | 119 | 85 | 118 |

图 4.7　物理成绩

通过方差对比两名同学物理成绩的波动，如图 4.8 所示。

| | 物理 1 | 物理 2 | 物理 3 | 物理 4 | 物理 5 |
|---|---|---|---|---|---|
| 小黑 | 5.76 | 29.16 | 31.36 | 6.76 | 0.16 |
| 小白 | 108.16 | 92.16 | 129.96 | 510.76 | 108.16 |

方差和：73.2

方差和：949.2

图 4.8　方差

接着来看一下总体波动（方差和），“小黑”的数据是 73.2，“小白”的数据是 949.2，很明显“小黑”的物理成绩波动较小，发挥更稳定，所以应该选“小黑”参加物理竞赛。

以上举例就是方差的意义。大数据时代，它能够帮助我们解决很多身边的问题、协助我们做出合理的决策。

在 Python 中通过调用 DataFrame 对象的 var()函数可以实现方差运算，语法如下：

```
DataFrame.var(axis=None,skipna=None,level=None,ddof=1,numeric_only=None,**kwargs)
```

参数说明：

☑ axis：axis=1 表示行，axis=0 表示列，默认值为 None（无）。

☑ skipna：布尔型，表示计算结果是否排除 NaN/Null 值，默认值为 None。

☑ level：表示索引层级，默认值为 None。

☑ ddof：整型，默认值为 1。自由度，计算中使用的除数是 $N$−ddof，其中 $N$ 表示元素的数量。

☑ numeric_only：仅数字，布尔型，默认值为 None。

☑ **kwargs：要传递给函数的附加关键字参数。

☑ 返回值：返回 Series 对象或 DataFrame 对象。

【示例 08】　通过方差判断谁的物理成绩更稳定。（**示例位置：资源包\MR\Code\04\08**）

计算“小黑”和“小白”物理成绩的方差，程序代码如下：

```
01    import pandas as pd
02    data = [[110,113,102,105,108],[118,98,119,85,118]]
03    index=['小黑','小白']
04    columns = ['物理 1','物理 2','物理 3','物理 4','物理 5']
05    df = pd.DataFrame(data=data,index=index,columns=columns)
06    print(df.var(axis=1))
```

运行程序，控制台输出结果如下：

```
小黑      18.3
小白     237.3
```

从运行结果得知："小黑"的物理成绩波动较小，发挥更稳定。这里需要注意的是，Pandas 中计算的方差为无偏样本方差（即方差和/样本数-1），NumPy 中计算的方差就是样本方差本身（即方差和/样本数）。

### 4.1.8　标准差（数据标准化 std()函数）

标准差又称均方差，是方差的平方根，用来表示数据的离散程度。

在 Python 中通过调用 DataFrame 对象的 std()函数求标准差，语法如下：

```
DataFrame.std(axis=None,skipna=None,level=None,ddof=1,numeric_only=None,**kwargs)
```

std()函数的参数与 var()函数一样，这里不再赘述。

【示例 09】　计算各科成绩的标准差。（**示例位置：资源包\MR\Code\04\09**）

使用 std()函数计算标准差，程序代码如下：

```
01   import pandas as pd
02   data = [[110,120,110],[130,130,130],[130,120,130]]
03   columns = ['语文','数学','英语']
04   df = pd.DataFrame(data=data,columns=columns)
05   print(df.std())
```

运行程序，控制台输出结果如下：

```
语文     11.547005
数学      5.773503
英语     11.547005
```

### 4.1.9　求分位数（quantile()函数）

分位数也称分位点，它以概率依据将数据分割为几个等份，常用的有中位数（即二分位数）、四分位数、百分位数等。分位数是数据分析中常用的一个统计量，经过抽样得到一个样本值。例如，经常会听老师说："这次考试竟然有 20%的同学不及格！"，那么这句话就体现了分位数的应用。在 Python 中通过调用 DataFrame 对象的 quantile()函数求分位数，语法如下：

```
DataFrame.quantile(q=0.5,axis=0,numeric_only=True, interpolation='linear')
```

参数说明：

☑　q：浮点型或数组，默认为 0.5（50%分位数），其值为 0～1。

☑　axis：axis=1 表示行，axis=0 表示列。默认值为 0。

☑　numeric_only：仅数字，布尔型，默认值为 True。

☑ interpolation：内插值，可选参数，用于指定要使用的插值方法，当期望的分位数为数据点 $i$～$j$ 时。
  ➢ 线性：$i+(j-i)\times$分数，其中分数是指数被 $i$ 和 $j$ 包围的小数部分。
  ➢ 较低：$i$。
  ➢ 较高：$j$。
  ➢ 最近：$i$ 或 $j$ 二者以最近者为准。
  ➢ 中点：$(i+j)/2$。

☑ 返回值：返回 Series 或 DataFrame 对象。

【示例 10】 通过分位数确定被淘汰的 35%的学生。（**示例位置：资源包\MR\Code\04\10**）

以学生成绩为例，数学成绩分别为 120、89、98、78、65、102、112、56、79、45 的 10 名同学，现根据分数淘汰 35%的学生，该如何处理？首先使用 quantile()函数计算 35%的分位数，然后将学生成绩与分位数比较，筛选小于等于分位数的学生，程序代码如下：

```
01  import pandas as pd
02  #创建 DataFrame 数据（数学成绩）
03  data = [120,89,98,78,65,102,112,56,79,45]
04  columns = ['数学']
05  df = pd.DataFrame(data=data,columns=columns)
06  #计算 35%的分位数
07  x=df['数学'].quantile(0.35)
08  #输出淘汰学生
09  print(df[df['数学']<=x])
```

运行程序，控制台输出结果如下：

```
    数学
3   78
4   65
7   56
9   45
```

从运行结果得知：即将被淘汰的学生有 4 名，分数分别为 78、65、56 和 45。

【示例 11】 计算日期、时间和时间增量数据的分位数。（**示例位置：资源包\MR\Code\04\11**）

如果参数 numeric_only=False，将计算日期、时间和时间增量数据的分位数，程序代码如下：

```
01  import pandas as pd
02  df = pd.DataFrame({'A': [1, 2],
03                     'B': [pd.Timestamp('2019'),
04                           pd.Timestamp('2020')],
05                     'C': [pd.Timedelta('1 days'),
06                           pd.Timedelta('2 days')]})
07  print(df.quantile(0.5, numeric_only=False))
```

运行程序，控制台输出结果如下：

```
A                    1.5
B    2019-07-02 12:00:00
```

```
C          1 days 12:00:00
Name: 0.5, dtype: object
```

# 4.2　数据格式化

在进行数据处理时，尤其是在数据计算中应用求均值（mean()函数）后，发现结果中的小数位数增加了许多。此时就需要对数据进行格式化，以增加数据的可读性。例如，保留小数点位数、百分号、千位分隔符等。首先来看一组数据，如图 4.9 所示。

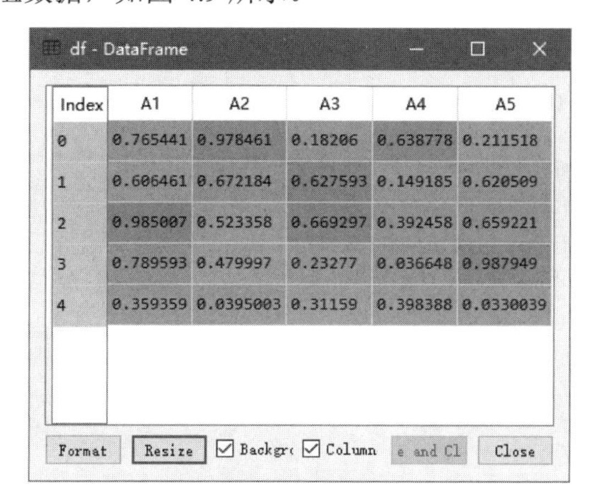


| Index | A1 | A2 | A3 | A4 | A5 |
|---|---|---|---|---|---|
| 0 | 0.765441 | 0.978461 | 0.18206 | 0.638778 | 0.211518 |
| 1 | 0.606461 | 0.672184 | 0.627593 | 0.149185 | 0.620509 |
| 2 | 0.985007 | 0.523358 | 0.669297 | 0.392458 | 0.659221 |
| 3 | 0.789593 | 0.479997 | 0.23277 | 0.036648 | 0.987949 |
| 4 | 0.359359 | 0.0395003 | 0.31159 | 0.398388 | 0.0330039 |

图 4.9　原始数据

## 4.2.1　设置小数位数

设置小数位数主要使用 DataFrame 对象的 round()函数，该函数可以实现四舍五入，而它的 decimals 参数则用于设置保留小数的位数，设置后数据类型不会发生变化，依然是浮点型。语法如下：

```
DataFrame.round(decimals=0, *args, **kwargs)
```

☑ decimals：每一列四舍五入的小数位数，整型、字典或 Series 对象。如果是整数，则将每一列四舍五入到相同的位置。否则，将字典和 Series 舍入到可变数目的位置；如果小数是类似于字典的，那么列名应该在键中；如果小数是级数，列名应该在索引中。没有包含在小数中的任何列都将保持原样。非输入列的小数元素将被忽略。

☑ *args：附加的关键字参数。

☑ **kwargs：附加的关键字参数。

☑ 返回值：返回 DataFrame 对象。

【示例 12】　四舍五入保留指定的小数位数。（**示例位置：资源包\MR\Code\04\12**）

使用 round()函数四舍五入保留小数位数，程序代码如下：

```
01  import pandas as pd
02  import numpy as np
```

```
03  df = pd.DataFrame(np.random.random([5, 5]),
04          columns=['A1', 'A2', 'A3','A4','A5'])
05  print(df.round(2))                              #保留小数点后两位
06  print(df.round({'A1': 1, 'A2': 2}))             #A1 列保留小数点后一位、A2 列保留小数点后两位
07  s1 = pd.Series([1, 0, 2], index=['A1', 'A2', 'A3'])
08  print(df.round(s1))                             #设置 Series 对象小数位数
```

运行程序，控制台输出结果如下：

```
     A1    A2    A3    A4    A5
0  0.79  0.87  0.16  0.36  0.96
1  0.94  0.59  0.94  0.16  0.74
2  0.78  0.36  0.62  0.17  0.66
3  0.44  0.98  0.54  0.36  0.17
4  0.19  0.02  0.05  0.65  0.53
    A1    A2        A3        A4        A5
0  0.8  0.87  0.157699  0.361039  0.963076
1  0.9  0.59  0.942715  0.160099  0.735882
2  0.8  0.36  0.620662  0.170067  0.657948
3  0.4  0.98  0.535800  0.361387  0.165886
4  0.2  0.02  0.047484  0.654962  0.526113
    A1   A2    A3        A4        A5
0  0.8  1.0  0.16  0.361039  0.963076
1  0.9  1.0  0.94  0.160099  0.735882
2  0.8  0.0  0.62  0.170067  0.657948
3  0.4  1.0  0.54  0.361387  0.165886
4  0.2  0.0  0.05  0.654962  0.526113
```

当然，保留小数位数也可以用自定义函数，例如，为 DataFrame 对象中的各个浮点值保留两位小数，主要代码如下：

```
df.applymap(lambda x: '%.2f'%x)
```

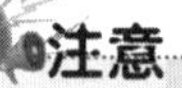
**注意**

经过自定义函数处理过的数据将不再是浮点型而是对象型，如果后续计算需要数据，则应先进行数据类型转换。

### 4.2.2 设置百分比

在数据分析过程中，有时需要百分比数据。那么，利用自定义函数将数据进行格式化处理，处理后的数据就可以从浮点型转换成带指定小数位数的百分比数据，主要使用 apply()函数与 format()函数。

【示例 13】 将指定数据格式化为百分比数据。（**示例位置：资源包\MR\Code\04\13**）

将 A1 列的数据格式化为百分比数据，程序代码如下：

```
01  import pandas as pd
02  import numpy as np
03  df = pd.DataFrame(np.random.random([5, 5]),
```

```
04          columns=['A1', 'A2', 'A3','A4','A5'])
05    df['百分比']=df['A1'].apply(lambda x: format(x,'.0%'))              #整列保留 0 位小数
06    print(df)
07    df['百分比']=df['A1'].apply(lambda x: format(x,'.2%'))              #整列保留两位小数
08    print(df)
09    df['百分比']=df['A1'].map(lambda x:'{:.0%}'.format(x))              #使用 map()函数整列保留 0 位小数
10    print(df)
```

运行程序，控制台输出结果如下：

```
         A1        A2        A3        A4        A5   百分比
0  0.379951  0.538359  0.378131  0.361101  0.835820   38%
1  0.073634  0.147796  0.573301  0.290091  0.472903    7%
2  0.752638  0.634261  0.607307  0.582695  0.001692   75%
3  0.371832  0.872433  0.620207  0.942345  0.866435   37%
4  0.869684  0.341358  0.370799  0.724845  0.257434   87%
         A1        A2        A3        A4        A5     百分比
0  0.379951  0.538359  0.378131  0.361101  0.835820  38.00%
1  0.073634  0.147796  0.573301  0.290091  0.472903   7.36%
2  0.752638  0.634261  0.607307  0.582695  0.001692  75.26%
3  0.371832  0.872433  0.620207  0.942345  0.866435  37.18%
4  0.869684  0.341358  0.370799  0.724845  0.257434  86.97%
         A1        A2        A3        A4        A5   百分比
0  0.379951  0.538359  0.378131  0.361101  0.835820   38%
1  0.073634  0.147796  0.573301  0.290091  0.472903    7%
2  0.752638  0.634261  0.607307  0.582695  0.001692   75%
3  0.371832  0.872433  0.620207  0.942345  0.866435   37%
4  0.869684  0.341358  0.370799  0.724845  0.257434   87%
```

### 4.2.3　设置千位分隔符

由于业务需要，有时需要将数据格式化为带千位分隔符的数据。那么，处理后的数据将不再是浮点型而是对象型。

【示例 14】　将金额格式化为带千位分隔符的数据。（**示例位置：资源包\MR\Code\04\14**）

将图书销售码洋格式化为带千位分隔符的数据，程序代码如下：

```
01    import pandas as pd
02    data = [['零基础学 Python','1 月',49768889],['零基础学 Python','2 月',11777775],['零基础学 Python','3 月',
13799990]]
03    columns = ['图书','月份','码洋']
04    df = pd.DataFrame(data=data, columns=columns)
05    df['码洋']=df['码洋'].apply(lambda x:format(int(x),','))
06    print(df)
```

运行程序，控制台输出结果如下：

```
              图书    月份        码洋
0  零基础学 Python   1 月   49,768,889
```

```
1  零基础学 Python  2月   11,777,775
2  零基础学 Python  3月   13,799,990
```

**注意**

设置千位分隔符后，对于程序来说，这些数据将不再是数值型，而是数字和逗号组成的字符串，如果由于程序需要再变成数值型就会很麻烦，因此设置千位分隔符要慎重。

# 4.3　数据分组统计

本节主要介绍分组统计函数 groupby()的各种应用。

## 4.3.1　分组统计 groupby()函数

对数据进行分组统计，主要使用 DataFrame 对象的 groupby()函数，其功能如下。

（1）根据给定的条件将数据拆分成组。

（2）每个组都可以独立应用函数（如求和函数 sum()、求平均值函数 mean()等）。

（3）将结果合并到一个数据结构中。

groupby()函数用于将数据按照一列或多列进行分组，一般与计算函数结合使用，实现数据的分组统计，语法如下：

```
DataFrame.groupby(by=None,axis=0,level=None,as_index=True,sort=True,group_keys=True,squeeze=False,
observed=False)
```

参数说明：

☑ by：映射、字典或 Series 对象、数组、标签或标签列表。如果 by 是一个函数，则对象索引的每个值都调用它；如果传递了一个字典或 Series 对象，则使用该字典或 Series 对象值来确定组；如果传递了数组 ndarray，则按原样使用这些值来确定组。

☑ axis：axis=1 表示行，axis=0 表示列。默认值为 0。

☑ level：表示索引层级，默认值为 None（无）。

☑ as_index：布尔型，默认值为 True，返回以组标签为索引的对象。

☑ sort：对组进行排序，布尔型，默认值为 True。

☑ group_keys：布尔型，默认值为 True，调用 apply()函数时，将分组的键添加到索引以标识片段。

☑ squeeze：布尔型，默认值为 False。如果可能，减少返回类型的维度；否则返回一致类型。

☑ observed：当以石斑鱼为分类时，才会使用该参数。如果参数值为 True，则仅显示分类石斑鱼的观测值；如果参数值为 False，则显示分类石斑鱼的所有值。

☑ 返回值：返回 DataFrameGroupBy，返回包含有关组的信息的 groupby 对象。

### 1．按照一列分组统计

【示例 15】　根据“一级分类”统计订单数据。（**示例位置：资源包\MR\Code\04\15**）

按照图书“一级分类”对订单数据进行分组统计求和，程序代码如下：

```
01  import pandas as pd                                      #导入 pandas 模块
02  df=pd.read_csv('JD.csv',encoding='gbk')
03  #抽取数据
04  df1=df[['一级分类','7 天点击量','订单预定']]
05  df1.groupby('一级分类').sum()                              #分组统计求和
```

运行程序，输出结果如图 4.10 所示。

图 4.10　按照一列分组统计

### 2．按照多列分组统计

多列分组统计，以列表形式指定列。

【示例 16】　根据两级分类统计订单数据。（**示例位置：资源包\MR\Code\04\16**）

按照图书“一级分类”和“二级分类”对订单数据进行分组统计求和，主要代码如下：

```
01  #抽取数据
02  df1=df[['一级分类','二级分类','7 天点击量','订单预定']]
03  df1=df1.groupby(['一级分类','二级分类']).sum()        #分组统计求和
```

运行程序，输出结果如图 4.11 所示。

### 3．分组并按指定列进行数据计算

前面介绍的分组统计是按照所有列进行汇总计算的，那么如何按照指定列汇总计算呢？

【示例 17】　统计各编程语言的 7 天点击量。（**示例位置：资源包\MR\Code\04\17**）

统计各编程语言的 7 天点击量，首先按“二级分类”分组，然后抽取“7 天点击量”列并对该列进行求和运算，主要代码如下：

```
df1=df1.groupby('二级分类')['7 天点击量'].sum()
```

运行程序，输出结果如图 4.12 所示。

| Index | 7天点击量 | 订单预定 |
|---|---|---|
| ('数据库', 'Oracle') | 58 | 2 |
| ('数据库', 'SQL') | 128 | 13 |
| ('移动开发', 'Android') | 261 | 7 |
| ('编程语言与程序设计', 'ASP.NET') | 87 | 2 |
| ('编程语言与程序设计', 'C#') | 314 | 12 |
| ('编程语言与程序设计', 'C++/C语言') | 724 | 28 |
| ('编程语言与程序设计', 'JSP/JavaWeb') | 157 | 1 |
| ('编程语言与程序设计', 'Java') | 408 | 16 |
| ('编程语言与程序设计', 'PHP') | 113 | 1 |
| ('编程语言与程序设计', 'Python') | 2449 | 132 |
| ('编程语言与程序设计', 'Visual Basic') | 28 | 0 |
| ('网页制作/Web技术', 'HTML') | 188 | 8 |
| ('网页制作/Web技术', 'JavaScript') | 100 | 7 |
| ('网页制作/Web技术', 'WEB前端') | 57 | 0 |

图 4.11　按照多列分组统计

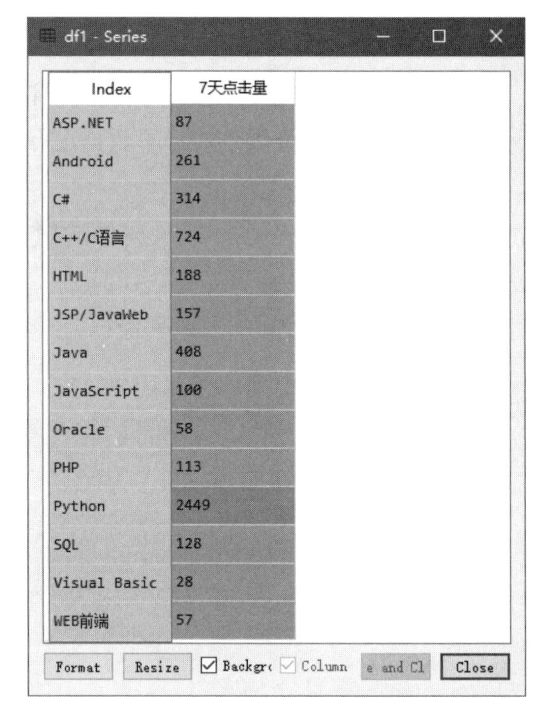

| Index | 7天点击量 |
|---|---|
| ASP.NET | 87 |
| Android | 261 |
| C# | 314 |
| C++/C语言 | 724 |
| HTML | 188 |
| JSP/JavaWeb | 157 |
| Java | 408 |
| JavaScript | 100 |
| Oracle | 58 |
| PHP | 113 |
| Python | 2449 |
| SQL | 128 |
| Visual Basic | 28 |
| WEB前端 | 57 |

图 4.12　分组并按指定列进行数据计算

## 4.3.2　对分组数据进行迭代

通过 for 循环对分组统计数据进行迭代（遍历分组数据）。

【示例 18】　迭代一级分类的订单数据。（**示例位置：资源包\MR\Code\04\18**）

按照“一级分类”分组，并输出每一分类中的订单数据，主要代码如下：

```
01  #抽取数据
02  df1=df[['一级分类','7 天点击量','订单预定']]
03  for name, group in df1.groupby('一级分类'):
04          print(name)
05          print(group)
```

运行程序，控制台输出结果如图 4.13 所示。

上述代码中，name 是 groupby()函数中“一级分类”的值，group 是分组后的数据。如果 groupby()函数对多列进行分组，那么需要在 for 循环中指定多列。

【示例 19】　迭代两级分类的订单数据。（**示例位置：资源包\MR\Code\04\19**）

迭代“一级分类”和“二级分类”的订单数据，主要代码如下：

```
01  #抽取数据
02  df2=df[['一级分类','二级分类','7 天点击量','订单预定']]
03  for (key1,key2),group in df2.groupby(['一级分类','二级分类']):
04          print(key1,key2)
05          print(group)
```

```
数据库
   一级分类  7天点击量  订单预定
25   数据库        58        2
27   数据库       128       13
移动开发
    一级分类  7天点击量  订单预定
10  移动开发        85        4
19  移动开发        32        1
24  移动开发        85        2
28  移动开发        59        0
编程语言与程序设计
            一级分类  7天点击量  订单预定
0   编程语言与程序设计        35        1
1   编程语言与程序设计        49        0
2   编程语言与程序设计        51        2
3   编程语言与程序设计        64        1
4   编程语言与程序设计        26        0
5   编程语言与程序设计        60        1
……
网页制作/Web技术
           一级分类  7天点击量  订单预定
7   网页制作/Web技术       100        7
14  网页制作/Web技术       188        8
17  网页制作/Web技术        57        0
```

图 4.13　对分组数据进行迭代

### 4.3.3　对分组的某列或多列使用聚合函数（agg()函数）

Python 也可以实现像 SQL 中的分组聚合运算操作，主要通过 groupby()函数与 agg()函数实现。

【示例 20】　对分组统计结果使用聚合函数。（**示例位置：资源包\MR\Code\04\20**）

按“一级分类”分组统计“7 天点击量”“订单预定”的平均值和总和，主要代码如下：

```
print(df1.groupby('一级分类').agg(['mean','sum']))
```

运行程序，控制台输出结果如图 4.14 所示。

```
                   7天点击量        订单预定
                        mean   sum   mean  sum
一级分类
数据库             93.000000   186   7.50   15
移动开发           65.250000   261   1.75    7
编程语言与程序设计 178.333333  4280   8.00  192
网页制作/Web技术  115.000000   345   5.00   15
```

图 4.14　分组统计“7 天点击量”“订单预定”的平均值和总和

【示例 21】　针对不同的列使用不同的聚合函数。（**示例位置：资源包\MR\Code\04\21**）

在上述示例中，还可以针对不同的列使用不同的聚合函数。例如，按“一级分类”分组统计“7 天点击量”的平均值和总和、“订单预定”的总和，主要代码如下：

```
print(df1.groupby('一级分类').agg({'7 天点击量':['mean','sum'], '订单预定':['sum']}))
```

运行程序，控制台输出结果如图 4.15 所示。

| | 7天点击量 | | 订单预定 |
|---|---|---|---|
| | mean | sum | sum |
| 一级分类 | | | |
| 数据库 | 93.000000 | 186 | 15 |
| 移动开发 | 65.250000 | 261 | 7 |
| 编程语言与程序设计 | 178.333333 | 4280 | 192 |
| 网页制作/Web技术 | 115.000000 | 345 | 15 |

图 4.15　分组统计“7 天点击量”的平均值和总和、“订单预定”的总和

【示例 22】　通过自定义函数实现分组统计。（**示例位置：资源包\MR\Code\04\22**）

通过自定义函数也可以实现数据分组统计。例如，统计 1 月份销售数据中，购买次数最多的产品，主要代码如下：

```
01  df=pd.read_excel('1 月.xlsx')  #导入 Excel 文件
02  #x 是“宝贝标题”对应的列
03  #value_counts()函数用于 Series 对象中的每个值进行计数并且排序
04  max1 = lambda x: x.value_counts(dropna=False).index[0]
05  df1=df.agg({'宝贝标题': [max1],
06             '数量': ['sum', 'mean'],
07             '买家实际支付金额': ['sum', 'mean']})
08  print(df1)
```

运行程序，控制台输出结果如图 4.16 所示。

| | 宝贝标题 | 数量 | 买家实际支付金额 |
|---|---|---|---|
| <lambda> | 零基础学Python | NaN | NaN |
| mean | NaN | 1.06 | 50.5712 |
| sum | NaN | 53.00 | 2528.5600 |

图 4.16　统计购买次数最多的产品

从运行结果得知：“零基础学 Python”是用户购买次数最多的产品。

**实用技巧**

在图 4.16 显示的输出结果中可以看到，lambda()函数名称<lambda>被输出出来，看上去不是很美观，那么如何去掉它？方法是使用__name__方法修改函数名称，主要代码如下：

```
max.__name__ = "购买次数最多"
```

运行程序，控制台输出结果如图 4.17 所示。

| | 宝贝标题 | 数量 | 买家实际支付金额 |
|---|---|---|---|
| mean | NaN | 1.06 | 50.5712 |
| sum | NaN | 53.00 | 2528.5600 |
| 购买次数最多 | 零基础学Python | NaN | NaN |

图 4.17　使用__name__方法修改函数名称

## 4.3.4　通过字典和 Series 对象进行分组统计

### 1．通过字典进行分组统计

首先创建字典建立对应关系，然后将字典传递给 groupby()函数从而实现数据分组统计。

【示例 23】　通过字典分组统计“北上广”销量。（**示例位置：资源包\MR\Code\04\23**）

统计各地区销量，业务要求将“北京”“上海”“广州”3 个一线城市放在一起统计。那么首先创建一个字典将“北京出库销量”“上海出库销量”“广州出库销量”都对应“北上广”；然后使用 groupby()函数进行分组统计。主要代码如下：

```
01  df=pd.read_csv('JD.csv',encoding='gbk')   #导入 csv 文件
02  df=df.set_index(['商品名称'])
03  dict1={'北京出库销量':'北上广','上海出库销量':'北上广',
04           '广州出库销量':'北上广','成都出库销量':'成都',
05           '武汉出库销量':'武汉','西安出库销量':'西安'}
06  df1=df.groupby(dict1,axis=1).sum()
07  print(df)
```

运行程序，控制台输出结果如图 4.18 所示。

| | 北上广 | 成都 | 武汉 | 西安 |
|---|---|---|---|---|
| 商品名称 | | | | |
| 零基础学Python（全彩版） | 1991 | 284 | 246 | 152 |
| Python从入门到项目实践（全彩版） | 798 | 113 | 92 | 63 |
| Python项目开发案例集锦（全彩版） | 640 | 115 | 88 | 57 |
| Python编程锦囊（全彩版） | 457 | 85 | 65 | 47 |
| 零基础学C语言（全彩版） | 364 | 82 | 63 | 40 |
| SQL即查即用（全彩版） | 305 | 29 | 25 | 40 |
| 零基础学Java（全彩版） | 238 | 48 | 43 | 29 |
| 零基础学C++（全彩版） | 223 | 53 | 35 | 23 |
| 零基础学C#（全彩版） | 146 | 27 | 16 | 7 |
| C#项目开发实战入门（全彩版） | 135 | 18 | 22 | 12 |

图 4.18　通过字典进行分组统计

### 2．通过 Series 对象进行分组统计

通过 Series 对象进行分组统计与字典的方法类似。

【示例 24】　通过 Series 对象分组统计“北上广”销量。（**示例位置：资源包\MR\Code\04\24**）

首先，创建一个 Series 对象，主要代码如下：

```
01  data={'北京出库销量':'北上广','上海出库销量':'北上广',
02          '广州出库销量':'北上广','成都出库销量':'成都',
03          '武汉出库销量':'武汉','西安出库销量':'西安',}
04  s1=pd.Series(data)
05  print(s1)
```

运行程序，输出结果如图 4.19 所示。

然后，将 Series 对象传递给 groupby()函数实现数据分组统计，主要代码如下：

```
01  df1=df.groupby(s1,axis=1).sum()
02  print(df1)
```

运行程序，控制台输出结果如图 4.20 所示。

| | |
|---|---|
| 北京出库销量 | 北上广 |
| 上海出库销量 | 北上广 |
| 广州出库销量 | 北上广 |
| 成都出库销量 | 成都 |
| 武汉出库销量 | 武汉 |
| 西安出库销量 | 西安 |

图 4.19　通过 Series 对象进行分组统计

| 商品名称 | 北上广 | 成都 | 武汉 | 西安 |
|---|---|---|---|---|
| 零基础学Python（全彩版） | 1991 | 284 | 246 | 152 |
| Python从入门到项目实践（全彩版） | 798 | 113 | 92 | 63 |
| Python项目开发案例集锦（全彩版） | 640 | 115 | 88 | 57 |
| Python编程锦囊（全彩版） | 457 | 85 | 65 | 47 |
| 零基础学C语言（全彩版） | 364 | 82 | 63 | 40 |
| SQL即查即用（全彩版） | 305 | 29 | 25 | 40 |
| 零基础学Java（全彩版） | 238 | 48 | 43 | 29 |
| 零基础学C++（全彩版） | 223 | 53 | 35 | 23 |
| 零基础学C#（全彩版） | 146 | 27 | 16 | 7 |
| C#项目开发实战入门（全彩版） | 135 | 18 | 22 | 12 |

图 4.20　分组统计结果

# 4.4　数据移位

什么是数据移位？例如，分析数据时需要上一条数据怎么办？当然是移动至上一条，从而得到该条数据，这就是数据移位。在 Pandas 中，使用 shift()方法可以获得上一条数据，该方法返回向下移位后的结果，从而得到上一条数据。例如，获取某学生上一次英语成绩，如图 4.21 所示。

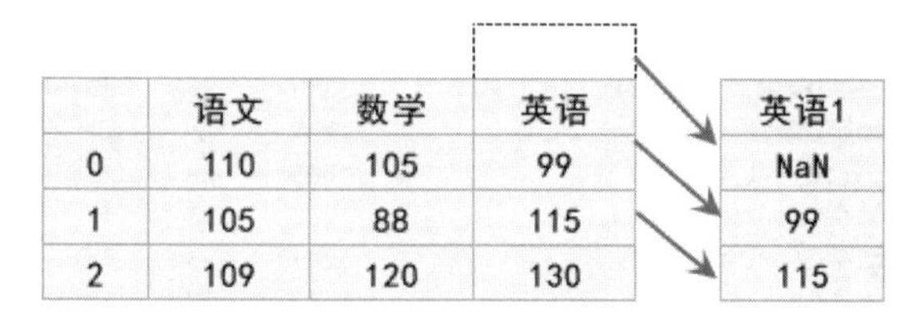


图 4.21　获取学生上一次英语成绩

shift()方法是一个非常有用的方法，用于数据位移与其他方法结合，能实现很多难以想象的功能，语法格式如下：

```
DataFrame.shift(periods=1, freq=None, axis=0)
```

参数说明：

☑ periods：表示移动的幅度，可以是正数，也可以是负数，默认值是 1，1 表示移动一次。注意这里移动的都是数据，而索引是不移动的，移动之后是没有对应值的，赋值为 NaN。

☑ freq：可选参数，默认值为 None，只适用于时间序列，如果这个参数存在，那么会按照参数值移动时间索引，而数据值没有发生变化。

☑ axis：axis=1 表示行，axis=0 表示列。默认值为 0。

【示例 25】　统计学生英语周测成绩的升降情况。（**示例位置：资源包\MR\Code\04\25**）

使用 shift()方法统计学生每周英语测试成绩的升降情况，程序代码如下：

```
01	import pandas as pd
02	data = [110,105,99,120,115]
03	index=[1,2,3,4,5]
04	df = pd.DataFrame(data=data,index=index,columns=['英语'])
05	df['升降']=df['英语']-df['英语'].shift()
06	print(df)
```

运行程序，控制台输出结果如图 4.22 所示。

从运行结果得知：第 2 次比第 1 次下降 5 分，第 3 次比第 2 次下降 6 分，第 4 次比第 3 次提升 21 分，第 5 次比第 4 次下降 5 分。

这里再扩展下，通过 10 次周测来一看下学生整体英语成绩的升降情况，如图 4.23 和图 4.24 所示。

| | 英语 | 升降 |
|---|---|---|
| 1 | 110 | NaN |
| 2 | 105 | -5.0 |
| 3 | 99 | -6.0 |
| 4 | 120 | 21.0 |
| 5 | 115 | -5.0 |

图 4.22　英语升降情况

| | 英语 | 升降 |
|---|---|---|
| 1 | 110 | NaN |
| 2 | 105 | -5.0 |
| 3 | 99 | -6.0 |
| 4 | 120 | 21.0 |
| 5 | 115 | -5.0 |
| 6 | 112 | -3.0 |
| 7 | 118 | 6.0 |
| 8 | 120 | 2.0 |
| 9 | 109 | -11.0 |
| 10 | 113 | 4.0 |

图 4.23　10 次周测英语成绩升降情况

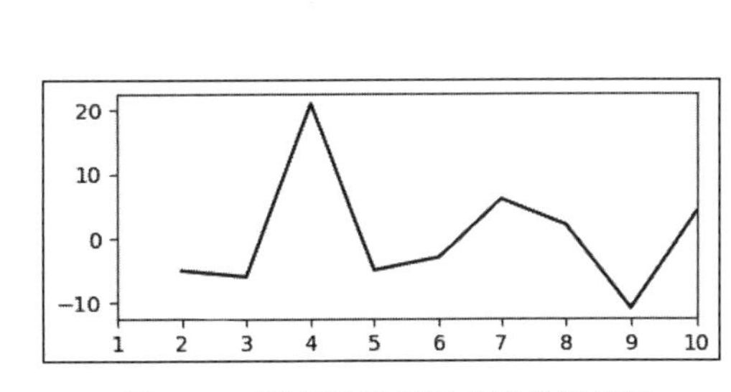


图 4.24　图表展示英语成绩升降情况

**说明**

有关图表的知识将在第 6 章介绍，这里先简单了解。

shift()方法还有很多方面的应用。例如这样一个场景：分析股票数据，获取的股票数据中有股票的实时价格，也有每日的收盘价“close”，此时需要将实时价格和上一个工作日的收盘价进行对比，那么通过 shift()方法就可以轻松解决。shift()方法还可以应用于时间序列，感兴趣的读者可以在学习完成后续章节进行尝试和探索。

# 4.5　数 据 转 换

数据转换一般包括一列数据转换为多列数据、行列转换、DataFrame 转换为字典、DataFrame 转换为列表和 DataFrame 转换为元组等。

## 4.5.1　一列数据转换为多列数据

一列数据转换为多列数据的情况在日常工作中经常会用到，从各种系统中导出的订单号、名称、地址很多都是复合组成的（即由多项内容组成），那么，这些列在查找、统计、合并时就没办法使用，需要将它们拆分开。例如，地址信息由省市区街道门牌号等信息组成，如果按省、市或区统计数据，就需要将地址信息中的“省”“市”“区”拆分开，此时就应用到了一列数据转多列数据，通常使用以下方法。

### 1．split()方法

Pandas 的 DataFrame 对象中的 str.split()内置方法可以实现分割字符串，语法如下：

```
Series.str.split(pat=None, n=-1, expand=False)
```

参数说明：

- ☑ pat：字符串、符号或正则表达式，字符串分割的依据，默认以空格分割字符串。
- ☑ n：整型，分割次数，默认值是-1，0 或-1 都将返回所有拆分。
- ☑ expand：布尔型，分割后的结果是否转换为 DataFrame，默认值是 False。
- ☑ 返回值：系列、索引、DataFrame 或多重索引。

首先，我们来看一组淘宝销售订单数据（部分数据），如图 4.25 所示。

| | A | B | C | D | F |
|---|---|---|---|---|---|
| 1 | 买家会员名 | 金额 | 宝贝总数量 | 宝贝标题 | 收货地址 |
| 2 | mr00001 | 749 | 1 | PHP程序员开发资源库 | 重庆 重庆市 南岸区 |
| 3 | mr00003 | 90 | 1 | 个人版编程词典加点 | 江苏省 苏州市 吴江区 吴江经济技术开发区亨通路 |
| 4 | mr00004 | 10 | 1 | 邮费 | 江苏省 苏州市 园区 苏州市工业园区唯亭镇阳澄湖大道维 |
| 5 | mr00002 | 269 | 4 | 零基础学Java全彩版，Java精彩编程200例，Java项目开发实战入门全彩版，Java编程i | 重庆 重庆市 南岸区 长生桥镇茶园新区长电路11112号 |
| 6 | mr00005 | 50.9 | 1 | 零基础学PHP全彩版 | 安徽省 滁州市 明光市 三界镇中心街10001号 |
| 7 | mr00006 | 39.9 | 1 | 软件项目开发全程实录：C语言项目开发全程实录（附光盘） | 山东省 潍坊市 寿光市 圣城街道潍坊科技学院 |
| 8 | mr00007 | 55.9 | 1 | 零基础学PHP全彩版 | 吉林省 长春市 二道区 东盛街道彩虹风景 |
| 9 | mr00008 | 48.9 | 1 | Java Web项目开发实战入门全彩版 | 福建省 厦门市 湖里区 江头街道厦门市湖里区祥店福满园 |
| 10 | mr00009 | 55.9 | 1 | 零基础学JavaScript | 山西省 吕梁市 离石区 滨河街道山西省吕梁市离石区后瓦 |
| 11 | mr00010 | 50.9 | 1 | 零基础学PHP全彩版 | 河南省 濮阳市 华龙区 中原路街道中原路与107国道交叉口 |

图 4.25　淘宝销售订单数据（部分数据）

从图 4-25 中数据得知：不仅“收货地址”是复合的，“宝贝标题”也是复合的，即由多种产品组成。

**【示例 26】**　分割“收货地址”数据中的“省、市、区”。（**示例位置：资源包\MR\Code\04\26**）

使用 split()方法先对“收货地址”进行分割，程序代码如下：

```
01  import pandas as pd
02  #导入 Excel 文件指定列数据（“买家会员名”和“收货地址”）
03  df = pd.read_excel('mrbooks.xls',usecols=['买家会员名','收货地址'])
04  #使用 split()方法分割“收货地址”
05  series=df['收货地址'].str.split(' ',expand=True)
06  df['省']=series[0]
07  df['市']=series[1]
08  df['区']=series[2]
09  df1=df.head()   #显示前 5 条数据
```

运行程序，输出结果如图 4.26 所示。

### 2．join()方法与 split()方法结合

**【示例 27】**　以逗号分隔多种产品数据。（**示例位置：资源包\MR\Code\04\27**）

通过 join()方法与 split()方法结合，以逗号“,”分隔“宝贝标题”，主要代码如下：

```
df = df.join(df['宝贝标题'].str.split(', ', expand=True))
```

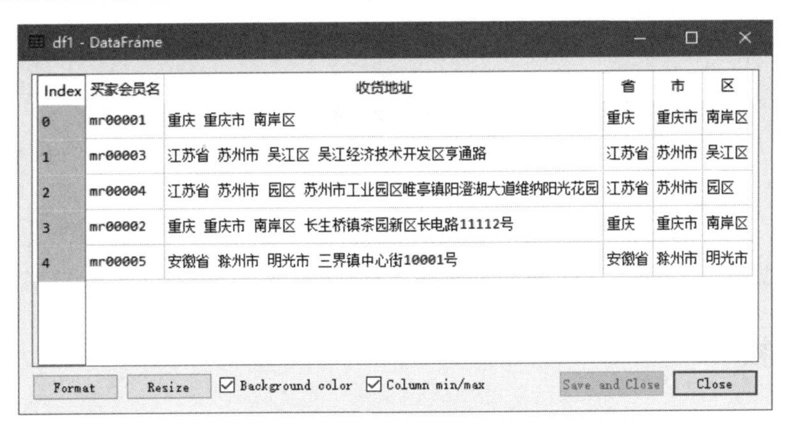

| Index | 买家会员名 | 收货地址 | 省 | 市 | 区 |
|---|---|---|---|---|---|
| 0 | mr00001 | 重庆 重庆市 南岸区 | 重庆 | 重庆市 | 南岸区 |
| 1 | mr00003 | 江苏省 苏州市 吴江区 吴江经济技术开发区亨通路 | 江苏省 | 苏州市 | 吴江区 |
| 2 | mr00004 | 江苏省 苏州市 园区 苏州市工业园区唯亭镇阳澄湖大道维纳阳光花园 | 江苏省 | 苏州市 | 园区 |
| 3 | mr00002 | 重庆 重庆市 南岸区 长生桥镇茶园新区长电路11112号 | 重庆 | 重庆市 | 南岸区 |
| 4 | mr00005 | 安徽省 滁州市 明光市 三界镇中心街10001号 | 安徽省 | 滁州市 | 明光市 |

图 4.26　分割后的收货地址

运行程序，输出结果如图 4.27 所示。

| Index | 买家会员名 | 宝贝标题 | 0 | 1 | 2 | 3 |
|---|---|---|---|---|---|---|
| 0 | mr00001 | PHP程序员开发资源库 | PHP程序员开发资源库 | None | None | None |
| 1 | mr00003 | 个人版编程词典加点 | 个人版编程词典加点 | None | None | None |
| 2 | mr00004 | 邮费 | 邮费 | None | None | None |
| 3 | mr00002 | 零基础学Java全彩版 ，Java精彩编程200例，Java项目开发实战入门全彩版，Java编程词典个人版 | 零基础学Java全彩版 | Java精彩编程200例 | Java项目开发实战入门全彩版 | Java编程词典个人版 |
| 4 | mr00005 | 零基础学PHP全彩版 | 零基础学PHP全彩版 | None | None | None |

图 4.27　分隔后的“宝贝标题”

从运行结果得知：“宝贝标题”中含有多种产品的数据被拆分开，这样操作便于日后对每种产品的销量进行统计。

将 DataFrame 中的 tuple（元组）类型数据分隔成多列

【示例 28】　对元组数据进行分隔。（**示例位置：资源包\MR\Code\04\28**）

首先，创建一组包含元组的数据，程序代码如下：

```
01    import pandas as pd
02    df = pd.DataFrame({'a':[1,2,3,4,5], 'b':[(1,2), (3,4),(5,6),(7,8),(9,10)]})
03    print(df)
```

然后，使用 apply()函数对元组进行分隔，主要代码如下：

```
df[['b1', 'b2']] = df['b'].apply(pd.Series)
```

或者使用 join()方法结合 apply()函数，主要代码如下：

```
df= df.join(df['b'].apply(pd.Series))
```

运行程序，控制台输出原始数据如图 4.28 所示，结果如图 4.29 和图 4.30 所示。

| | a | b |
|---|---|---|
| 0 | 1 | (1, 2) |
| 1 | 2 | (3, 4) |
| 2 | 3 | (5, 6) |
| 3 | 4 | (7, 8) |
| 4 | 5 | (9, 10) |

图 4.28 原始数据

| | a | b | b1 | b2 |
|---|---|---|---|---|
| 0 | 1 | (1, 2) | 1 | 2 |
| 1 | 2 | (3, 4) | 3 | 4 |
| 2 | 3 | (5, 6) | 5 | 6 |
| 3 | 4 | (7, 8) | 7 | 8 |
| 4 | 5 | (9, 10) | 9 | 10 |

图 4.29 apply()函数分隔元组

| | a | b | 0 | 1 |
|---|---|---|---|---|
| 0 | 1 | (1, 2) | 1 | 2 |
| 1 | 2 | (3, 4) | 3 | 4 |
| 2 | 3 | (5, 6) | 5 | 6 |
| 3 | 4 | (7, 8) | 7 | 8 |
| 4 | 5 | (9, 10) | 9 | 10 |

图 4.30 join()方法结合 apply()函数分隔元组

## 4.5.2 行列转换

在 Pandas 处理数据过程中，有时需要对数据进行行列转换或重排，主要使用 stack()方法、unstack()方法和 pivot()方法，下面介绍这 3 种方法的应用。

### 1．stack()方法

stack()方法用于将原来的列索引转换成最内层的行索引，转换效果对比示意图如图 4.31 所示。

| | | 姓名 | 得分 | 排名 |
|---|---|---|---|---|
| 班级 | 序号 | | | |
| 1班 | 1 | 王*亮 | 84 | 11 |
| | 2 | 杨** | 82 | 17 |
| 2班 | 4 | 赛*琪 | 77 | 51 |
| | 5 | 刘** | 76 | 64 |

→

| 班级 | 序号 | | |
|---|---|---|---|
| 1班 | 1 | 姓名 | 王*亮 |
| | | 得分 | 84 |
| | | 排名 | 11 |
| | 2 | 姓名 | 杨** |
| | | 得分 | 82 |
| | | 排名 | 17 |
| 2班 | 4 | 姓名 | 赛*琪 |
| | | 得分 | 77 |
| | | 排名 | 51 |
| | 5 | 姓名 | 刘** |
| | | 得分 | 76 |
| | | 排名 | 64 |

图 4.31 转换效果对比示意图

stack()方法的语法如下：

```
DataFrame.stack(level=-1, dropna=True)
```

参数说明：

☑ level：索引层级，定义为一个索引或标签，或索引或标签列表，默认值是-1。

☑ dropna：布尔型，默认值是 True，

☑ 返回值：DataFrame 对象或 Series 对象。

【示例 29】 对英语成绩表进行行列转换。（示例位置：资源包\MR\Code\04\29）

将学生英语成绩表进行行列转换，程序代码如下：

```
01  import pandas as pd
02  df=pd.read_excel('grade.xls')              #导入 Excel 文件
03  df = df.set_index(['班级','序号'])          #设置 2 级索引“班级”和“序号”
04  df = df.stack()
05  print(df)
```

### 2．unstack()方法

unstack()方法与 stack()方法相反，它是 stack()方法的逆操作，即将最内层的行索引转换成列索引，转换效果对比如图 4.32 所示。

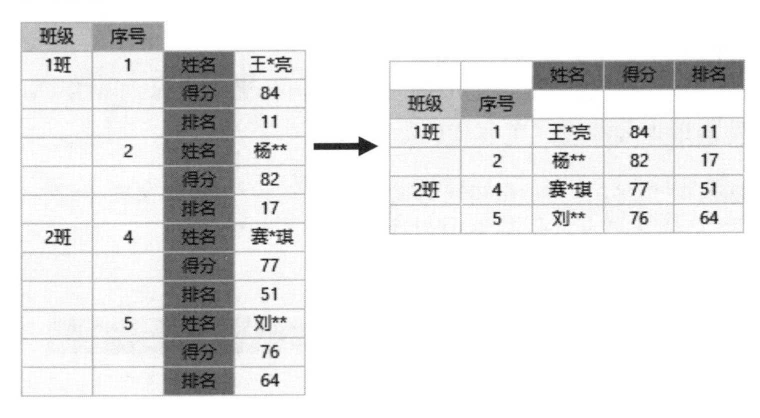

| 班级 | 序号 | | |
|---|---|---|---|
| 1班 | 1 | 姓名 | 王*亮 |
| | | 得分 | 84 |
| | | 排名 | 11 |
| | 2 | 姓名 | 杨** |
| | | 得分 | 82 |
| | | 排名 | 17 |
| 2班 | 4 | 姓名 | 赛*琪 |
| | | 得分 | 77 |
| | | 排名 | 51 |
| | 5 | 姓名 | 刘** |
| | | 得分 | 76 |
| | | 排名 | 64 |

| | | 姓名 | 得分 | 排名 |
|---|---|---|---|---|
| 班级 | 序号 | | | |
| 1班 | 1 | 王*亮 | 84 | 11 |
| | 2 | 杨** | 82 | 17 |
| 2班 | 4 | 赛*琪 | 77 | 51 |
| | 5 | 刘** | 76 | 64 |

图 4.32　unstack()方法转换数据示意图

unstack()方法的语法如下：

```
DataFrame.unstack(level=-1, fill_value=None)
```

参数说明：

☑　level：索引层级，定义为一个索引或标签，或索引或标签列表，默认值是-1。

☑　fill_value：整型、字符串或字典，如果 unstack()方法产生丢失值，则用这个值替换 NaN。

☑　返回值：DataFrame 对象或 Series 对象。

【示例 30】　使用 unstack()方法转换学生成绩表。（**示例位置：资源包\MR\Code\04\30**）

同样转换学生成绩表，主要代码如下：

```
01  df=pd.read_excel('grade.xls',sheet_name='英语 2')          #导入 Excel 文件
02  df = df.set_index(['班级','序号','Unnamed: 2'])          #设置多级索引
03  print(df.unstack())
```

unstack()方法中有一个参数可以指定转换第几层索引，例如，unstack(0)就是把第一层行索引转换为列索引，默认是将最内层索引转换为列索引。

### 3．pivot()方法

pivot()方法针对列的值，即指定某列的值作为行索引，指定某列的值作为列索引，然后再指定哪些列作为索引对应的值。unstack()方法针对索引进行操作，pivot()方法针对值进行操作。但实际上，二者的功能往往可以互相实现。

pivot()方法的语法如下：

```
DataFrame.pivot(index=None, columns=None, values=None)
```

参数说明：

☑　index：字符串或对象，可选参数。列用于创建新 DataFrame 数据的索引。如果没有，则使用

现有索引。

☑ columns：字符串或对象，列用于创建新 DataFrame 的列。

☑ values：列用于填充新 DataFrame 的值，如果未指定，则将使用所有剩余的列，结果将具有分层索引列。

☑ 返回值：DataFrame 对象或 Series 对象。

【示例 31】 使用 pivot()方法转换学生成绩表。（**示例位置：资源包\MR\Code\04\31**）

使用 pivot()方法转换学生成绩表，主要代码如下：

```
01  df=pd.read_excel('grade.xls',sheet_name='英语 3')        #导入 Excel 文件
02  df1=df.pivot(index='序号',columns='班级',values='得分')
```

运行程序，输出结果如图 4.33 所示。

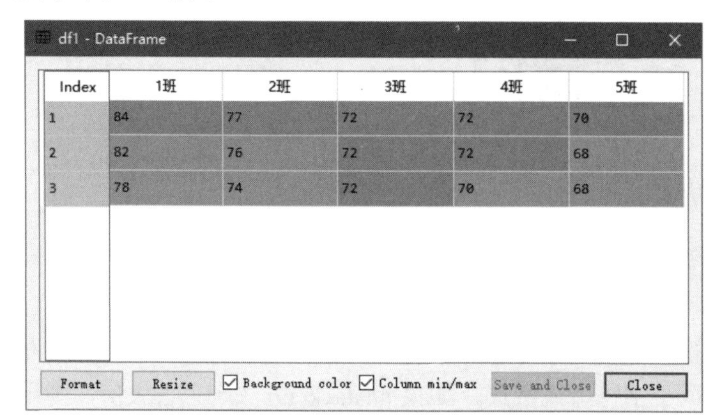


图 4.33 使用 pivot()方法转换学生成绩表

## 4.5.3 DataFrame 转换为字典

DataFrame 转换为字典主要使用 DataFrame 对象的 to_dict()方法，以索引作为字典的键（key），以列作为字典的值（value）。例如，有一个 DataFrame 对象（索引为“类别”、列为“数量”），通过 to_dict()方法就会生成一个字典，示意图如图 4.34 所示。如果 DataFrame 对象包含两列，那么 to_dict()方法就会生成一个两层的字典（dict），第一层是列名作为字典的键（key），第二层以索引列的值作为字典的键（key），以列值作为字典的值（value）。

【示例 32】 将 Excel 销售数据转换为字典。（**示例位置：资源包\MR\Code\04\32**）

使用 to_dict()方法将按“宝贝标题”分组统计后的部分数据转换为字典，程序代码如下：

```
01  import pandas as pd
02  df = pd.read_excel('mrbooks.xls')
03  df1=df.groupby(["宝贝标题"])["宝贝总数量"].sum().head()
04  mydict=df1.to_dict()
05  for i,j in mydict.items():
06      print(i,':\t', j)
```

运行程序，控制台输出结果如图 4.35 所示。

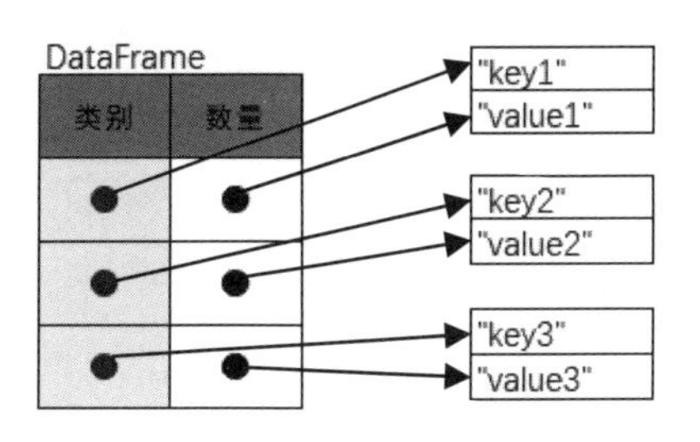


图 4.34　DataFrame 转换为字典示意图

```
ASP.NET项目开发实战入门全彩版 :  32
ASP.NET项目开发实战入门全彩版，ASP.NET全能速查宝典 :     2
Android学习黄金组合套装 :    4
Android项目开发实战入门 :    1
C#+ASP.NET项目开发实战入门全彩版 :   1
```

图 4.35　DataFrame 转换为字典

## 4.5.4　DataFrame 转换为列表

DataFrame 转换为列表主要使用 DataFrame 对象的 tolist()方法。

【示例 33】　将电商数据转换为列表。（**示例位置：资源包\MR\Code\04\33**）

将淘宝销售数据中的“买家会员名”转换为列表，程序代码如下：

```
01    import pandas as pd
02    df =pd.read_excel('mrbooks.xls')
03    df1=df[['买家会员名']].head()
04    list1=df1['买家会员名'].values.tolist()
05    for s in list1:
06        print(s)
```

运行程序，控制台输出结果如图 4.36 所示。

```
mr00001
mr00003
mr00004
mr00002
mr00005
```

图 4.36　DataFrame 转换为列表

## 4.5.5　DataFrame 转换为元组

DataFrame 转换为元组，首先通过循环语句按行读取 DataFrame 数据，然后使用元组函数 tuple()将其转换为元组。

【示例 34】　将 Excel 数据转换为元组。（**示例位置：资源包\MR\Code\04\34**）

将 Excel 表中的人物关系部分数据转换成元组，程序代码如下：

```
01    import pandas as pd
02    df = pd.read_excel('fl4.xls')
03    df1=df[['label1','label2']].head()
04    tuples = [tuple(x) for x in df1.values]
05    for t in tuples:
06        print(t)
```

运行程序，控制台输出结果如图 4.37 所示。

```
('超巨星', '暗夜比夜星')
('黑矮星', '暗夜比夜星')
('灭霸', '暗夜比夜星')
('亡刃将军', '暗夜比夜星')
('乌木喉', '暗夜比夜星')
```

图 4.37　DataFrame 转换为元组

## 4.5.6　Excel 转换为 HTML 网页格式

日常工作中，有时会涉及财务数据的处理，而 Excel 应用最为广泛，但是对于展示数据来说，Excel 并不友好，如果你想用其他格式的文件来向用户展示，那么，HTML 网页格式是不错的选择。首先使用 read_excel()方法导入 Excel 文件，然后使用 to_html()方法将 DataFrame 数据导出为 HTML 格式，这样便实现了 Excel 转换为 HTML 格式。

【示例 35】　将 Excel 订单数据转换为 HTML 网页格式。（**示例位置：资源包\MR\Code\04\35**）

将淘宝部分订单数据转换为 HTML 网页格式，效果如图 4.38 所示。

| 买家会员名 | 宝贝标题 |
| --- | --- |
| mr00001 | PHP程序员开发资源库 |
| mr00003 | 个人版编程词典加点 |
| mr00004 | 邮费 |
| mr00002 | 零基础学Java全彩版 ，Java精彩编程200例，Java项目开发实战入门全彩版，明日科技... |
| mr00005 | 零基础学PHP全彩版 |

图 4.38　Excel 转换为 HTML 网页格式

程序代码如下：

```
01  import pandas as pd
02  df=pd.read_excel('mrbooks.xls')
03  df.to_html('mrbook.html',header = True,index = False)
```

# 4.6　数 据 合 并

DataFrame 数据合并主要使用 merge()方法和 concat()方法。

## 4.6.1　数据合并（merge()方法）

Pandas 模块的 merge()方法是按照两个 DataFrame 对象列名相同的列进行连接合并，两个 DataFrame 对象必须具有同名的列。merge()方法的语法如下：

```
pandas.merge(right,how='inner',on=None,left_on=None,right_on=None,left_index=False,right_index=False,sort=
False,suffixes=('_x','_y'),copy=True,indicator=False,validate=None)
```

参数说明：

- ☑ right：合并对象，DataFrame 对象或 Series 对象。
- ☑ how：合并类型，参数值可以是 left（左合并）、right（右合并）、outer（外部合并）或 inner（内部合并），默认值为 inner。各个值的说明如下。
  - ➢ left：只使用来自左数据集的键，类似于 SQL 左外部联接，保留键的顺序。
  - ➢ right：只使用来自右数据集的键，类似于 SQL 右外部联接，保留键的顺序。
  - ➢ outer：使用来自两个数据集的键，类似于 SQL 外部联接，按字典顺序对键进行排序。
  - ➢ inner：使用来自两个数据集的键的交集，类似于 SQL 内部连接，保持左键的顺序。
- ☑ on：标签、列表或数组，默认值为 None。DataFrame 对象连接的列或索引级别名称。也可以是 DataFrame 对象长度的数组或数组列表。
- ☑ left_on：标签、列表或数组，默认值为 None。要连接的左数据集的列或索引级名称，也可以是左数据集长度的数组或数组列表。
- ☑ right_on：标签、列表或数组，默认值为 None。要连接的右数据集的列或索引级名称，也可以是右数据集长度的数组或数组列表。
- ☑ left_index：布尔型，默认值为 False。使用左数据集的索引作为连接键。如果是多重索引，则其他数据中的键数（索引或列数）必须匹配索引级别数。
- ☑ right_index：布尔型，默认值为 False，使用右数据集的索引作为连接键。
- ☑ sort：布尔型，默认值为 False，在合并结果中按字典顺序对连接键进行排序。如果值为 False，则连接键的顺序取决于连接类型 how 参数。
- ☑ suffixes：元组类型，默认值为('_x','_y')。当左侧数据集和右侧数据集的列名相同时，数据合并后列名将带上“_x”和“_y”后缀。
- ☑ copy：是否复制数据，默认值为 True。如果值为 False，则不复制数据。
- ☑ indicator：布尔型或字符串，默认值为 False。如果值为 True，则添加一个列以输出名为_Merge 的 DataFrame 对象，其中包含每一行的信息。如果是字符串，将向输出的 DataFrame 对象中添加包含每一行信息的列，并将列命名为字符型的值。
- ☑ validate：字符串，检查合并数据是否为指定类型。可选参数，其值说明如下。
  - ➢ one_to_one 或“1∶1”：检查合并键在左、右数据集中是否都是唯一的。
  - ➢ one_to_many 或“1∶m”：检查合并键在左数据集中是否唯一。
  - ➢ many_to_one 或“m∶1”：检查合并键在右数据集中是否唯一。
  - ➢ many_to_many 或“m∶m”：允许，但不检查。
- ☑ 返回值：DataFrame 对象，两个合并对象的数据集。

### 1. 常规合并

【示例 36】　合并学生成绩表。（**示例位置：资源包\MR\Code\04\36**）

假设一个 DataFrame 对象包含了学生的“语文”“数学”“英语”成绩，而另一个 DataFrame 对象则包含了学生的“体育”成绩，现在将它们合并，示意图如图 4.39 所示。

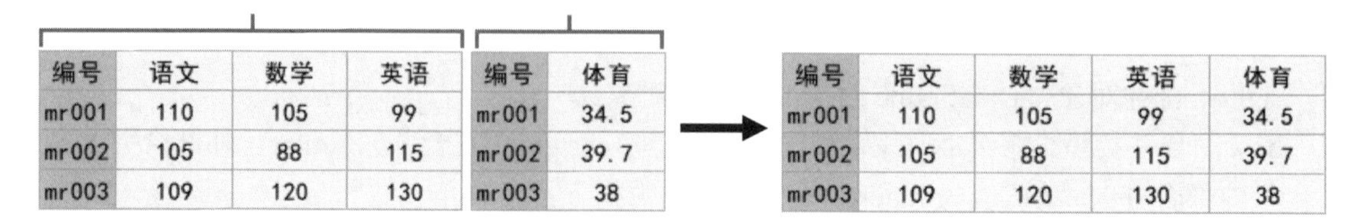

| 编号 | 语文 | 数学 | 英语 |
|---|---|---|---|
| mr001 | 110 | 105 | 99 |
| mr002 | 105 | 88 | 115 |
| mr003 | 109 | 120 | 130 |

| 编号 | 体育 |
|---|---|
| mr001 | 34.5 |
| mr002 | 39.7 |
| mr003 | 38 |

| 编号 | 语文 | 数学 | 英语 | 体育 |
|---|---|---|---|---|
| mr001 | 110 | 105 | 99 | 34.5 |
| mr002 | 105 | 88 | 115 | 39.7 |
| mr003 | 109 | 120 | 130 | 38 |

图 4.39　数据合并效果对比示意图

程序代码如下：

```
01  import pandas as pd
02  df1 = pd.DataFrame({'编号':['mr001','mr002','mr003'],
03                      '语文':[110,105,109],
04                      '数学':[105,88,120],
05                      '英语':[99,115,130]})
06  df2 = pd.DataFrame({'编号':['mr001','mr002','mr003'],
07                      '体育':[34.5,39.7,38]})
08  df_merge=pd.merge(df1,df2,on='编号')
09  print(df_merge)
```

运行程序，控制台输出结果如图 4.40 所示。

【示例 37】　通过索引合并数据。（**示例位置：资源包\MR\Code\04\37**）

如果通过索引列合并，则需要设置 right_index 参数和 left_index 参数值为 True。例如，上述举例，通过列索引合并，主要代码如下：

```
01  df_merge=pd.merge(df1,df2,right_index=True,left_index=True)
02  print(df_merge)
```

运行程序，控制台输出结果如图 4.41 所示。

| | 编号 | 语文 | 数学 | 英语 | 体育 |
|---|---|---|---|---|---|
| 0 | mr001 | 110 | 105 | 99 | 34.5 |
| 1 | mr002 | 105 | 88 | 115 | 39.7 |
| 2 | mr003 | 109 | 120 | 130 | 38.0 |

图 4.40　合并结果

| | 编号_x | 语文 | 数学 | 英语 | 编号_y | 体育 |
|---|---|---|---|---|---|---|
| 0 | mr001 | 110 | 105 | 99 | mr001 | 34.5 |
| 1 | mr002 | 105 | 88 | 115 | mr002 | 39.7 |
| 2 | mr003 | 109 | 120 | 130 | mr003 | 38.0 |

图 4.41　通过索引列合并

【示例 38】　对合并数据去重。（**示例位置：资源包\MR\Code\04\38**）

从图 4.41 中的运行结果得知：数据中存在重复列（如编号），如果不想要重复列，可以设置按指定列和列索引合并数据，主要代码如下：

```
df_merge=pd.merge(df1,df2,on='编号',left_index=True,right_index=True)
```

还可以通过 how 参数解决这一问题。例如，设置该参数值为 left，就是让 df1 保留所有的行列数据，df2 则根据 df1 的行列进行补全，主要代码如下：

```
df_merge=pd.merge(df1,df2,on='编号',how='left')
```

运行程序，控制台输出结果如图 4.42 所示。

|  | 编号 | 语文 | 数学 | 英语 | 体育 |
|---|---|---|---|---|---|
| 0 | mr001 | 110 | 105 | 99 | 34.5 |
| 1 | mr002 | 105 | 88 | 115 | 39.7 |
| 2 | mr003 | 109 | 120 | 130 | 38.0 |

图 4.42　合并结果

## 2．多对一的数据合并

多对一是指两个数据集（df1、df2）的共有列中的数据不是一对一的关系，例如，df1 中的“编号”是唯一的，而 df2 中的“编号”有重复的编号，类似这种就是多对一的关系，示意图如图 4.43 所示。

【示例 39】　根据共有列进行合并数据。（**示例位置：资源包\MR\Code\04\39**）

根据共有列中的数据进行合并，df2 根据 df1 的行列进行补全，程序代码如下：

```
01    import pandas as pd
02    df1 = pd.DataFrame({'编号':['mr001','mr002','mr003'],
03                        '学生姓名':['明日同学','高猿员','钱多多']})
04    df2 = pd.DataFrame({'编号':['mr001','mr001','mr003'],
05                        '语文':[110,105,109],
06                        '数学':[105,88,120],
07                        '英语':[99,115,130],
08                        '时间':['1 月','2 月','1 月']})
09    df_merge=pd.merge(df1,df2,on='编号')
10    print(df_merge)
```

运行程序，控制台输出结果如图 4.44 所示。

| 编号 | 学生姓名 |
|---|---|
| mr001 | 明日同学 |
| mr002 | 高猿员 |
| mr003 | 钱多多 |

| 编号 | 语文 | 数学 | 英语 |
|---|---|---|---|
| mr001 | 110 | 105 | 99 |
| mr001 | 105 | 88 | 115 |
| mr003 | 109 | 120 | 130 |

图 4.43　多对一合并示意图

|  | 编号 | 学生姓名 | 语文 | 数学 | 英语 | 时间 |
|---|---|---|---|---|---|---|
| 0 | mr001 | 明日同学 | 110 | 105 | 99 | 1月 |
| 1 | mr001 | 明日同学 | 105 | 88 | 115 | 2月 |
| 2 | mr003 | 钱多多 | 109 | 120 | 130 | 1月 |

图 4.44　合并结果

## 3．多对多的数据合并

多对多是指两个数据集（df1、df2）的共有列中的数据不全是一对一的关系，都有重复数据，例如“编号”，示意图如图 4.45 所示。

| 编号 | 语文 | 数学 | 英语 |
|---|---|---|---|
| mr001 | 110 | 105 | 99 |
| mr002 | 105 | 88 | 115 |
| mr003 | 109 | 120 | 130 |
| mr003 | 110 | 123 | 109 |
| mr003 | 108 | 119 | 128 |

| 编号 | 体育 |
|---|---|
| mr001 | 34.5 |
| mr002 | 39.7 |
| mr003 | 38 |
| mr001 | 33 |
| mr001 | 35 |

图 4.45　多对多示意图

【示例 40】　合并数据并相互补全。（**示例位置：资源包\MR\Code\04\40**）

根据共有列中的数据进行合并，df2、df1 相互补全，程序代码如下：

```
01    import pandas as pd
02    df1 = pd.DataFrame({'编号':['mr001','mr002','mr003','mr001','mr001'],
03                                  '体育':[34.5,39.7,38,33,35]})
04    df2 = pd.DataFrame({'编号':['mr001','mr002','mr003','mr003','mr003'],
05                                  '语文':[110,105,109,110,108],
06                                  '数学':[105,88,120,123,119],
07                                  '英语':[99,115,130,109,128]})
08    df_merge=pd.merge(df1,df2)
09    print(df_merge)
```

运行程序，控制台输出结果如图 4.46 所示。

|  | 编号 | 体育 | 语文 | 数学 | 英语 |
|---|---|---|---|---|---|
| 0 | mr001 | 34.5 | 110 | 105 | 99 |
| 1 | mr001 | 33.0 | 110 | 105 | 99 |
| 2 | mr001 | 35.0 | 110 | 105 | 99 |
| 3 | mr002 | 39.7 | 105 | 88 | 115 |
| 4 | mr003 | 38.0 | 109 | 120 | 130 |
| 5 | mr003 | 38.0 | 110 | 123 | 109 |
| 6 | mr003 | 38.0 | 108 | 119 | 128 |

图 4.46　合并结果

## 4.6.2　数据合并（concat()方法）

concat()方法可以根据不同的方式将数据合并，语法如下：

```
pandas.concat(objs,axis=0,join='outer',ignore_index: bool = False, keys=None, levels=None, names=None,
verify_integrity: bool = False, sort: bool = False, copy: bool = True)
```

参数说明：

- ☑ objs：Series、DataFrame 或 Panel 对象的序列或映射。如果传递一个字典，则排序的键将用作键参数。
- ☑ axis：axis=1 表示行，axis=0 表示列。默认值为 0。
- ☑ join：值为 inner（内连接）或 outer（外连接），处理其他轴上的索引方式。默认值为 outer。
- ☑ ignore_index：布尔值，默认值为 False，保留索引，索引值为 0，…，$n$-1。如果值为 True，则忽略索引。
- ☑ keys：序列，默认值为 None。使用传递的键作为最外层构建层次索引。如果为多索引，应该使用元组。
- ☑ levels：序列列表，默认值为 None。用于构建 MultiIndex 的特定级别（唯一值）；否则，它们将从键推断。
- ☑ names：list 列表，默认值为 None。结果层次索引中的级别的名称。
- ☑ verify_integrity：布尔值，默认值为 False。检查新连接的轴是否包含重复项。
- ☑ sort：布尔值，默认值为 True（1.0.0 以后版本默认值为 False，即不排序）。如果连接为外连接（join='outer'），则对未对齐的非连接轴进行排序；如果连接为内连接（join='inner'），则该参数不起作用。

☑　copy：是否复制数据，默认值为 True，如果值为 False，则不复制数据。

下面介绍 concat()方法不同的合并方式，其中 dfs 代表合并后的 DataFrame 对象，df1、df2 等代表单个 DataFrame 对象，result 代表合并后的结果（DataFrame 对象）。

### 1．相同字段的表首尾相接

表结构相同的数据将直接合并，表首尾相接，主要代码如下：

```
01    dfs= [df1, df2, df3]
02    result = pd.concat(dfs)
```

例如，表 df1、df2 和 df3 结构相同，如图 4.47 所示。合并后的效果如图 4.48 所示。如果想要在合并数据时标记源数据来自哪张表，则需要在代码中加入参数 keys，例如表名分别为“1 月”“2 月”“3 月”，合并后的效果如图 4.49 所示。

df1

| A | B | C | D |
|---|---|---|---|
| mrA01 | mrB01 | mrC01 | mrD01 |
| mrA02 | mrB02 | mrC02 | mrD02 |

df2

| A | B | C | D |
|---|---|---|---|
| mrA03 | mrB03 | mrC03 | mrD03 |
| mrA04 | mrB04 | mrC04 | mrD04 |
| mrA05 | mrB05 | mrC05 | mrD05 |
| mrA06 | mrB06 | mrC06 | mrD06 |

df3

| A | B | C | D |
|---|---|---|---|
| mrA07 | mrB07 | mrC07 | mrD07 |
| mrA08 | mrB08 | mrC08 | mrD08 |
| mrA09 | mrB09 | mrC09 | mrD09 |
| mrA10 | mrB10 | mrC10 | mrD10 |

图 4.47　3 张相同字段的表

result

| | A | B | C | D |
|---|---|---|---|---|
| 0 | mrA01 | mrB01 | mrC01 | mrD01 |
| 1 | mrA02 | mrB02 | mrC02 | mrD02 |
| 0 | mrA03 | mrB03 | mrC03 | mrD03 |
| 1 | mrA04 | mrB04 | mrC04 | mrD04 |
| 2 | mrA05 | mrB05 | mrC05 | mrD05 |
| 3 | mrA06 | mrB06 | mrC06 | mrD06 |
| 0 | mrA07 | mrB07 | mrC07 | mrD07 |
| 1 | mrA08 | mrB08 | mrC08 | mrD08 |
| 2 | mrA09 | mrB09 | mrC09 | mrD09 |
| 3 | mrA10 | mrB10 | mrC10 | mrD10 |

图 4.48　首尾相接合并后的效果

result

| | | A | B | C | D |
|---|---|---|---|---|---|
| 1月 | 0 | mrA01 | mrB01 | mrC01 | mrD01 |
| | 1 | mrA02 | mrB02 | mrC02 | mrD02 |
| 2月 | 0 | mrA03 | mrB03 | mrC03 | mrD03 |
| | 1 | mrA04 | mrB04 | mrC04 | mrD04 |
| | 2 | mrA05 | mrB05 | mrC05 | mrD05 |
| | 3 | mrA06 | mrB06 | mrC06 | mrD06 |
| 3月 | 0 | mrA07 | mrB07 | mrC07 | mrD07 |
| | 1 | mrA08 | mrB08 | mrC08 | mrD08 |
| | 2 | mrA09 | mrB09 | mrC09 | mrD09 |
| | 3 | mrA10 | mrB10 | mrC10 | mrD10 |

图 4.49　合并后带标记（月份）的效果

主要代码如下：

```
result = pd.concat(dfs, keys=['1 月', '2 月', '3 月'])
```

### 2．横向表合并（行对齐）

当合并的数据列名称不一致时，可以设置参数 axis=1，concat()方法将按行对齐，然后将不同列名的两组数据进行合并，缺失的数据用 NaN 填充，df1 和 df4 合并前后效果如图 4.50 和图 4.51 所示。

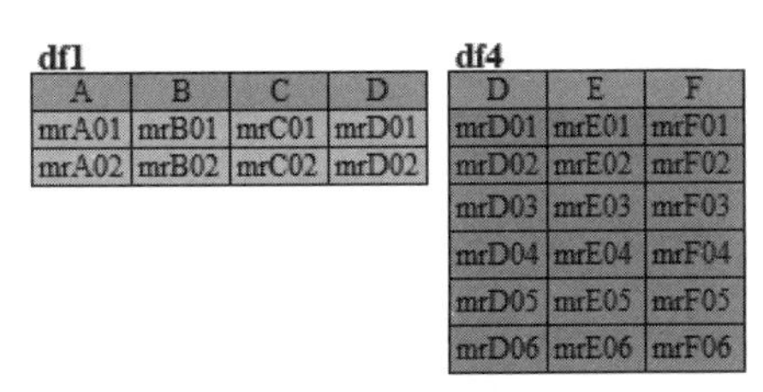

df1

| A | B | C | D |
|---|---|---|---|
| mrA01 | mrB01 | mrC01 | mrD01 |
| mrA02 | mrB02 | mrC02 | mrD02 |

df4

| D | E | F |
|---|---|---|
| mrD01 | mrE01 | mrF01 |
| mrD02 | mrE02 | mrF02 |
| mrD03 | mrE03 | mrF03 |
| mrD04 | mrE04 | mrF04 |
| mrD05 | mrE05 | mrF05 |
| mrD06 | mrE06 | mrF06 |

图 4.50　横向表合并前

result

| | A | B | C | D | D | E | F |
|---|---|---|---|---|---|---|---|
| 0 | mrA01 | mrB01 | mrC01 | mrD01 | mrD01 | mrE01 | mrF01 |
| 1 | mrA02 | mrB02 | mrC02 | mrD02 | mrD02 | mrE02 | mrF02 |
| 2 | NaN | NaN | NaN | NaN | mrD03 | mrE03 | mrF03 |
| 3 | NaN | NaN | NaN | NaN | mrD04 | mrE04 | mrF04 |
| 4 | NaN | NaN | NaN | NaN | mrD05 | mrE05 | mrF05 |
| 5 | NaN | NaN | NaN | NaN | mrD06 | mrE06 | mrF06 |

图 4.51　横向表合并后

主要代码如下：

```
result = pd.concat([df1, df4], axis=1)
```

### 3．交叉合并

交叉合并，需要在代码中加上 join 参数，如果值为 inner，结果是两张表的交集；如果值为 outer，结果是两张表的并集。例如两张表交集，表 df1 和 df4 合并前后的效果如图 4.52 和图 4.53 所示。

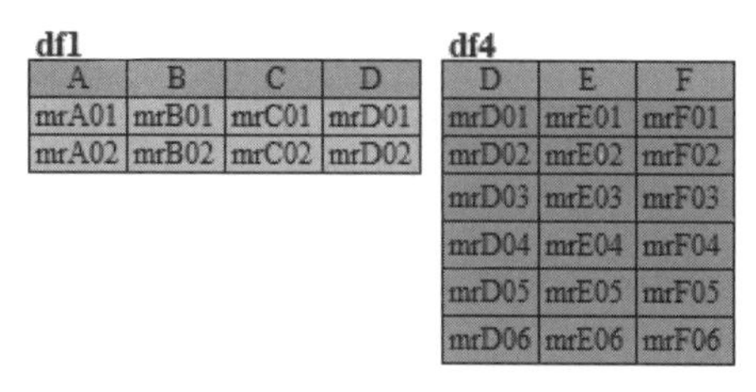

df1

| A | B | C | D |
|---|---|---|---|
| mrA01 | mrB01 | mrC01 | mrD01 |
| mrA02 | mrB02 | mrC02 | mrD02 |

df4

| D | E | F |
|---|---|---|
| mrD01 | mrE01 | mrF01 |
| mrD02 | mrE02 | mrF02 |
| mrD03 | mrE03 | mrF03 |
| mrD04 | mrE04 | mrF04 |
| mrD05 | mrE05 | mrF05 |
| mrD06 | mrE06 | mrF06 |

图 4.52　交叉合并前

result

| | A | B | C | D | D | E | F |
|---|---|---|---|---|---|---|---|
| 0 | mrA01 | mrB01 | mrC01 | mrD01 | mrD01 | mrE01 | mrF01 |
| 1 | mrA02 | mrB02 | mrC02 | mrD02 | mrD02 | mrE02 | mrF02 |

图 4.53　交叉合并后

主要代码如下：

```
result = pd.concat([df1, df4], axis=1, join='inner')
```

### 4．指定表对齐数据（行对齐）

如果指定参数 join_axes，就可以指定根据哪张表来对齐数据。例如，根据 df4 对齐数据，就会保留表 df4 的数据，然后将表 df1 的数据与之合并，行数不变，合并前后的效果与如图 4.54 和图 4.55 所示。

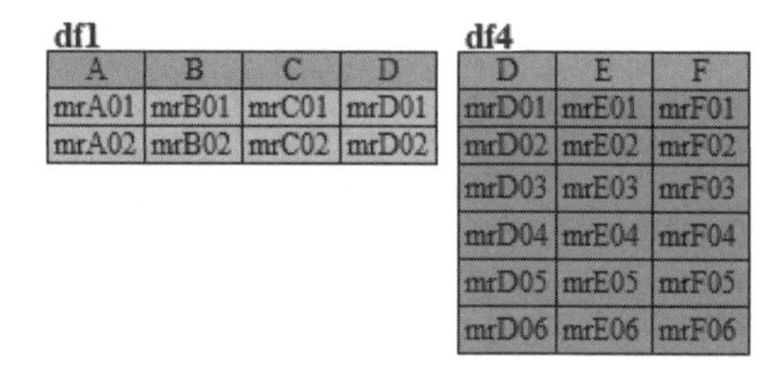

df1

| A | B | C | D |
|---|---|---|---|
| mrA01 | mrB01 | mrC01 | mrD01 |
| mrA02 | mrB02 | mrC02 | mrD02 |

df4

| D | E | F |
|---|---|---|
| mrD01 | mrE01 | mrF01 |
| mrD02 | mrE02 | mrF02 |
| mrD03 | mrE03 | mrF03 |
| mrD04 | mrE04 | mrF04 |
| mrD05 | mrE05 | mrF05 |
| mrD06 | mrE06 | mrF06 |

图 4.54　指定表对齐数据合并前

result

| | A | B | C | D | D | E | F |
|---|---|---|---|---|---|---|---|
| 0 | mrA01 | mrB01 | mrC01 | mrD01 | mrD01 | mrE01 | mrF01 |
| 1 | mrA02 | mrB02 | mrC02 | mrD02 | mrD02 | mrE02 | mrF02 |
| 2 | NaN | NaN | NaN | NaN | mrD03 | mrE03 | mrF03 |
| 3 | NaN | NaN | NaN | NaN | mrD04 | mrE04 | mrF04 |
| 4 | NaN | NaN | NaN | NaN | mrD05 | mrE05 | mrF05 |
| 5 | NaN | NaN | NaN | NaN | mrD06 | mrE06 | mrF06 |

图 4.55　指定表对齐数据合并后

主要代码如下：

```
result = pd.concat([df1, df4], axis=1, join_axes=[df4.index])
```

# 4.7　数 据 导 出

## 4.7.1　导出为.xlsx 文件

导出数据为 Excel，主要使用 DataFrame 对象的 to_excel()方法，语法如下：

```
DataFrame.to_excel(excel_writer,sheet_name='Sheet1',na_rep='',float_format=None,columns=None,header=True,
index=True,index_label=None,startrow=0,startcol=0,engine=None,merge_cells=True, encoding=None, inf_rep='inf',
verbose=True, freeze_panes=None)
```

参数说明：

☑　excel_writer：字符串或 ExcelWriter 对象。

- ☑ sheet_name：字符串，默认值为 Sheet1，包含 DataFrame 的表的名称。
- ☑ na_rep：字符串，默认值为' '。缺失数据的表示方式。
- ☑ float_format：字符串，默认值为 None，格式化浮点数的字符串。
- ☑ columns：序列，可选参数，要编辑的列。
- ☑ header：布尔型或字符串列表，默认值为 True。列名称，如果给定字符串列表，则表示它是列名称的别名。
- ☑ index：布尔型，默认值为 True，行名（索引）。
- ☑ index_label：字符串或序列，默认值为 None。如果需要，可以使用索引列的列标签；如果没有给出，标题和索引为 True，则使用索引名称；如果数据文件使用多索引，则需使用序列。
- ☑ startrow：指定从哪一行开始写入数据。
- ☑ startcol：指定从哪一列开始写入数据。
- ☑ engine：字符串，默认值为 None，指定要使用的写引擎，如 openpyxl 或 xlsxwriter。也可以通过 io.excel.xlsx.writer、io.excel.xls.writer 和 io.excel.xlsm.writer 进行设置。
- ☑ merge_cells：布尔型，默认值为 True。
- ☑ encoding：指定 Excel 文件的编码方式，默认值为 None。
- ☑ inf_rep：字符串，默认值为“正”，表示无穷大。
- ☑ verbose：布尔型，默认值为 True。在错误日志中显示更多信息。
- ☑ freeze_panes：整数的元组，长度 2，默认值为 None。指定要冻结的行列。

【示例 41】　将处理后的数据导出为 Excel 文件。（**示例位置：资源包\MR\Code\04\41**）

将数据合并后的结果导出为 Excel 文件，主要代码如下：

```
df_merge.to_excel('merge.xlsx')
```

运行程序，数据将导出为 Excel 文件，如图 4.56 所示。

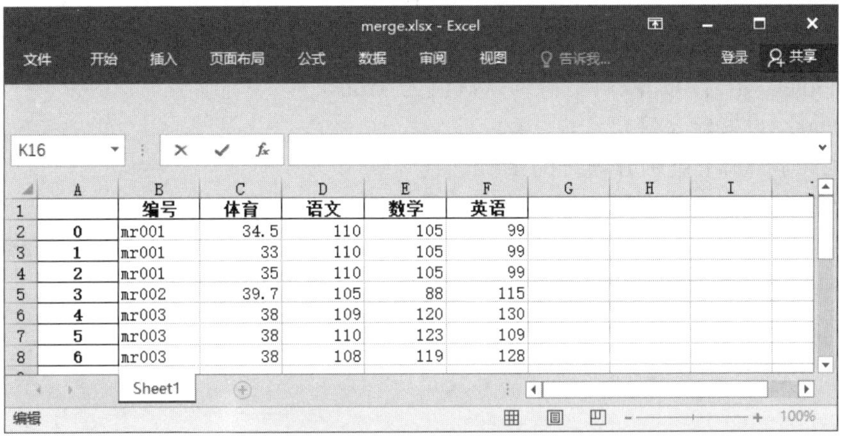
merge.xlsx - Excel
文件 开始 插入 页面布局 公式 数据 审阅 视图 告诉我...
登录 共享
K16
编号 体育 语文 数学 英语
0 mr001 34.5 110 105 99
1 mr001 33 110 105 99
2 mr001 35 110 105 99
3 mr002 39.7 105 88 115
4 mr003 38 109 120 130
5 mr003 38 110 123 109
6 mr003 38 108 119 128
Sheet1
编辑
100%

图 4.56　导出为 Excel 文件

上述举例，如果需要指定 Sheet 页名称，可以通过 sheet_name 参数指定，主要代码如下：

```
df1.to_excel('df1.xlsx',sheet_name='df1')
```

## 4.7.2 导出为.csv 文件

导出数据为.csv 文件，主要使用 DataFrame 对象的 to_csv()方法，语法如下：

```
DataFrame.to_csv(path_or_buf=None,sep=',',na_rep='',float_format=None,columns=None,header=True,index=True,index_label=None,mode='w',encoding=None,compression='infer',quoting=None,quotechar='"',line_terminator=None,chunksize=None,date_format=None,doublequote=True, escapechar=None, decimal='.',errors='strict')
```

参数说明：

☑ path_or_buf：要保存的路径及文件名。
☑ sep：分隔符，默认值为","。
☑ na_rep：指定空值的输出方式，默认值为空字符串。
☑ float_format：浮点数的输出格式，要用双引号括起来。
☑ columns：指定要导出的列，用列名列表表示，默认值为 None。
☑ header：是否输出列名，默认值为 True。
☑ index：是否输出索引，默认值为 True。
☑ index_label：索引列的列名，默认值为 None。
☑ mode：Python 写入模式，默认值为 w。
☑ encoding：编码方式，默认值为 utf-8。
☑ compression：压缩模式，默认值为 infer。
☑ quoting：导出.csv 文件是否用引号，默认值为 0，表示不加双引号；如果值为 1，则每个字段都会加上引号，数值也会被当作字符串看待。
☑ quotechar：引用字符，当 quoting=1 时可以指定引号字符为双引号（" "）或单引号（' '）。
☑ line_terminator：换行符，默认值为\n。
☑ chunksize：一次写入.csv 文件的行数，当 DataFrame 对象数据特别大时需要分批写入。
☑ date_format：日期输出格式。
☑ doublequote：是否添加双引用符，默认值为 True。
☑ escapechar：设置转义字符。
☑ decimal：可识别十进制分隔符的字符。
☑ errors：指定如何处理编码和解码错误，默认值为 strict（严格的）。

**【示例 42】** 将处理后的数据导出为.csv 文件。（**示例位置：资源包\MR\Code\04\42**）

下面介绍 to_csv()方法常用功能，举例如下，df 为 DataFrame 对象。

（1）相对位置，保存在程序所在路径下，代码如下：

```
df.to_csv('Result.csv')
```

（2）绝对位置，代码如下：

```
df.to_csv('d:\Result.csv')
```

（3）分隔符。使用问号（?）分隔符分隔需要保存的数据，代码如下：

```
df.to_csv('Result.csv',sep='?')
```

（4）替换空值，缺失值保存为 NA，代码如下：

```
df.to_csv('Result1.csv',na_rep='NA')
```

（5）格式化数据，保留两位小数，代码如下：

```
df.to_csv('Result1.csv',float_format='%.2f')
```

（6）保留某列数据，保存索引列和 name 列，代码如下：

```
df.to_csv('Result.csv',columns=['name'])
```

（7）是否保留列名，不保留列名，代码如下：

```
df.to_csv('Result.csv',header=False)
```

（8）是否保留行索引，不保留行索引，代码如下：

```
df.to_csv('Result.csv',index=False)
```

### 4.7.3　导出多个 Sheet

导出多个 Sheet，应首先使用 pd.ExcelWriter()方法打开一个 Excel 文件，然后再使用 to_excel()方法导出指定的 Sheet。

【示例 43】　导出 Excel 中多个 Sheet 页的数据。（**示例位置：资源包\MR\Code\04\43**）

导出指定 Sheet 页中的数据，主要代码如下：

```
01  df1.to_excel('df1.xlsx',sheet_name='df1')
02  work=pd.ExcelWriter('df2.xlsx')             #打开一个 Excel 文件
03  df1.to_excel(work,sheet_name='df2')
04  df1['A'].to_excel(work,sheet_name='df3')
05  work.save()
```

## 4.8　日期数据处理

### 4.8.1　DataFrame 的日期数据转换

日常工作中，有一个非常麻烦的事情就是日期的格式可以有很多种表达，我们看到同样是 2020 年 2 月 14 日，可以有很多种格式，如图 4.57 所示。那么，我们需要先将这些格式统一后才能进行后续的工作。Pandas 提供了 to_datetime()方法可以帮助我们解决这一问题。

to_datetime()方法可以用来批量处理日期数据转换，对于处理大数据非常实用和方便，它可以将日期数据转换成你需要的各种格式。例如，将 2/14/20 和 14-2-2020 转换为日期格式 2020-02-14。to_datetime()方法的语法如下：

```
pandas.to_datetime(arg,errors='ignore',dayfirst=False,yearfirst=False,utc=None,box=True,format=None,exact=
True,unit=None,infer_datetime_format=False,origin='unix',cache=False)
```

参数说明：

☑ arg：字符串、日期时间、字符串数组。

☑ errors：值为 ignore、raise 或 coerce，具体说明如下，默认值为 ignore，即忽略错误。

  ➢ ignore：无效的解析将返回原值。

  ➢ raise：无效的解析将引发异常。

  ➢ coerce：无效的解析将被设置为 NaT，即无法转换为日期的数据将被转换为 NaT。

☑ dayfirst：第一个为天，布尔型，默认值为 False。例如 02/09/2020，如果值为 True，则解析日期的第一个为天，即 2020-09-02；如果值为 False，则解析日期与原日期一致，即 2020-02-09。

☑ yearfirst：第一个为年，布尔型，默认值为 False。例如 14-Feb-20，如果值为 True，则解析日期的第一个为年，即 2014-02-20；如果值为 False，则解析日期与原日期一致，即 2020-02-14。

☑ utc：默认值为 None。返回 utc 即协调世界时间。

☑ box：布尔值，默认值为 True，如果值为 True，则返回 DatetimeIndex；如果值为 False，则返回 ndarray。

☑ format：格式化显示时间的格式。字符串，默认值为 None。

☑ exact：布尔值，默认值为 True。如果为 True，则要求格式完全匹配；如果为 False，则允许格式与目标字符串中的任何位置匹配。

☑ unit：默认值为 None，参数的单位（D、s、ms、μs、ns）表示时间的单位。

☑ infer_datetime_format：默认值为 False。如果没有格式，则尝试根据第一个日期时间字符串推断格式。

☑ origin：默认值为 unix。定义参考日期。数值将被解析为单位数。

☑ cache：默认值为 False。如果值为 True，则使用唯一、转换日期的缓存应用日期时间转换。在解析重复日期字符串，特别是带有时区偏移的字符串时，可能会产生明显的加速。只有在至少有 50 个值时才使用缓存。越界值的存在将使缓存不可用，并可能减慢解析速度。

☑ 返回值：日期时间。

**【示例 44】** 将各种日期字符串转换为指定的日期格式。（**示例位置：资源包\MR\Code\04\44**）

将 2020 年 2 月 14 日的各种格式转换为日期格式，程序代码如下：

```
01  import pandas as pd
02  df=pd.DataFrame({'原日期':['14-Feb-20', '02/14/2020', '2020.02.14', '2020/02/14','20200214']})
03  df['转换后的日期']=pd.to_datetime(df['原日期'])
04  print(df)
```

运行程序，控制台输出结果如图 4.58 所示。

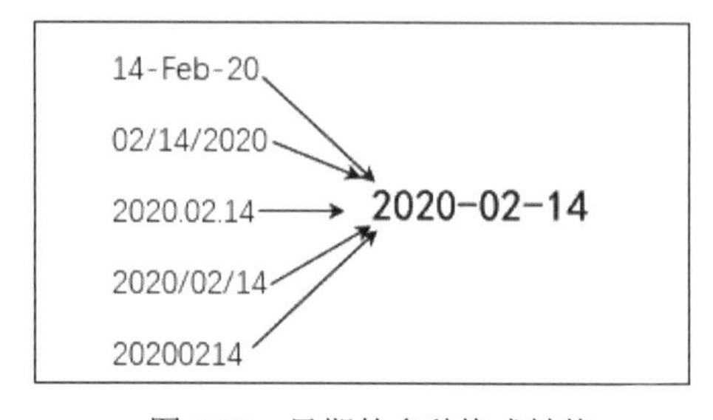


图 4.57　日期的多种格式转换

| | 原日期 | 转换后的日期 |
|---|---|---|
| 0 | 14-Feb-20 | 2020-02-14 |
| 1 | 02/14/2020 | 2020-02-14 |
| 2 | 2020.02.14 | 2020-02-14 |
| 3 | 2020/02/14 | 2020-02-14 |
| 4 | 20200214 | 2020-02-14 |

图 4.58　2020 年 2 月 14 日的各种格式转换为日期格式

还可以实现从 DataFrame 对象中的多列，如年、月、日各列组合成一列日期。键值是常用的日期缩略语。组合要求：

☑ 必选：year、month、day。

☑ 可选：hour、minute、second、millisecond（毫秒）、microsecond（微秒）、nanosecond（纳秒）。

【示例 45】 将一组数据组合为日期数据。（**示例位置：资源包\MR\Code\04\45**）

将一组数据组合为日期数据，主要代码如下：

```
01  import pandas as pd
02  df = pd.DataFrame({'year': [2018, 2019,2020],
03                     'month': [1, 3,2],
04                     'day': [4, 5,14],
05                     'hour':[13,8,2],
06                     'minute':[23,12,14],
07                     'second':[2,4,0]})
08  df['组合后的日期']=pd.to_datetime(df)
09  print(df)
```

运行程序，控制台输出结果如图 4.59 所示。

| | year | month | day | hour | minute | second | 组合后的日期 |
|---|---|---|---|---|---|---|---|
| 0 | 2018 | 1 | 4 | 13 | 23 | 2 | 2018-01-04 13:23:02 |
| 1 | 2019 | 3 | 5 | 8 | 12 | 4 | 2019-03-05 08:12:04 |
| 2 | 2020 | 2 | 14 | 2 | 14 | 0 | 2020-02-14 02:14:00 |

图 4.59　日期组合

## 4.8.2　dt 对象的使用

dt 对象是 Series 对象中用于获取日期属性的一个访问器对象，通过它可以获取日期中的年、月、日、星期数、季节等，还可以判断日期是否处在年底。语法如下：

```
Series.dt()
```

参数说明：

☑ 返回值：返回与原始系列相同的索引系列。如果 Series 不包含类日期值，则引发错误。

☑ dt 对象提供了 year、month、day、dayofweek、dayofyear、is_leap_year、quarter、weekday_name 等属性和方法。例如，year 可以获取“年”、month 可以获取“月”、quarter 可以直接得到每个日期分别是第几个季度，weekday_name 可以直接得到每个日期对应的是周几。

【示例 46】 获取日期中的年、月、日、星期数等。（**示例位置：资源包\MR\Code\04\46**）

使用 dt 对象获取日期中的年、月、日、星期数、季节等。

（1）获取年、月、日，代码如下：

```
df['年'],df['月'],df['日']=df['日期'].dt.year,df['日期'].dt.month,df['日期'].dt.day
```

（2）从日期判断出所处星期数，代码如下：

```
df['星期几']=df['日期'].dt.day_name()
```

（3）从日期判断所处季度，代码如下：

```
df['季度']=df['日期'].dt.quarter
```

（4）从日期判断是否为年底最后一天，代码如下：

```
df['是否年底']=df['日期'].dt.is_year_end
```

运行程序，控制台输出结果如图 4.60 所示。

| | 原日期 | 日期 | 年 | 月 | 日 | 星期几 | 季度 | 是否年底 |
|---|---|---|---|---|---|---|---|---|
| 0 | 2019.1.05 | 2019-01-05 | 2019 | 1 | 5 | Saturday | 1 | False |
| 1 | 2019.2.15 | 2019-02-15 | 2019 | 2 | 15 | Friday | 1 | False |
| 2 | 2019.3.25 | 2019-03-25 | 2019 | 3 | 25 | Monday | 1 | False |
| 3 | 2019.6.25 | 2019-06-25 | 2019 | 6 | 25 | Tuesday | 2 | False |
| 4 | 2019.9.15 | 2019-09-15 | 2019 | 9 | 15 | Sunday | 3 | False |
| 5 | 2019.12.31 | 2019-12-31 | 2019 | 12 | 31 | Tuesday | 4 | True |

图 4.60　dt 对象日期转换

### 4.8.3　获取日期区间的数据

获取日期区间的数据的方法是直接在 DataFrame 对象中输入日期或日期区间，但前提必须设置日期为索引，举例如下。

☑　获取 2018 年的数据。

```
df1['2018']
```

☑　获取 2017—2018 年的数据。

```
df1['2017':'2018']
```

☑　获取某月（2018 年 7 月）的数据。

```
df1['2018-07']
```

☑　获取具体某天（2018 年 5 月 6 日）的数据。

```
df1['2018-05-06':'2018-05-06']
```

**【示例 47】**　获取指定日期区间的订单数据。（**示例位置：资源包\MR\Code\04\47**）

获取 2018 年 5 月 11 日至 6 月 10 日的订单，结果如图 4.61 所示。

程序代码如下：

```
01  import pandas as pd
02  df = pd.read_excel('mingribooks.xls')
03  df1=df[['订单付款时间','买家会员名','联系手机','买家实际支付金额']]
04  df1=df1.sort_values(by=['订单付款时间'])
05  df1 = df1.set_index('订单付款时间')                 #将日期设置为索引
06  #获取某个区间数据
07  df2=df1['2018-05-11':'2018-06-10']
```

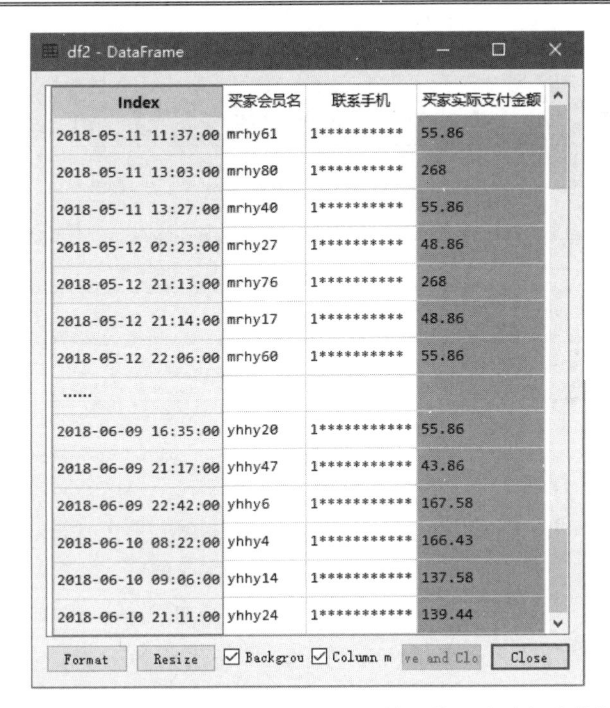

| Index | 买家会员名 | 联系手机 | 买家实际支付金额 |
|---|---|---|---|
| 2018-05-11 11:37:00 | mrhy61 | 1********** | 55.86 |
| 2018-05-11 13:03:00 | mrhy80 | 1********** | 268 |
| 2018-05-11 13:27:00 | mrhy40 | 1********** | 55.86 |
| 2018-05-12 02:23:00 | mrhy27 | 1********** | 48.86 |
| 2018-05-12 21:13:00 | mrhy76 | 1********** | 268 |
| 2018-05-12 21:14:00 | mrhy17 | 1********** | 48.86 |
| 2018-05-12 22:06:00 | mrhy60 | 1********** | 55.86 |
| ...... | | | |
| 2018-06-09 16:35:00 | yhhy20 | 1*********** | 55.86 |
| 2018-06-09 21:17:00 | yhhy47 | 1*********** | 43.86 |
| 2018-06-09 22:42:00 | yhhy6 | 1*********** | 167.58 |
| 2018-06-10 08:22:00 | yhhy4 | 1*********** | 166.43 |
| 2018-06-10 09:06:00 | yhhy14 | 1*********** | 137.58 |
| 2018-06-10 21:11:00 | yhhy24 | 1*********** | 139.44 |



图 4.61　2018 年 5 月 11 日至 6 月 10 日的订单（省略部分数据）

## 4.8.4　按不同时期统计并显示数据

### 1．按时期统计数据

按时期统计数据主要通过 DataFrame 对象的 resample()方法结合数据计算函数实现。resample()方法主要应用于时间序列频率转换和重采样，它可以从日期中获取年、月、日、星期、季节等，结合数据计算函数就可以实现按年、月、日、星期或季度等不同时期统计数据。举例如下所示。

（1）按年统计数据，代码如下：

```
df1=df1.resample('AS').sum()
```

（2）按季度统计数据，代码如下：

```
df2.resample('Q').sum()
```

（3）按月度统计数据，代码如下：

```
df1.resample('M').sum()
```

（4）按星期统计数据，代码如下：

```
df1.resample('W').sum()
```

（5）按天统计数据，代码如下：

```
df1.resample('D').sum()
```

**实用技巧**

按日期统计数据过程中，可能会出现如图4.62所示的错误提示。

```
Traceback (most recent call last):
  File "F:/PythonBooks/Python数据分析从入门到实践/Program/07/相关性分析/demo.py", line 8, in <module>
    df1=df_x.resample('D').sum()              #按日统计费用
  File "C:\Users\Administrator\AppData\Local\Programs\Python\Python37\lib\site-packages\pandas\core\generic.py", line 8155, in resample
    base=base, key=on, level=level)
  File "C:\Users\Administrator\AppData\Local\Programs\Python\Python37\lib\site-packages\pandas\core\resample.py", line 1250, in resample
    return tg._get_resampler(obj, kind=kind)
  File "C:\Users\Administrator\AppData\Local\Programs\Python\Python37\lib\site-packages\pandas\core\resample.py", line 1380, in _get_resampler
    "but got an instance of %r" % type(ax).__name__)
TypeError: Only valid with DatetimeIndex, TimedeltaIndex or PeriodIndex, but got an instance of 'Index'
```

图4.62　错误提示

完整错误描述：

TypeError: Only valid with DatetimeIndex, TimedeltaIndex or PeriodIndex, but got an instance of 'Index'

出现上述错误，是由于resample()函数要求索引必须为日期型。

解决方法：将数据的索引转换为datetime类型，主要代码如下：

```
df1.index = pd.to_datetime(df1.index)
```

### 2．按时期显示数据

DataFrame对象的to_period()方法可以将时间戳转换为时期，从而实现按时期显示数据，前提是日期必须设置为索引。语法如下：

```
DataFrame.to_period(freq=None, axis=0, copy=True)
```

参数说明：

☑ freq：字符串，周期索引的频率，默认值为None。

☑ axis：行列索引，axis=0表示行索引，axis=1表示列索引。默认值为0，即表示行索引。

☑ copy：是否复制数据，默认值为True，如果值为False，则不复制数据。

☑ 返回值：带周期索引的时间序列。

【示例48】　从日期中获取不同的时期。（**示例位置：资源包\MR\Code\04\48**）

从日期中获取不同的时期，主要代码如下：

```
01  df1.to_period('A')                 #按年
02  df1.to_period('Q')                 #按季度
03  df1.to_period('M')                 #按月
04  df1.to_period('W')                 #按星期
```

### 3．按时期统计并显示数据

（1）按年统计并显示数据，代码如下：

```
df2.resample('AS').sum().to_period('A')
```

控制台输出结果如图 4.63 所示。

（2）按季度统计并显示数据，代码如下：

```
Q_df=df2.resample('Q').sum().to_period('Q')
```

控制台输出结果如图 4.64 所示。

```
---------按年统计并显示数据-----------
                买家实际支付金额
订单付款时间
2018                   218711.61
```

图 4.63　按年统计并显示数据

```
---------按季度统计并显示数据-----------
                买家实际支付金额
订单付款时间
2018Q1                  58230.83
2018Q2                  62160.49
2018Q3                  44942.19
2018Q4                  53378.10
```

图 4.64　按季度统计并显示数据

（3）按月统计并显示数据，代码如下：

```
df2.resample('M').sum().to_period('M')
```

控制台输出结果如图 4.65 所示。

（4）按星期统计并显示数据（前 5 条数据），代码如下：

```
df2.resample('W').sum().to_period('W').head()
```

控制台输出结果如图 4.66 所示。

```
---------按月统计并显示数据-----------
                买家实际支付金额
订单付款时间
2018-01                 23369.17
2018-02                 10129.87
2018-03                 24731.79
2018-04                 20484.80
2018-05                 11847.91
2018-06                 29827.78
2018-07                 39433.60
2018-08                  1895.65
2018-09                  3612.94
2018-10                 15230.59
2018-11                 15394.61
2018-12                 22752.90
```

图 4.65　按月统计并显示数据

```
---------按星期统计并显示数据-----------
                           买家实际支付金额
订单付款时间
2018-01-01/2018-01-07             5735.91
2018-01-08/2018-01-14             4697.62
2018-01-15/2018-01-21             5568.77
2018-01-22/2018-01-28             5408.68
2018-01-29/2018-02-04             3600.12
```

图 4.66　按星期统计并显示数据

# 4.9 时间序列

## 4.9.1 重采样（Resample()方法）

通过前面的学习，我们学会了如何生成不同频率的时间索引，按小时、按天、按周、按月等，如果想对数据做不同频率的转换，该怎么办？在 Pandas 中对时间序列的频率的调整称为重新采样，即将时间序列从一个频率转换到另一个频率的处理过程。例如，每天一个频率转换为每 5 天一个频率，如图 4.67 所示。

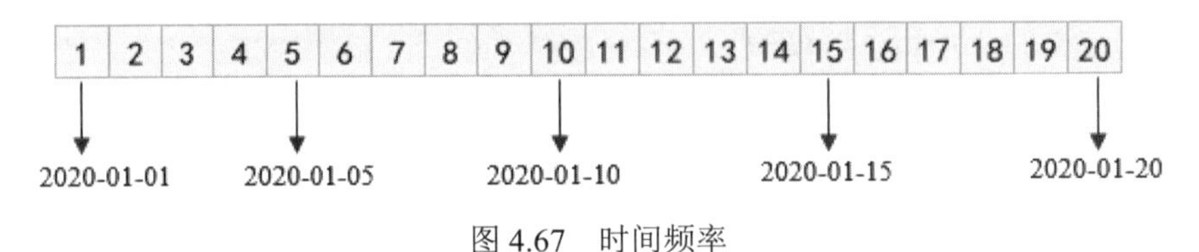


图 4.67　时间频率

重采样主要使用 resample()方法，该方法用于对常规时间序列重新采样和频率转换，包括降采样和升采样两种。首先了解下 resample()方法，语法如下：

```
DataFrame.resample(rule,how=None,axis=0,fill_method=None,closed=None,label=None,convention='start',kind=None,loffset=None,limit=None,base=0,on=None,level=None)
```

参数说明：

☑ rule：字符串，偏移量表示目标字符串或对象转换。

☑ how：用于产生聚合值的函数名或数组函数。例如 mean、ohlc 和 np.max 等，默认值为 mean，其他常用的值为 first、last、median、max 和 min。

☑ axis：整型，表示行列，axis=0 表示列，axis=1 表示行。默认值为 0，即表示列。

☑ fill_method：升采样时所使用的填充方法，ffill()方法（用前值填充）或 bfill()方法（用后值填充），默认值为 None。

☑ closed：降采样时，时间区间的开和闭，与数学里区间的概念一样，其值为 right 或 left，right 表示左开右闭（即左边值不包括在内），left 表示左闭右开（即右边值不包括在内），默认值为 right 左开右闭。

☑ label：降采样时，如何设置聚合值的标签。例如，10:30—10:35 会被标记成 10:30 还是 10:35，默认值为 None。

☑ convention：当重采样时，将低频率转换到高频率所采用的约定，其值为 start 或 end，默认值为 start。

☑ kind：聚合到时期（period）或时间戳（timestamp），默认聚合到时间序列的索引类型，默认值为 None。

☑ loffset：聚合标签的时间校正值，默认值为 None。例如，-1s 或 Second(-1)用于将聚合标签调早 1 秒。

☑ limit：向前或向后填充时，允许填充的最大时期数，默认值为 None。

☑ base：整型，默认值为 0。对于均匀细分 1 天的频率，聚合间隔的“原点”。例如，对于 5min 频率，base 的范围可以是 0～4。

☑ on：字符串，可选参数，默认值为 None。对 DataFrame 对象使用列代替索引进行重新采样。列必须与日期时间类似。

☑ level：字符串或整型，可选参数，默认值为 None。用于多索引，重新采样的级别名称或级别编号，级别必须与日期时间类似。

☑　返回值：重新采样对象。

【示例 49】　一分钟的时间序列转换为 3 分钟的时间序列。（**示例位置：资源包\MR\Code\04\49**）

首先创建一个包含 9 个一分钟的时间序列，然后使用 resample()方法转换为 3 分钟的时间序列，并对索引列进行求和计算，如图 4.68 所示。

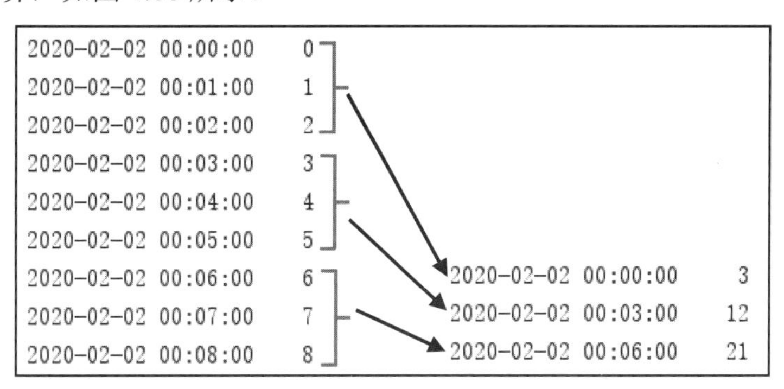


图 4.68　时间序列转换

程序代码如下：

```
01  import pandas as pd
02  index = pd.date_range('02/02/2020', periods=9, freq='T')
03  series = pd.Series(range(9), index=index)
04  print(series)
05  print(series.resample('3T').sum())
```

## 4.9.2　降采样处理

降采样是周期由高频率转向低频率。例如，将 5min 股票交易数据转换为日交易，按天统计的销售数据转换为按周统计。

数据降采样会涉及数据的聚合。例如，天数据变成周数据，那么就要对 1 周 7 天的数据进行聚合，聚合的方式主要包括求和、求均值等。例如，淘宝店铺每天销售数据（部分数据），如图 4.69 所示。

【示例 50】　按周统计销售数据。（**示例位置：资源包\MR\Code\04\50**）

使用 resample()方法来做降采样处理，频率为“周”，也就是将上述销售数据处理为每周（每 7 天）求和一次数据，程序代码如下：

```
01  import pandas as pd
02  df=pd.read_excel('time.xls')
03  df1 = df.set_index('订单付款时间')    #设置“订单付款时间”为索引
04  print(df1.resample('W').sum().head())
```

运行程序，控制台输出结果如图 4.70 所示。

在参数说明中，我们列出了 closed 参数的解释，如果把 closed 参数值设置为 left，结果如图 4.71 所示。

| | A | B | C | D | E |
|---|---|---|---|---|---|
| 1 | 买家会员名 | 买家实际支付金额 | 宝贝总数量 | 宝贝标题 | 订单付款时间 |
| 2 | mr00001 | 748.5 | 1 | PHP程序员开发资源库 | 2018/1/1 |
| 3 | mr00003 | 90 | 1 | 个人版编程词典加点 | 2018/1/1 |
| 4 | mr00004 | 10 | 1 | 邮费 | 2018/1/1 |
| 5 | mr00002 | 269 | 4 | 零基础学Java全彩版，Java精彩编程200例，Java项 | 2018/1/1 |
| 6 | mr00005 | 50.86 | 1 | 零基础学PHP全彩版 | 2018/1/1 |
| 7 | mr00006 | 39.9 | 1 | 软件项目开发全程实录：C语言项目开发全程实录（ | 2018/1/1 |
| 8 | mr00007 | 55.86 | 1 | 零基础学PHP全彩版 | 2018/1/1 |
| 9 | mr00008 | 48.86 | 1 | Java Web项目开发实战入门全彩版 | 2018/1/2 |
| 10 | mr00009 | 55.86 | 1 | 零基础学JavaScript | 2018/1/2 |
| 11 | mr00010 | 50.86 | 1 | 零基础学PHP全彩版 | 2018/1/2 |
| 12 | mr00012 | 69.25 | 1 | SQL Server 从入门到精通（第2版）（配光盘） | 2018/1/2 |
| 13 | mr00013 | 299 | 4 | 零基础学C#全彩版，C#精彩编程200例全彩版，C#I | 2018/1/2 |
| 14 | mr00015 | 50.86 | 1 | 零基础学Oracle | 2018/1/2 |
| 15 | mr00016 | 55.86 | 1 | 零基础学HTML5+CSS3 | 2018/1/2 |
| 16 | mr00017 | 48.86 | 1 | 零基础学Java全彩版 | 2018/1/2 |
| 17 | mr00019 | 50.86 | 1 | 零基础学C#全彩版 | 2018/1/3 |
| 18 | mr00020 | 50.86 | 1 | 零基础学HTML5+CSS3 | 2018/1/3 |
| 19 | mr00021 | 55.86 | 1 | 零基础学HTML5+CSS3 | 2018/1/3 |
| 20 | mr00022 | 48.86 | 1 | 零基础学C语言包邮 | 2018/1/3 |
| 21 | mr00023 | 48.86 | 1 | 零基础学Java全彩版 | 2018/1/3 |
| 22 | mr00026 | 268 | 1 | 明日科技 Java编程词典个人版 | 2018/1/3 |
| 23 | mr00027 | 268 | 1 | 明日科技 JavaWeb编程词典个人版 | 2018/1/3 |
| 24 | mr00029 | 193.44 | 4 | 零基础学JavaScript，零基础学PHP全彩版，C#精彩 | 2018/1/3 |
| 25 | mr00030 | 55.86 | 1 | Visual Basic精彩编程200例 | 2018/1/3 |
| 26 | mr00031 | 55.86 | 1 | 零基础学HTML5+CSS3 | 2018/1/3 |

图 4.69　淘宝店铺每天销售数据（部分数据）

| | 买家实际支付金额 | 宝贝总数量 |
|---|---|---|
| 订单付款时间 | | |
| 2018-01-07 | 5735.91 | 77 |
| 2018-01-14 | 4697.62 | 70 |
| 2018-01-21 | 5568.77 | 74 |
| 2018-01-28 | 5408.68 | 53 |
| 2018-02-04 | 1958.19 | 19 |

图 4.70　周数据统计 1

| | 买家实际支付金额 | 宝贝总数量 |
|---|---|---|
| 订单付款时间 | | |
| 2018-01-07 | 5239.71 | 64 |
| 2018-01-14 | 4842.70 | 78 |
| 2018-01-21 | 5669.57 | 74 |
| 2018-01-28 | 5533.29 | 56 |
| 2018-02-04 | 2083.90 | 21 |

图 4.71　周数据统计 2

## 4.9.3　升采样处理

升采样是周期由低频率转向高频率。将数据从低频率转换到高频率时，就不需要聚合了，将其重采样到日频率，默认会引入缺失值。

例如，原来是按周统计的数据，现在变成按天统计。升采样会涉及数据的填充，根据填充的方法不同，填充的数据也不同。下面介绍 3 种填充方法。

☑ 不填充。空值用 NaN 代替，使用 asfreq()方法。

☑ 用前值填充。用前面的值填充空值，使用 ffill()方法或者 pad()方法。为了方便记忆，ffill()方法可以使用它的第一个字母“f”代替，代表 forward，向前的意思。

☑ 用后值填充，使用 bfill()方法，可以使用字母“b”代替，代表 back，向后的意思。

【示例 51】　每 6 小时统计一次数据。（**示例位置：资源包\MR\Code\04\51**）

下面创建一个时间序列，起始日期是 2020-02-02，一共两天，每天对应的数值分别是 1 和 2，通过升采样处理为每 6 小时统计一次数据，空值以不同的方式填充，程序代码如下：

```
01    import pandas as pd
02    import numpy as np
03    rng = pd.date_range('20200202', periods=2)
04    s1 = pd.Series(np.arange(1,3), index=rng)
05    s1_6h_asfreq = s1.resample('6H').asfreq()
06    print(s1_6h_asfreq)
07    s1_6h_pad = s1.resample('6H').pad()
08    print(s1_6h_pad)
```

```
09    s1_6h_ffill = s1.resample('6H').ffill()
10    print(s1_6h_ffill)
11    s1_6h_bfill = s1.resample('6H').bfill()
12    print(s1_6h_bfill)
```

运行程序，控制台输出结果如图 4.72 所示。

```
2020-02-02 00:00:00    1.0
2020-02-02 06:00:00    NaN
2020-02-02 12:00:00    NaN
2020-02-02 18:00:00    NaN
2020-02-03 00:00:00    2.0
Freq: 6H, dtype: float64
2020-02-02 00:00:00    1
2020-02-02 06:00:00    1
2020-02-02 12:00:00    1
2020-02-02 18:00:00    1
2020-02-03 00:00:00    2
Freq: 6H, dtype: int32
2020-02-02 00:00:00    1
2020-02-02 06:00:00    1
2020-02-02 12:00:00    1
2020-02-02 18:00:00    1
2020-02-03 00:00:00    2
Freq: 6H, dtype: int32
2020-02-02 00:00:00    1
2020-02-02 06:00:00    2
2020-02-02 12:00:00    2
2020-02-02 18:00:00    2
2020-02-03 00:00:00    2
Freq: 6H, dtype: int32
```

图 4.72　6 小时数据统计

## 4.9.4　时间序列数据汇总（ohlc()函数）

在金融领域，经常会看到开盘（open）、收盘（close）、最高价（high）和最低价（low）数据，而在 Pandas 中经过重新采样的数据也可以实现这样的结果，通过调用 ohlc()函数得到数据汇总结果，即开始值（open）、结束值（close）、最高值（high）和最低值（low）。ohlc()函数的语法如下：

```
resample.ohlc()
```

ohlc()函数返回 DataFrame 对象，每组数据的 open（开）、high（高）、low（低）和 close（关）值。

**【示例 52】**　统计数据的 open、high、low 和 close 值。（**示例位置：资源包\MR\Code\04\52**）

下面是一组 5 分钟的时间序列，通过 ohlc()函数获取该时间序列中每组时间的开始值、最高值、最低值和结束值，程序代码如下：

```
01    import pandas as pd
02    import numpy as np
03    rng = pd.date_range('2/2/2020',periods=12,freq='T')
```

```
04    s1 = pd.Series(np.arange(12),index=rng)
05    print(s1.resample('5min').ohlc())
```

运行程序，控制台输出结果如图 4.73 所示。

| | open | high | low | close |
|---|---|---|---|---|
| 2020-02-02 00:00:00 | 0 | 4 | 0 | 4 |
| 2020-02-02 00:05:00 | 5 | 9 | 5 | 9 |
| 2020-02-02 00:10:00 | 10 | 11 | 10 | 11 |

图 4.73　时间序列数据汇总

## 4.9.5　移动窗口数据计算（rolling()函数）

通过重采样可以得到想要的任何频率的数据，但是这些数据也是一个时点的数据，那么就存在这样一个问题：时点的数据波动较大，某一点的数据就不能很好地表现它本身的特性，于是就有了“移动窗口”的概念，简单地说，为了提升数据的可靠性，将某个点的取值扩大到包含这个点的一段区间，用区间来进行判断，这个区间就是窗口。

下面举例说明，图 4.74 显示了移动窗口数据示意图，其中时间序列代表 1 号到 15 号每天的销量数据，接下来以 3 天为一个窗口，将该窗口从左至右依次移动，统计出 3 天的平均值作为这个点的值，如 3 号的销量是 1 号、2 号和 3 号的平均值。

图 4.74　移动窗口数据示意图

通过上述示意图相信您已经理解了移动窗口，在 Pandas 中可以通过 rolling()函数实现移动窗口数据的计算，语法如下：

```
DataFrame.rolling(window, min_periods=None, center=False, win_type=None, on=None, axis=0, closed=None)
```

参数说明：

☑　window：时间窗口的大小，有两种形式，即 int 或 offset。如果使用 int，则数值表示计算统计量的观测值的数量，即向前几个数据；如果使用 offset，则表示时间窗口的大小。

☑　min_periods：每个窗口最少包含的观测值数量，小于这个值的窗口结果为 NA。值可以是 int，默认值为 None。offset 情况下，默认值为 1。

☑ center：把窗口的标签设置为居中。布尔型，默认值为 False，居右。

☑ win_type：窗口的类型。截取窗的各种函数。字符串类型，默认值为 None。

☑ on：可选参数。对于 DataFrame 对象，是指定要计算移动窗口的列，值为列名。

☑ axis：整型，axis=0 表示列，axis=1 表示行。默认值为 0，即对列进行计算。

☑ closed：定义区间的开闭，支持 int 类型的窗口。对于 offset 类型默认是左开右闭（默认值为 right）。可以根据情况指定 left。

☑ 返回值：为特定操作而生成的窗口或移动窗口子类。

【示例 53】　创建淘宝每日销量数据。（**示例位置：资源包\MR\Code\04\53**）

首先创建一组淘宝每日销量数据，程序代码如下：

```
01  import pandas as pd
02  index=pd.date_range('20200201','20200215')
03  data=[3,6,7,4,2,1,3,8,9,10,12,15,13,22,14]
04  s1_data=pd.Series(data,index=index)
05  print(s1_data)
```

运行程序，控制台输出结果如图 4.75 所示。

【示例 54】　使用 rolling()函数计算 3 天的均值。（**示例位置：资源包\MR\Code\04\54**）

下面使用 rolling()函数计算 2020-02-01 至 2020-02-15 中每 3 天的均值，窗口个数为 3，代码如下：

```
s1_data.rolling(3).mean()
```

运行程序，看下 rolling()函数是如何计算的？在图 4.76 中，当窗口开始移动时，第一个时间点 2020-02-01 和第二个时间点 2020-02-02 的数值为空，这是因为窗口个数为 3，它们前面有空数据，所以均值为空；而到第三个时间点 2020-02-03 时，它前面的数据是 2020-02-01 至 2020-02-03，所以 3 天的均值是 5.333333；以此类推。

| | |
|---|---|
| 2020-02-01 | 3 |
| 2020-02-02 | 6 |
| 2020-02-03 | 7 |
| 2020-02-04 | 4 |
| 2020-02-05 | 2 |
| 2020-02-06 | 1 |
| 2020-02-07 | 3 |
| 2020-02-08 | 8 |
| 2020-02-09 | 9 |
| 2020-02-10 | 10 |
| 2020-02-11 | 12 |
| 2020-02-12 | 15 |
| 2020-02-13 | 13 |
| 2020-02-14 | 22 |
| 2020-02-15 | 14 |

图 4.75　原始数据

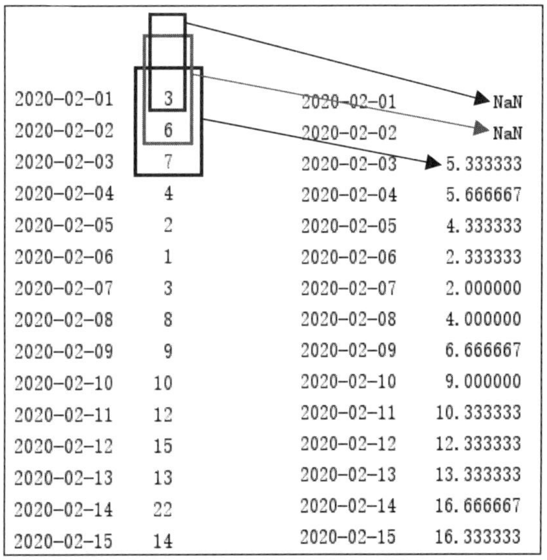

| | | | |
|---|---|---|---|
| 2020-02-01 | 3 | 2020-02-01 | NaN |
| 2020-02-02 | 6 | 2020-02-02 | NaN |
| 2020-02-03 | 7 | 2020-02-03 | 5.333333 |
| 2020-02-04 | 4 | 2020-02-04 | 5.666667 |
| 2020-02-05 | 2 | 2020-02-05 | 4.333333 |
| 2020-02-06 | 1 | 2020-02-06 | 2.333333 |
| 2020-02-07 | 3 | 2020-02-07 | 2.000000 |
| 2020-02-08 | 8 | 2020-02-08 | 4.000000 |
| 2020-02-09 | 9 | 2020-02-09 | 6.666667 |
| 2020-02-10 | 10 | 2020-02-10 | 9.000000 |
| 2020-02-11 | 12 | 2020-02-11 | 10.333333 |
| 2020-02-12 | 15 | 2020-02-12 | 12.333333 |
| 2020-02-13 | 13 | 2020-02-13 | 13.333333 |
| 2020-02-14 | 22 | 2020-02-14 | 16.666667 |
| 2020-02-15 | 14 | 2020-02-15 | 16.333333 |

图 4.76　2020-02-01 至 2020-02-15 移动窗口均值 1

【示例 55】 用当天的数据代表窗口数据。（**示例位置：资源包\MR\Code\04\55**）

在计算第一个时间点 2020-02-01 的窗口数据时，虽然数据不够窗口长度 3，但是至少有当天的数据，那么能否用当天的数据代表窗口数据呢？答案是肯定的，通过设置 min_periods 参数即可，它表示窗口最少包含的观测值，小于这个值的窗口长度显示为空，等于或大于时都有值，主要代码如下：

```
s1_data.rolling(3,min_periods=1).mean()
```

运行程序，对比效果如图 4.77 所示。

上述举例，我们再扩展下，通过图表观察原始数据与移动窗口数据的平稳性，如图 4.78 所示。其中实线代表移动窗口数据，其走向更平稳，这也是学习移动窗口 rolling()函数的原因。

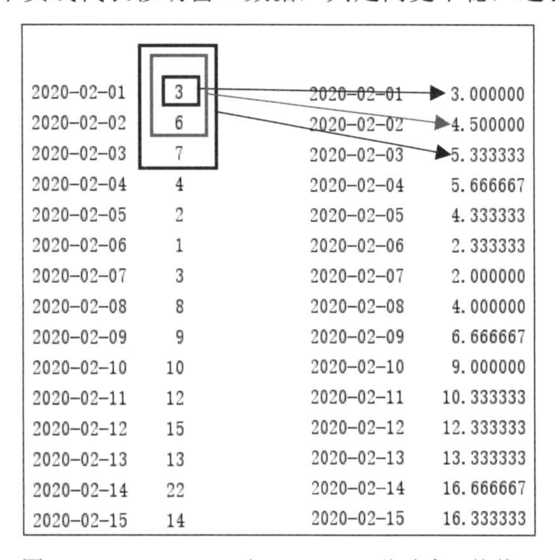

| | | | |
|---|---|---|---|
| 2020-02-01 | 3 | 2020-02-01 | 3.000000 |
| 2020-02-02 | 6 | 2020-02-02 | 4.500000 |
| 2020-02-03 | 7 | 2020-02-03 | 5.333333 |
| 2020-02-04 | 4 | 2020-02-04 | 5.666667 |
| 2020-02-05 | 2 | 2020-02-05 | 4.333333 |
| 2020-02-06 | 1 | 2020-02-06 | 2.333333 |
| 2020-02-07 | 3 | 2020-02-07 | 2.000000 |
| 2020-02-08 | 8 | 2020-02-08 | 4.000000 |
| 2020-02-09 | 9 | 2020-02-09 | 6.666667 |
| 2020-02-10 | 10 | 2020-02-10 | 9.000000 |
| 2020-02-11 | 12 | 2020-02-11 | 10.333333 |
| 2020-02-12 | 15 | 2020-02-12 | 12.333333 |
| 2020-02-13 | 13 | 2020-02-13 | 13.333333 |
| 2020-02-14 | 22 | 2020-02-14 | 16.666667 |
| 2020-02-15 | 14 | 2020-02-15 | 16.333333 |

图 4.77 2020-02-01 至 2020-02-15 移动窗口均值 2

图 4.78 移动窗口数据的平稳性

**说明**

虚线代表原始数据，实线代表移动窗口数据。

# 4.10 综 合 应 用

## 4.10.1 案例 1：Excel 多表合并

案例位置：资源包\MR\Code\04\example\01

在日常工作中，几乎我们每天都有大量的数据需要处理，桌面上总是布满密密麻麻的 Excel 表，这样看上去非常凌乱，其实我们完全可以将其中类别相同的 Excel 表合并到一起，这样不但不会丢失数据，而且还可以有效地分析数据。下面使用 concat()方法将指定文件夹内的所有 Excel 表合并，程序代码如下：

```
01  import pandas as pd
02  import glob
03  filearray=[]
04  filelocation=glob.glob(r'./aa/*.xlsx')                    #指定目录下的所有 Excel 文件
05  #遍历指定目录
06  for filename in filelocation:
07      filearray.append(filename)
08      print(filename)
09  res=pd.read_excel(filearray[0])                           #读取第一个 Excel 文件
10  #顺序读取 Excel 文件并进行合并
11  for i in range(1,len(filearray)):
12      A=pd.read_excel(filearray[i])
13      res=pd.concat([res,A],ignore_index=True,sort=False)
14  print(res.index)
15  #写入 Excel 文件，并保存
16  writer = pd.ExcelWriter('all.xlsx')
17  res.to_excel(writer,'sheet1')
18  writer.save()
```

## 4.10.2　案例 2：股票行情数据分析

案例位置：资源包\MR\Code\04\example\02

股票数据包括开盘价、收盘价、最高价、最低价、成交量等多个指标。其中，收盘价是当日行情的标准，也是下一个交易日开盘价的依据，可以预测未来证券市场行情，因此当投资者对行情分析时，一般采用收盘价作为计算依据。

下面使用 rolling()函数计算某股票 20 天、50 天和 200 天的收盘价均值并生成走势图（也称 K 线图），如图 4.79 所示。

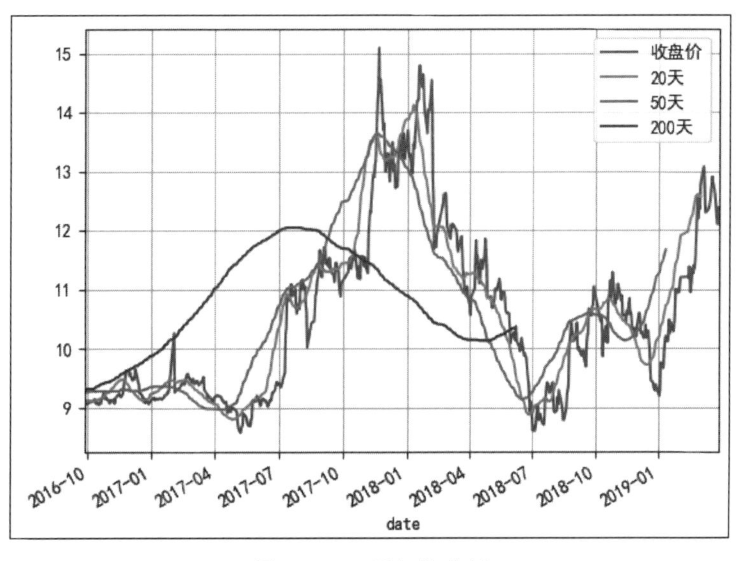


图 4.79　股票行情分析

程序代码如下：

```
01    import pandas as pd
02    import numpy as np
03    import matplotlib.pyplot as plt
04    aa =r'000001.xlsx'
05    df = pd.DataFrame(pd.read_excel(aa))
06    df['date'] = pd.to_datetime(df['date'])                    #将数据类型转换为日期类型
07    df = df.set_index('date')                                  #将 date 设置为 index
08    df=df[['close']]
09    df['20 天'] = np.round(df['close'].rolling(window = 20, center = False).mean(), 2)
10    df['50 天'] = np.round(df['close'].rolling(window = 50, center = False).mean(), 2)
11    df['200 天'] = np.round(df['close'].rolling(window = 200, center = False).mean(), 2)
12    plt.rcParams['font.sans-serif']=['SimHei']                 #解决中文乱码
13    df.plot(secondary_y = ["收盘价", "20","50","200"], grid = True)
14    plt.legend(('收盘价','20 天', '50 天', '200 天'), loc='upper right')
```

**实用技巧**

默认情况下，图表嵌入控制台（IPython console）中并以静态方式显示，无法进行移动、放大、缩小等操作。此时需要在工具中的首选项窗口进行设置，方法为选择 Tools→Preferences 命令，打开 Preferences（首选项）窗口，在左侧列表中选择 IPython console（IPython 控制台），在右侧窗口选择 Graphics（图形）选项卡，然后在 Backend（后端）下拉列表框中选择 Automatic（自动）或者 Qt5，单击 Apply（应用）按钮。设置完成后重新启动 Spyder 才生效。

## 4.11 小　　结

本章是 Pandas 的进阶学习，有一定难度，但同时也更能够体现 Pandas 的强大之处，不仅可以完成数据处理工作，而且还能够实现数据的统计分析。Pandas 提供的大量函数使统计分析工作变得简单高效。别具特色的“数据位移”是一个非常有用的方法，与其他方法结合，能够实现很多难以想象的功能，数据转换将 DataFrame 与 Python 数据类型之间进行灵活转换。不仅如此，对于日期数据的处理、时间序列也都提供了专门的函数和方法，使得量化数据得心应手。

# 第 5 章

# Matplotlib 可视化数据分析图表

相信本章内容会引起很多人的兴趣，可视化数据分析图表让您无时无刻不受到视觉的冲击，更会让您有成就感。

在数据分析与机器学习中，我们经常用到大量的可视化操作。一张精美的图表，不仅能够展示大量的信息，更能够直观地体现数据之间隐藏的关系。

本章详细介绍了 Maplotlib，每一个知识点都结合示例，力求通过可视化效果了解图表的相关功能，并且通过综合应用将图表应用于实际的数据统计分析工作中。

## 5.1　数据分析图表的作用

通过前面章节的学习，我们学会了基本的数据处理及统计分析。但也出现了这样一个问题，一堆堆数字看起来不是很直观，而且在数据较多的情况下无法展示，不能很好地诠释统计分析结果。举个简单的例子，如图 5.1 和图 5.2 所示。

| | 买家实际支付金额 |
|---|---|
| 订单付款时间 | |
| 2018-01 | 23369.0 |
| 2018-02 | 10130.0 |
| 2018-03 | 24732.0 |
| 2018-04 | 20485.0 |
| 2018-05 | 11848.0 |
| 2018-06 | 29828.0 |
| 2018-07 | 39434.0 |
| 2018-08 | 1896.0 |
| 2018-09 | 3613.0 |
| 2018-10 | 15231.0 |
| 2018-11 | 15395.0 |
| 2018-12 | 22753.0 |

图 5.1　单一数据展示

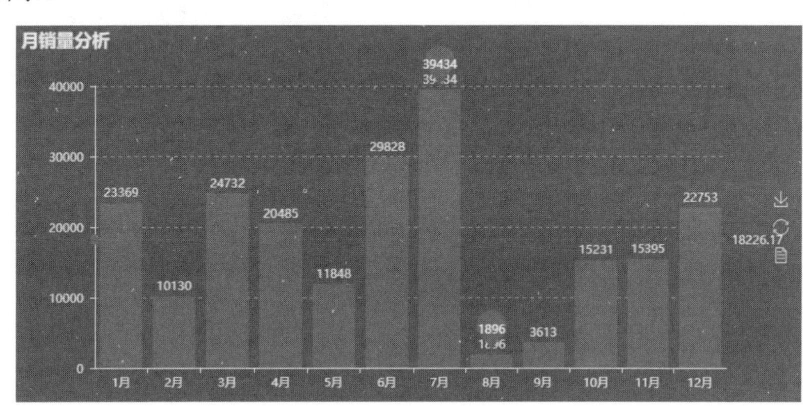


图 5.2　数据分析图表展示

上述举例同是“月销量分析”结果的呈现，您更青睐哪一种？显然，数据分析图表（见图 5.2）更加直观、生动和具体，它将复杂的统计数字变得简单化、通俗化、形象化，使人一目了然，便于理解和比较。数据分析图表直观地展示统计信息，使我们能够快速了解数据变化趋势、数据比较结果以及所占比例等，它对数据分析、数据挖掘起到了关键性的作用。

## 5.2 如何选择适合的图表类型

数据分析图表的类型包括条形图、柱状图、折线图、饼图、散点图、面积图、环形图、雷达图等。此外，通过图表的相互叠加还可以生成复合型图表。

不同类型的图表适用不同的场景，可以按使用目的选择合适的图表类型。下面通过一张框架图来说明，如图 5.3 所示。

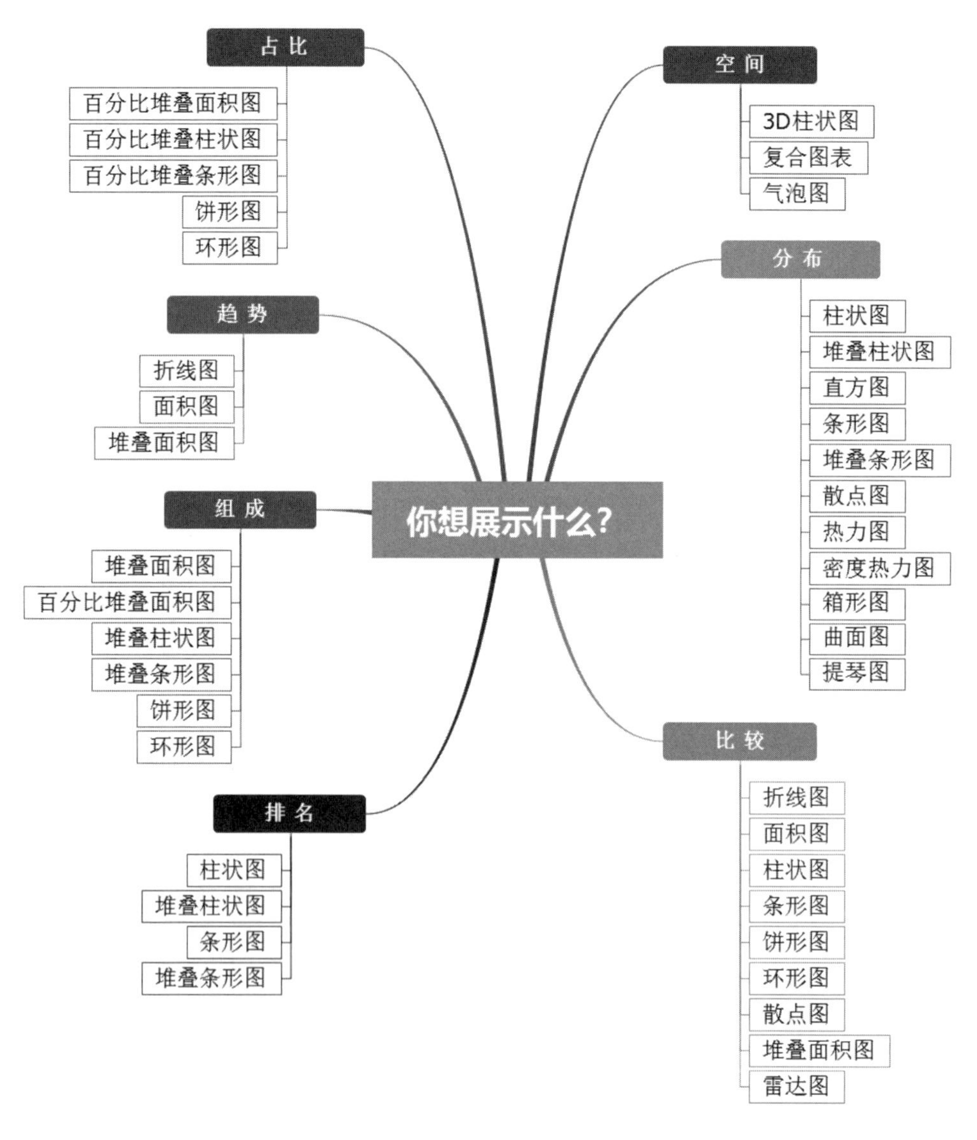


图 5.3　图表分类框架图

# 5.3　图表的基本组成

数据分析图表有很多种，但每一种图表的绝大组成部分是基本相同的，一张完整的图表一般包括画布、图表标题、绘图区、数据系列、坐标轴、坐标轴标题、图例、文本标签、网格线等，如图 5.4 所示。

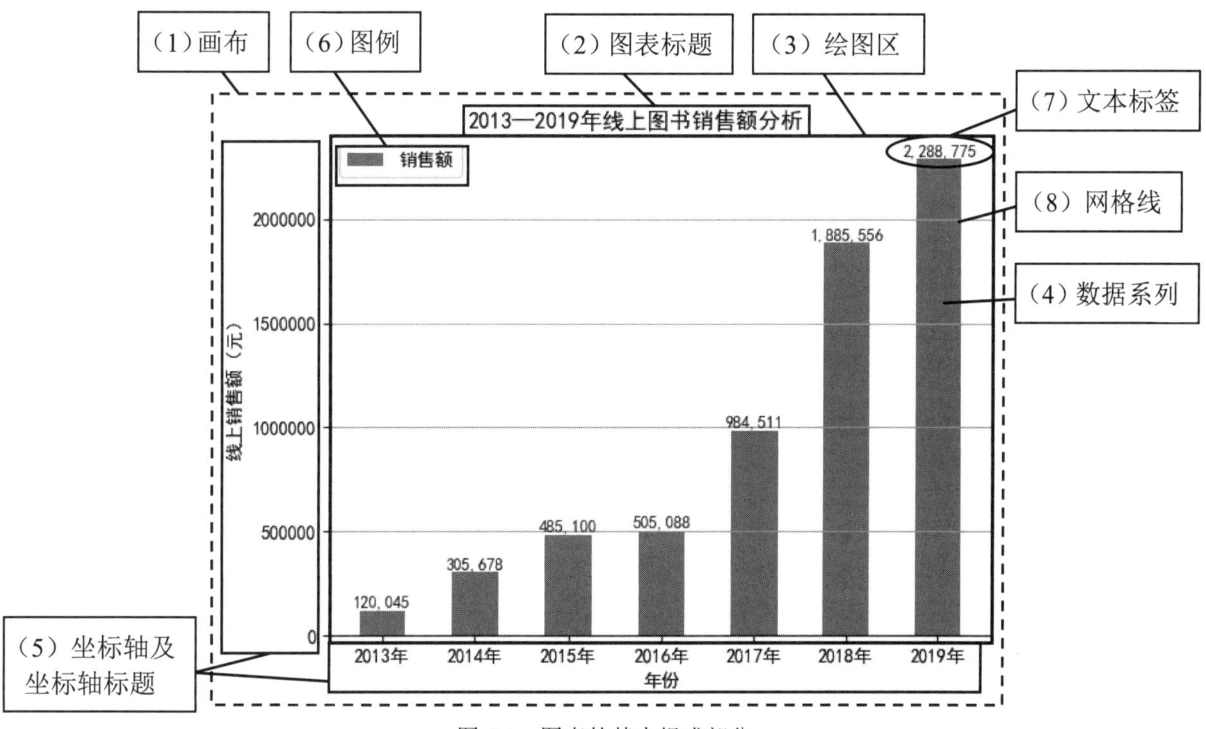


图 5.4　图表的基本组成部分

下面详细介绍各个组成部分的功能。

（1）画布：图中最大的白色区域，作为其他图表元素的容器。

（2）图表标题：用来概况图表内容的文字，常用的功能有设置字体、字号及字体颜色等。

（3）绘图区：画布中的一部分，即显示图形的矩形区域，可改变填充颜色、位置，以便图表展示更好的图形效果。

（4）数据系列：在数据区域中，同一列（或同一行）数值数据的集合构成一组数据系列，也就是图表中相关数据点的集合。图表中可以有一组到多组数据系列，多组数据系列之间通常采用不同的图案、颜色或符号来区分。图 5.4 中，销售额就是数据系列。

（5）坐标轴及坐标轴标题：坐标轴是标识数值大小及分类的垂直线和水平线，上面有标定数据值的标志（刻度）。一般情况下，水平轴（$x$ 轴）表示数据的分类；坐标轴标题用来说明坐标轴的分类及内容，分为水平坐标轴和垂直坐标轴。图 5.4 中，$x$ 轴的标题是“年份”，$y$ 轴的标题是“线上销售额（元）”。

（6）图例：是指示图表中系列区域的符号、颜色或形状定义数据系列所代表的内容。图例由两部分构成，即图例标示和图例项。其中，图例标示，代表数据系列的图案，即不同颜色的小方块；图例项，与图例标示对应的数据系列名称。一种图例标示只能对应一种图例项。

（7）文本标签：用于为数据系列添加说明文字。

（8）网格线：贯穿绘图区的线条，类似标尺可以衡量数据系列数值的标准。常用的功能有设置网格线宽度、样式、颜色、坐标轴等。

# 5.4 Matplotlib 概述

众所周知，Python 绘图库有很多，各有特点，而 Maplotlib 是最基础的 Python 可视化库。学习 Python 数据可视化，应首先从 Maplotlib 学起，然后再学习其他库作为拓展。

## 5.4.1 Matplotlib 简介

Matplotlib 是一个 Python 2D 绘图库，常用于数据可视化。它能够以多种硬拷贝格式和跨平台的交互式环境生成出版物质量的图形。

Matplotlib 非常强大，绘制各种各样的图表游刃有余，它将容易的事情变得更容易，困难的事情变得可能。只需几行代码就可以绘制折线图（见图 5.5 和图 5.6）、柱形图（见图 5.7）、直方图（见图 5.8）、饼形图（见图 5.9）、散点图（见图 5.10）等。

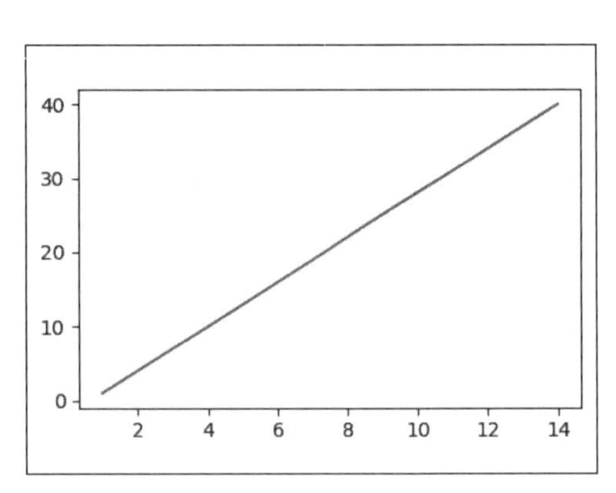


图 5.5　折线图

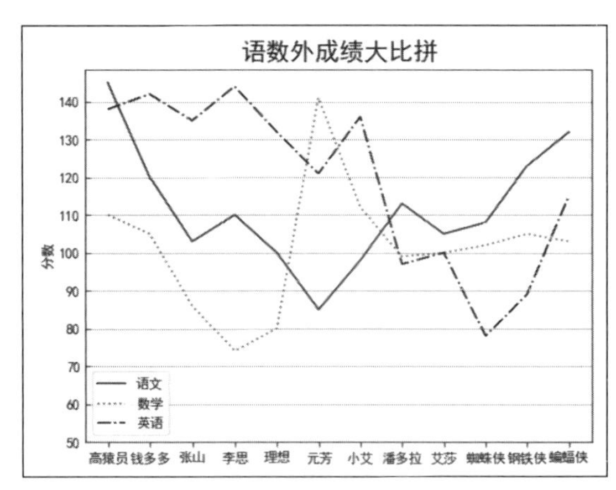


图 5.6　多折线图

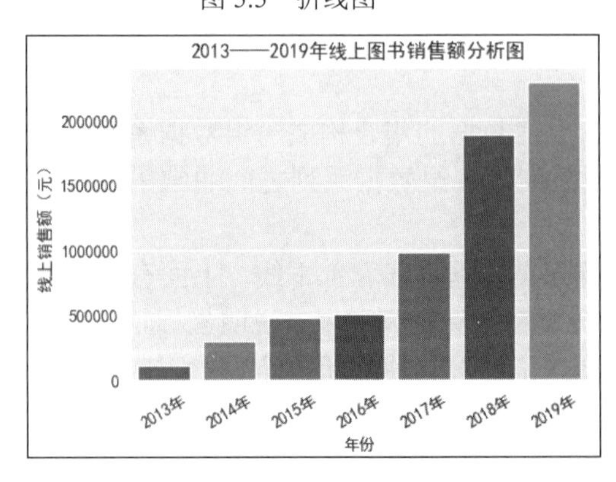


图 5.7　柱形图

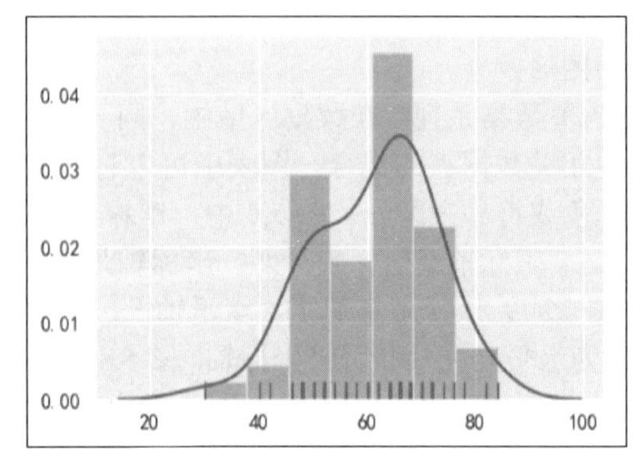


图 5.8　直方图

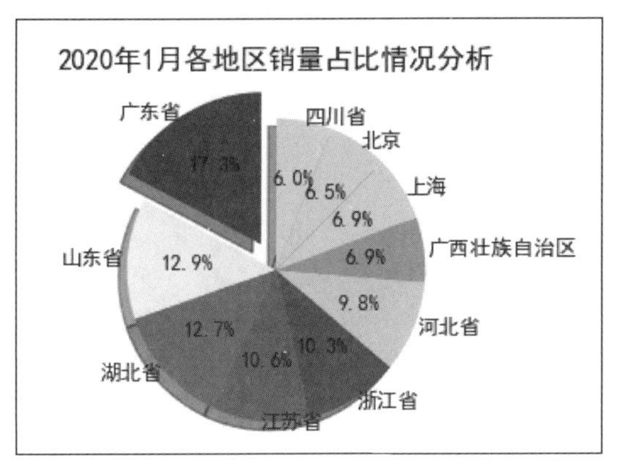


图 5.9　饼形图

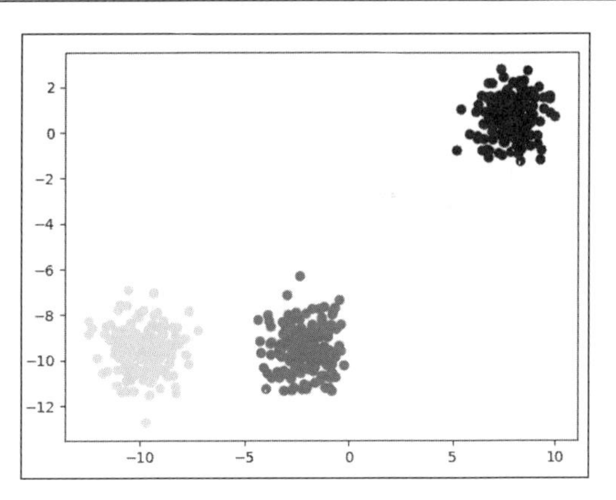


图 5.10　散点图

Matpoltlib 不仅可以绘制以上最基础的图表，还可以绘制一些高级图表，如双 *y* 轴可视化数据分析图表（见图 5.11）、堆叠柱形图（见图 5.12）、渐变饼形图（见图 5.13）、等高线图（见图 5.14）。

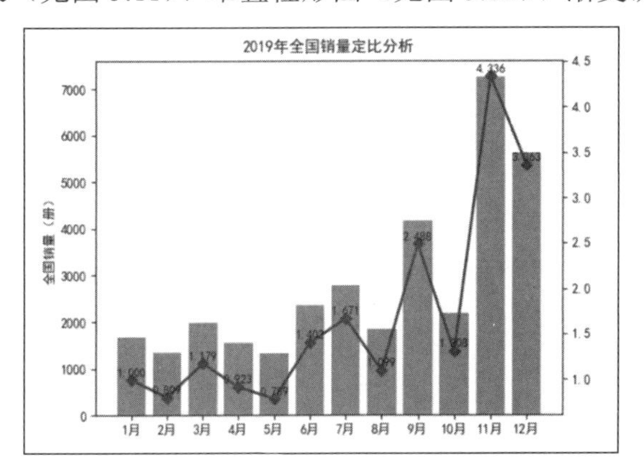


图 5.11　双 *y* 轴可视化数据分析图表

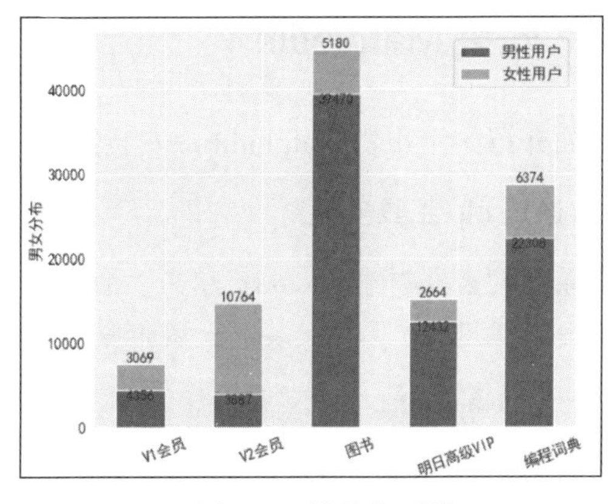


图 5.12　堆叠柱形图

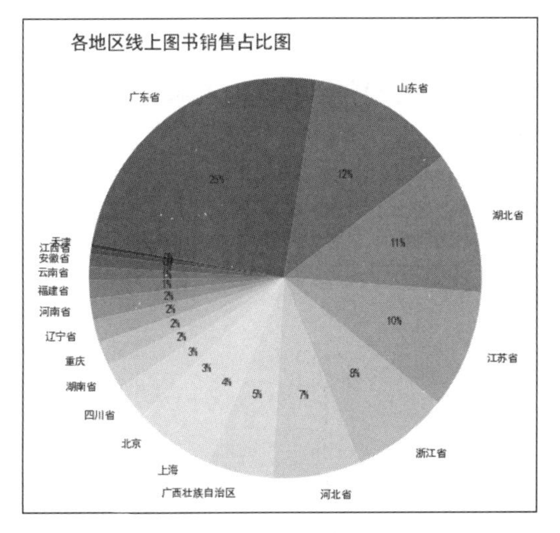


图 5.13　渐变饼形图

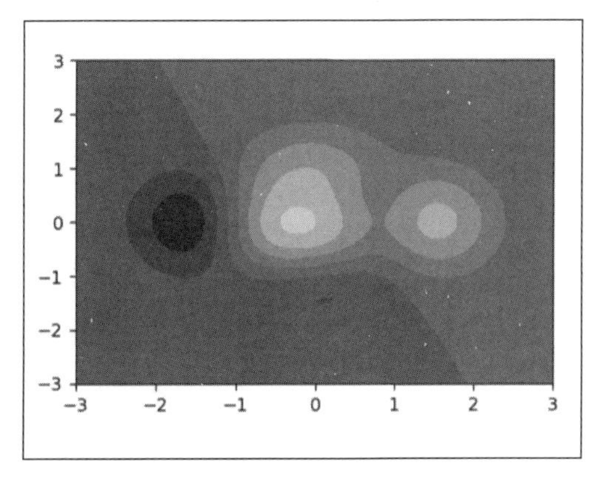

图 5.14　等高线图

不仅如此，Matplotlib 还可以绘制 3D 图表。例如，三维柱形图（见图 5.15）、三维曲面图（见图 5.16）。

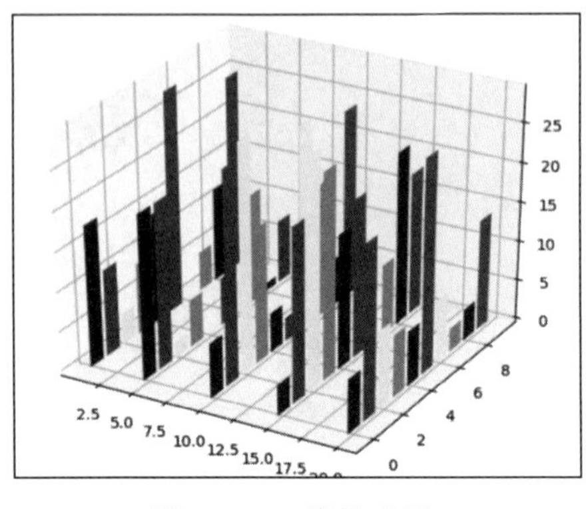

图 5.15　三维柱形图

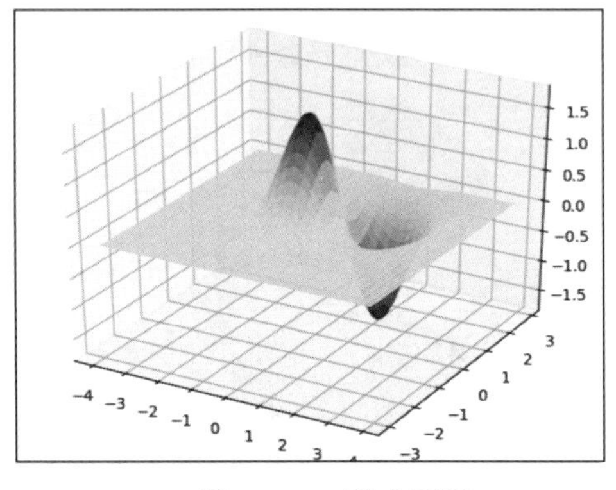

图 5.16　三维曲面图

综上所述，只要熟练地掌握 Matplotlib 的函数，以及各项参数就能够绘制出各种出乎意料的图表，满足数据分析的需求。

## 5.4.2　安装 Matplotlib

下面介绍如何安装 Matplotlib，安装方法有下面两种。

### 1. 通过 pip 工具安装

在系统搜索框中输入 cmd，单击“命令提示符”，打开“命令提示符”窗口，在命令提示符后输入安装命令。通过 pip 工具安装，安装命令如下：

```
pip install matplotlib
```

### 2. 通过 PyCharm 开发环境安装

运行 PyCharm，选择 File→Settings 命令，打开 Settings 窗口，选择 Project Interpreter 选项，然后单击+（添加）按钮，如图 5.17 所示。

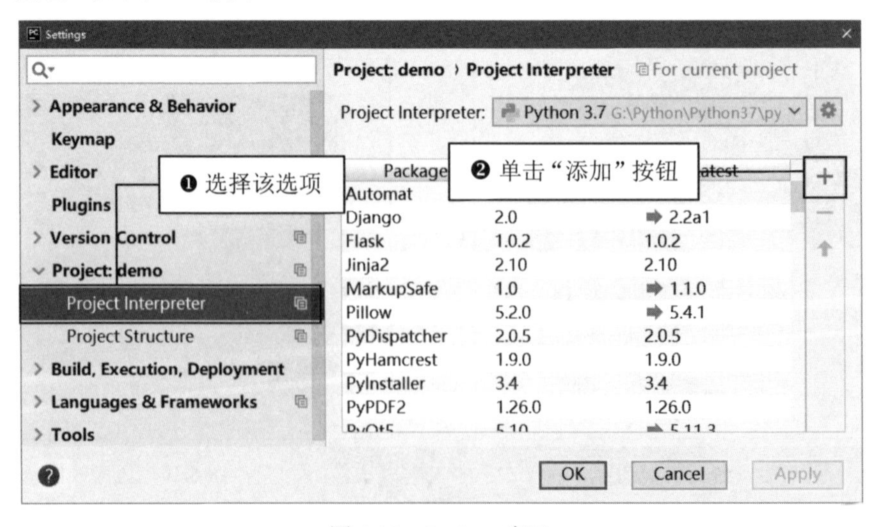


图 5.17　Settings 窗口

此时打开 Available Packages 窗口，在搜索文本框中输入需要添加的模块名称，如 matplotlib，然后在列表中选择需要安装的模块，如图 5.18 所示，单击 Install Package 按钮即可实现 Matplotlib 模块的安装。

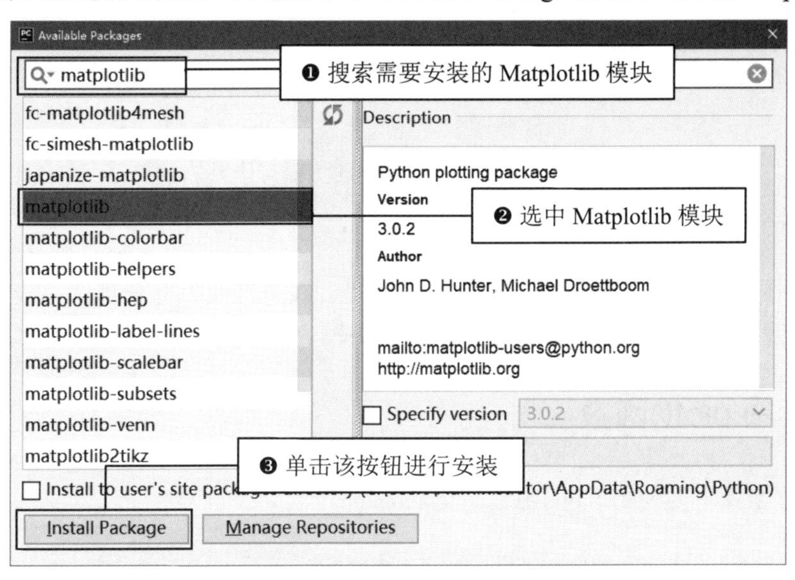


图 5.18　在 Pycharm 开发环境中安装 Matplotlib 模块

## 5.4.3　Matplotlib 图表之初体验

创建 Matplotlib 图表简单的只需两步。下面将绘制第一张图表。

【示例 01】　绘制第一张图表。（**示例位置：资源包\MR\Code\05\01**）

（1）引入 pyplot 模块。

（2）使用 Matplotlib 模块的 plot()方法绘制图表。

（3）输出结果，如图 5.19 和图 5.20 所示。

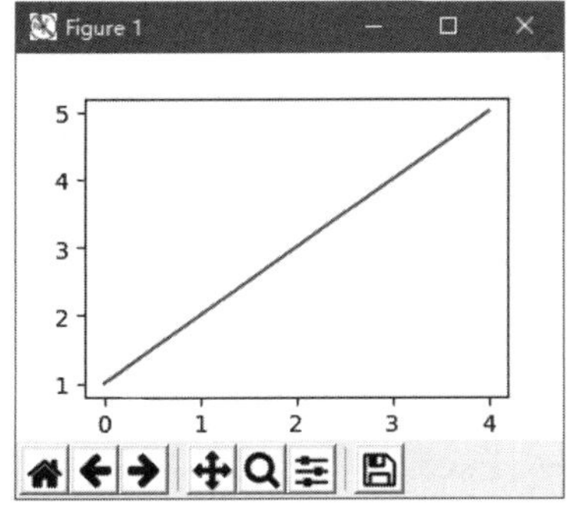


图 5.19　简单折线图

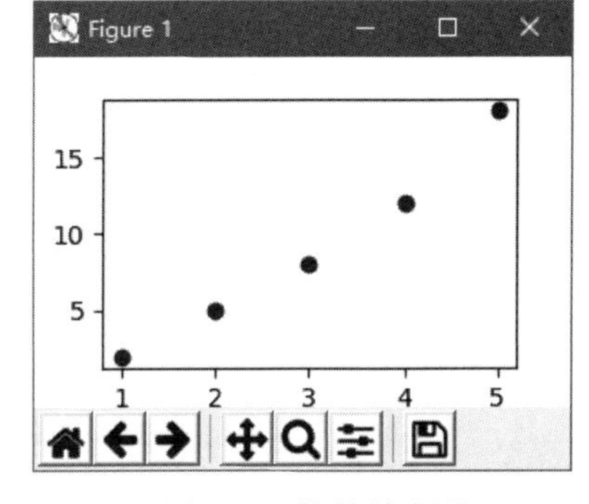


图 5.20　简单散点图

程序代码如下：

```
01	import matplotlib.pyplot as plt
02	plt.plot([1, 2, 3, 4,5])
```

【示例 02】 绘制散点图。(**示例位置：资源包\MR\Code\05\02**)

将示例 01 的代码稍作改动以绘制散点图，程序代码如下：

```
01  import matplotlib.pyplot as plt
02  plt.plot([1, 2, 3, 4,5], [2, 5, 8, 12,18], 'ro')
```

# 5.5 图表的常用设置

本节主要介绍图表的常用设置，主要包括颜色设置、线条样式、标记样式、设置画布、坐标轴、添加文本标签、设置标题和图例、添加注释文本、调整图表与画布边缘间距，以及其他相关设置等。

## 5.5.1 基本绘图 plot()函数

Matplotlib 基本绘图主要使用 plot()函数，语法如下：

```
matplotlib.pyplot.plot(x,y,format_string,**kwargs)
```

参数说明：

☑ x：*x* 轴数据。

☑ y：*y* 轴数据。

☑ format_string：控制曲线格式的字符串，包括颜色、线条样式和标记样式。

☑ **kwargs：键值参数，相当于一个字典，比如输入参数为(1,2,3,4,*k*,*a*=1,*b*=2,*c*=3)，*args=(1,2,3,4,k)，**kwargs={'a':'1,'b':2,'c':3}。

【示例 03】 绘制简单折线图。(**示例位置：资源包\MR\Code\05\03**)

绘制简单的折线图，程序代码如下：

```
01  import matplotlib.pyplot as plt
02  #折线图
03  #range()函数创建整数列表
04  x=range(1,15,1)
05  y=range(1,42,3)
06  plt.plot(x,y)
```

运行程序，输出结果如图 5.21 所示。

【示例 04】 绘制体温折线图。(**示例位置：资源包\MR\Code\05\04**)

示例 03 中数据是通过 range()函数随机创建的。下面导入 Excel 体温表，分析下 14 天基础体温情况，程序代码如下：

```
01  import pandas as pd
02  import matplotlib.pyplot as plt
03  df=pd.read_excel('体温.xls')     #导入 Excel 文件
04  #折线图
```

```
05  x =df['日期']                    #x 轴数据
06  y=df['体温']                     #y 轴数据
07  plt.plot(x,y)
```

运行程序，输出结果如图 5.22 所示。

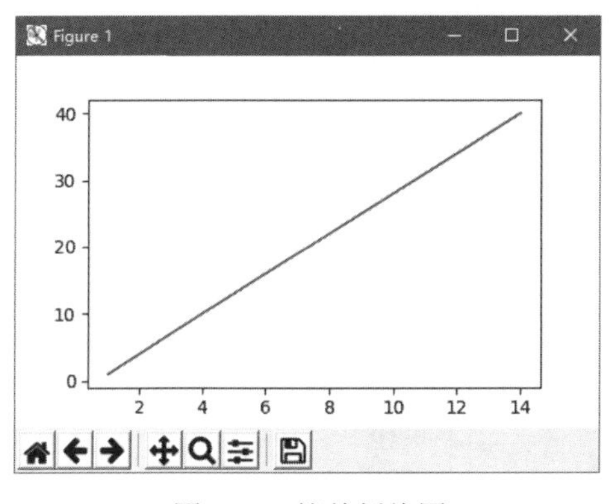

图 5.21　简单折线图

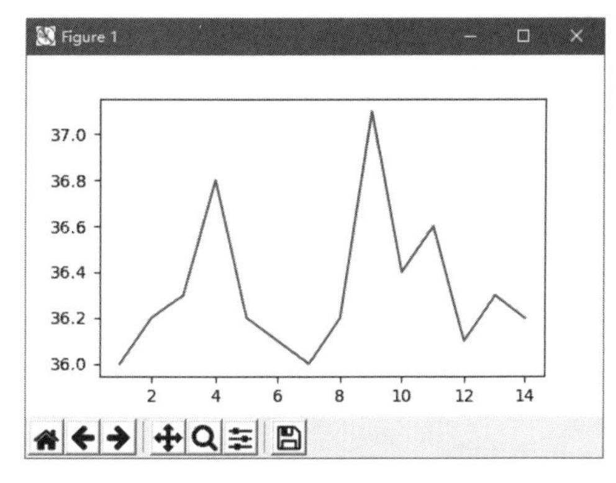

图 5.22　体温折线图

至此，您可能还是觉得图 5.22 中的图表不够完美，那么在接下来的学习中，我们将一步一步完善这张图表。下面介绍图表中线条颜色、线条样式和标记样式的设置。

### 1．颜色设置

color 参数可以设置线条颜色，通用颜色值如表 5.1 所示。

表 5.1　通用颜色

| 设　置　值 | 说　　明 | 设　置　值 | 说　　明 |
|---|---|---|---|
| b | 蓝色 | m | 洋红色 |
| g | 绿色 | y | 黄色 |
| r | 红色 | k | 黑色 |
| c | 蓝绿色 | w | 白色 |
| #FFFF00 | 黄色，十六进制颜色值 | 0.5 | 灰度值字符串 |

其他颜色可以通过十六进制字符串指定，或者指定颜色名称，例如：

☑　浮点形式的 RGB 或 RGBA 元组，例如(0.1, 0.2, 0.5)或(0.1, 0.2, 0.5, 0.3)。

☑　十六进制的 RGB 或 RGBA 字符串，例如#0F0F0F 或#0F0F0F0F。

☑　0～1 的小数作为灰度值，例如 0.5。

☑　{'b', 'g', 'r', 'c', 'm', 'y', 'k', 'w'}，其中的一个颜色值。

☑　X11/CSS4 规定中的颜色名称。

☑　Xkcd 中指定的颜色名称，例如 xkcd:sky blue。

☑　Tableau 调色板中的颜色，例如{'tab:blue', 'tab:orange', 'tab:green', 'tab:red', 'tab:purple', 'tab:brown', 'tab:pink', 'tab:gray', 'tab:olive', 'tab:cyan'}。

☑　CN 格式的颜色循环，对应的颜色设置代码如下：

```
01    from cycler import cycler
02    colors=['#1f77b4', '#ff7f0e', '#2ca02c', '#d62728', '#9467bd', '#8c564b', '#e377c2','#7f7f7f', '#bcbd22', '#17becf']
03    plt.rcParams['axes.prop_cycle'] = cycler(color=colors)
```

### 2．线条样式

linestyle 可选参数可以设置线条的样式，设置值如下，设置后的效果如图 5.23 所示。

☑ "-"：实线，默认值。

☑ "--"：双画线

☑ "-."：点画线。

☑ ":"：虚线。

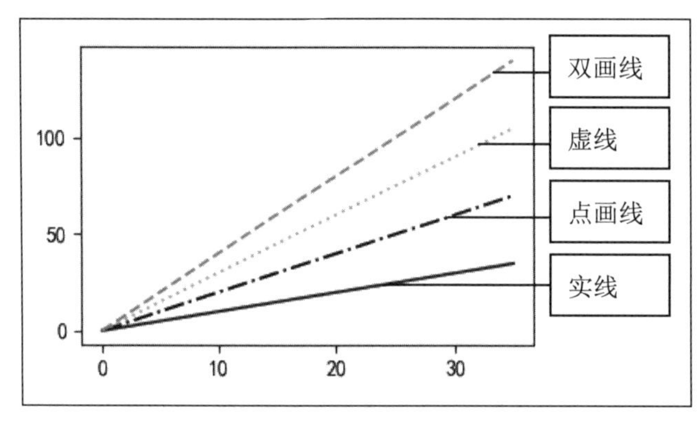


图 5.23　线条样式

### 3．标记样式

marker 可选参数可以设置标记样式，设置值如表 5.2 所示。

表 5.2　标记设置

| 标　记 | 说　明 | 标　记 | 说　明 | 标　记 | 说　明 |
|---|---|---|---|---|---|
| . | 点标记 | 1 | 下花三角标记 | h | 竖六边形标记 |
| , | 像素标记 | 2 | 上花三角标记 | H | 横六边形标记 |
| o | 实心圆标记 | 3 | 左花三角标记 | + | 加号标记 |
| v | 倒三角标记 | 4 | 右花三角标记 | *x* | 叉号标记 |
| ^ | 上三角标记 | s | 实心正方形标记 | D | 大菱形标记 |
| > | 右三角标记 | p | 实心五角星标记 | d | 小菱形标记 |
| < | 左三角标记 | * | 星形标记 | | | 垂直线标记 |

下面为"14 天基础体温曲线图"设置颜色和样式，并在实际体温位置进行标记，主要代码如下：

```
plt.plot(x,y,color='m',linestyle='-',marker='o',mfc='w')
```

运行程序，输出结果如图 5.24 所示。

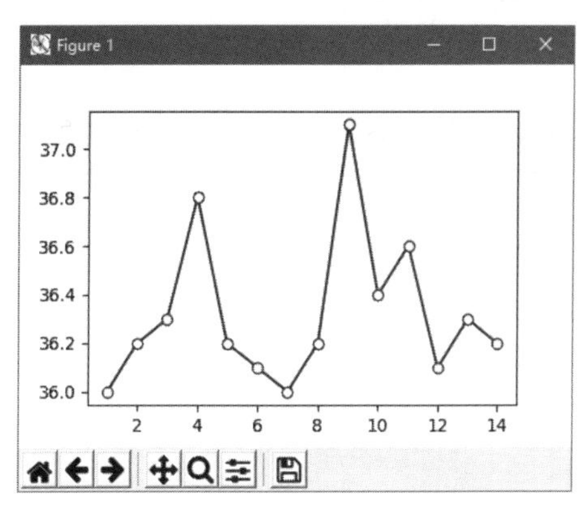


图 5.24　带标记的折线图

## 5.5.2　设置画布

画布就像我们画画的画板一样，在 Matplotlib 中可以使用 figure()方法设置画布大小、分辨率、颜色和边框等，语法如下：

```
matpoltlib.pyplot.figure(num=None, figsize=None, dpi=None, facecolor=None, edgecolor=None, frameon=True)
```

参数说明：

- ☑ num：图像编号或名称，数字为编号，字符串为名称，可以通过该参数激活不同的画布。
- ☑ figsize：指定画布的宽和高，单位为英寸。
- ☑ dpi：指定绘图对象的分辨率，即每英寸多少个像素，默认值为 80。像素越大画布越大。
- ☑ facecolor：背景颜色。
- ☑ edgecolor：边框颜色。
- ☑ frameon：是否显示边框，默认值为 True，绘制边框；如果为 False，则不绘制边框。

【示例 05】　自定义画布。（**示例位置：资源包\MR\Code\05\05**）

自定义一个 5×3 的黄色画布，主要代码如下：

```
01    import matplotlib.pyplot as plt
02    fig=plt.figure(figsize=(5,3),facecolor='yellow')
```

运行程序，输出结果如图 5.25 所示。

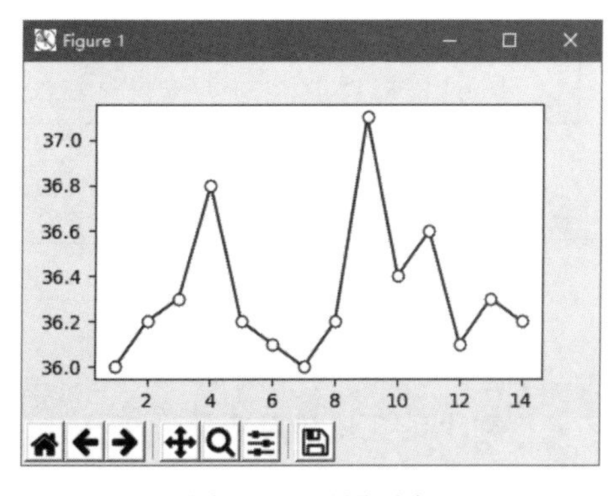


图 5.25　设置画布

figsize=(5,3)，因为实际画布大小是 500×300，所以这里不要输入太大的数字。

## 5.5.3 设置坐标轴

一张精确的图表，其中不免要用到坐标轴，下面介绍 Matplotlib 中坐标轴的使用。

### 1. *x* 轴、*y* 轴标题

设置 *x* 轴和 *y* 轴标题主要使用 xlabel()函数和 ylabel()函数。

【示例 06】 为体温折线图设置标题。（**示例位置：资源包\MR\Code\05\06**）

设置 *x* 轴标题为“2020 年 2 月”，*y* 轴标题为“基础体温”，程序代码如下：

```
01  import pandas as pd
02  import matplotlib.pyplot as plt
03  plt.rcParams['font.sans-serif']=['SimHei']            #解决中文乱码
04  df=pd.read_excel('体温.xls')                           #导入 Excel 文件
05  #折线图
06  x=df['日期']                                           #x 轴数据
07  y=df['体温']                                           #y 轴数据
08  plt.plot(x,y,color='m',linestyle='-',marker='o',mfc='w')
09  plt.xlabel('2020 年 2 月')                             #x 轴标题
10  plt.ylabel('基础体温')                                 #y 轴标题
```

运行程序，输出结果如图 5.26 所示。

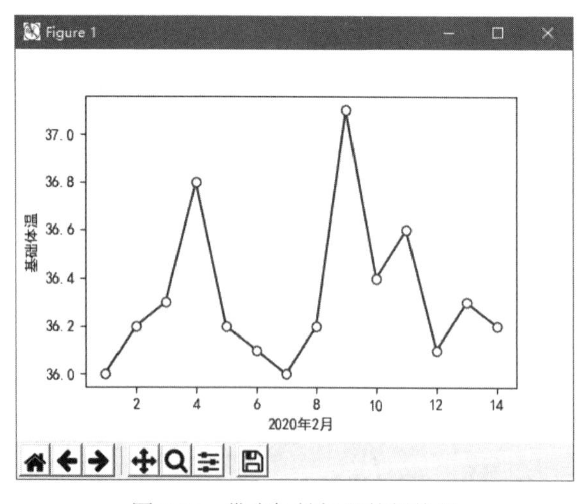


图 5.26 带坐标轴标题的折线图

**实用技巧**

在本示例中，应注意两个问题，即中文乱码问题和符号不显示问题。它们在实际编程过程中经常出现。

（1）解决中文乱码问题，代码如下：

```
plt.rcParams['font.sans-serif']=['SimHei']                #解决中文乱码
```

（2）解决负号不显示问题，代码如下：

```
plt.rcParams['axes.unicode_minus'] = False                #解决负号不显示
```

### 2．坐标轴刻度

用 matplotlib 画二维图像时，默认情况下的横坐标（$x$ 轴）和纵坐标（$y$ 轴）显示的值有时可能达不到我们的需求，需要借助 xticks()函数和 yticks()函数分别对 $x$ 轴和 $y$ 轴的值进行设置。

xticks()函数的语法如下：

```
xticks(locs, [labels], **kwargs)
```

参数说明：

☑ locs：数组，表示 $x$ 轴上的刻度。例如，在“学生英语成绩分布图”中，$x$ 轴的刻度是 2～14 的偶数，如果想改变这个值，就可以通过 locs 参数设置。

☑ labels：也是数组，默认值和 locs 相同。locs 表示位置，而 labels 则决定该位置上的标签，如果赋予 labels 空值，则 $x$ 轴将只有刻度而不显示任何值。

【示例 07】　为折线图设置刻度 1。（示例位置：资源包\MR\Code\05\07）

在“14 天基础体温折线图”中，$x$ 轴是从 2～14 的偶数，但实际日期是从 1～14 的连续数字，下面使用 xticks()函数来解决这个问题，将 $x$ 轴的刻度设置为 1～14 的连续数字，主要代码如下：

```
plt.xticks(range(1,15,1))
```

【示例 08】　为折线图设置刻度 2。（示例位置：资源包\MR\Code\05\08）

在示例 07 中，日期看起来不是很直观。下面将 $x$ 轴刻度标签直接改为日，主要代码如下：

```
01   dates=['1 日','2 日','3 日','4 日','5 日',
02          '6 日','7 日','8 日','9 日','10 日',
03          '11 日','12 日','13 日','14 日']
04   plt.xticks(range(1,15,1),dates)
```

运行程序，对比效果如图 5.27 和图 5.28 所示。

接下来，设置 $y$ 轴刻度，主要使用 yticks()函数。例如，设置体温为 35.4～38，主要代码如下：

```
plt.yticks([35.4,35.6,35.8,36,36.2,36.4,36.6,36.8,37,37.2,37.4,37.6,37.8,38])
```

### 3．坐标轴范围

坐标轴范围是指 $x$ 轴和 $y$ 轴的取值范围。设置坐标轴范围主要使用 xlim()函数和 ylim()函数。

【示例 09】　为折线图设置坐标范围。（示例位置：资源包\MR\Code\05\09）

设置 $x$ 轴（日期）范围为 1～14，$y$ 轴（基础体温）范围为 35～45，主要代码如下：

```
01   plt.xlim(1,14)
02   plt.ylim(35,45)
```

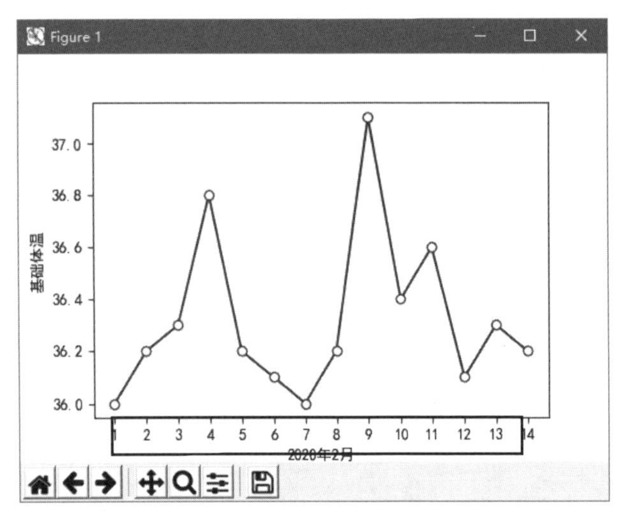


图 5.27　更改 *x* 轴刻度

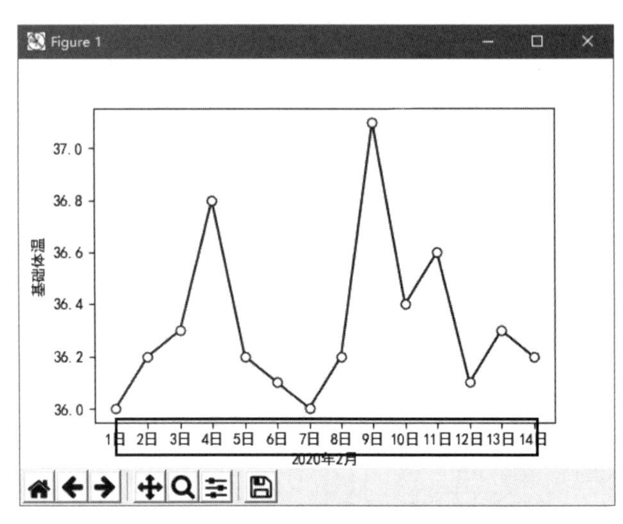


图 5.28　*x* 轴刻度为日

运行程序，输出结果如图 5.29 所示。

4．网格线

细节决定成败。很多时候为了图表的美观，不得不考虑细节。下面介绍图表细节之一——网格线，主要使用 grid()函数，首先生成网格线，代码如下：

```
plt.grid()
```

grid()函数也有很多参数，如颜色、网格线的方向（参数 axis='x'隐藏 *x* 轴网格线，axis='y'隐藏 *y* 轴网格线）、网格线样式和网格线宽度等。下面为图表设置网格线，主要代码如下：

```
plt.grid(color='0.5',linestyle='--',linewidth=1)
```

运行程序，输出结果如图 5.30 所示。

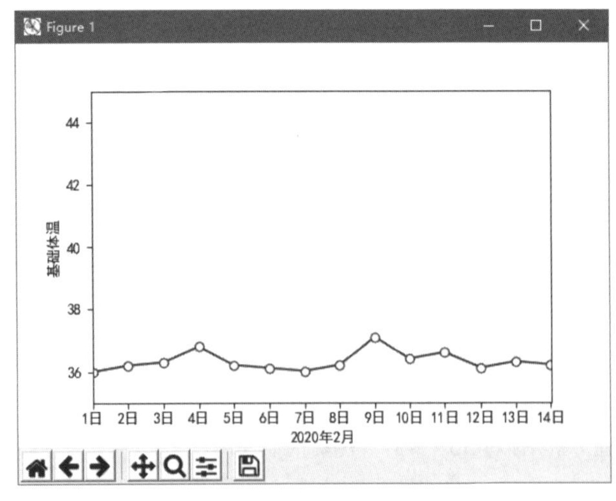


图 5.29　坐标轴范围

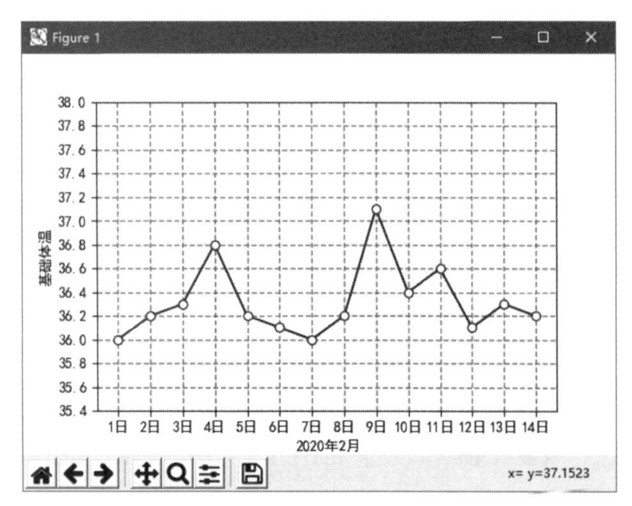


图 5.30　带网格线的折线图

**实用技巧**

网格线对于饼形图来说，直接使用并不显示，需要与饼形图的 frame 参数配合使用，设置该参数值为 True。详见饼形图。

## 5.5.4　添加文本标签

绘图过程中，为了能够更清晰、直观地看到数据，有时需要给图表中指定的数据点添加文本标签。下面介绍细节之二——文本标签，主要使用 text()函数，语法如下：

```
matplotlib.pyplot.text(x, y, s, fontdict=None, withdash=False, **kwargs)
```

参数说明：

☑ x：$x$ 坐标轴的值。

☑ y：$y$ 坐标轴的值。

☑ s：字符串，注释内容。

☑ fontdict：字典，可选参数，默认值为 None。用于重写默认文本属性。

☑ withdash：布尔型，默认值为 False，创建一个 TexWithDash 实例，而不是 Text 实例。

☑ **kwargs：关键字参数。这里指通用的绘图参数，如字体大小 fontsize=12、垂直对齐方式 horizontalalignment='center'（或简写为 ha='center'）、水平对齐方式 verticalalignment='center'（或简写为 va='center'）。

【示例 10】　为折线图添加基础体温文本标签。（**示例位置：资源包\MR\Code\05\10**）

为图表中各个数据点添加文本标签，关键代码如下：

```
01    for a,b in zip(x,y):
02        plt.text(a,b+3,'%.1f'%b,ha = 'center',va = 'bottom',fontsize=9)
```

运行程序，输出结果如图 5.31 所示。

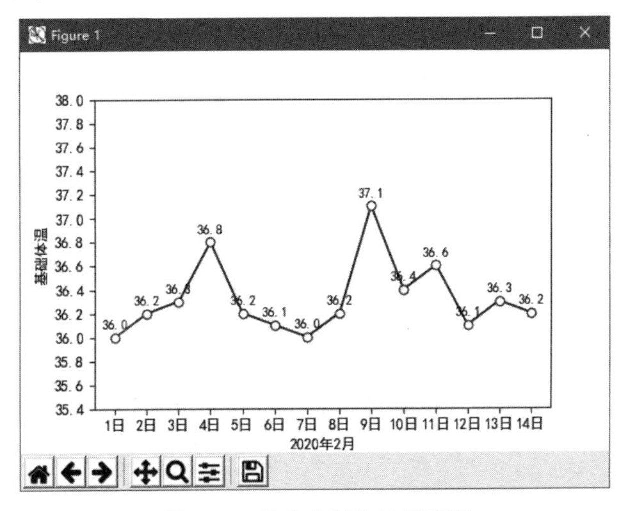


图 5.31　带文本标签的折线图

在本示例代码中，首先，*x*、*y* 是 *x* 轴和 *y* 轴的值，它代表了折线图在坐标中的位置，通过 for 循环找到每一个 *x*、*y* 值相对应的坐标赋值给 *a*、*b*，再使用 plt.text 在对应的数据点上添加文本标签，而 for 循环也保证了折线图中每一个数据点都有文本标签。其中，*a*,*b*+3 表示每一个数据点（*x* 值对应 *y* 值加 3）的位置处添加文本标签；%.1f'%b 是对 *y* 值进行的格式化处理，保留小数点 1 位；ha='center'、va='bottom' 代表水平对齐、垂直对齐的方式，fontsize 则是字体大小。

## 5.5.5 设置标题和图例

数据是一个图表所要展示的内容，而有了标题和图例则可以帮助我们更好地理解这个图表的含义和想要传递的信息。下面介绍图表细节之三——标题和图例。

### 1. 图表标题

为图表设置标题主要使用 title()函数，语法如下：

```
matplotlib.pyplot.title(label, fontdict=None, loc='center', pad=None, **kwargs)
```

参数说明：

- ☑ label：字符串，表示图表标题文本。
- ☑ fontdict：字典，用来设置标题字体的样式。如{'fontsize': 20,'fontweight':20,'va': 'bottom','ha': 'center'}。
- ☑ loc：字符串，表示标题水平位置，参数值为 center、left 或 right，分别表示水平居中、水平居左和水平居右，默认为水平居中。
- ☑ pad：浮点型，表示标题离图表顶部的距离，默认值为 None。
- ☑ **kwargs：关键字参数，可以设置一些其他文本属性。

例如，设置图表标题为“14 天基础体温曲线图”，主要代码如下：

```
plt.title('14 天基础体温曲线图',fontsize='18')
```

### 2. 图表图例

为图表设置图例主要使用 legend()函数。下面介绍图例相关的设置。

（1）自动显示图例

```
plt.legend()
```

（2）手动添加图例

```
plt.legend('基础体温')
```

**注意**

当手动添加图例时，有时会出现文本显示不全，解决方法是在文本后面加一个逗号（,），主要代码如下：

```
plt.legend(('基础体温',))
```

（3）设置图例显示位置

通过 loc 参数可以设置图例的显示位置，如在左下方显示，主要代码如下：

```
plt.legend(('基础体温',),loc='upper right',fontsize=10)
```

具体图例显示位置的设置如表 5.3 所示。

表 5.3 图例位置参数设置值

| 位置（字符串） | 描　述 | 位置（字符串） | 描　述 |
|---|---|---|---|
| best | 自适应 | center left | 左侧中间位置 |
| upper right | 右上方 | center right | 右侧中间位置 |
| upper left | 左上方 | upper center | 上方中间位置 |
| lower left | 左下方 | lower center | 下方中间位置 |
| lower right | 右下方 | center | 正中央 |
| right | 右侧 | | |

上述参数可以设置大概的图例位置，如果这样可以满足需求，那么第二个参数不设置也可以。第二个参数 bbox_to_anchor 是元组类型，包括两个值：num1 用于控制 legend 的左右移动，值越大越向右边移动；num2 用于控制 legend 的上下移动，值越大，越向上移动。这两个值用于微调图例的位置。

另外，通过该参数还可以设置图例位于图表外面，主要代码如下：

```
plt.legend(bbox_to_anchor=(1.05, 1), loc=2, borderaxespad=0)
```

下面来看下设置标题和图例后的“14 天基础体温曲线图”，效果如图 5.32 所示。

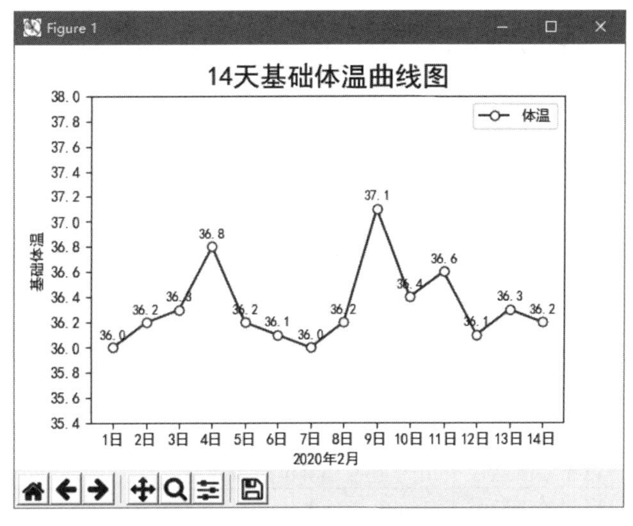


图 5.32 14 天基础体温曲线图

## 5.5.6 添加注释

annotate()函数用于在图表上给数据添加文本注释，而且支持带箭头的画线工具，方便我们在合适的位置添加描述信息。

【示例 11】 为图表添加注释。（**示例位置：资源包\MR\Code\05\11**）

在“14 天基础体温折线图”中用箭头指示最高体温，效果如图 5.33 所示。

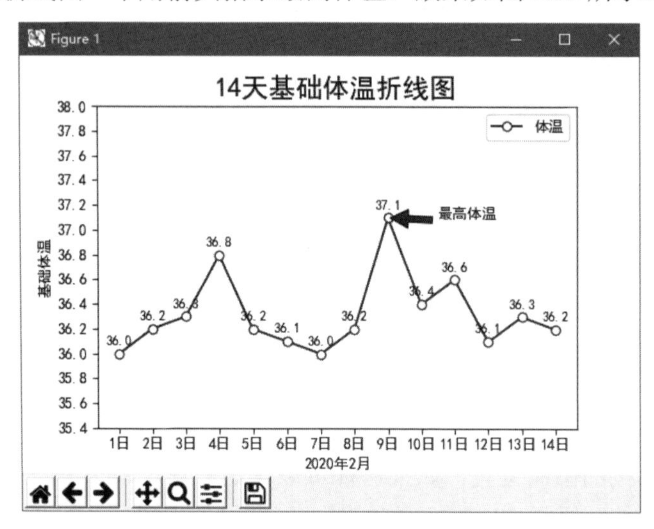


图 5.33 箭头指示最高体温

主要代码如下：

```
01  plt.annotate('最高体温', xy=(9,37.1), xytext=(10.5,37.1),
02                  xycoords='data',
03                  arrowprops=dict(facecolor='r', shrink=0.05))
```

下面介绍一下本示例中用到的几个主要参数。

- ☑ xy：被注释的坐标点，二维元组，如$(x,y)$。
- ☑ xytext：注释文本的坐标点（也就是本示例中箭头的位置），也是二维元组，默认与 *xy* 相同。
- ☑ xycoords：是被注释点的坐标系属性，设置值如表 5.4 所示。

表 5.4 xycoords 参数设置值

| 设 置 值 | 说 明 |
|---|---|
| figure points | 以绘图区左下角为参考，单位是点数 |
| figure pixels | 以绘图区左下角为参考，单位是像素数 |
| figure fraction | 以绘图区左下角为参考，单位是百分比 |
| axes points | 以子绘图区左下角为参考，单位是点数（一个 figure 可以有多个 axes，默认为 1 个） |
| axes pixels | 以子绘图区左下角为参考，单位是像素数 |
| axes fraction | 以子绘图区左下角为参考，单位是百分比 |
| data | 以被注释的坐标点 *xy* 为参考（默认值） |
| polar | 不使用本地数据坐标系，使用极坐标系 |

- ☑ arrowprops：箭头的样式，dict（字典）型数据。如果该属性非空，则会在注释文本和被注释点之间画一个箭头。arrowprops 参数设置值如表 5.5 所示。

表 5.5　arrowprops 参数设置值

| 设　置　值 | 说　　明 |
|---|---|
| width | 箭头的宽度（单位是点） |
| headwidth | 箭头头部的宽度（点） |
| headlength | 箭头头部的长度（点） |
| shrink | 箭头两端收缩的百分比（占总长） |
| ? | 任何 matplotlib.patches.FancyArrowPatch 中的关键字 |

关于 annotate()函数的内容还有很多，这里不再赘述，感兴趣的读者可以以上述举例为基础，尝试更多的属性和样式。

## 5.5.7　调整图表与画布边缘间距

很多时候发现绘制出的图表出现显示不全的情况，其原因在于，$x$ 轴、$y$ 轴标题与画布边缘距离太近，如图 5.34 所示。

这种情况可以使用 subplots_adjust()函数来调整，该函数主要用于调整图表与画布的间距，也可以调整子图表的间距。语法如下：

```
subplots_adjust(left=None, bottom=None,right=None, top=None,wspace=None,hspace=None)
```

参数说明：

☑　left、bottom、right 和 top：这 4 个参数是用来调整上、下、左、右的空白，如图 5.35 所示。注意这里是从画布的左下角开始标记，取值为 0～1。left 和 bottom 值越小，则空白越少；而 right 和 top 值越大，则空白越少。

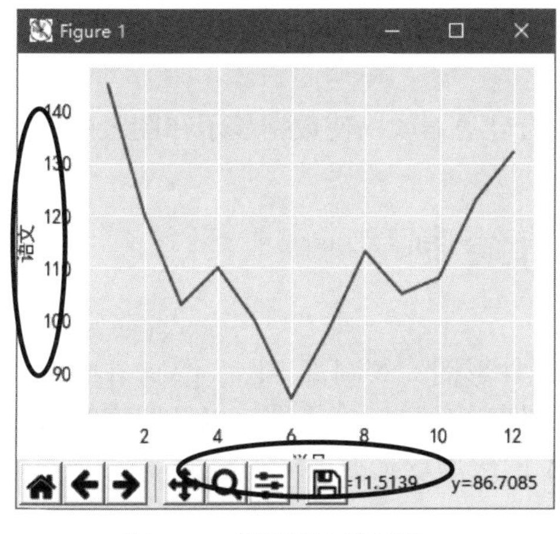


图 5.34　显示不全的情况

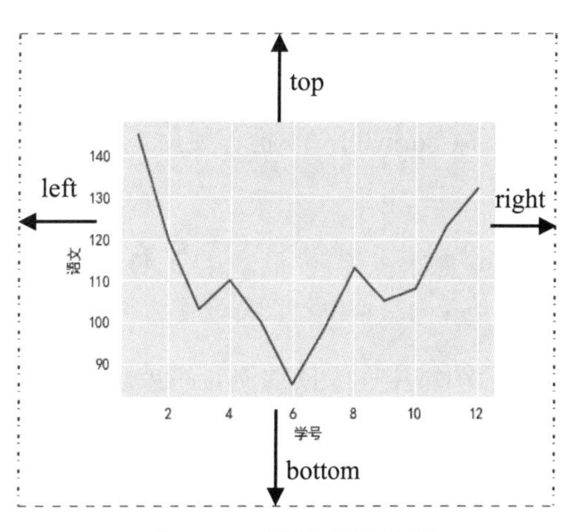


图 5.35　调整间距示意图

☑　wspace 和 hspace：用于调整列间距和行间距。

举个简单的例子，调整图表上、下、左、右的空白，主要代码如下：

```
plt.subplots_adjust(left=0.2, right=0.9, top=0.9, bottom=0.2)
```

如果只显示图片，坐标轴及标题都不显示，可以使用如下代码：

```
plt.subplots_adjust(left=0, bottom=0, right=1, top=1,hspace=0.1,wspace=0.1)
```

### 5.5.8 其他设置

**1. 坐标轴的刻度线**

（1）设置 4 个方向的坐标轴上的刻度线是否显示，主要代码如下：

```
plt.tick_params(bottom=False,left=True,right=True,top=True)
```

（2）设置 $x$ 轴和 $y$ 轴的刻度线显示方向，其中 in 表示向内，out 表示向外，inout 表示在中间，默认刻度线向外，主要代码如下：

```
plt.rcParams['xtick.direction'] = 'in'          #x 轴的刻度线向内显示
plt.rcParams['ytick.direction'] = 'in'          #y 轴的刻度线向内显示
```

**2. 坐标轴相关属性设置**

☑ axis()：返回当前 axes 范围。
☑ axis(v)：通过输入 v = [xmin, xmax, ymin, ymax]，设置 $x$、$y$ 轴的取值范围。
☑ axis('off')：关闭坐标轴轴线及坐标轴标签。
☑ axis('equal')：使 $x$、$y$ 轴长度一致。
☑ axis('scaled')：调整图框的尺寸（而不是改变坐标轴取值范围），使 $x$、$y$ 轴长度一致。
☑ axis('tight')：改变 $x$ 轴和 $y$ 轴的限制，使所有数据被展示。如果所有的数据已经显示，它将移动到图形的中心而不修改（xmax～xmin）或（ymax～ymin）。
☑ axis('image')：缩放 axis 范围（limits），等同于对 data 缩放范围。
☑ axis('auto')：自动缩放。
☑ axis('normal')：不推荐使用。恢复默认状态，轴限的自动缩放以使数据显示在图表中。

## 5.6 常用图表的绘制

本节介绍常用图表的绘制，主要包括绘制折线图、绘制柱形图、绘制直方图、绘制饼形图、绘制散点图、绘制面积图、绘制热力图、绘制箱形图、绘制 3D 图表、绘制多个子图表以及图表的保存。对于常用的图表类型以绘制多种类型图表进行举例，以适应不同应用场景的需求。

### 5.6.1 绘制折线图

折线图可以显示随时间而变化的连续数据，因此非常适用于显示在相等时间间隔下数据的趋势。

如基础体温曲线图、学生成绩走势图、股票月成交量走势图，月销售统计分析图、微博、公众号、网站访问量统计图等都可以用折线图体现。在折线图中，类别数据沿水平轴均匀分布，所有值数据沿垂直轴均匀分布。

Matplotlib 绘制折线图主要使用 plot()函数，相信通过前面的学习，您已经了解了 plot()函数的基本用法，并能够绘制一些简单的折线图，下面尝试绘制多折线图。

【示例 12】　绘制学生语数外各科成绩分析图。（**示例位置：资源包\MR\Code\05\12**）

使用 plot()函数绘制多折线图。例如，绘制学生语数外各科成绩分析图，程序代码如下：

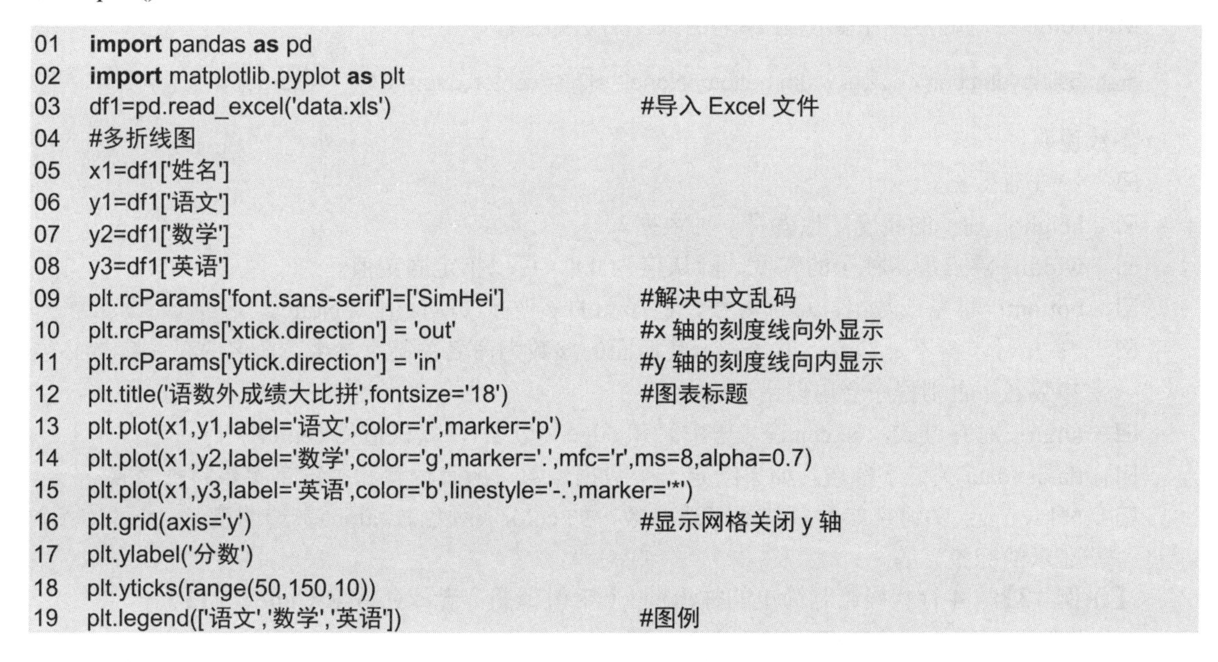

```
01  import pandas as pd
02  import matplotlib.pyplot as plt
03  df1=pd.read_excel('data.xls')                                   #导入 Excel 文件
04  #多折线图
05  x1=df1['姓名']
06  y1=df1['语文']
07  y2=df1['数学']
08  y3=df1['英语']
09  plt.rcParams['font.sans-serif']=['SimHei']                      #解决中文乱码
10  plt.rcParams['xtick.direction'] = 'out'                         #x 轴的刻度线向外显示
11  plt.rcParams['ytick.direction'] = 'in'                          #y 轴的刻度线向内显示
12  plt.title('语数外成绩大比拼',fontsize='18')                     #图表标题
13  plt.plot(x1,y1,label='语文',color='r',marker='p')
14  plt.plot(x1,y2,label='数学',color='g',marker='.',mfc='r',ms=8,alpha=0.7)
15  plt.plot(x1,y3,label='英语',color='b',linestyle='-.',marker='*')
16  plt.grid(axis='y')                                              #显示网格关闭 y 轴
17  plt.ylabel('分数')
18  plt.yticks(range(50,150,10))
19  plt.legend(['语文','数学','英语'])                              #图例
```

运行程序，输出结果如图 5.36 所示。

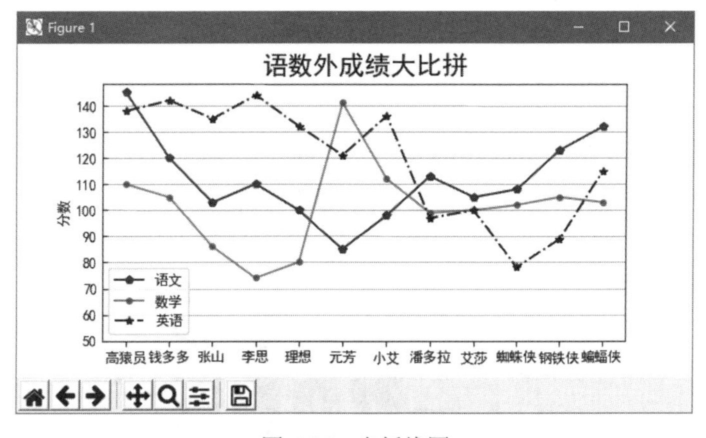


图 5.36　多折线图

上述举例，用到了几个参数，下面进行说明。

☑　mfc：标记的颜色。

☑　ms：标记的大小。

- ☑ mec：标记边框的颜色。
- ☑ alpha：透明度，设置该参数可以改变颜色的深浅。

## 5.6.2 绘制柱形图

柱形图，又称长条图、柱状图、条状图等，是一种以长方形的长度为变量的统计图表。柱形图用来比较两个或两个以上的数据（不同时间或者不同条件），只有一个变量，通常用于较小的数据集分析。

Matplotlib 绘制柱形图主要使用 bar()函数，语法如下：

```
matplotlib.pyplot.bar(x,height,width,bottom=None,*,align='center',data=None,**kwargs)
```

参数说明：

- ☑ x：*x* 轴数据。
- ☑ height：柱子的高度，也就是 *y* 轴数据。
- ☑ width：浮点型，柱子的宽度，默认值为 0.8，可以指定固定值。
- ☑ bottom：标量或数组，可选参数，柱形图的 *y* 坐标，默认值为 None。
- ☑ *：星号本身不是参数。星号表示其后面的参数为命名关键字参数，命名关键字参数必须传入参数名；否则程序会出现错误。
- ☑ align：对齐方式，如 center（居中）和 edge（边缘），默认值为 center。
- ☑ data：data 关键字参数。如果给定一个数据参数，所有位置和关键字参数将被替换。
- ☑ **kwargs：关键字参数，其他可选参数，如 color（颜色）、alpha（透明度）、label（每个柱子显示的标签）等。

【示例 13】 4 行代码绘制简单的柱形图。（**示例位置：资源包\MR\Code\05\13**）

4 行代码绘制简单的柱形图，程序代码如下：

```
01  import matplotlib.pyplot as plt
02  x=[1,2,3,4,5,6]
03  height=[10,20,30,40,50,60]
04  plt.bar(x,height)
```

运行程序，输出结果如图 5.37 所示。

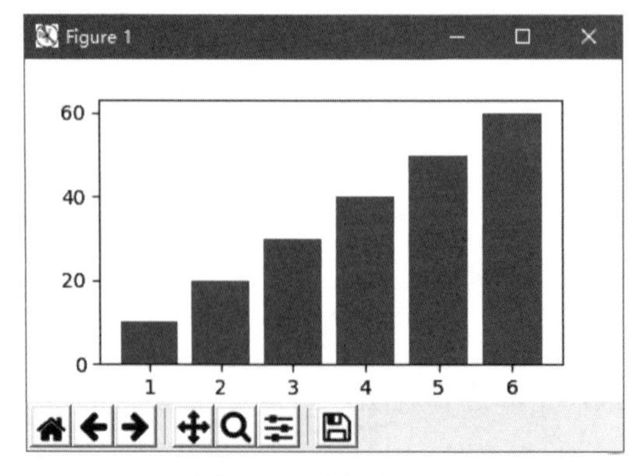


图 5.37 简单柱形图

bar()函数可以绘制出各种类型的柱形图，如基本柱形图、多柱形图、堆叠柱形图，只要将 bar()函数的主要参数理解透彻，就会达到意想不到的效果。下面介绍几种常见的柱形图。

### 1. 基本柱形图

【示例 14】　绘制 2013—2019 年线上图书销售额分析图。（示例位置：资源包\MR\Code\05\14）

使用 bar()函数绘制“2013—2019 年线上图书销售额分析图”，程序代码如下：

```
01  import pandas as pd
02  import matplotlib.pyplot as plt
03  df = pd.read_excel('books.xlsx')
04  plt.rcParams['font.sans-serif']=['SimHei']          #解决中文乱码
05  x=df['年份']
06  height=df['销售额']
07  plt.grid(axis="y", which="major")                   #生成虚线网格
08  #x、y 轴标签
09  plt.xlabel('年份')
10  plt.ylabel('线上销售额（元）')
11  #图表标题
12  plt.title('2013—2019 年线上图书销售额分析图')
13  plt.bar(x,height,width = 0.5,align='center',color = 'b',alpha=0.5)
14  #设置每个柱子的文本标签，format(b,',')格式化销售额为千位分隔符格式
15  for a,b in zip(x,height):
16      plt.text(a, b,format(b,','), ha='center', va= 'bottom',fontsize=9,color = 'b',alpha=0.9)
17  plt.legend(['销售额'])                               #图例
```

运行程序，输出结果如图 5.38 所示。

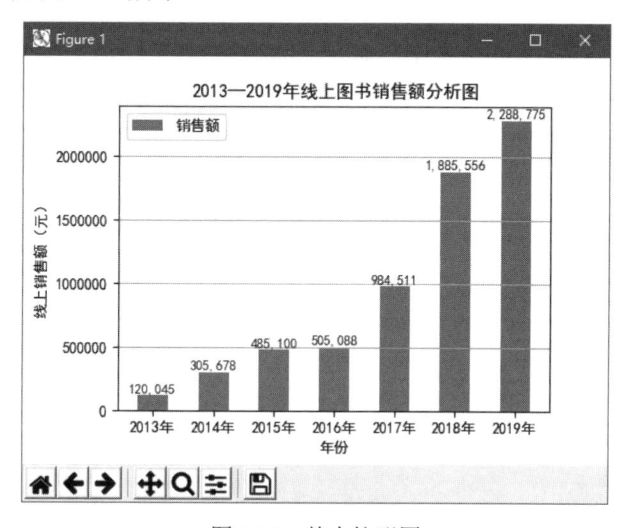


图 5.38　基本柱形图

本示例应用了前面所学习的知识，例如标题、图例、文本标签和坐标轴标签等。

### 2. 多柱形图

【示例 15】　绘制各平台图书销售额分析图。（示例位置：资源包\MR\Code\05\15）

对于线上图书销售额的统计，如果要统计各个平台的销售额，可以使用多柱形图，不同颜色的柱子代表不同的平台，如京东、天猫、自营等，程序代码如下：

```
01  import pandas as pd
02  import matplotlib.pyplot as plt
03  df = pd.read_excel('books.xlsx',sheet_name='Sheet2')
04  plt.rcParams['font.sans-serif']=['SimHei']          #解决中文乱码
05  x=df['年份']
06  y1=df['京东']
07  y2=df['天猫']
08  y3=df['自营']
09  width =0.25
10  #y 轴标签
11  plt.ylabel('线上销售额（元）')
12  #图表标题
13  plt.title('2013—2019 年线上图书销售额分析图')
14  plt.bar(x,y1,width = width,color = 'darkorange')
15  plt.bar(x+width,y2,width = width,color = 'deepskyblue')
16  plt.bar(x+2*width,y3,width = width,color = 'g')
17  #设置每个柱子的文本标签，format(b,',')格式化销售额为千位分隔符格式
18  for a,b in zip(x,y1):
19      plt.text(a, b,format(b,','), ha='center', va= 'bottom',fontsize=8)
20  for a,b in zip(x,y2):
21      plt.text(a+width, b,format(b,','), ha='center', va= 'bottom',fontsize=8)
22  for a, b in zip(x, y3):
23      plt.text(a + 2*width, b, format(b, ','), ha='center', va='bottom', fontsize=8)
24  plt.legend(['京东','天猫','自营'])#图例
```

在本示例中，柱形图中若显示 $n$ 个柱子，则柱子宽度值需小于 $1/n$；否则柱子会出现重叠现象。运行程序，输出结果如图 5.39 所示。

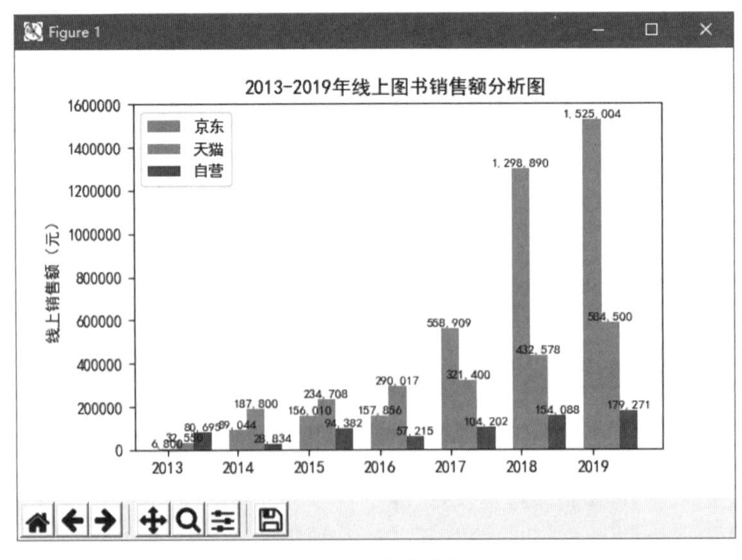


图 5.39　多柱形图

## 5.6.3　绘制直方图

直方图，又称质量分布图，由一系列高度不等的纵向条纹或线段表示数据分布的情况。一般用横轴表示数据类型，纵轴表示分布情况。直方图是数值数据分布的精确图形表示，是一个连续变量（定量变量）的概率分布的估计。

绘制直方图主要使用 hist()函数，语法如下：

```
matplotlib.pyplot.hist(x,bins=None,range=None, density=None, bottom=None, histtype='bar', align='mid', log=False, color=None, label=None, stacked=False, normed=None)
```

参数说明：

☑ x：数据集，最终的直方图将对数据集进行统计。

☑ bins：统计数据的区间分布。

☑ range：元组类型，显示的区间。

☑ density：布尔型，显示频率统计结果，默认值为 None。设置值为 False，不显示频率统计结果；设置值为 True，则显示频率统计结果。需要注意，频率统计结果=区间数目/(总数×区间宽度)。

☑ histtype：可选参数，设置值为 bar、barstacked、step 或 stepfilled，默认值为 bar，推荐使用默认配置，其中 step 使用的是梯状，stepfilled 则会对梯状内部进行填充，效果与 bar 类似。

☑ align：可选参数，控制柱状图的水平分布，设置值为 left、mid 或 right，默认值为 mid，其中，left 或者 right 会有部分空白区域，推荐使用默认值。

☑ log：布尔型，默认值为 False，即 $y$ 坐标轴是否选择指数刻度。

☑ stacked：布尔型，默认值为 False，是否为堆积柱状图。

【示例 16】　绘制简单直方图。（**示例位置：资源包\MR\Code\05\16**）

绘制简单直方图，程序代码如下：

```
01  import matplotlib.pyplot as plt
02  x=[22,87,5,43,56,73,55,54,11,20,51,5,79,31,27]
03  plt.hist(x, bins = [0,25,50,75,100])
```

运行程序，输出结果如图 5.40 所示。

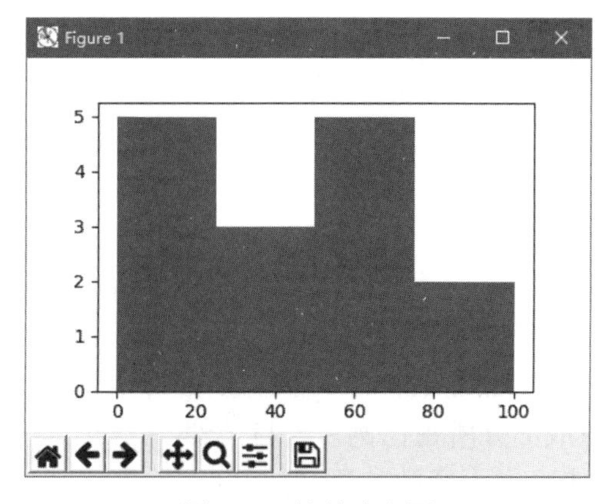


图 5.40　简单直方图

【示例 17】 直方图分析学生数学成绩分布情况。（**示例位置：资源包\MR\Code\05\17**）

再举一个例子，通过直方图分析学生数学成绩分布情况，程序代码如下：

```
01  import pandas as pd
02  import matplotlib.pyplot as plt
03  df = pd.read_excel('grade1.xls')
04  plt.rcParams['font.sans-serif']=['SimHei']   #解决中文乱码
05  x=df['得分']
06  plt.xlabel('分数')
07  plt.ylabel('学生数量')
08  #显示图标题
09  plt.title("高一数学成绩分布直方图")
10  plt.hist(x, bins = [0,25,50,75,100,125,150],facecolor="blue", edgecolor="black", alpha=0.7)
11  plt.show()
```

运行程序，输出结果如图 5.41 所示。

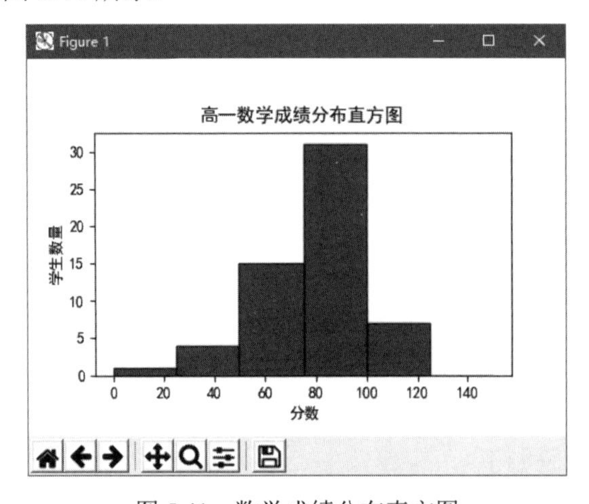


图 5.41　数学成绩分布直方图

上述举例，通过直方图可以清晰地看到高一数学成绩分布情况。基本呈现正态分布，两边低中间高，高分段学生缺失，说明试卷有难度。那么，通过直方图还可以分析以下内容。

（1）对学生进行比较。呈正态分布的测验便于选拔优秀，甄别落后，通过直方图一目了然。

（2）确定人数和分数线。测验成绩符合正态分布可以帮助等级评定时确定人数和估计分数段内的人数，确定录取分数线、各学科的优生率等。

（3）测验试题难度。

## 5.6.4　绘制饼形图

饼形图常用来显示各个部分在整体中所占的比例。例如，在工作中如果遇到需要计算总费用或金额的各个部分构成比例的情况，一般通过各个部分与总额相除来计算，而且这种比例表示方法很抽象，而通过饼形图将直接显示各个组成部分所占比例，一目了然。

Matplotlib 绘制饼形图主要使用 pie()函数，语法如下：

```
matplotlib.pyplot.pie(x,explode=None,labels=None,colors=None,autopct=None,pctdistance=0.6,shadow=False,
labeldistance=1.1,startangle=None,radius=None,counterclock=True,wedgeprops=None,textprops=None,center=
(0, 0), frame=False, rotatelabels=False, hold=None, data=None)
```

参数说明：

☑ x：每一块饼图的比例，如果 sum(x)>1 会使用 sum(x)归一化。

☑ explode：每一块饼图离中心的距离。

☑ labels：每一块饼图外侧显示的说明文字。

☑ autopct：设置饼图百分比，可以使用格式化字符串或 format()函数。如'%1.1f'保留小数点前后 1 位。

☑ pctdistance：类似于 labeldistance 参数，指定百分比的位置刻度，默认值为 0.6。

☑ shadow：在饼图下面画一个阴影，默认值为 False，即不画阴影。

☑ labeldistance：标记的绘制位置，相对于半径的比例，默认值为 1.1，如<1 则绘制在饼图内侧。

☑ startangle：起始绘制角度，默认是从 $x$ 轴正方向逆时针画起，如设置值为 90 则从 $y$ 轴正方向画起。

☑ radius：饼图半径，默认值为 1。

☑ counterclock：指定指针方向，布尔型，可选参数。默认值为 True，表示逆时针；如果值为 False，则表示顺时针。

☑ wedgeprops：字典类型，可选参数，默认值为 None。字典传递给 wedge 对象，用来画一个饼图。例如 wedgeprops={'linewidth':2}设置 wedge 线宽为 2。

☑ textprops：设置标签和比例文字的格式，字典类型，可选参数，默认值为 None。传递给 text 对象的字典参数。

☑ center：浮点类型的列表，可选参数，默认值为(0,0)，表示图表中心位置。

☑ frame：布尔型，可选参数，默认值为 False，不显示轴框架（也就是网格）；如果值为 True，则显示轴框架，与 grid()函数配合使用。实际应用中建议使用默认设置，因为显示轴框架会干扰饼形图效果。

☑ rotatelabels：布尔型，可选参数，默认值为 False；如果值为 True，则旋转每个标签到指定的角度。

**【示例 18】**　绘制简单饼形图。（**示例位置：资源包\MR\Code\05\18**）

绘制简单饼形图，程序代码如下：

```
01  import matplotlib.pyplot as plt
02  x = [2,5,12,70,2,9]
03  plt.pie(x,autopct='%1.1f%%')
```

运行程序，输出结果如图 5.42 所示。

饼形图也存在各种类型，主要包括基础饼形图、分裂饼形图、立体感带阴影的饼形图、环形图等。下面分别进行介绍。

### 1．基础饼形图

**【示例 19】**　通过饼形图分析各地区销量占比情况。（**示例位置：资源包\MR\Code\05\19**）

下面通过饼形图分析 2020 年 1 月各地区销量占比情况，程序代码如下：

```
01  import pandas as pd
02  from matplotlib import pyplot as plt
03  df1 = pd.read_excel('data2.xls')
04  plt.rcParams['font.sans-serif']=['SimHei']                #解决中文乱码
05  plt.figure(figsize=(5,3))                                 #设置画布大小
06  labels = df1['地区']
07  sizes = df1['销量']
08  #设置饼形图每块的颜色
09  colors = ['red', 'yellow', 'slateblue', 'green','magenta','cyan','darkorange','lawngreen','pink','gold']
10  plt.pie(sizes,                                            #绘图数据
11          labels=labels,                                    #添加区域水平标签
12          colors=colors,                                    #设置饼图的自定义填充色
13          labeldistance=1.02,                               #设置各扇形标签（图例）与圆心的距离
14          autopct='%.1f%%',                                 #设置百分比的格式，这里保留一位小数
15          startangle=90,                                    #设置饼图的初始角度
16          radius = 0.5,                                     #设置饼图的半径
17          center = (0.2,0.2),                               #设置饼图的原点
18          textprops = {'fontsize':9, 'color':'k'},          #设置文本标签的属性值
19          pctdistance=0.6)                                  #设置百分比标签与圆心的距离
20  #设置 x，y 轴刻度一致，保证饼图为圆形
21  plt.axis('equal')
22  plt.title('2020 年 1 月各地区销量占比情况分析')
```

运行程序，输出结果如图 5.43 所示。

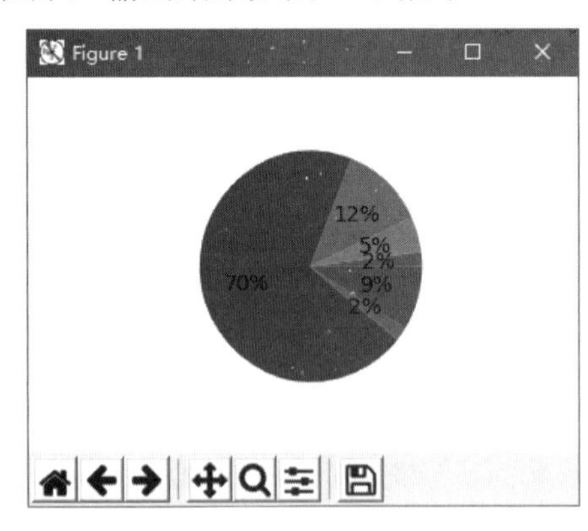


图 5.42　简单饼形图

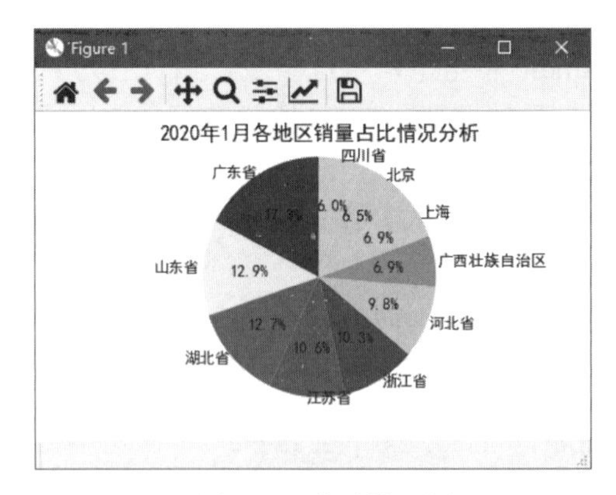


图 5.43　基础饼形图

### 2．分裂饼形图

分裂饼形图是将您认为主要的饼图部分分裂出来，以达到突出显示的目的。

【示例 20】　绘制分裂饼形图。（**示例位置：资源包\MR\Code\05\20**）

将销量占比最多的广东省分裂显示，效果如图 5.44（a）所示。分裂饼形图可以同时分裂多块，效果如图 5.44（b）所示。

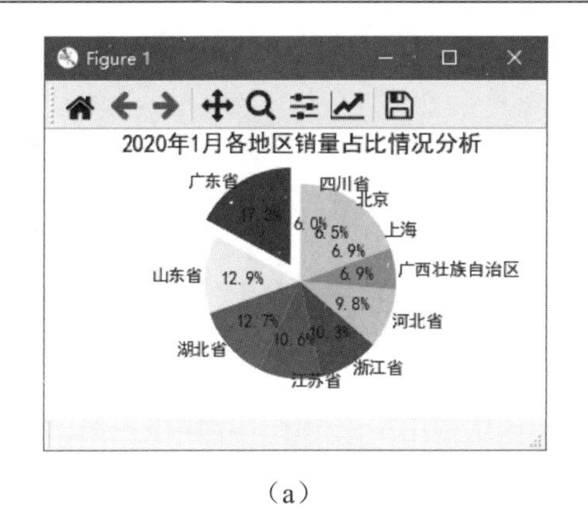


(a)

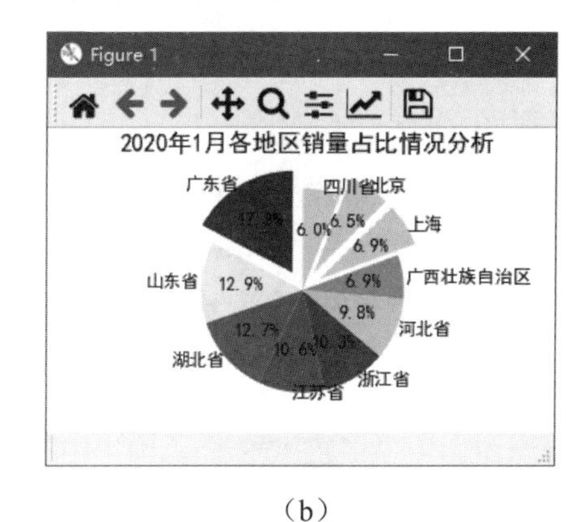


(b)

图 5.44 分裂饼形图

分裂饼形图主要通过设置 explode 参数实现，该参数用于设置饼图距中心的距离，我们需要将哪块饼图分裂出来，就设置它与中心的距离即可。例如，图 5.43 中有 10 块饼图，我们将占比最多的“广东省”分裂出来，如图 5.44（a）所示。广东省在第一位，那么就设置第一位距中心的距离为 0.1，其他为 0，关键代码如下：

```
explode = (0.1,0,0,0,0,0,0,0,0,0)
```

3．立体感带阴影的饼形图

立体感带阴影的饼形图看起来更美观，效果如图 5.45 所示。

立体感带阴影的饼形图主要通过 shadow 参数实现，设置该参数值为 True 即可，主要代码如下：

```
shadow=True
```

4．环形图

【示例 21】 环形图分析各地区销量占比情况。（**示例位置：资源包\MR\Code\05\21**）

环形图是由两个及两个以上大小不一的饼图叠在一起，挖去中间的部分所构成的图形，效果如图 5.46 所示。

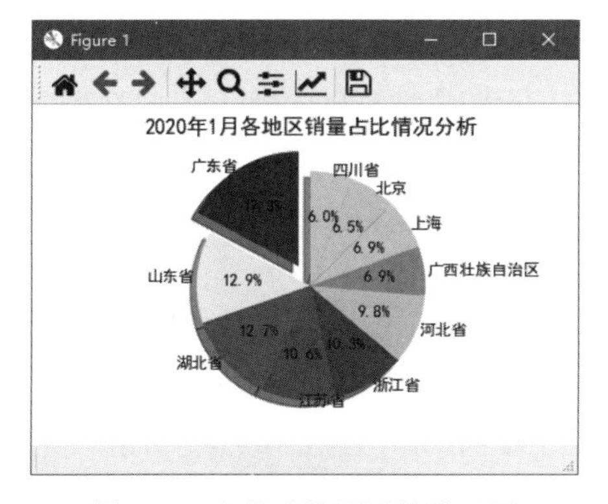

图 5.45 立体感带阴影的饼形图

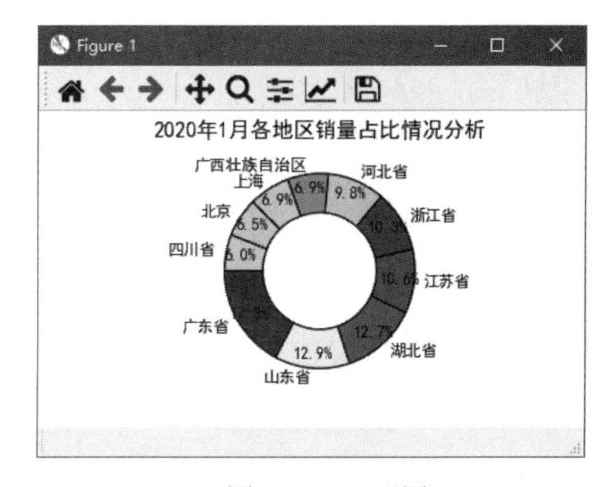


图 5.46 环形图

这里还是通过 pie()函数实现，一个关键参数 wedgeprops，字典类型，用于设置饼形图内、外边界的属性，如环的宽度，环边界颜色和宽度，主要代码如下：

```
wedgeprops = {'width': 0.4, 'edgecolor': 'k'}
```

5．内嵌环形图

【示例 22】　内嵌环形图分析各地区销量占比情况。（**示例位置：资源包\MR\Code\05\22**）

内嵌环形图实际是双环形图，效果如图 5.47 所示。

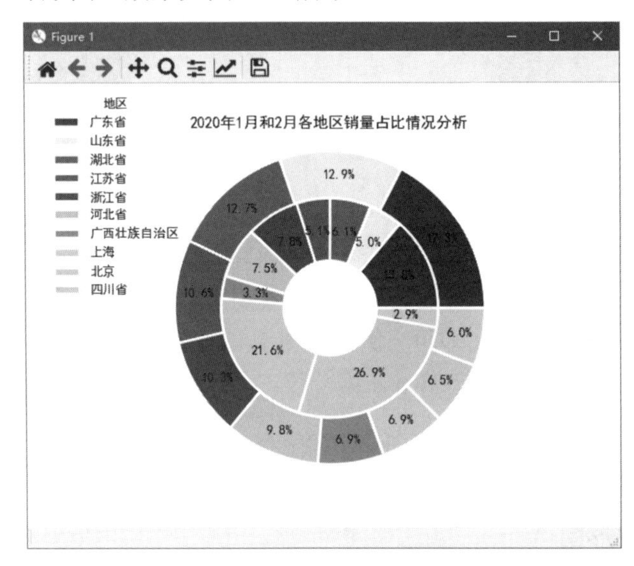


图 5.47　内嵌环形图

绘制内嵌环形图需要注意以下 3 点。

（1）连续使用两次 pie()函数。

（2）通过 wedgeprops 参数设置环形边界。

（3）通过 radius 参数设置不同的半径。

另外，由于图例内容比较长，为了使图例能够正常显示，图例代码中引入了两个主要参数，即 frameon 和 bbox_to_anchor。其中，frameon 参数设置图例有无边框；bbox_to_anchor 参数设置图例位置，主要代码如下：

```
01  #外环
02  plt.pie(x1,autopct='%.1f%%',radius=1,pctdistance=0.85,colors=colors,wedgeprops=dict(linewidth=2,width=0.3,
edgecolor='w'))
03  #内环
04  plt.pie(x2,autopct='%.1f%%',radius=0.7,pctdistance=0.7,colors=colors,wedgeprops=dict(linewidth=2,width=0.4,
edgecolor='w'))
05  #图例
06  legend_text=df1['地区']
07  #设置图例标题、位置、去掉图例边框
08  plt.legend(legend_text,title='地区',frameon=False,bbox_to_anchor=(0.2,0.5))
```

## 5.6.5　绘制散点图

散点图主要用来查看数据的分布情况或相关性，一般用在线性回归分析中，查看数据点在坐标系

平面上的分布情况。散点图表示因变量随自变量而变化的大致趋势，据此可以选择合适的函数对数据点进行拟合。

散点图与折线图类似，也是一个个点构成的。但不同之处在于，散点图的各点之间不会按照前后关系以线条连接起来。

Matplotlib 绘制散点图使用 plot()函数和 scatter()函数都可以实现，本节使用 scatter()函数绘制散点图，scatter()函数专门用于绘制散点图，使用方式和 plot()函数类似，区别在于前者具有更高的灵活性，可以单独控制每个散点与数据匹配，并让每个散点具有不同的属性。scatter()函数的语法如下：

```
matplotlib.pyplot.scatter(x,y,s=None,c=None,marker=None,cmap=None,norm=None,vmin=None,vmax=None,
alpha=None,linewidths=None,verts=None,edgecolors=None,data=None, **kwargs)
```

参数说明：

☑ x，y：数据。
☑ s：标记大小，以平方磅为单位的标记面积，设置值如下。
  ➢ 数值标量：以相同的大小绘制所有标记。
  ➢ 行或列向量：使每个标记具有不同的大小。*x*、*y* 和 *sz* 中的相应元素确定每个标记的位置和面积。*sz* 的长度必须等于 *x* 和 *y* 的长度。
  ➢ []：使用 36 平方磅的默认面积。
☑ c：标记颜色，可选参数，默认标记颜色为蓝色。
☑ marker：标记样式，可选参数，默认值为'o'。
☑ cmap：颜色地图，可选参数，默认值为 None。
☑ norm：可选参数，默认值为 None
☑ vmin，vmax：标量，可选，默认值为 None
☑ alpha：透明度，可选参数，0～1 的数，表示透明度，默认值为 None。
☑ linewidths：线宽，标记边缘的宽度，可选参数，默认值为 None。
☑ verts：(*x*,*y*)的序列，可选参数，如果参数 marker 为 None，这些顶点将用于构建标记。标记的中心位置为(0,0)。
☑ edgecolors：轮廓颜色，与参数 c 类似，可选参数，默认值为 None。
☑ data：data 关键字参数。如果给定一个数据参数，所有位置和关键字参数将被替换。
☑ **kwargs：关键字参数，其他可选参数。

【示例 23】　绘制简单散点图。（**示例位置：资源包\MR\Code\05\23**）

绘制简单散点图，程序代码如下：

```
01  import matplotlib.pyplot as plt
02  x=[1,2,3,4,5,6]
03  y=[19,24,37,43,55,68]
04  plt.scatter(x, y)
```

运行程序，输出结果如图 5.48 所示。

【示例 24】　散点图分析销售收入与广告费的相关性。（**示例位置：资源包\MR\Code\05\24**）

接下来，绘制销售收入与广告费散点图，用以观察销售收入与广告费的相关性，主要代码如下：

```
01  #x 为广告费用，y 为销售收入
02  x=pd.DataFrame(dfCar_month['支出'])
03  y=pd.DataFrame(dfData_month['金额'])
04  plt.title('销售收入与广告费散点图')             #图表标题
05  plt.scatter(x, y,   color='red')               #真实值散点图
```

运行程序，输出结果如图 5.49 所示。

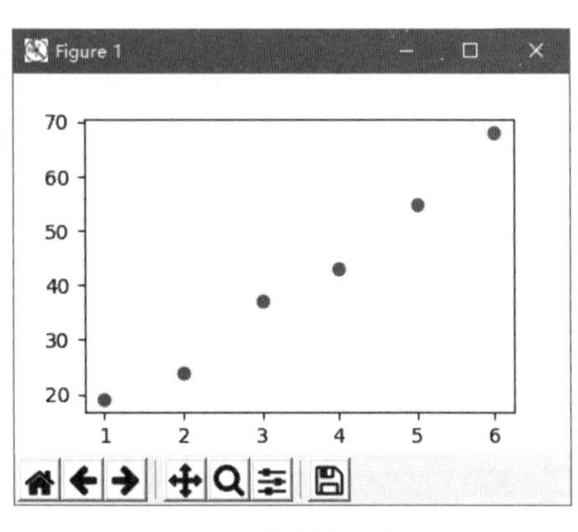


图 5.48　简单散点图

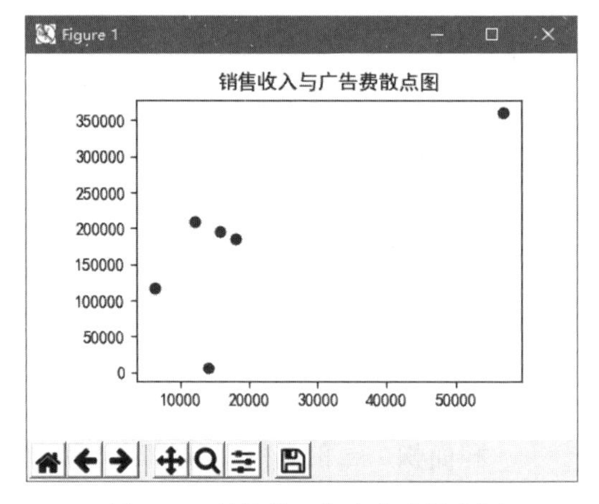


图 5.49　销售收入与广告费散点图

## 5.6.6　绘制面积图

面积图用于体现数量随时间而变化的程度，也可用于引起人们对总值趋势的注意。例如，表示随时间而变化的利润的数据可以绘制在面积图中，以强调总利润。

Matplotlib 绘制面积图主要使用 stackplot()函数，语法如下：

```
matplotlib.pyplot.stackplot(x,*args,data=None,**kwargs)
```

参数说明：

☑　x：*x* 轴数据。

☑　*args：当传入的参数个数未知时使用*args。这里指 *y* 轴数据可以传入多个 *y* 轴。

☑　data：data 关键字参数。如果给定一个数据参数，所有位置和关键字参数将被替换。

☑　**kwargs：关键字参数，其他可选参数，如 color（颜色）、alpha（透明度）等。

【示例 25】　绘制简单面积图。（**示例位置：资源包\MR\Code\05\25**）

绘制简单面积图，程序代码如下：

```
01  import matplotlib.pyplot as plt
02  x = [1,2,3,4,5]
03  y1 =[6,9,5,8,4]
04  y2 = [3,2,5,4,3]
05  y3 =[8,7,8,4,3]
06  y4 = [7,4,6,7,12]
07  plt.stackplot(x, y1,y2,y3,y4, colors=['g','c','r','b'])
```

运行程序，输出结果如图 5.50 所示。

面积图也有很多种，如标准面积图、堆叠面积图和百分比堆叠面积图等。下面主要介绍标准面积图和堆叠面积图。

### 1. 标准面积图

【示例 26】　面积图分析线上图书销售情况。（**示例位置：资源包\MR\Code\05\26**）

通过标准面积图分析 2013—2019 年线上图书销售情况，通过该图可以看出每一年线上图书销售的一个趋势，效果如图 5.51 所示。

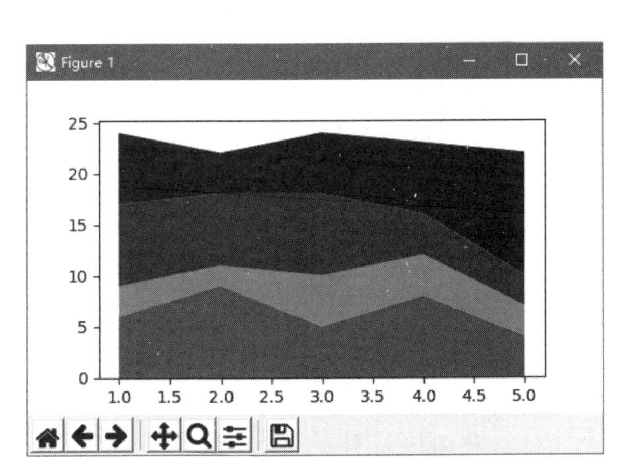


图 5.50　简单面积图

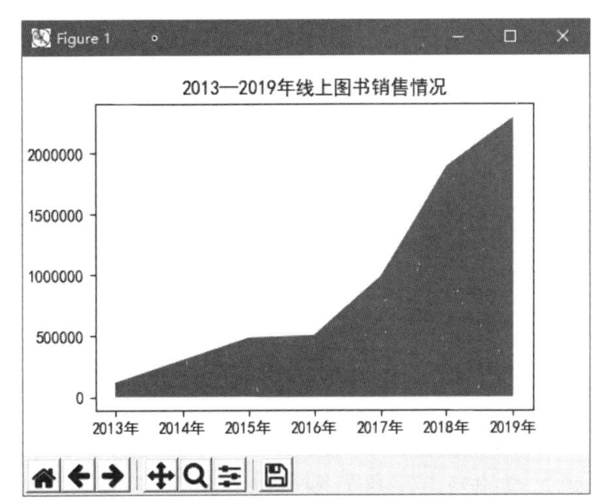


图 5.51　标准面积图

程序代码如下：

```
01    import pandas as pd
02    import matplotlib.pyplot as plt
03    df = pd.read_excel('books.xlsx')
04    plt.rcParams['font.sans-serif']=['SimHei'] #解决中文乱码
05    x=df['年份']
06    y=df['销售额']
07    #图表标题
08    plt.title('2013—2019 年线上图书销售情况')
09    plt.stackplot(x, y)
```

### 2. 堆叠面积图

【示例 27】　堆叠面积图分析各平台图书销售情况。（**示例位置：资源包\MR\Code\05\27**）

通过堆叠面积图分析 2013—2019 年线上各平台图书销售情况。堆叠面积图不仅可以看到各平台每年销售变化趋势，通过将各平台数据堆叠到一起还可以看到整体的变化趋势，效果如图 5.52 所示。

实现堆叠面积图的关键在于增加 $y$ 轴，通过增加多个 $y$ 轴数据，形成堆叠面积图，主要代码如下：

```
01    x=df['年份']
02    y1=df['京东']
03    y2=df['天猫']
```

```
04    y3=df['自营']
05    plt.stackplot(x, y1,y2,y3,colors=['#6d904f','#fc4f30','#008fd5'])
06    #图例
07    plt.legend(['京东','天猫','自营'],loc='upper left')
```

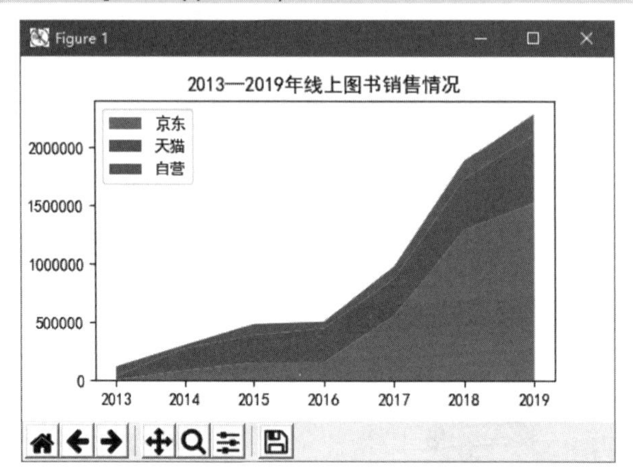


图 5.52　堆叠面积图

## 5.6.7　绘制热力图

热力图是通过密度函数进行可视化用于表示地图中点的密度的热图。它使人们能够独立于缩放因子感知点的密度。热力图可以显示不可点击区域发生的事情。利用热力图可以看数据表里多个特征两两的相似度。例如，以特殊高亮的形式显示访客热衷的页面区域和访客所在的地理区域的图示。热力图在网页分析、业务数据分析等其他领域也有较为广泛的应用。

【示例 28】　绘制简单热力图。（**示例位置：资源包\MR\Code\05\28**）

热力图是数据分析的常用方法，通过色差、亮度来展示数据的差异，易于理解。下面绘制简单热力图，程序代码如下：

```
01    import matplotlib.pyplot as plt
02    X = [[1,2],[3,4],[5,6],[7,8],[9,10]]
03    plt.imshow(X)
```

运行程序，输出结果如图 5.53 所示。

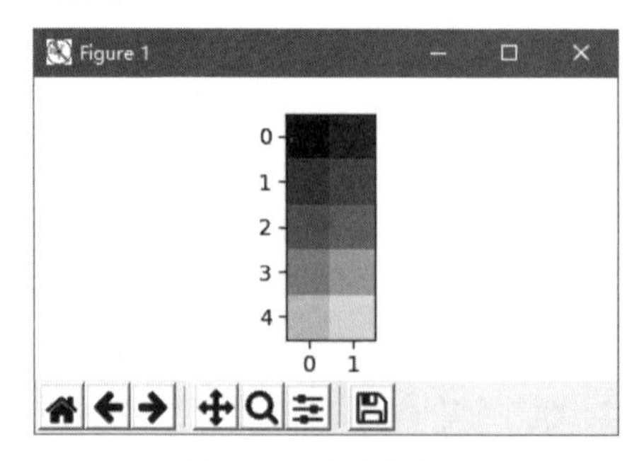


图 5.53　简单热力图

上述代码中，plt.imshow(X)中传入的数组 X=[[1,2],[3,4],[5,6],[7,8],[9,10]]为颜色的对应值，按照矩阵 ***X*** 进行颜色分布，如左上角颜色为深蓝，其对应值为 1，右下角颜色为黄色，其对应值为 10，具体如下：

```
[1,2]       [深蓝,蓝色]
[3,4]       [蓝绿,深绿]
[5,6]       [海藻绿,春绿色]
[7,8]       [绿色,浅绿色]
[9,10]      [草绿色,黄色]
```

【示例 29】　热力图对比分析学生各科成绩。（**示例位置：资源包\MR\Code\05\29**）

根据学生成绩统计数据绘制热力图，通过热力图可清晰直观地对比每名学生各科成绩的高低。程序代码如下：

```
01  import pandas as pd
02  import matplotlib.pyplot as plt
03  df = pd.read_excel('data1.xls',sheet_name='高二一班')
04  plt.rcParams['font.sans-serif']=['SimHei']                          #解决中文乱码
05  X = df.loc[:,"语文":"生物"].values
06  name=df['姓名']
07  plt.imshow(X)
08  plt.xticks(range(0,6,1),['语文','数学','英语','物理','化学','生物'])  #设置 x 轴刻度标签
09  plt.yticks(range(0,12,1),name)                                      #设置 y 轴刻度标签
10  plt.colorbar()                                                      #显示颜色条
11  plt.title('学生成绩统计热力图')
```

运行程序，输出结果如图 5.54 所示。

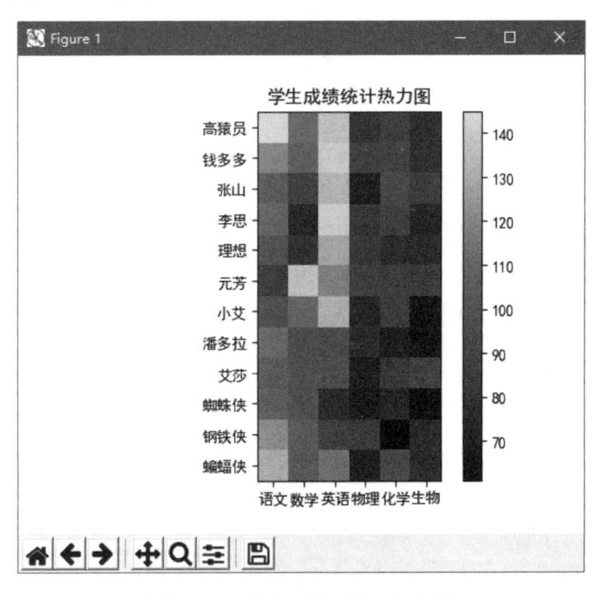


图 5.54　学生成绩统计热力图

从图 5.54 中可以看到，颜色以高亮显示的，成绩越高；反之，成绩越低。

## 5.6.8 绘制箱形图

箱形图又称箱线图、盒须图或盒式图，它是一种用作显示一组数据分散情况下的资料的统计图。因形状像箱子而得名。箱形图最大的优点就是不受异常值的影响（异常值也称为离群值），可以以一种相对稳定的方式描述数据的离散分布情况，因此在各种领域也经常被使用。另外，箱形图也常用于异常值的识别。Matplotlib 绘制箱形图主要使用 boxplot()函数，语法如下：

```
matplotlib.pyplot.boxplot(x,notch=None,sym=None,vert=None,whis=None,positions=None,widths=None,patch_
artist=None,meanline=None,showmeans=None,showcaps=None,showbox=None,showfliers=None,boxprops=None,
labels=None,flierprops=None,medianprops=None,meanprops=None,capprops=None,whiskerprops=None)
```

参数说明：

☑ x：指定要绘制箱形图的数据。
☑ notch：是否以凹口的形式展现箱形图，默认非凹口。
☑ sym：指定异常点的形状，默认为加号（+）显示。
☑ vert：是否需要将箱形图垂直摆放，默认垂直摆放。
☑ whis：指定上下限与上下四分位的距离，默认为 1.5 倍的四分位差。
☑ positions：指定箱形图的位置，默认为[0,1,2,…]。
☑ widths：指定箱形图的宽度，默认为 0.5。
☑ patch_artist：是否填充箱体的颜色。
☑ meanline：是否用线的形式表示均值，默认用点来表示。
☑ showmeans：是否显示均值，默认不显示。
☑ showcaps：是否显示箱形图顶端和末端的两条线，默认显示。
☑ showbox：是否显示箱形图的箱体，默认显示。
☑ showfliers：是否显示异常值，默认显示。
☑ boxprops：设置箱体的属性，如边框色、填充色等。
☑ labels：为箱形图添加标签，类似于图例的作用。
☑ filerprops：设置异常值的属性，如异常点的形状、大小、填充色等。
☑ medianprops：设置中位数的属性，如线的类型、粗细等。
☑ meanprops：设置均值的属性，如点的大小、颜色等。
☑ capprops：设置箱形图顶端和末端线条的属性，如颜色、粗细等。
☑ whiskerprops：设置须的属性，如颜色、粗细、线的类型等。

【示例 30】 绘制简单箱形图。（**示例位置：资源包\MR\Code\05\30**）

绘制简单箱形图，程序代码如下：

```
01  import matplotlib.pyplot as plt
02  x=[1,2,3,5,7,9]
03  plt.boxplot(x)
```

运行程序，输出结果如图 5.55 所示。

【示例 31】　绘制多组数据的箱形图。（**示例位置：资源包\MR\Code\05\31**）

上述举例是一组数据的箱形图，还可以绘制多组数据的箱形图，需要指定多组数据。例如，为三组数据绘制箱形图，程序代码如下：

```
01  import matplotlib.pyplot as plt
02  x1=[1,2,3,5,7,9]
03  x2=[10,22,13,15,8,19]
04  x3=[18,31,18,19,14,29]
05  plt.boxplot([x1,x2,x3])
```

运行程序，输出结果如图 5.56 所示。

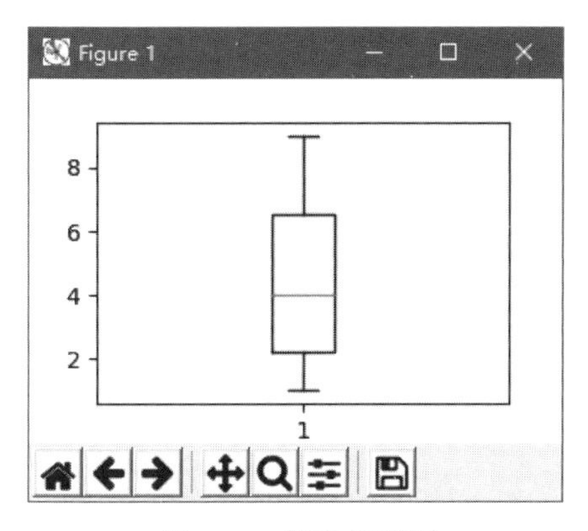


图 5.55　简单箱形图

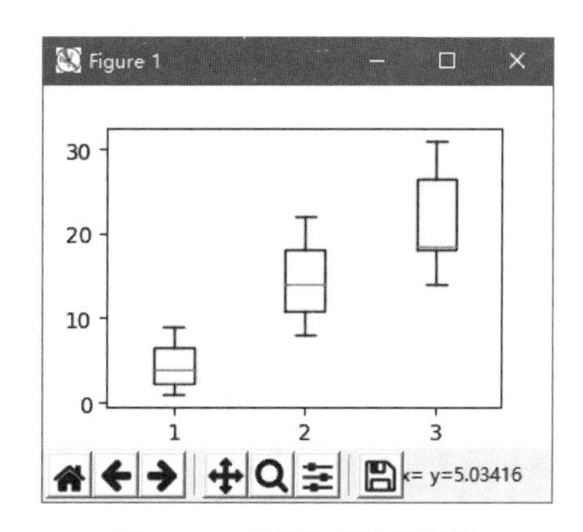


图 5.56　多组数据的箱形图

箱形图将数据切割分离（实际上就是将数据分为 4 大部分），如图 5.57 所示。

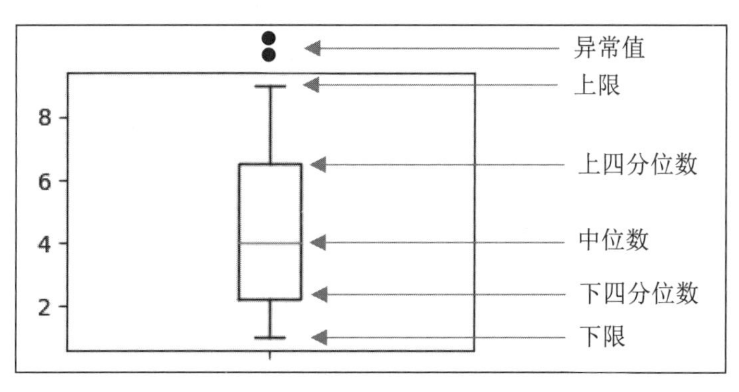


图 5.57　箱形图组成

下面介绍箱形图每部分具体含义以及如何通过箱形图识别异常值。

☑　下四分位

图 5.57 中的下四分位数指的是数据的 25%分位点所对应的值（Q1）。计算分位数可以使用 Pandas 的 quantile()函数。例如，Q1 = df['总消费'].quantile(q = 0.25)。

☑　中位数

中位数即为数据的 50%分位点所对应的值（Q2）。

☑ 上四分位数

上四分位数则为数据的 75%分位点所对应的值（Q3）。

☑ 上限

上限的计算公式为 Q3+1.5(Q3−Q1)。

☑ 下限

下限的计算公式为 Q1−1.5(Q3−Q1)。

其中，Q3−Q1 表示四分位差。如果使用箱形图识别异常值，其判断标准是，当变量的数据值大于箱形图的上限或者小于箱线图的下限时，就可以将这样的数据判定为异常值。

下面了解一下判断异常值的算法，如图 5.58 所示。

| 判断标准 | 结论 |
| --- | --- |
| x>Q3+1.5(Q3−Q1) 或者 x<Q1−1.5(Q3−Q1) | 异常值 |
| x>Q3+3(Q3−Q1) 或者 x<Q1−3(Q3−Q1) | 极端异常值 |

图 5.58　异常值判断标准

【示例 32】　通过箱形图判断异常值。（**示例位置：资源包\MR\Code\05\32**）

通过箱形图查找客人总消费数据中存在的异常值，程序代码如下：

```
01  import matplotlib.pyplot as plt
02  import pandas as pd
03  df=pd.read_excel('tips.xlsx')
04  plt.boxplot(x = df['总消费'],                              #指定绘制箱线图的数据
05              whis = 1.5,                                    #指定 1.5 倍的四分位差
06              widths = 0.3,                                  #指定箱线图中箱子的宽度为 0.3
07              patch_artist = True,                           #填充箱子颜色
08              showmeans = True,                              #显示均值
09              boxprops = {'facecolor':'RoyalBlue'},          #指定箱子的填充色为宝蓝色
10  #指定异常值的填充色、边框色和大小
11             flierprops={'markerfacecolor':'red','markeredgecolor':'red','markersize':3},
12  #指定中位数的标记符号（虚线）和颜色
13              meanprops = {'marker':'h','markerfacecolor':'black', 'markersize':8},
14  #指定均值点的标记符号（六边形）、填充色和大小
15              medianprops = {'linestyle':'--','color':'orange'},
16              labels = [''])                                 #去除 x 轴刻度值
17  #计算下四分位数和上四分位
18  Q1 = df['总消费'].quantile(q = 0.25)
19  Q3 = df['总消费'].quantile(q = 0.75)
20  #基于 1.5 倍的四分位差计算上下限对应的值
21  low_limit = Q1 - 1.5*(Q3 - Q1)
22  up_limit = Q3 + 1.5*(Q3 - Q1)
23  #查找异常值
24  val=df['总消费'][(df['总消费'] > up_limit) | (df['总消费'] < low_limit)]
25  print('异常值如下：')
26  print(val)
```

运行程序，输出结果如图 5.59 和图 5.60 所示。

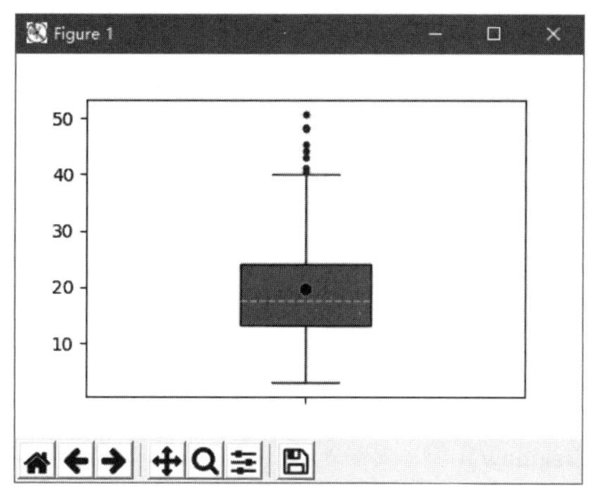


图 5.59　箱形图

```
异常值如下：
26      44.30
77      43.11
131     48.27
163     48.17
171     50.81
182     45.35
184     40.55
194     48.33
230     41.19
Name: 总消费, dtype: float64
```

图 5.60　异常值

## 5.6.9　绘制 3D 图表

3D 图表有立体感也比较美观，看起来更加“高大上”。下面介绍两种 3D 图表，即三维柱形图和三维曲面图。

绘制 3D 图表，我们仍使用 Matplotlib，但需要安装 mpl_toolkits 工具包，使用 pip 安装命令，语法如下：

```
pip install --upgrade matplotlib
```

安装好这个模块后，即可调用 mpl_tookits 下的 mplot3d 类进行 3D 图表的绘制。

### 1. 3D 柱形图

**【示例 33】**　绘制 3D 柱形图。（**示例位置：资源包\MR\Code\05\33**）

绘制 3D 柱形图，程序代码如下：

```
01  import matplotlib.pyplot as plt
02  from mpl_toolkits.mplot3d.axes3d import Axes3D
03  import numpy as np
04  fig = plt.figure()
05  axes3d = Axes3D(fig)
06  zs = [1, 5, 10, 15, 20]
07  for z in zs:
08      x = np.arange(0, 10)
09      y = np.random.randint(0, 30, size=10)
10      axes3d.bar(x, y, zs=z, zdir='x', color=['r', 'green', 'yellow', 'c'])
```

运行程序，输出结果如图 5.61 所示。

### 2. 3D 曲面图

**【示例 34】**　绘制 3D 曲面图。（**示例位置：资源包\MR\Code\05\34**）

绘制 3D 曲面图，程序代码如下：

```
01  import matplotlib.pyplot as plt
02  from mpl_toolkits.mplot3d.axes3d import Axes3D
03  import numpy as np
04  fig = plt.figure()
05  axes3d = Axes3D(fig)
06  x = np.arange(-4.0, 4.0, 0.125)
07  y = np.arange(-3.0, 3.0, 0.125)
08  X, Y = np.meshgrid(x, y)
09  Z1 = np.exp(-X**2 - Y**2)
10  Z2 = np.exp(-(X - 1)**2 - (Y - 1)**2)
11  #计算 Z 轴数据（高度数据）
12  Z = (Z1 - Z2) * 2
13  axes3d.plot_surface(X, Y, Z,cmap=plt.get_cmap('rainbow'))
```

运行程序，输出结果如图 5.62 所示。

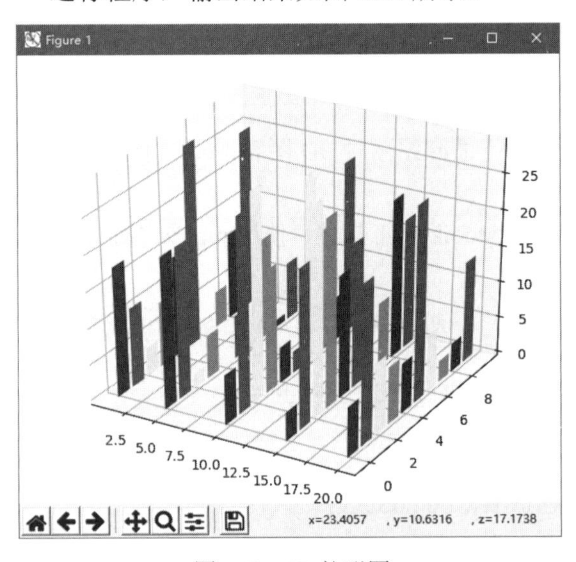


图 5.61　3D 柱形图

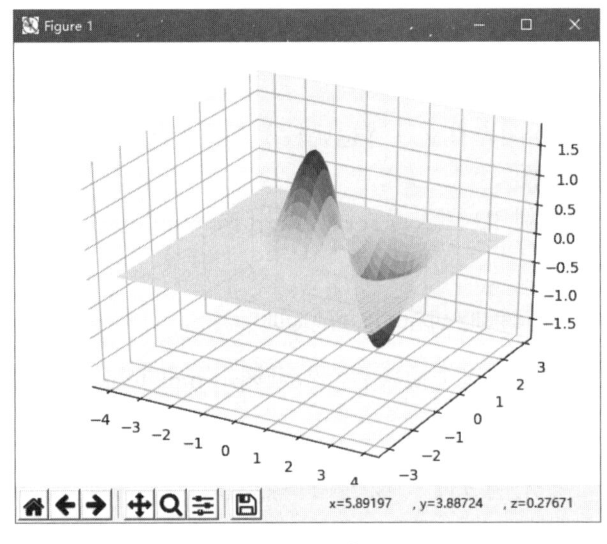


图 5.62　3D 曲面图

## 5.6.10　绘制多个子图表

Matplotlib 可以实现在一张图上绘制多个子图表。Matplotlib 提供了 3 种方法：一是 subplot()函数；二是 subplots()函数；三是 add_subplot()函数，下面分别介绍。

### 1. subplot()函数

subplot()函数直接指定划分方式和位置，它可以将一个绘图区域划分为 *n* 个子图，每个 subplot()函数只能绘制一个子图。语法如下：

```
matplotlib.pyplot.subplot(*args,**kwargs)
```

参数说明：

☑　*args：当传入的参数个数未知时使用*args。

☑　**kwargs：关键字参数，其他可选参数。

例如，绘制一个 2×3 的区域，subplot(2,3,3)，将画布分成 2 行 3 列在第 3 个区域中绘制，用坐标表示如下：

```
(1,1),(1,2),(1,3)
(2,1),(2,2),(2,3)
```

如果行列的值都小于 10，那么可以把它们缩写为一个整数，如 subplot(233)。

另外，subplot()函数在指定的区域中创建一个轴对象，如果新创建的轴和之前所创建的轴重叠，那么，之前的轴将被删除。

【示例 35】　使用 subplot()函数绘制多个子图的空图表。（**示例位置：资源包\MR\Code\05\35**）

绘制一个 2×3 包含 6 个子图的空图表，程序代码如下：

```
01    import matplotlib.pyplot as plt
02    plt.subplot(2,3,1)
03    plt.subplot(2,3,2)
04    plt.subplot(2,3,3)
05    plt.subplot(2,3,4)
06    plt.subplot(2,3,5)
07    plt.subplot(2,3,6)
```

运行程序，输出结果如图 5.63 所示。

【示例 36】　绘制包含多个子图的图表。（**示例位置：资源包\MR\Code\05\36**）

通过上述举例了解了 subplot()函数的基本用法，接下来将前面所学的简单图表整合到一张图表上，结果如图 5.64 所示。

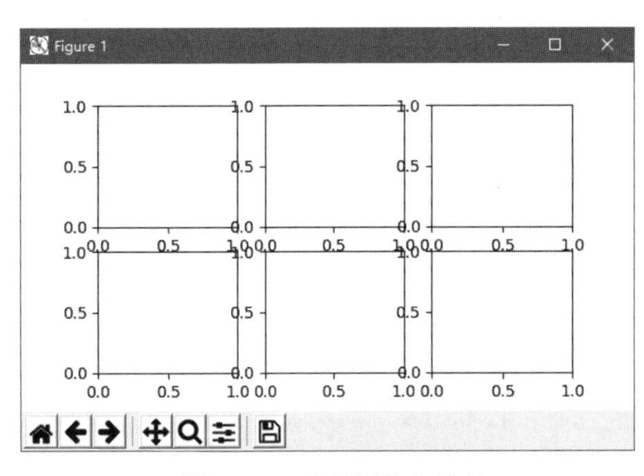


图 5.63　6 个子图的空图表

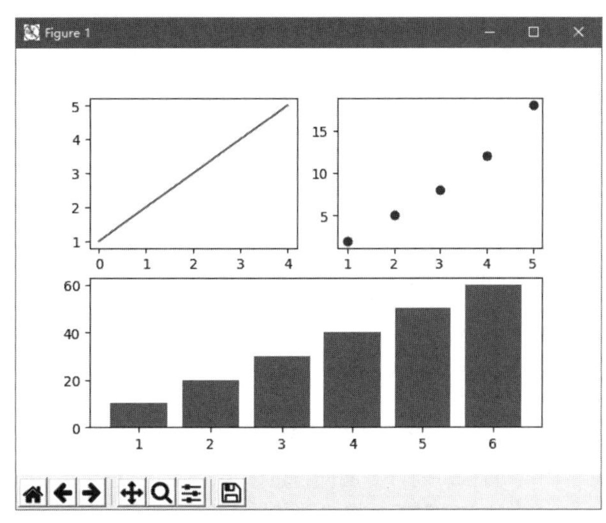


图 5.64　多个子图

程序代码如下：

```
01    import matplotlib.pyplot as plt
02    #第 1 个子图表——折线图
```

```
03    plt.subplot(2,2,1)
04    plt.plot([1, 2, 3, 4,5])
05    #第 2 个子图表——散点图
06    plt.subplot(2,2,2)
07    plt.plot([1, 2, 3, 4,5], [2, 5, 8, 12,18], 'ro')
08    #第 3 个子图表——柱形图
09    plt.subplot(2,1,2)
10    x=[1,2,3,4,5,6]
11    height=[10,20,30,40,50,60]
12    plt.bar(x,height)
```

上述举例，以下两个关键点一定要掌握。

（1）每绘制一个子图表都要调用一次 subplot()函数。

（2）绘图区域位置编号。

subplot()函数的前面两个参数指定的是一个画布被分割成的行数和列数，后面一个参数则指的是当前绘制区域位置编号，编号规则是行优先。

例如，图 5.64 中有 3 个子图表，第 1 个子图表 subplot(2,2,1)，即将画布分成 2 行 2 列，在第 1 个子图中绘制折线图；第 2 个子图表 subplot(2,2,2)，将画布分成 2 行 2 列，在第 2 个子图中绘制散点图；第 3 个子图表 subplot(2,1,2)，将画布分成 2 行 1 列，由于第 1 行已经占用了，所以在第 2 行也就是第 3 个子图中绘制柱形图。示意图如图 5.65 所示。

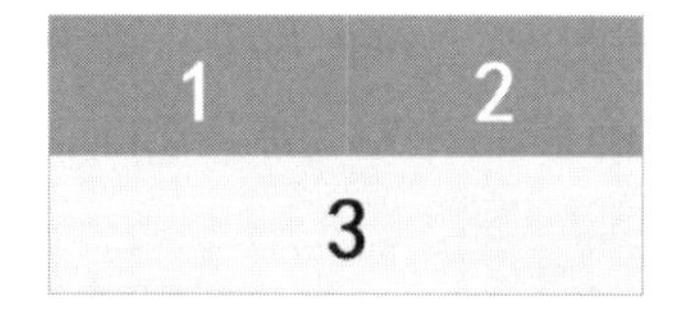


图 5.65　多个子图示意图

subplot()函数在画布中绘图时，每次都要调用它指定绘图区域非常麻烦，而 subplots()函数则更直接，它会事先把画布区域分割好。下面介绍 subplots()函数。

### 2．subplots()函数

subplots()函数用于创建画布和子图，语法如下：

```
matplotlib.pyplot.subplots(nrows,ncols,sharex,sharey,squeeze,subplot_kw,gridspec_kw,**fig_kw)
```

参数说明：

☑ nrows 和 ncols：表示将画布分割成几行几列，例如，nrows=2、ncols=2 表示将画布分割为 2 行 2 列，起始值均为 0。当调用画布中的坐标轴时，ax[0,0]表示调用左上角的坐标，ax[1,1]表示调用右下角的坐标。

☑ sharex 和 sharey：布尔值或者值为“none”“all”“row”“col”，默认值为 False。用于控制 *x* 或 *y* 轴之间的属性共享。具体参数值说明如下。

  ➢ True 或者“all”：表示 *x* 或 *y* 轴属性在所有子图中共享。

  ➢ False 或者“none”：表示每个子图的 *x* 或 *y* 轴都是独立的部分。

  - “row”：表示每个子图在一个 $x$ 或 $y$ 轴上共享行（row）。
  - “col”：表示每个子图在一个 $x$ 或 $y$ 轴上共享列（column）

☑ squeeze：布尔值，默认值为 True，额外的维度从返回的 axes（轴）对象中挤出，对于 $n\times1$ 或 $1\times n$ 个子图，返回一个一维数组，对于 $n\times m$，$n>1$ 和 $m>1$ 返回一个二维数组；如果值为 False，则表示不进行挤压操作，返回一个元素为 Axes 实例的二维数组，即使它最终是 1×1。

☑ subplot_kw：字典类型，可选参数。把字典的关键字传递给 add_subplot()函数来创建每个子图。

☑ gridspec_kw：字典类型，可选参数。把字典的关键字传递给 GridSpec()构造函数创建网格区域，然后将子图放在网格（grid）里。

☑ **fig_kw：把所有详细的关键字参数传递给 figure。

【示例 37】　使用 subplots()函数绘制多子图的空图表。（**示例位置：资源包\MR\Code\05\37**）

绘制一个 2×3 包含 6 个子图的空图表，使用 subplots()函数只需 3 行代码。

```
01	import matplotlib.pyplot as plt
02	figure,axes=plt.subplots(2,3)
03	plt.show()
```

上述代码中，figure 和 axes 是两个关键点。

☑ figure：绘制图表的画布。

☑ axes：坐标轴对象，可以理解为在 figure（画布）上绘制坐标轴对象，它帮我们规划出了一个个科学作图的坐标轴系统。

通过图 5.66 中的示意图可以明白，外面的是画布（figure），里面带坐标轴的是坐标轴对象（axes）。

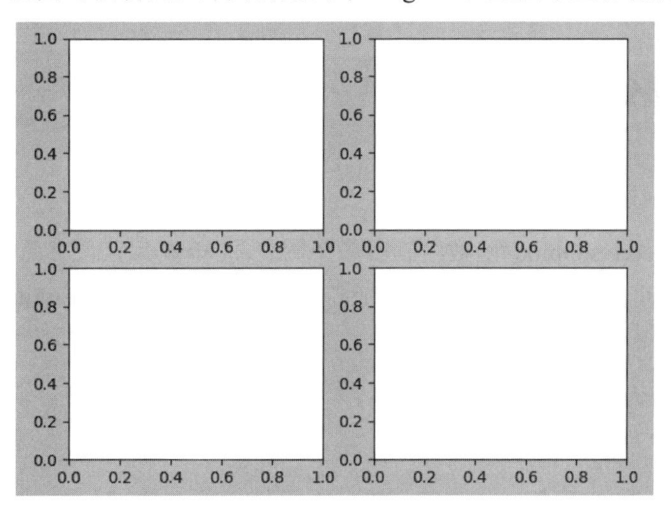

图 5.66　坐标系统示意图

【示例 38】　使用 subplots()函数绘制多子图图表。（**示例位置：资源包\MR\Code\05\38**）

使用 subplots()函数将前面所学的简单图表整合到一张图表上，结果如图 5.67 所示。

程序代码如下：

```
01	import matplotlib.pyplot as plt
02	figure,axes=plt.subplots(2,2)
```

```
03  axes[0,0].plot([1, 2, 3, 4,5])                            #第 1 个子图表——折线图
04  axes[0,1].plot([1, 2, 3, 4,5], [2, 5, 8, 12,18], 'ro')    #第 2 个子图表——散点图
05  #第 3 个子图表——柱形图
06  x=[1,2,3,4,5,6]
07  height=[10,20,30,40,50,60]
08  axes[1,0].bar(x,height)
09  #第 4 个子图表——饼形图
10  x = [2,5,12,70,2,9]
11  axes[1,1].pie(x,autopct='%1.1f%%')
```

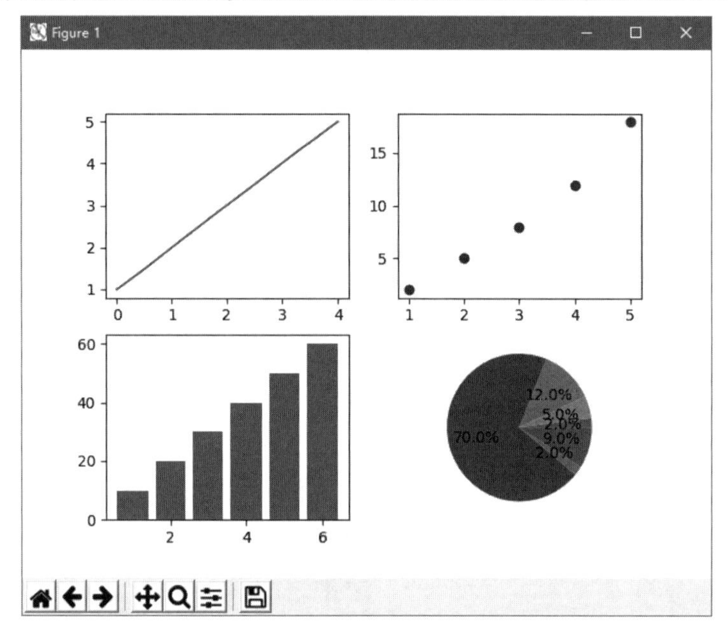


图 5.67　多子图图表

### 3．add_subplot()函数

【示例 39】　使用 add_subplot()函数绘制多子图图表。（**示例位置：资源包\MR\Code\05\39**）

add_subplot()函数也可以实现在一张图上绘制多个子图表，用法与 subplot()函数基本相同，先来看下列一段代码：

```
01  import matplotlib.pyplot as plt
02  fig = plt.figure()
03  ax1 = fig.add_subplot(2,3,1)
04  ax2 = fig.add_subplot(2,3,2)
05  ax3 = fig.add_subplot(2,3,3)
06  ax4 = fig.add_subplot(2,3,4)
07  ax5 = fig.add_subplot(2,3,5)
08  ax6 = fig.add_subplot(2,3,6)
```

上述代码同样是绘制一个 2×3 包含 6 个子图的空图表。首先创建 figure 实例（画布），然后通过 ax1 = fig.add_subplot(2,3,1)创建第 1 个子图表，返回 Axes 实例（坐标轴对象），第 1 个参数为行数，第 2 个参数为列数，第 3 个参数为子图表的位置。

以上用 3 种方法实现了在一张图上绘制多个子图表，3 种方法各有所长。subplot()函数和 add_subplot()函数比较灵活，定制化效果比较好，可以实现子图表在图中的各种布局（如一张图上可以随意摆放 3 个或 5 个图表）；而 subplots()函数较为不灵活，但它可以用较少的代码实现绘制多个子图表。

## 5.6.11　图表的保存

实际工作中，有时需要将绘制的图表保存为图片放置到报告中。Matplotlib 的 savefig()函数可以实现这一功能，将图表保存为 JPEG、TIFF 或 PNG 格式的图片。

例如，保存之前绘制的折线图，主要代码如下：

```
plt.savefig('image.png')
```

需要注意的一个关键问题：保存代码必须在图表预览前，也就是 plt.show()代码前；否则保存后的图片是白色，图表无法保存。

运行程序，图表被保存在程序所在路径下，名为 image.png，如图 5.68 所示。

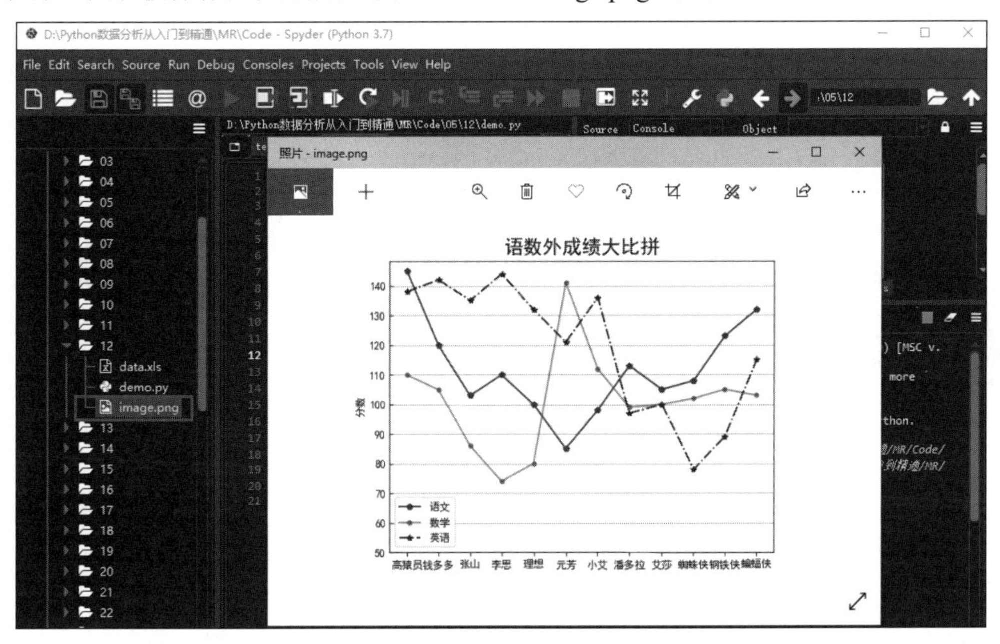


图 5.68　保存后的图表

# 5.7　综 合 应 用

## 5.7.1　案例 1：双 $y$ 轴可视化数据分析图表的实现

案例位置：资源包\MR\Code\05\example\01

双 $y$ 轴顾名思义就是两个 $y$ 轴，其特点是通过双 $y$ 轴可以看出发展情况的同时还可以看到其增长速度。对于产品而言，通过此图可以看到产品销量的同时还可以看到产品增长率，效果如图 5.69 所示。

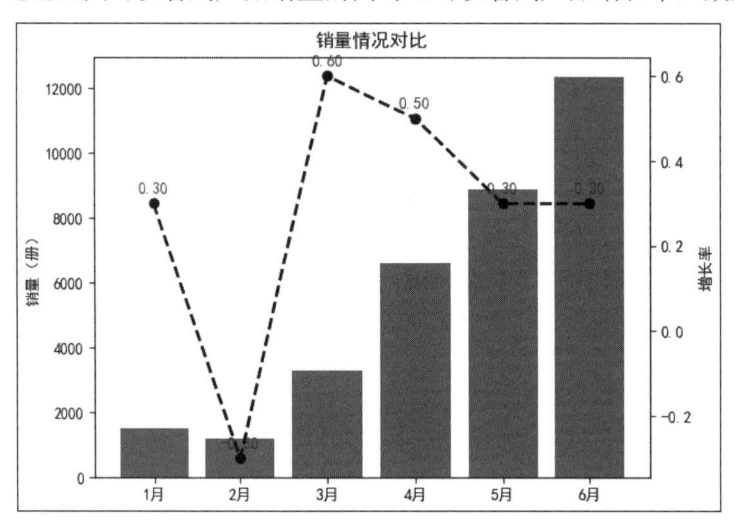


图 5.69　双 $y$ 轴可视化数据分析图表

双 $y$ 轴可视化数据分析图表的实现主要使用 add_suplot()函数和 twinx()函数。twinx()函数表示共享 $x$ 轴，那么也就是一个 $x$ 轴、两个 $y$ 轴，程序代码如下：

```
01  import pandas as pd
02  import matplotlib.pyplot as plt
03  df=pd.read_excel('mrbook.xlsx')                               #导入 Excel 文件
04  x=[1,2,3,4,5,6]
05  y1=df['销量']
06  y2=df['rate']
07  fig = plt.figure()
08  plt.rcParams['font.sans-serif']=['SimHei']                    #解决中文乱码
09  plt.rcParams['axes.unicode_minus'] = False                    #用来正常显示负号
10  ax1 = fig.add_subplot(111)                                    #添加子图
11  plt.title('销量情况对比')                                      #图表标题
12  #图表 x 轴标题
13  plt.xticks(x,['1 月','2 月','3 月','4 月','5 月','6 月'])
14  ax1.bar(x,y1,label='left')
15  ax1.set_ylabel('销量（册）')                                   #y 轴标签
16  ax2 = ax1.twinx()                                             #共享 x 轴添加一个 y 轴坐标轴
17  ax2.plot(x,y2,color='black',linestyle='--',marker='o',linewidth=2,label=u"增长率")
18  ax2.set_ylabel(u"增长率")
19  for a,b in zip(x,y2):
20      plt.text(a, b+0.02, '%.2f' % b, ha='center', va= 'bottom',fontsize=10,color='red')
21  plt.show()
```

## 5.7.2　案例 2：颜色渐变饼形图的实现

案例位置：资源包\MR\Code\05\example\03

在绘制图表的过程中，每一次都苦于颜色设置问题，数据较多的情况下，不知道该如何配色，手

动配色费时费力。下面绘制渐变颜色的饼形图，根据所占比例自动配置渐变色，占比越大颜色越深，占比越小颜色越浅，省去了手动配色的麻烦，而且占比情况一目了然，效果如图 5.70 所示。

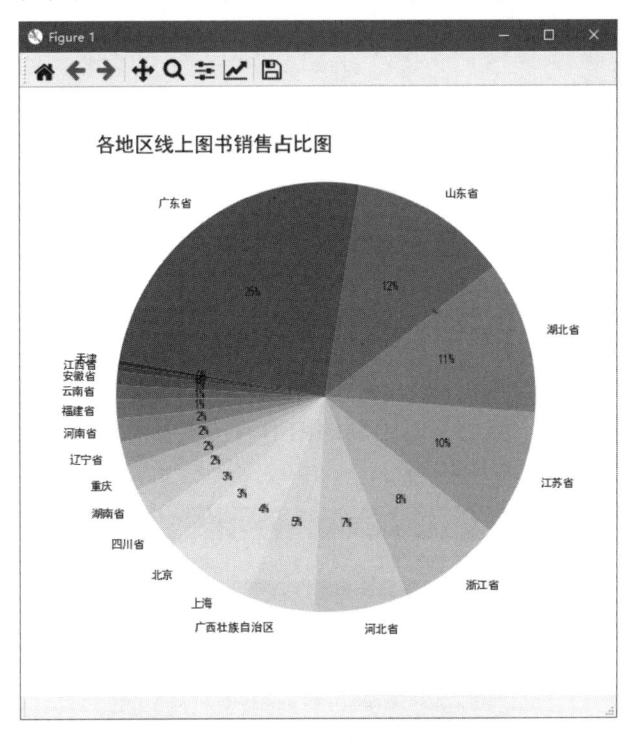


图 5.70　渐变色饼形图

颜色渐变主要使用了 Matplotlib 内置颜色地图模块 cm，在该模块中指定一组数据可以生成多种颜色，由浅入深。例如，渐变蓝色，cmap=plt.cm.Blues。

下面来绘制颜色渐变的饼形图，程序代码如下：

```
01  from matplotlib import font_manager as fm
02  import pandas as pd
03  import numpy as np
04  import matplotlib.pyplot as plt
05  plt.rcParams['font.sans-serif']=['SimHei']                    #解决中文乱码
06  plt.style.use('ggplot')
07  from   matplotlib import cm
08  #原始数据
09  shapes = ['天津', '江西省', '安徽省', '云南省', '福建省', '河南省', '辽宁省',
10              '重庆', '湖南省', '四川省', '北京', '上海', '广西壮族自治区', '河北省',
11              '浙江省', '江苏省', '湖北省', '山东省', '广东省']
12  values = [287,383,842,866,1187,1405,1495,1620,1717,
13             2313,2378,3070,4332,5841,6482,7785,9358,9818,20254]
14  s = pd.Series(values, index=shapes)
15  labels = s.index
16  sizes = s.values
17  fig, ax = plt.subplots(figsize=(6,6))                         #设置绘图区域大小
18  colors = cm.rainbow(np.arange(len(sizes))/len(sizes))        #颜色地图：秋天→彩虹→灰色→春天→黑色
```

```
19  patches, texts, autotexts = ax.pie(sizes, labels=labels, autopct='%1.0f%%',
20                                     shadow=False, startangle=170, colors=colors)
21  ax.axis('equal')
22  ax.set_title('各地区线上图书销售占比图', loc='left')
23  #重新设置字体大小
24  proptease = fm.FontProperties()
25  #字体大小（从小到大）: xx-small、x-small、small、medium、large、x-large、xx-large，或者是数字，如 18
26  proptease.set_size('small')
27  plt.setp(autotexts, fontproperties=proptease)
28  plt.setp(texts, fontproperties=proptease)
```

## 5.7.3　案例 3：等高线图的实现

案例位置：资源包\MR\Code\05\example\04

等高线图是在地理课中讲述山峰山谷时绘制的图形，在机器学习中也会被用在绘制梯度下降算法的图形中。等高线图实现结果如图 5.71 所示。

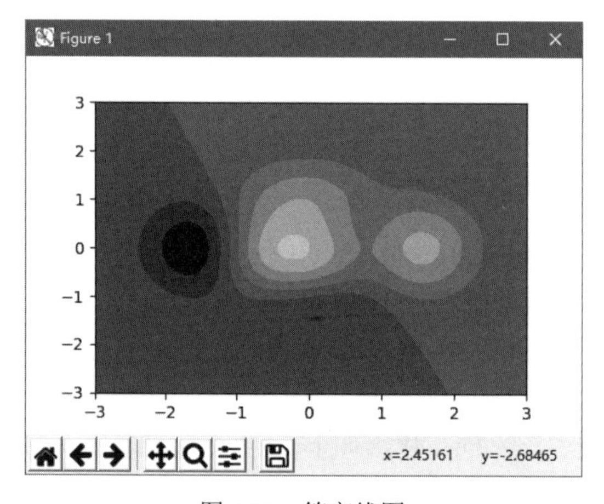


图 5.71　等高线图

程序代码如下：

```
01  import numpy as np
02  import matplotlib.pyplot as plt
03  #计算 x，y 坐标对应的高度值
04  def f(x, y):
05      return (1-x/2+x**5+y**3) * np.exp(-x**2-y**2)
06  #生成 x，y 的数据
07  n = 256
08  x = np.linspace(-3, 3, n)
09  y = np.linspace(-3, 3, n)
10  #把 x，y 数据转换为二维数据
11  X, Y = np.meshgrid(x, y)
12  #填充等高线
13  plt.contourf(X, Y, f(X, Y))
```

关键代码解析：要画出等高线，核心函数是 Matplotlib 的 contourf()函数，但该函数中参数 $x$ 和 $y$ 对应的值是二维数据，因此需要使用 NumPy 的 meshgrid()函数将 $x$ 和 $y$ 值转换成二维数据，代码如下：

```
np.meshgrid(x, y)
```

## 5.8　小　　结

数据统计得再好都不如一张图表清晰、直观。本章用大量的举例详细地介绍了 Matplotlib 图表，其根本在于能够使读者全面透彻地了解和掌握最基础的图表，并应用到实际数据统计分析工作中，同时也为以后学习其他绘图库奠定坚实的基础。

# 第6章 Seaborn可视化数据分析图表

Seaborn是一个基于Matplotlib的高级可视化效果库，偏向于统计图表。因此，针对的主要是数据挖掘和机器学习中的变量特征的选取。相比Matplotlib，Seaborn的语法相对简单，绘制图表不需要花很多功夫去修饰，但是它绘图方式比较局限，不够灵活。

## 6.1 Seaborn图表概述

Seaborn是基于Matplotlib的Python可视化库。它提供了一个高级界面来绘制有吸引力的统计图形。Seaborn其实是在Matplotlib的基础上进行了更高级的API封装，从而使得作图更加容易，不需要经过大量的调整就能使图表变得非常精致。

Seaborn主要包括以下功能。

☑ 计算多变量间关系的面向数据集接口。
☑ 可视化类别变量的观测与统计。
☑ 可视化单变量或多变量分布，并与其子数据集比较。
☑ 控制线性回归的不同因变量，并进行参数估计与作图。
☑ 对复杂数据进行整体结构可视化。
☑ 对多表统计图的制作高度抽象，并简化可视化过程。
☑ 提供多个主题渲染Matplotlib图表的样式。
☑ 提供调色板工具生动再现数据。

Seaborn是基于Matplotlib的图形可视化Python包。它提供了一种高度交互式界面，便于用户能够绘制出各种有吸引力的统计图表，如图6.1所示。

接下来进入安装环节，利用pip工具安装，命令如下：

```
pip install seaborn
```

或者，在PyCharm开发环境中安装。需要注意的是，如果安装报错，可能是读者尚未安装Scipy模块，因为Seaborn依赖于Scipy，所以需要先安装Scipy。

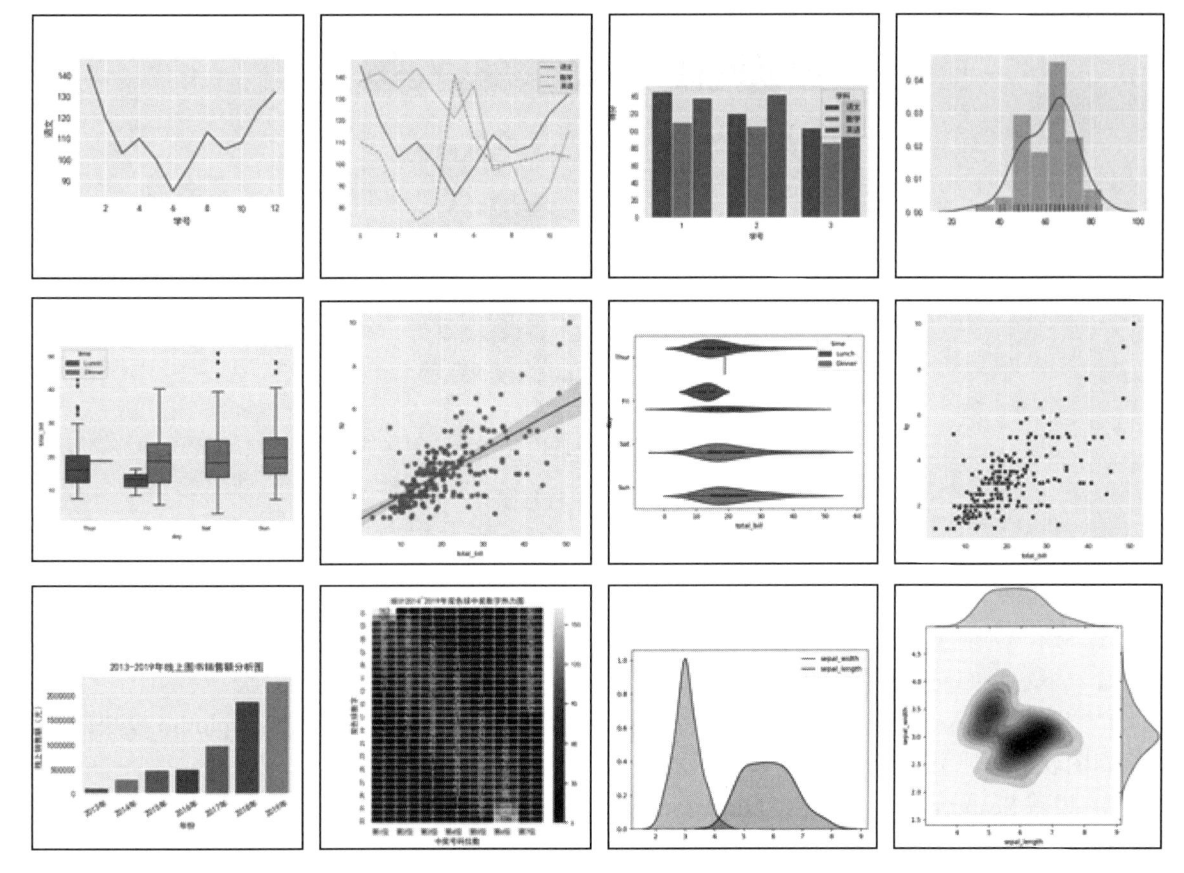


图 6.1　Seaborn 可视化图表

## 6.2　Seaborn 图表之初体验

本节首先绘制一款简单的柱形图，让读者一睹 Seaborn 图表的风采，从而了解 Seaborn 绘制图表的基本过程。

【示例 01】　绘制简单的柱形图。（**示例位置：资源包\MR\Code\06\01**）

安装完成 Seaborn 模块后，开始绘制简单的柱形图，程序代码如下：

```
01    import seaborn as sns
02    import matplotlib.pyplot as plt
03    sns.set_style('darkgrid')
04    plt.figure(figsize=(4,3))
05    x=[1,2,3,4,5]
06    y=[10,20,30,40,50]
07    sns.barplot(x,y)
08    plt.show()
```

运行程序，输出结果如图 6.2 所示。

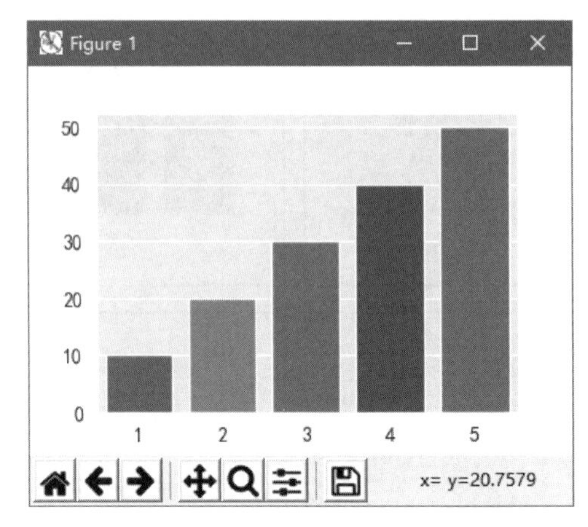


图 6.2　简单柱形图

Seaborn 默认的灰色网格底色灵感虽来源于 Matplotlib，但却更加柔和。大多数情况下，图应优于表。Seaborn 的默认灰色网格底色避免了刺目的干扰。

上述举例，实现了简单的柱形图，每个柱子指定了不同的颜色，并且设置了特殊的背景风格。接下来，看一下它是如何一步步实现的！

（1）首先，导入必要的模块 Seaborn 和 Matplotlib，由于 Seaborn 模块是 Matplotlib 模块的补充，因此绘制图表前必须引用 Matplotlib 模块。

（2）设置 Seaborn 的背景风格为 darkgrid。

（3）指定 $x$ 轴、$y$ 轴数据。

（4）使用 barplot()函数绘制柱形图。

# 6.3　Seaborn 图表的基本设置

## 6.3.1　背景风格

设置 Seaborn 背景风格，主要使用 axes_style()函数和 set_style()函数。Seaborn 有 5 个主题，适用于不同的应用场景和人群偏好，具体如下。

☑　darkgrid：灰色网格（默认值）。

☑　whitegrid：白色网格。

☑　dark：灰色背景。

☑　white：白色背景。

☑　ticks：四周带刻度线的白色背景。

网格能够帮助我们查找图表中的定量信息，而灰色网格主题中的白线能避免影响数据的表现，白色网格主题则更适合表达“重数据元素”。

## 6.3.2 边框控制

控制边框显示方式，主要使用 despine()函数。

（1）移除顶部和右边边框。

```
sns.despine()
```

（2）使两个坐标轴相隔一段距离。

```
sns.despine(offset=10, trim=True)
```

（3）移除左边边框，与 set_style()函数的白色网格配合使用效果更佳。

```
sns.set_style("whitegrid")
sns.despine(left=True)
```

（4）移除指定边框，值设置为 True 即可。

```
sns.despine(fig=None, ax=None, top=True, right=True, left=True, bottom=False, offset=None, trim=False)
```

设置后的效果如图 6.3 所示。

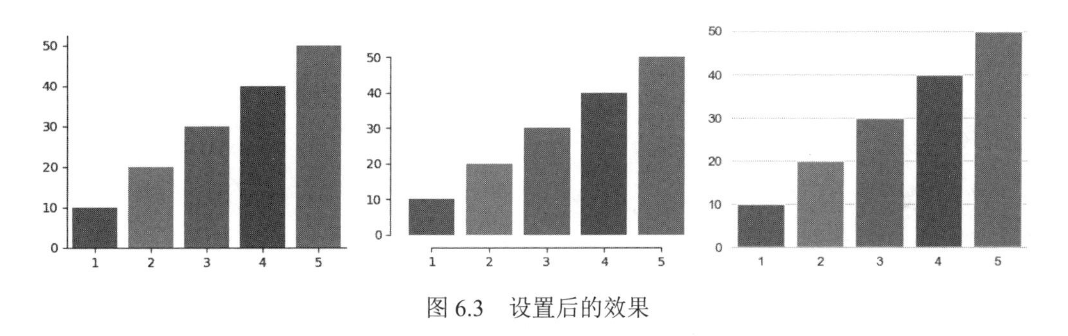


图 6.3　设置后的效果

# 6.4 常用图表的绘制

## 6.4.1 绘制折线图（relplot()函数）

在 Seaborn 中实现折线图有两种方法：一是在 relplot()函数中通过设置 kind 参数为 line 绘制折线图；二是使用 lineplot()函数直接绘制折线图。

### 1．使用 relplot()函数

【示例 02】　绘制学生语文成绩折线图 1。（**示例位置：资源包\MR\Code\06\02**）

使用 relplot()函数绘制学生语文成绩折线图，程序代码如下：

```
01  import pandas as pd
02  import matplotlib.pyplot as plt
```

```
03    import seaborn as sns
04    sns.set_style('darkgrid')                               #灰色网格
05    plt.rcParams['font.sans-serif']=['SimHei']              #解决中文乱码
06    df1=pd.read_excel('data.xls')                           #导入 Excel 文件
07    #绘制折线图
08    sns.relplot(x="学号", y="语文", kind="line", data=df1)
09    plt.show()                                              #显示
```

运行程序，输出结果如图 6.4 所示。

2．使用 lineplot()函数

【示例 03】　绘制学生语文成绩折线图 2。（**示例位置：资源包\MR\Code\06\03**）

使用 lineplot()函数绘制学生语文成绩折线图，程序代码如下：

```
01    import pandas as pd
02    import matplotlib.pyplot as plt
03    import seaborn as sns
04    sns.set_style('darkgrid')
05    plt.rcParams['font.sans-serif']=['SimHei']              #解决中文乱码
06    df1=pd.read_excel('data.xls')                           #导入 Excel 文件
07    #绘制折线图
08    qsns.lineplot(x="学号", y="语文",data=df1)
09    plt.show()                                              #显示
```

【示例 04】　多折线图分析学生各科成绩。（**示例位置：资源包\MR\Code\05\04**）

接下来，绘制多折线图，主要代码如下：

```
01    dfs=[df1['语文'],df1['数学'],df1['英语']]
02    sns.lineplot(data=dfs)
```

运行程序，输出结果如图 6.5 所示。

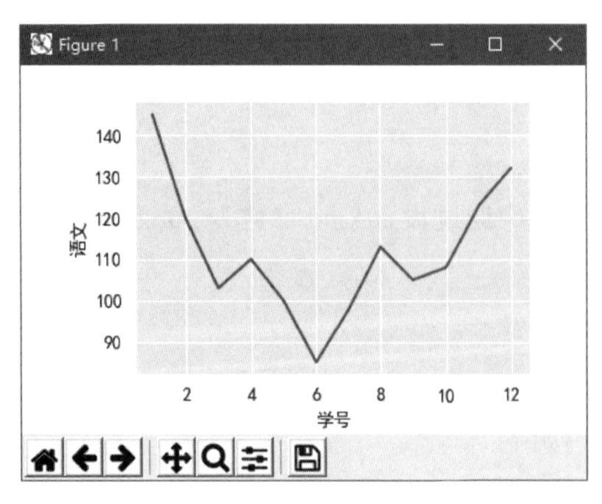


图 6.4　折线图

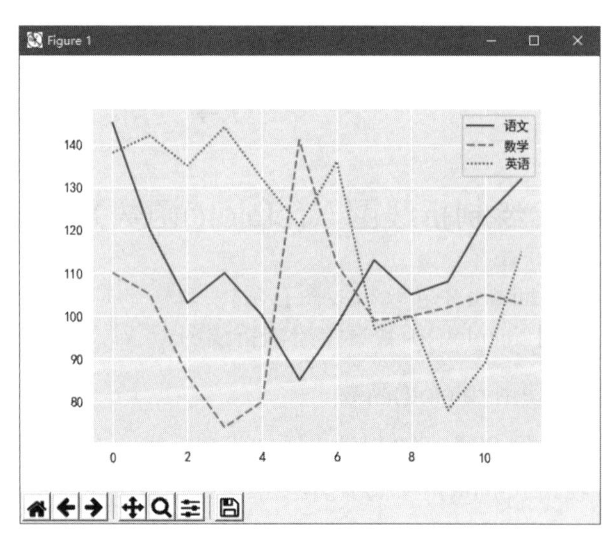


图 6.5　多折线图

## 6.4.2 绘制直方图（displot()函数）

Seaborn 主要通过使用 displot()函数绘制直方图，语法如下：

```
sns.distplot(data,bins=None,hist=True,kde=True,rug=False,fit=None,color=None,axlabel=None,ax=None)
```

常用参数说明：

☑ data：数据。

☑ bins：设置矩形图数量。

☑ hist：是否显示条形图。

☑ kde：是否显示核密度估计图，默认值为 True，显示核密度估计图。

☑ rug：是否在 $x$ 轴上显示观测的小细条（边际毛毯）。

☑ fit：拟合的参数分布图形。

【示例 05】 绘制简单直方图。（**示例位置：资源包\MR\Code\06\05**）

下面绘制一个简单的直方图，程序代码如下：

```
01  import pandas as pd
02  import matplotlib.pyplot as plt
03  import seaborn as sns
04  sns.set_style('darkgrid')
05  plt.rcParams['font.sans-serif']=['SimHei']          #解决中文乱码
06  df1=pd.read_excel('data2.xls')                      #导入 Excel 文件
07  data=df1[['得分']]
08  sns.distplot(data,rug=True)                         #直方图，显示观测的小细条
09  plt.show()                                          #显示
```

运行程序，输出结果如图 6.6 所示。

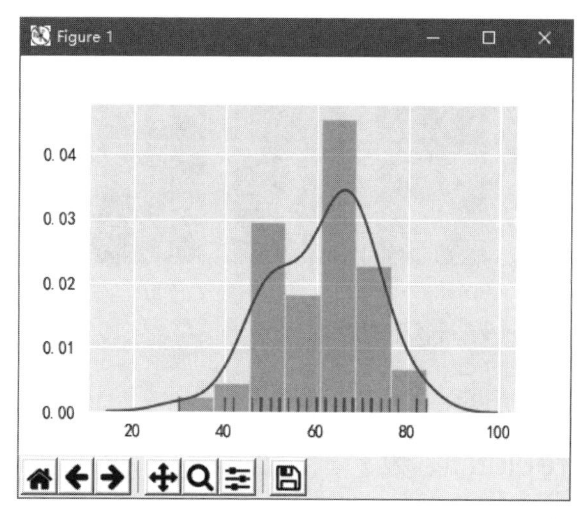


图 6.6 直方图

### 6.4.3 绘制条形图（barplot()函数）

Seaborn 主要通过使用 barplot()函数绘制条形图，语法如下：

```
sns.barplot(x=None,y=None,hue=None,data=None,order=None,hue_order=None,orient=None,color=None,
palette=None,capsize=None,estimator=mean)
```

常用参数说明：

☑ x、y：$x$ 轴、$y$ 轴数据。
☑ hue：分类字段。
☑ order、hue_order：变量绘图顺序。
☑ orient：条形图是水平显示还是竖直显示。
☑ capsize：误差线的宽度。
☑ estimator：每类变量的统计方式，默认值为平均值 mean。

【示例 06】 多条形图分析学生各科成绩。（**示例位置：资源包\MR\Code\06\06**）

通过前面的学习，已经能够绘制简单的条形图。下面绘制学生成绩多条形图，程序代码如下：

```
01  import pandas as pd
02  import matplotlib.pyplot as plt
03  import seaborn as sns
04  sns.set_style('darkgrid')
05  plt.rcParams['font.sans-serif']=['SimHei'] #解决中文乱码
06  df1=pd.read_excel('data.xls',sheet_name='sheet2')                #导入 Excel 文件
07  sns.barplot(x='学号',y='得分',hue='学科',data=df1)               #条形图
08  plt.show()                                                       #显示
```

运行程序，输出结果如图 6.7 所示。

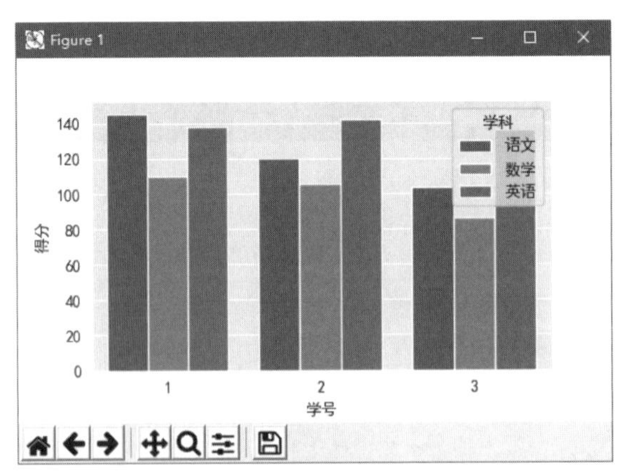


图 6.7　条形图

### 6.4.4 绘制散点图（replot()函数）

Seaborn 主要通过使用 replot()函数绘制散点图，相关语法可参考“绘制折线图”。

**【示例 07】**　散点图分析“小费”。(**示例位置：资源包\MR\Code\06\07**)

下面通过 Seaborn 提供的内置数据集 tips（小费数据集）绘制散点图，程序代码如下：

```
01    import matplotlib.pyplot as plt
02    import seaborn as sns
03    sns.set_style('darkgrid')
04    #加载内置数据集 tips（小费数据集），并对 total_bill 和 tip 字段绘制散点图
05    tips=sns.load_dataset('tips')
06    sns.relplot(x='total_bill',y='tip',data=tips,color='r')
07    plt.show()                                              #显示
```

运行程序，输出结果如图 6.8 所示。

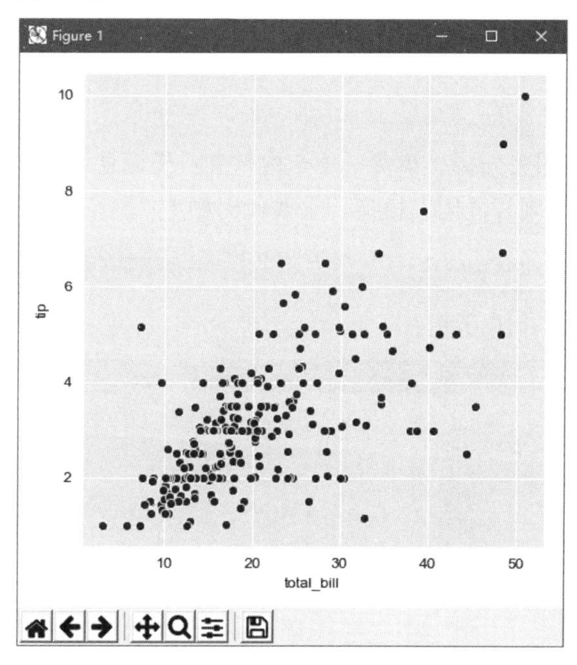


图 6.8　散点图

**实用技巧**

上述代码使用了内置数据集 tips，下面简单介绍一下该数据集。首先通过 tips.head()方法显示部分数据，观察 tips 数据结构，如图 6.9 所示。

|   | total_bill | tip | sex | smoker | day | time | size |
|---|---|---|---|---|---|---|---|
| 0 | 16.99 | 1.01 | Female | No | Sun | Dinner | 2 |
| 1 | 10.34 | 1.66 | Male | No | Sun | Dinner | 3 |
| 2 | 21.01 | 3.50 | Male | No | Sun | Dinner | 3 |
| 3 | 23.68 | 3.31 | Male | No | Sun | Dinner | 2 |
| 4 | 24.59 | 3.61 | Female | No | Sun | Dinner | 4 |

图 6.9　tips 部分数据

字段说明如下。

☑　total_bill：表示总消费。

☑　tip：表示小费。

☑　sex：表示性别。

☑　smoker：表示是否吸烟。

☑　day：表示周几。

☑　time：表示用餐类型，如早餐、午餐、晚餐（Breakfast、Lunch、Dinner）。

☑　size：表示用餐人数。

## 6.4.5 绘制线性回归模型（lmplot()函数）

Seaborn 主要通过使用 lmplot()函数，可以直接绘制线性回归模型，用以描述线性关系，语法如下：

```
sns.lmplot(x,y,data,hue=None,col=None,row=None,palette=None,col_wrap=3,size=5,markers='o')
```

常用参数说明：

☑ hue：散点图中的分类字段。

☑ col：列分类变量，构成子集。

☑ row：行分类变量。

☑ col_wrap：控制每行子图数量。

☑ size：控制子图高度。

☑ markers：点的形状。

【示例 08】 线性回归图表分析“小费”。（**示例位置：资源包\MR\Code\06\08**）

同样使用 tips 数据集，绘制线性回归模型，主要代码如下：

```
sns.lmplot(x='total_bill',y='tip',data=tips)
```

运行程序，输出结果如图 6.10 所示。

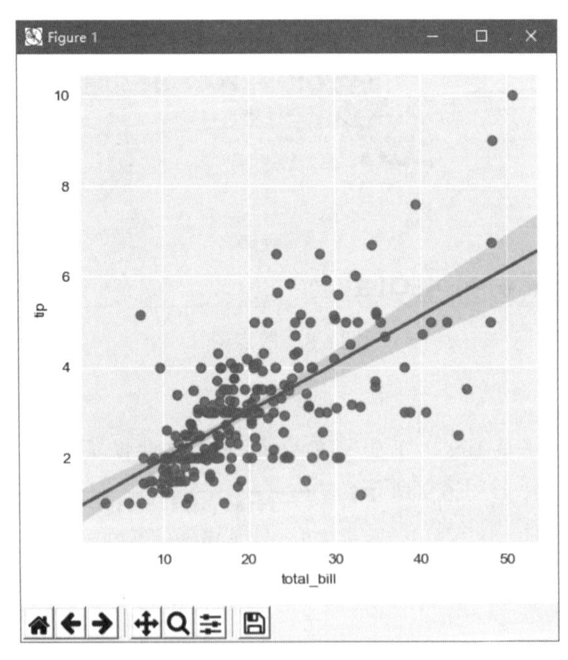


图 6.10 绘制线性回归模型

## 6.4.6 绘制箱形图（boxplot()函数）

Seaborn 主要通过使用 boxplot()函数绘制箱形图，语法如下：

```
sns.boxplot(x=None,y=None,hue=None,data=None,order=None,hue_order=None,orient=None,color=None,palette=
None, width=0.8,notch=False)
```

常用参数说明：

☑ hue：分类字段。

☑ width：箱形图宽度。

☑ notch：中间箱体是否显示缺口，默认值为 False。

【示例 09】　箱形图分析“小费”异常数据。（**示例位置：资源包\MR\Code\06\09**）

下面绘制箱形图，使用数据集 tips 演示，主要代码如下：

```
sns.boxplot(x='day',y='total_bill',hue='time',data=tips)
```

运行程序，输出结果如图 6.11 所示。

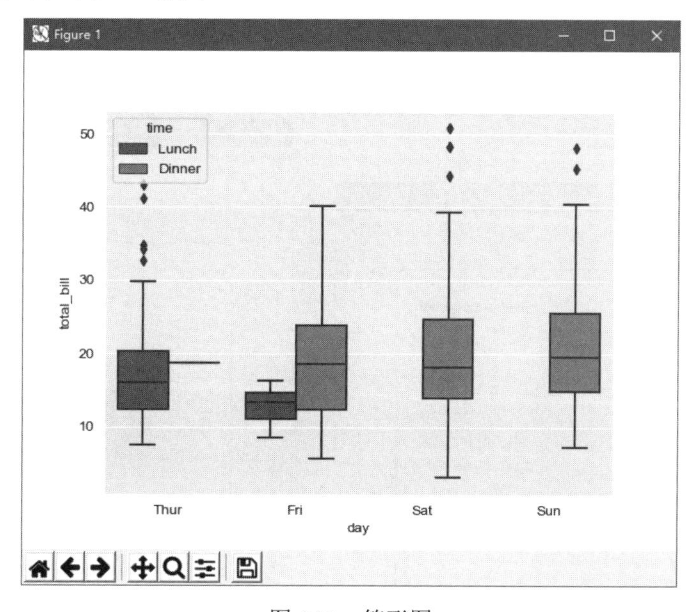


图 6.11　箱形图

从图 6.11 得知：数据存在异常值。箱形图实际上就是利用数据的分位数来识别数据的异常点，这一特点使得箱形图在学术界和工业界的应用非常广泛。

## 6.4.7　绘制核密度图（kdeplot()函数）

核密度是概率论中用来估计未知的密度函数，属于非参数检验方法之一。通过核密度图可以比较直观地看出数据样本本身的分布特征。

Seaborn 主要通过使用 kdeplot()函数绘制核密度图，语法如下：

```
sns.kdeplot(data,shade=True)
```

参数说明：

☑ data：数据。

☑ shade：是否带阴影，默认值为 True，带阴影。

【示例 10】 核密度图分析鸢尾花。(**示例位置：资源包\MR\Code\06\10**)

绘制核密度图，通过 Seaborn 自带的数据集 iris 演示，主要代码如下：

```
01  #调用 Seaborn 自带数据集 iris
02  df = sns.load_dataset('iris')
03  #绘制多个变量的核密度图
04  p1=sns.kdeplot(df['sepal_width'], shade=True, color="r")
05  p1=sns.kdeplot(df['sepal_length'], shade=True, color="b")
```

运行程序，输出结果如图 6.12 所示。

下面再介绍一种边际核密度图，该图可以更好地体现两个变量之间的关系。绘制边际核密度图，主要代码如下：

```
sns.jointplot(x=df["sepal_length"], y=df["sepal_width"], kind='kde',space=0)
```

运行程序，输出结果如图 6.13 所示。

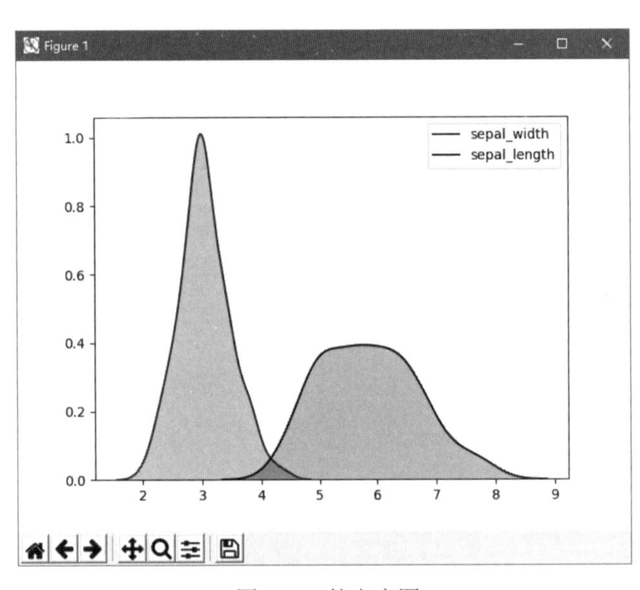


图 6.12 核密度图

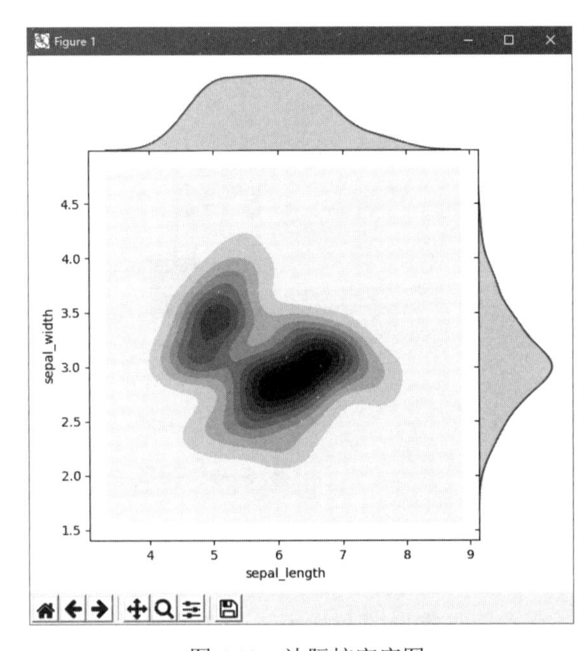


图 6.13 边际核密度图

## 6.4.8 绘制提琴图（violinplot()函数）

提琴图结合了箱形图和核密度图的特征，用于展示数据的分布形状。粗黑线表示四分数范围，延伸的细线表示 95%的置信区间，白点为中位数，如图 6.14 所示。提琴图弥补了箱型图的不足，可以展示数据分布是双模还是多模。提琴图主要使用 violinplot()函数绘制。

【示例 11】 提琴图分析“小费”。(**示例位置：资源包\MR\Code\06\11**)

绘制提琴图，通过 Seaborn 自带的数据集 tips 演示，主要代码如下：

```
sns.violinplot(x='total_bill',y='day',hue='time',data=tips)
```

运行程序，输出结果如图 6.14 所示。

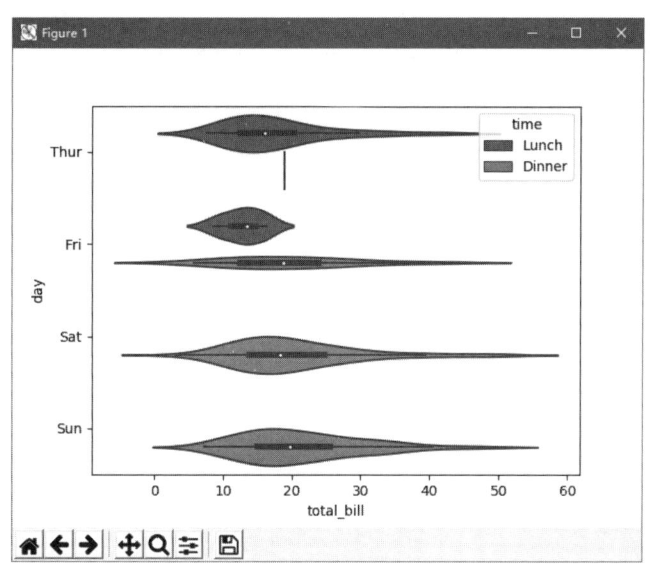


图 6.14　提琴图

# 6.5　综合应用

## 6.5.1　案例 1：堆叠柱形图可视化数据分析图表的实现

案例位置：资源包\MR\Code\06\example\01

堆叠柱形图可以直观、贴切地反映出不同产品、不同人群的体验效果，一目了然。例如，明日科技男女会员分布情况，效果如图 6.15 所示。

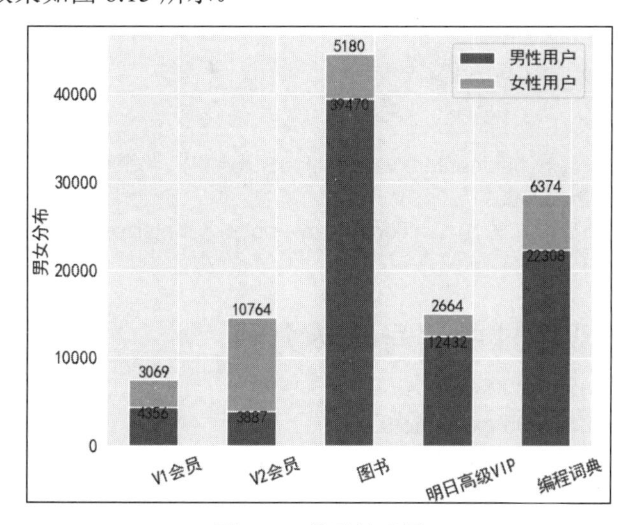


图 6.15　堆叠柱形图

程序代码如下：

```
01  import matplotlib.pyplot as plt
02  import seaborn as sns
03  import pandas as pd
04  import numpy as np
05  sns.set_style('darkgrid')
06  file ='mrtb_data.xlsx'
07  df = pd.DataFrame(pd.read_excel(file))
08  plt.rc('font', family='SimHei', size=13)
09  #通过 reset_index()函数将 groupby()的分组结果重新设置索引
10  df1 = df.groupby(['类别'])['买家实际支付金额'].sum()
11  df2 = df.groupby(['类别','性别'])['买家会员名'].count().reset_index()
12  men_df=df2[df2['性别']=='男']
13  women_df=df2[df2['性别']=='女']
14  men_list=list(men_df['买家会员名'])
15  women_list=list(women_df['买家会员名'])
16  num=np.array(list(df1))                                    #消费金额
17  #计算男性用户比例
18  ratio=np.array(men_list)/(np.array(men_list)+np.array(women_list))
19  np.set_printoptions(precision=2)                           #使用 set_printoptions()函数设置输出的精度
20  #设置男生女生消费金额
21  men = num * ratio
22  women = num * (1-ratio)
23  df3=df2.drop_duplicates(['类别'])                          #去除类别重复的记录
24  name=(list(df3['类别']))
25  #生成图表
26  x = name
27  width = 0.5
28  idx = np.arange(len(x))
29  plt.bar(idx, men, width,color='slateblue', label='男性用户')
30  plt.bar(idx, women, width, bottom=men, color='orange', label='女性用户')
31  plt.xlabel('消费类别')
32  plt.ylabel('男女分布')
33  plt.xticks(idx+width/2, x, rotation=20)
34  #在图表上显示数字
35  for a,b in zip(idx,men):
36      plt.text(a, b, '%.0f' % b, ha='center', va='top',fontsize=12)  #对齐方式
37  for a,b,c in zip(idx,women,men):
38      plt.text(a, b+c+0.5, '%.0f' % b, ha='center', va= 'bottom',fontsize=12)
39  plt.legend()
```

## 6.5.2 案例 2：统计双色球中奖号码热力图

案例位置：资源包\MR\Code\06\example\02

下面通过 Seaborn 热力图统计我们抓取的 2014—2019 年双色球中奖数据中，每一位中奖号码出现的次数的分布情况，效果如图 6.16 所示。

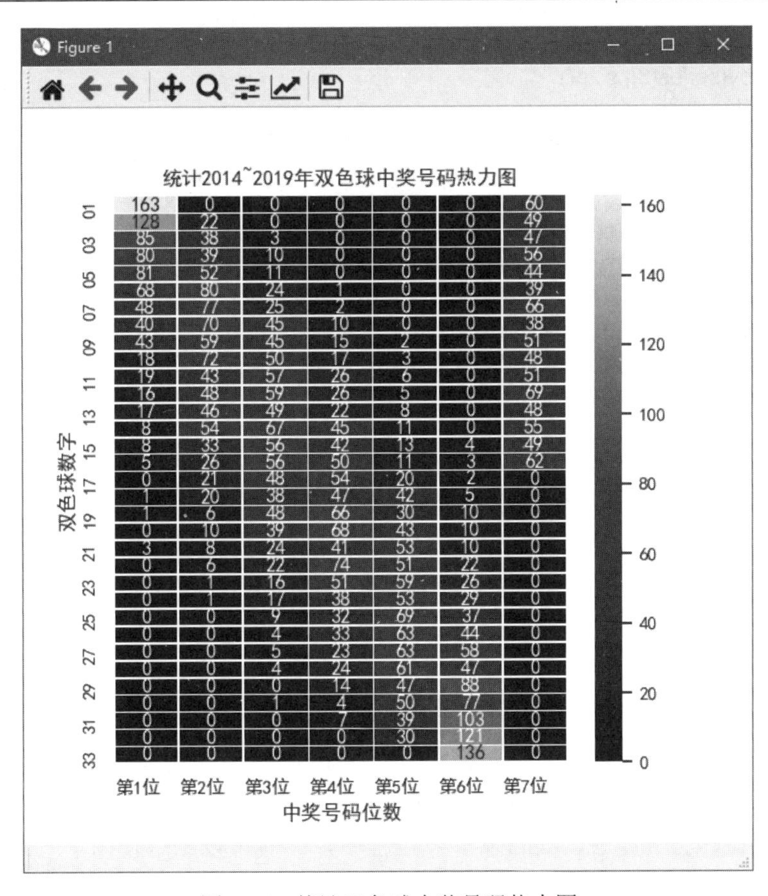


图 6.16　统计双色球中奖号码热力图

图 6.16 中前 6 位是红色球，第 7 位是蓝色球，颜色越浅出现的次数越多。从分析结果得知：红色球第 1 位“01”和第 6 位“33”出现的次数最多，蓝色球第 7 位“12”出现的次数最多，总体看蓝色球各个数字出现的次数差不多；同时我们也看到，红色球大数在前几位很少出现，而小数在后几位很少出现。

程序代码如下：

```
01    import pandas as pd
02    import matplotlib.pyplot as plt
03    import seaborn as sns
04    sns.set()                                                  #使用默认设置
05    plt.figure(figsize=(6,6))
06    plt.rcParams['font.sans-serif'] = ['SimHei']               #显示中文
07    df=pd.read_csv('data.csv',encoding='gb2312')               #导入 Excel 文件
08    series=df['中奖号码'].str.split('    ',expand=True)         #提取每一位中奖号码
09    #对每一位中奖号码统计出现次数
10    df1=df.groupby(series[0]).size()
11    df2=df.groupby(series[1]).size()
12    df3=df.groupby(series[2]).size()
13    df4=df.groupby(series[3]).size()
14    df5=df.groupby(series[4]).size()
```

```
15  df6=df.groupby(series[5]).size()
16  df7=df.groupby(series[6]).size()
17  #横向表合并（行对齐）
18  data = pd.concat([df1,df2,df3,df4,df5,df6,df7], axis=1,sort=True)
19  data=data.fillna(0)                                    #空值 NaN 替换为 0
20  data=data.round(0).astype(int)                         #浮点数转换为整数
21  plt.title('统计 2014—2019 年双色球中奖号码热力图')
22  sns.heatmap(data,annot=True, fmt='d', lw=0.5)          #绘制热力图
23  plt.xlabel('中奖号码位数')
24  plt.ylabel('双色球数字')
25  x=['第 1 位','第 2 位','第 3 位','第 4 位','第 5 位','第 6 位','第 7 位']
26  plt.xticks(range(0,7,1),x,ha='left')
```

上述代码中，使用了 Seaborn 的 heatmap()函数来绘制热力图，其中 annot 参数控制数值是否显示，fmt 参数控制数值的格式，lw 参数为线宽，cmap 参数控制使用的颜色模式。

## 6.6 小　　结

相信通过本章的介绍读者对 Seaborn 已经有所了解，并能够感受到它比 Matplotlib 更高级，绘制图表更加容易，其效果更具有吸引力。但不要就此放弃 Matplotlib，因为 Seaborn 只是 Matplotlib 的补充，而不是 Matplotlib 的替代品。Matplotlib 能够绘制出更多特色的图表，而 Seaborn 却无法实现，它们各有特色，有待读者慢慢体会和挖掘。在日常开发过程中，二者可以结合使用。

# 第 7 章

# 第三方可视化数据分析图表 Pyecharts

Echarts 是一个由百度开源的数据可视化工具，而 Python 是一门适用于数据处理和数据分析的语言，为了适应 Python 的需求，Pyecharts 诞生了。

本章以 Pyecharts 1.7.1 版本为主，介绍 Pyecharts 的安装、链式调用、Pyecharts 图表的组成，以及如何绘制柱状图、折线图、面积图、饼形图、箱形图、散点图、词云图、热力图、水球图和日历图。此外，本章还通过综合应用介绍南丁格尔玫瑰图、双 $y$ 轴可视化数据分析图表的实现，以及饼形图与环形图组合图表的实现。接下来，就让我们开启 Pyecharts 的旅程。

## 7.1 Pyecharts 概述

### 7.1.1 Pyecharts 简介

Pyecharts 是一个用于生成 Echarts 图表的类库。Echarts 是百度开源的一个数据可视化 JS 库。用 Echarts 生成的图可视化效果非常好，而 Pyecharts 则是专门为了与 Python 衔接，方便在 Python 中直接使用的可视化数据分析图表。使用 Pyecharts 可以生成独立的网页格式的图表，还可以在 flask、django 中直接使用，非常方便。

Pyecharts 的图表类型非常多且效果非常漂亮，例如图 7.1、图 7.2 和图 7.3 所示的线性闪烁图、仪表盘图和水球图。

Pyecharts 的图表类型主要包括 Bar（柱状图/条形图）、Boxplot（箱形图）、Funnel（漏斗图）、Gauge（仪表盘）、HeatMap（热力图）、Line（折线/面积图）、Line3D（3D 折线图）、Liquid（水球图）、Map（地图）、Parallel（平行坐标系）、Pie（饼图）、Polar（极坐标系）、Radar（雷达图）、Scatter（散点图）和 WordCloud（词云图）等。

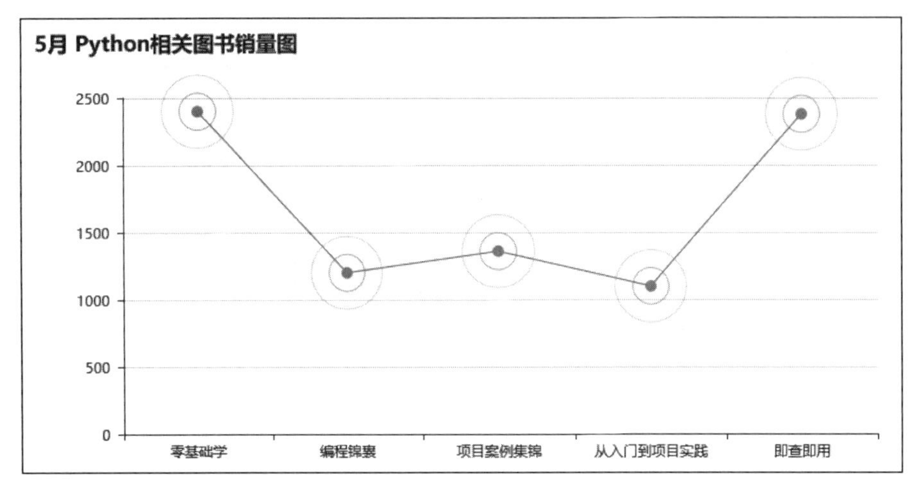


图 7.1　线性闪烁图

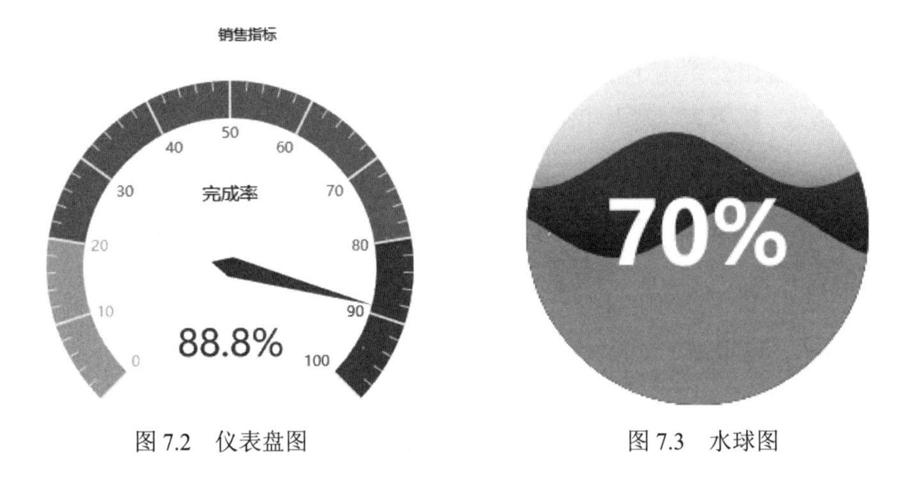


图 7.2　仪表盘图

图 7.3　水球图

## 7.1.2　安装 Pyecharts

在 anaconda 命令提示符窗口中安装 Pyecharts 库。在系统搜索框中输入 anaconda prompt，单击 Anaconda Prompt 打开 Anaconda Prompt 命令提示符窗口，使用 pip 工具安装，命令如下：

```
pip install pyecharts==1.7.1
```

安装成功后，将提示安装成功的字样，如“Successfully installed pyecharts-1.7.1”。

**说明**

由于 Pyecharts 各个版本的相关代码有一些区别，因此这里建议安装与笔者相同的版本，以免造成不必要的麻烦。那么，对于已经安装完成的 Pyecharts，可以使用如下方法查看 Pyecharts 的版本，代码如下：

```
import pyecharts
print(pyecharts.__version__)
```

运行程序，控制台输出结果如下：

```
1.7.1
```

如果安装版本与笔者不同，建议卸载重新安装 Pyecharts 1.7.1 版本。

## 7.1.3　绘制第一张图表

【示例 01】　绘制简单的柱状图。（**示例位置：资源包\MR\Code\07\01**）

下面使用 Pyecharts 绘制一张简单的柱状图，具体步骤如下。

（1）从 pyecharts.charts 库中导入 Bar 模块，代码如下：

```
from pyecharts.charts import Bar   #从 pyecharts.charts 库中导入 Bar 模块
```

（2）创建一个空的 Bar()对象，代码如下：

```
bar = Bar()
```

（3）定义 $x$ 轴和 $y$ 轴数据，其中 $x$ 轴为月份，$y$ 轴为销量。代码如下：

```
01    bar.add_xaxis(["1 月", "2 月", "3 月", "4 月", "5 月", "6 月"])
02    bar.add_yaxis("零基础学 Python", [2567, 1888, 1359, 3400, 4050, 5500])
03    bar.add_yaxis("Python 趣味案例编程", [1567, 988, 2270,3900, 2750, 3600])
```

（4）渲染图表到 HTML 文件中，并存放在程序所在目录下，代码如下：

```
bar.render("mycharts.html")
```

运行程序，在程序所在路径下生成一个名为 mycharts.html 的 HTML 文件，打开该文件，效果如图 7.4 所示。

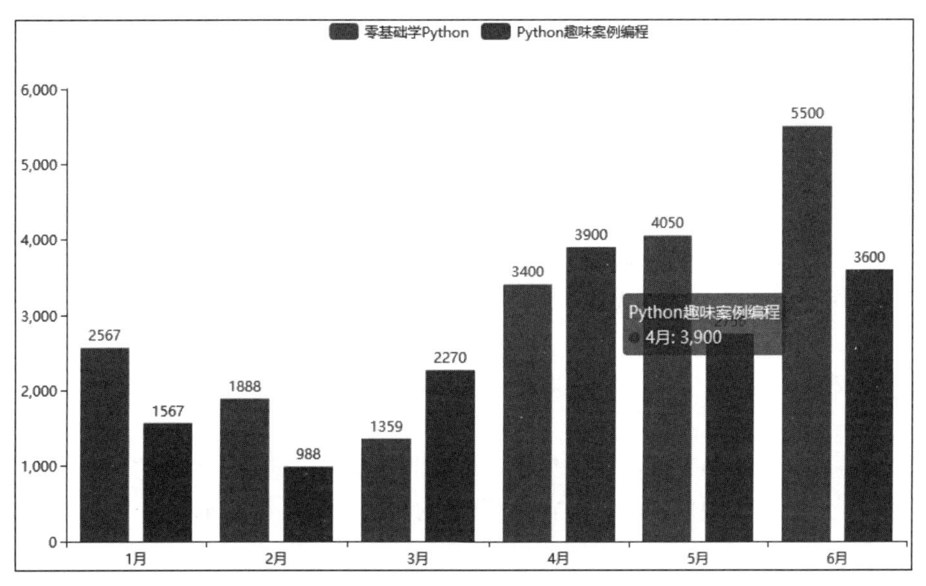


图 7.4　绘制第一张图表

以上就是我们绘制的第一张 Pyecharts 图表。

**Pyecharts 1.0 以上版本对方法的链式调用**

对于方法的调用可分为单独调用和链式调用。单独调用就是常规的一个方法一个方法的调用。而链式调用的关键在于方法化，现在很多开源库或者代码都使用链式调用。链式调用将所有需要调用的方法写在一个方法里，这样使得我们的代码看上去更加简洁易懂。

下面以本节的“第一张图表”为例，在调用 Bar 模块的各个方法时，将单独调用与链式调用进行简单对比，效果如图 7.5 所示。

```
from pyecharts.charts import Bar
bar = Bar()
bar.add_xaxis(["1 月", "2 月", "3 月", "4 月", "5 月", "6 月"])
bar.add_yaxis("零基础学 Python", [2567, 1888, 1359, 3400, 4050, 5500])
bar.add_yaxis("Python趣味案例编程", [1567, 988, 2270,3900, 2750, 3600])
bar.render("mycharts.html")
```

```
from pyecharts.charts import Bar
bar =(
      Bar()
      .add_xaxis(["1 月", "2 月", "3 月", "4 月", "5 月", "6 月"])
      .add_yaxis("零基础学 Python", [2567, 1888, 1359, 3400, 4050, 5500])
      .add_yaxis("Python 趣味案例编程", [1567, 988, 2270,3900, 2750, 3600])
)
bar.render("mycharts.html")
```

图 7.5　单独调用与链式调用对比

从图 7.5 中可以看出，链式调用将所有需要调用的方法写在了一个方法里，这样的代码看上去更加简洁易懂。当然，如果不习惯使用链式调用，单独调用也可以。

# 7.2　Pyecharts 图表的组成

Pyecharts 不仅具备 Matplotlib 图表的一些常用功能，而且还提供了独有的、别具特色的功能。主要包括主题风格的设置、提示框、视觉映射、工具箱和区域缩放等，如图 7.6 所示。这些功能使得 Pyecharts 能够绘制出各种各样、超乎想象的图表。

## 7.2.1　主题风格

Pyecharts 内置提供了 15 种不同的主题风格，并提供了便捷的定制主题的方法。主要使用 Pyecharts 库的 options 模块，通过该模块的 InitOpts()方法设置图表的主题风格。下面介绍 InitOpts()方法的几个关键参数。

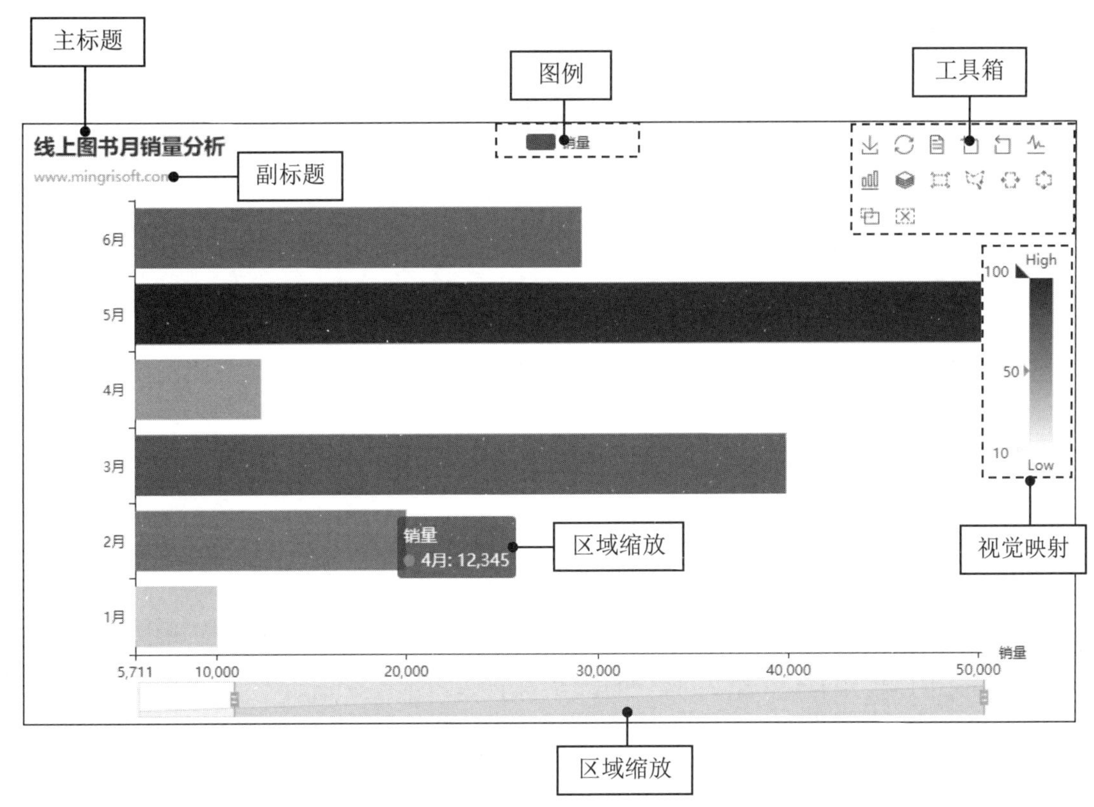


图 7.6　Pyecharts 图表的组成

参数说明：

☑　width：字符型，图表画布宽度，以像素为单位，例如 width='500px'。

☑　height：字符型，图表画布高度，以像素为单位，例如 height='300px'。

☑　chart_id：图表的 ID，图表的唯一标识，主要用于多张图表时以区分每张图表。

☑　page_title：字符型，网页标题。

☑　theme：图表主题，其参数值主要由 ThemeType 模块提供。

☑　bg_color：字符型，图表背景颜色，例如 bg_color='black'或 bg_color='#fff'。

下面详细介绍一下 ThemeType 模块提供的 15 种图表主题风格，如表 7.1 所示。

表 7.1　theme 参数设置值

| 主　　题 | 说　　明 | 主　　题 | 说　　明 |
| --- | --- | --- | --- |
| ThemeType.WHITE | 默认主题 | ThemeType.ROMA | 罗马假日主题 |
| ThemeType.LIGHT | 浅色主题 | ThemeType.ROMANTIC | 浪漫主题 |
| ThemeType.DARK | 深色主题 | ThemeType.SHINE | 闪耀主题 |
| ThemeType.CHALK | 粉笔色 | ThemeType.VINTAGE | 葡萄酒主题 |
| ThemeType.ESSOS | 厄索斯大陆 | ThemeType.WALDEN | 瓦尔登湖 |
| ThemeType.INFOGRAPHIC | 信息图 | ThemeType.WESTEROS | 维斯特洛大陆 |
| ThemeType.MACARONS | 马卡龙主题 | ThemeType.WONDERLAND | 仙境 |
| ThemeType.PURPLE_PASSION | 紫色热烈主题 | — | — |

【示例 02】 为图表更换主题。（**示例位置：资源包\MR\Code\07\02**）

下面为“第一张图表”更换主题，具体步骤如下所示。

（1）从 pyecharts.charts 库中导入 Bar 模块，代码如下：

```
from pyecharts.charts import Bar
```

（2）从 pyecharts 库中导入 options 模块，代码如下：

```
from pyecharts import options as opts
```

（3）从 pyecharts.globals 库中导入主题类型模块 ThemeType，代码如下：

```
from pyecharts.globals import ThemeType
```

（4）设置画布大小、图表主题和图表背景颜色，代码如下：

```
01  bar =(
02      Bar(init_opts=opts.InitOpts(width='500px',height='300px',          #设置画布大小
03                                  theme=ThemeType.LIGHT,                #设置主题
04                                  bg_color='#fff'))                     #设置图表背景颜色
05      #x 轴和 y 轴数据
06      .add_xaxis(["1 月", "2 月", "3 月", "4 月", "5 月", "6 月"])
07      .add_yaxis("零基础学 Python", [2567, 1888, 1359, 3400, 4050, 5500])
08      .add_yaxis("Python 趣味案例编程", [1567, 988, 2270,3900, 2750, 3600])
09      )
```

（5）渲染图表到 HTML 文件中，并存放在程序所在目录下，代码如下：

```
bar.render("mycharts1.html")
```

运行程序，在程序所在路径下生成一个名为 mycharts1.html 的 HTML 文件，打开该文件，效果如图 7.7 所示。

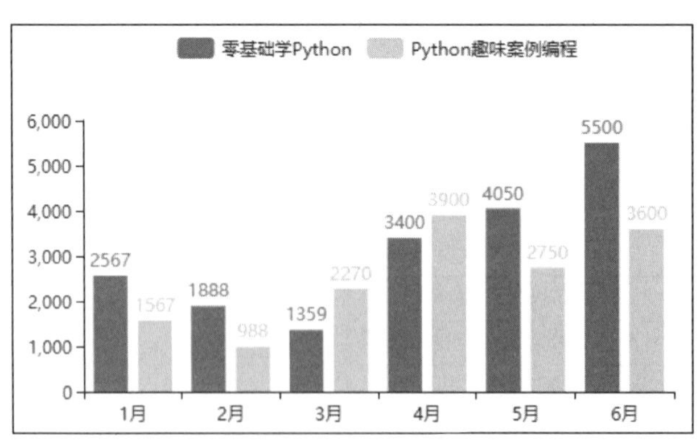


图 7.7 主题风格

## 7.2.2 图表标题

图表标题主要通过 set_global_options()方法的 title_opts 参数进行设置，该参数值参考 options 模块

的 TitleOpts()方法，该方法可以实现主标题、副标题、距离设置以及文字样式等。TitleOpts()方法主要参数说明如下。

- ☑ title：字符型，默认值为 None。主标题文本，支持换行符“\n”。
- ☑ title_link：字符型，默认值为 None。主标题跳转 URL 链接。
- ☑ title_target：字符型，默认值为 None。主标题跳转链接的方式，默认值为 blank，表示在新窗口打开。可选参数 self，表示在当前窗口打开。
- ☑ subtitle：字符型，默认值为 None。副标题文本，支持换行符“\n”。
- ☑ subtitle_link：字符型，默认值为 None。副标题跳转 URL 链接。
- ☑ subtitle_target：字符型，默认值为 None。副标题跳转链接的方式，默认值为 blank，表示在新窗口打开。可选参数 self，表示在当前窗口打开。
- ☑ pos_left：字符型，默认值为 None。标题距左侧的距离，其值可以是像 10 这样的具体像素值，也可以是像 10%这样的相对于容器的高宽的百分比，还可以是 left、center 或 right，标题将根据相应的位置自动对齐。
- ☑ pos_right：字符型，默认值为 None。标题距右侧的距离，其值可以是像 10 这样的具体像素值，也可以是像 10%这样的相对于容器的高宽的百分比。
- ☑ pos_top：字符型，默认值为 None。标题距顶端的距离，其值可以是像 10 这样的具体像素值，也可以是像 10%这样的相对于容器的高宽的百分比，还可以是 top、middle 或 bottom，标题将根据相应的位置自动对齐。
- ☑ pos_bottom：字符型，默认值为 None。标题距底端的距离，其值可以是像 10 这样的具体像素值，也可以是像 10%这样的相对于容器的高宽的百分比。
- ☑ padding：标题内边距，单位为像素。默认值为各方向（上右下左）内边距为 5，接受数组分别设定上右下左边距，例如 padding=[10,4,5,90]。
- ☑ item_gap：数值型，主标题与副标题之间的间距，例如 item_gap=3.5。
- ☑ title_textstyle_opts：主标题文字样式配置项，参考 options 模块的 TextStyleOpts()方法。主要包括颜色、字体样式、字体的粗细、字体的大小以及对齐方式等。例如，设置标题颜色为红色，字体大小为 16，代码如下：

```
title_textstyle_opts=opts.TextStyleOpts(color='red',font_size=18)
```

- ☑ subtitle_textstyle_opts：副标题文字样式配置项。同上。

**【示例 03】**　为图表设置标题。（**示例位置：资源包\MR\Code\07\03**）

下面为“第一张图表”设置标题，具体步骤如下所示。

（1）从 pyecharts.charts 库中导入 Bar 模块，代码如下：

```
from pyecharts.charts import Bar
```

（2）从 pyecharts 库中导入 options 模块，代码如下：

```
from pyecharts import options as opts
```

（3）从 pyecharts.globals 库中导入主题类型模块 ThemeType，代码如下：

```
from pyecharts.globals import ThemeType
```

（4）生成图表，设置图表标题，包括主标题、主标题字体颜色和大小、副标题、标题内边距，以及主标题与副标题之间的间距。代码如下：

```
01  bar =(
02      Bar(init_opts=opts.InitOpts(theme=ThemeType.LIGHT))                    #主题风格
03      #x 轴和 y 轴数据
04      .add_xaxis(["1 月", "2 月", "3 月", "4 月", "5 月", "6 月"])
05      .add_yaxis("零基础学 Python", [2567, 1888, 1359, 3400, 4050, 5500])
06      .add_yaxis("Python 趣味案例编程", [1567, 988, 2270,3900, 2750, 3600])
07      #设置图表标题
08      .set_global_opts(title_opts=opts.TitleOpts("热门图书销量分析",             #主标题
09                              padding=[10,4,5,90],                           #标题内边距
10                              subtitle='www.mingrisoft.com',                 #副标题
11                              item_gap=5,                                    #主标题与副标题之间的间距
12                              #主标题字体颜色和大小
13                              title_textstyle_opts=opts.TextStyleOpts(color='red',font_size=18)
14                                                  ))
15      )
```

（5）渲染图表到 HTML 文件中，并存放在程序所在目录下，代码如下：

```
bar.render("mycharts2.html")
```

运行程序，在程序所在路径下生成一个名为 mycharts2.html 的 HTML 文件，打开该文件，效果如图 7.8 所示。

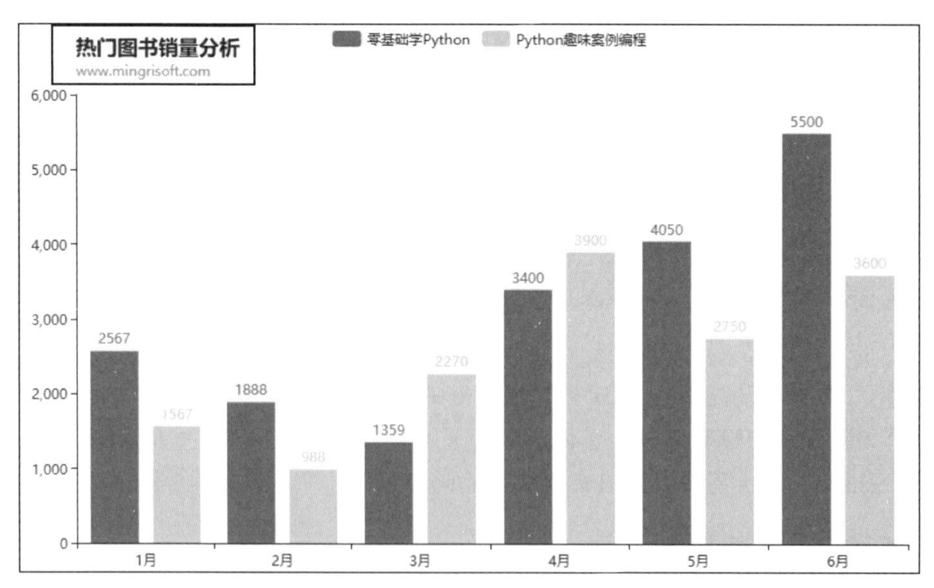


图 7.8　图表标题

## 7.2.3　图例

设置图例主要通过 set_global_opts()方法的 legend_opts 参数进行设置，该参数值参考 options 模块

的 LegendOpts()方法。LegendOpts()方法主要参数说明如下。

☑ is_show：布尔值，是否显示图例，值为 True 显示图例，值为 False 则不显示图例。
☑ pos_left：字符串或数字，默认值为 None。图例离容器左侧的距离，其值可以是像 10 这样的具体像素值，也可以是 10%，表示相对于容器高宽的百分比，还可以是 left、center 或 right，图例将根据相应的位置自动对齐。
☑ pos_right：字符串或数字，默认值为 None。图例离容器右侧的距离，其值可以是像 10 这样的具体像素值，也可以是 10%，表示相对于容器高宽的百分比。
☑ pos_top：字符串或数字，默认值为 None。图例离容器顶端的距离，其值可以是像 10 这样的具体像素值，也可以是 10%，表示相对于容器高宽的百分比，还可以是 top、middle 或 bottom，图例将根据相应的位置自动对齐。
☑ pos_bottom：字符串或数字，默认值为 None。图例离容器底端的距离，其值可以是像 10 这样的具体像素值，也可以是 10%，表示相对于容器高宽的百分比。
☑ orient：字符串，默认值为 None。图例列表的布局朝向，其值为 horizontal（横向）或 vertical（纵向）。
☑ align：字符串。图例标记和文本的对齐，其值为 auto、left 或 right，默认值为 auto（自动）。根据图表的位置和 orient 参数（图例列表的朝向）决定。
☑ padding：整型，图例内边距，单位为像素（px），默认值为各方向内边距为 5。
☑ item_gap：图例之间的间隔。横向布局时为水平间隔，纵向布局时为纵向间隔。默认间隔为 10。
☑ item_width：图例标记的宽度。默认宽度为 25。
☑ item_height：图例标记的高度。默认高度为 14。
☑ textstyle_opts：图例的字体样式。参考 options 模块的 TextStyleOpts()方法。主要包括颜色、字体样式、字体的粗细、字体的大小以及对齐方式等。
☑ legend_icon：图例标记的样式。其值为 circle（圆形）、rect（矩形）、roundRect（圆角矩形）、triangle（三角形）、diamond（菱形）、pin（大头针）、arrow（箭头）或 none（无），也可以设置为图片。

【示例 04】　为图表设置图例。（**示例位置：资源包\MR\Code\07\04**）

下面为“第一张图表”设置图例，具体步骤如下所示。

（1）从 pyecharts.charts 库中导入 Bar 模块，代码如下：

```
from pyecharts.charts import Bar
```

（2）从 pyecharts 库中导入 options 模块，代码如下：

```
from pyecharts import options as opts
```

（3）生成图表，设置图表标题和图例。其中图例主要包括图例离容器右侧的距离、图例标记的宽度和图例标记的样式，代码如下：

```
01    bar =(
02         Bar(init_opts=opts.InitOpts(theme=ThemeType.LIGHT))   #主题风格
03          #x 轴和 y 轴数据
```

```
04        .add_xaxis(["1 月", "2 月", "3 月", "4 月", "5 月", "6 月"])
05        .add_yaxis("零基础学 Python", [2567, 1888, 1359, 3400, 4050, 5500])
06        .add_yaxis("Python 趣味案例编程", [1567, 988, 2270,3900, 2750, 3600])
07        #设置图表标题
08        .set_global_opts(title_opts=opts.TitleOpts("热门图书销量分析",  #主标题
09                        padding=[10,4,5,90],                          #标题内边距
10                        subtitle='www.mingrisoft.com',                #副标题
11                        item_gap=5,                                   #主标题与副标题之间的间距
12                        #主标题字体颜色和大小
13                        title_textstyle_opts=opts.TextStyleOpts(color='red',font_size=18)),
14    #设置图例
15    legend_opts=opts.LegendOpts(pos_right=50,                         #图例离容器右侧的距离
16                                item_width=45,                        #图例标记的宽度
17                                legend_icon='circle'))                #图例标记的样式为圆形
18        )
19    bar.render("mycharts3.html")                                      #生成图表
```

运行程序，在程序所在路径下生成一个名为 mycharts3.html 的 HTML 文件，打开该文件，效果如图 7.9 所示。

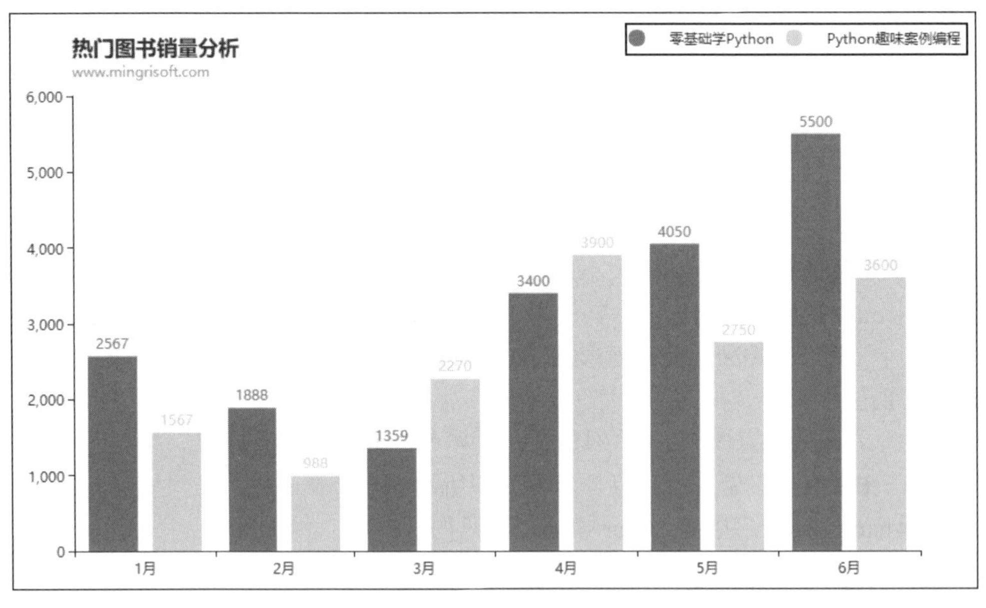


图 7.9　图例

## 7.2.4　提示框

提示框的设置主要通过 set_global_opts()方法的 tooltip_opts 参数进行设置，该参数值参考 options 模块的 TooltipOpts()方法。TooltipOpts()方法主要参数说明如下。

☑　is_show：布尔值，是否显示提示框。

☑　trigger：提示框触发的类型，可选参数。item 数据项图形触发，主要在散点图和饼图等无类目

轴的图表中使用。axis 坐标轴触发，主要在柱状图和折线图等使用类目轴的图表中使用。None 不触发，无提示框。

☑ trigger_on：提示框触发的条件，可选参数。mousemove 鼠标移动时触发，click 鼠标单击时触发，mousemove|click 鼠标移动和单击的同时触发，none 鼠标不移动或不单击时触发。

☑ axis_pointer_type：指示器类型，可选参数。其值如下。

  ➢ line：直线指示器。
  ➢ shadow：阴影指示器。
  ➢ cross：十字线指示器。
  ➢ none：无指示器。

☑ background_color：提示框的背景颜色。

☑ border_color：提示框边框的颜色。

☑ border_width：提示框边框的宽度。

☑ textstyle_opts：提示框中文字的样式。参考 options 模块的 TextStyleOpts()方法。主要包括颜色、字体样式、字体的粗细、字体的大小以及对齐方式等。

【示例 05】 为图表设置提示框。（**示例位置：资源包\MR\Code\07\05**）

下面设置提示框的样式，具体步骤如下所示。

（1）导入相关模块，代码如下：

```
01  from pyecharts import options as opts
02  from pyecharts.charts import Bar
03  from pyecharts.globals import ThemeType
```

（2）设置图表标题和图例。其中图例主要包括图例离容器右侧的距离、图例标记的宽度和图例标记的样式，代码如下：

```
01  bar =(
02      Bar(init_opts=opts.InitOpts(theme=ThemeType.LIGHT))                #主题风格
03       #x 轴和 y 轴数据
04      .add_xaxis(["1 月", "2 月", "3 月", "4 月", "5 月", "6 月"])
05      .add_yaxis("零基础学 Python", [2567, 1888, 1359, 3400, 4050, 5500])
06      .add_yaxis("Python 趣味案例编程", [1567, 988, 2270,3900, 2750, 3600])
07      #设置图表标题
08      .set_global_opts(title_opts=opts.TitleOpts("热门图书销量分析",       #主标题
09                          padding=[10,4,5,90],                           #标题内边距
10                          subtitle='www.mingrisoft.com',                 #副标题
11                          item_gap=5,                                    #主标题与副标题之间的间距
12                          #主标题字体颜色和大小
13                          title_textstyle_opts=opts.TextStyleOpts(color='red',font_size=18)),
14                          #设置图例
15                          legend_opts=opts.LegendOpts(pos_right=50,      #图例离容器右侧的距离
16                          item_width=45,                                 #图例标记的宽度
17                          legend_icon='circle'),                         #图例标记的样式为圆形
```

（3）生成图表，设置提示框。鼠标单击时触发提示框，设置提示框为十字线指示器，设置背景色、

边框宽度和边框颜色，代码如下：

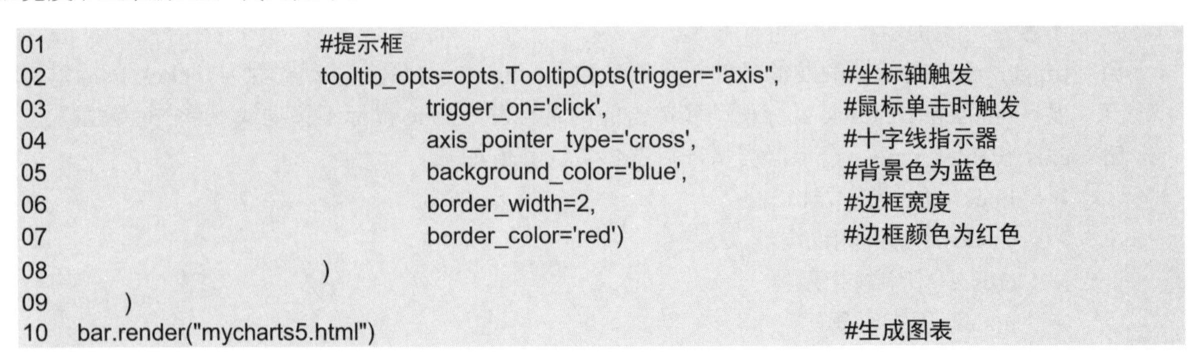

```
01                          #提示框
02                          tooltip_opts=opts.TooltipOpts(trigger="axis",        #坐标轴触发
03                                  trigger_on='click',                          #鼠标单击时触发
04                                  axis_pointer_type='cross',                   #十字线指示器
05                                  background_color='blue',                     #背景色为蓝色
06                                  border_width=2,                              #边框宽度
07                                  border_color='red')                          #边框颜色为红色
08                          )
09          )
10     bar.render("mycharts5.html")                                            #生成图表
```

运行程序，在程序所在路径下生成一个名为 mycharts5.html 的 HTML 文件，打开该文件，效果如图 7.10 所示。

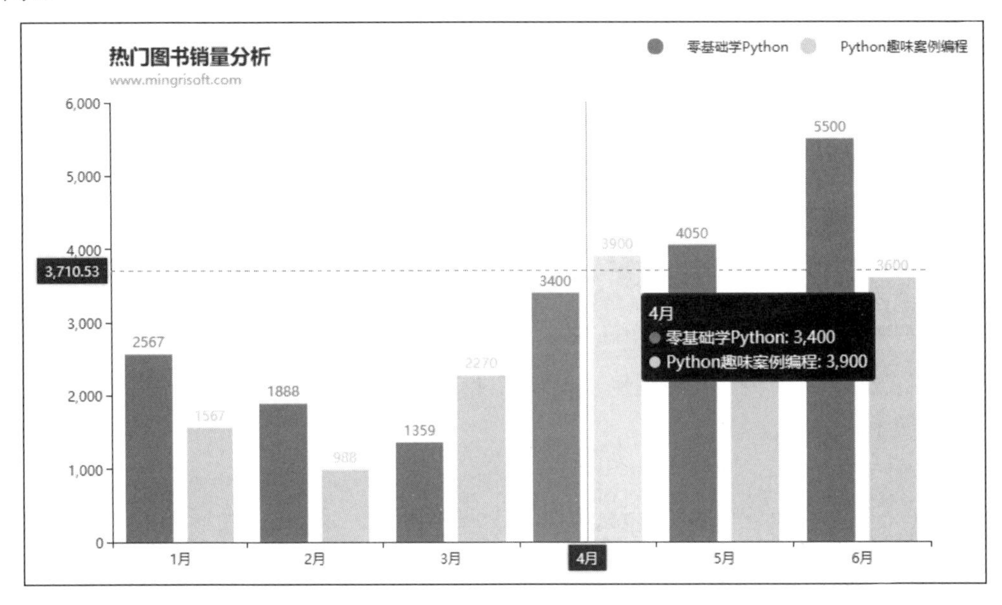


图 7.10　提示框

## 7.2.5　视觉映射

视觉映射主要通过 set_global_opts()方法的 title_opts 参数进行设置，该参数值参考 options 模块的 VisualMapOpts()方法。VisualMapOpts()方法主要参数说明如下。

☑ is_show：布尔型，是否显示视觉映射配置。
☑ type_：映射过渡类型，可选参数，其值为 color 或 size。
☑ min_：整型或浮点型，颜色条的最小值。
☑ max_：整型或浮点型，颜色条的最大值。
☑ range_text：颜色条两端的文本，例如，High 或 Low。
☑ range_color：序列。颜色范围（过渡颜色），例如 range_color=["#FFF0F5", "#8B008B"]。

☑　orient：颜色条放置方式，水平（horizontal）或者竖直（vertical）。
☑　pos_left：颜色条离左侧的距离。
☑　dimension：颜色条映射的维度。
☑　is_piecewise：布尔型，是否分段显示数据。

【示例 06】　为图表添加视觉映射。（**示例位置：资源包\MR\Code\07\06**）

下面为图表添加视觉映射，具体步骤如下所示。

（1）导入相关模块，代码如下：

```
01  from pyecharts import options as opts
02  from pyecharts.charts import Bar
```

（2）为柱状图添加数据，代码如下：

```
01  bar=Bar()
02  #为柱状图添加数据
03  bar.add_dataset(source=[
04                  ["val", "销量","月份"],
05                  [24, 10009, "1 月"],
06                  [57, 19988, "2 月"],
07                  [74, 39870, "3 月"],
08                  [50, 12345, "4 月"],
09                  [99, 50145, "5 月"],
10                  [68, 29146, "6 月"]
11                  ]
12          )
13  bar.add_yaxis(
14          series_name="销量",                                    #系列名称
15          yaxis_data=[],                                         #系列数据
16          encode={"x": "销量", "y": "月份"},                     #对 x 轴和 y 轴数据进行编码
17          label_opts=opts.LabelOpts(is_show=False)               #不显示标签文本
18          )
```

（3）设置图表标题和视觉映射，并生成图表，代码如下：

```
01  bar.set_global_opts(
02          title_opts=opts.TitleOpts("线上图书月销量分析",                   #主标题
03                                  subtitle='www.mingrisoft.com'),       #副标题
04          xaxis_opts=opts.AxisOpts(name="销量"),                         #x 轴坐标轴名称
05          yaxis_opts=opts.AxisOpts(type_="category"),                   #y 轴坐标轴类型为“类目”
06          #视觉映射
07          visualmap_opts=opts.VisualMapOpts(
08              orient="horizontal",                                      #水平放置颜色条
09              pos_left="center",                                        #居中
10              min_=10,                                                  #颜色条最小值
11              max_=100,                                                 #颜色条最大值
12              range_text=["High", "Low"],                               #颜色条两端的文本
13              dimension=0,                                              #颜色条映射的维度
14              range_color=["#FFF0F5", "#8B008B"]                        #颜色范围
```

```
15                )
16          )
17   bar.render("mycharts6.html")                               #生成图表
```

运行程序，在程序所在路径下生成一个名为 mycharts6.html 的 HTML 文件，打开该文件，效果如图 7.11 所示。

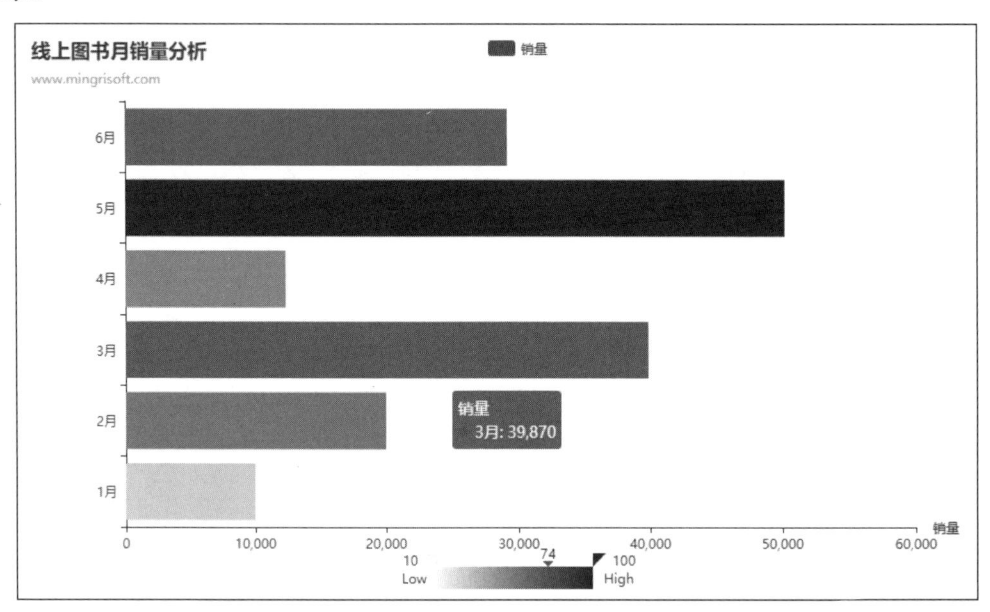


图 7.11　视觉映射

## 7.2.6　工具箱

工具箱主要通过 set_global_opts()方法的 title_opts 参数进行设置，该参数值参考 options 模块的 ToolboxOpts()方法。ToolboxOpts()方法主要参数说明如下。

☑ is_show：布尔值，是否显示工具箱。
☑ orient：工具箱的布局朝向。可选参数，默认值为 None，其值为 horizontal（水平）或 vertical（竖直）。
☑ pos_left：工具箱离容器左侧的距离。
☑ pos_right：工具箱离容器右侧的距离。
☑ pos_top：工具箱离容器顶端的距离。
☑ pos_bottom：工具箱离容器底端的距离。
☑ feature：工具箱中每个工具的配置项。

【示例 07】　为图表添加工具箱。（**示例位置：资源包\MR\Code\07\07**）

下面为图表添加工具箱，具体步骤如下所示。

（1）导入相关模块，代码如下：

```
01   from pyecharts import options as opts
02   from pyecharts.charts import Bar
```

（2）绘制柱状图，代码如下：

```
01  bar=Bar()
02  #为柱状图添加数据
03  bar.add_dataset(source=[
04                  ["val", "销量","月份"],
05                  [24, 10009, "1 月"],
06                  [57, 19988, "2 月"],
07                  [74, 39870, "3 月"],
08                  [50, 12345, "4 月"],
09                  [99, 50145, "5 月"],
10                  [68, 29146, "6 月"]
11                  ]
12          )
13  bar.add_yaxis(
14          series_name="销量",                                    #系列名称
15          yaxis_data=[],                                         #系列数据
16          encode={"x": "销量", "y": "月份"},                     #对 x 轴和 y 轴数据进行编码
17          label_opts=opts.LabelOpts(is_show=False)               #不显示标签文本
18          )
19  bar.set_global_opts(
20          title_opts=opts.TitleOpts("线上图书月销量分析", #主标题
21                                    subtitle='www.mingrisoft.com'),  #副标题
22          xaxis_opts=opts.AxisOpts(name="销量"),                 #x 轴坐标轴名称
23          yaxis_opts=opts.AxisOpts(type_="category"),            #y 轴坐标轴类型为“类目”
24          #视觉映射
25          visualmap_opts=opts.VisualMapOpts(
26              orient="horizontal",                               #水平放置颜色条
27              pos_left="center",                                 #居中
28              min_=10,                                           #颜色条最小值
29              max_=100,                                          #颜色条最大值
30              range_text=["High", "Low"],                        #颜色条两端的文本
31              dimension=0,                                       #颜色条映射的维度
32              range_color=["#FFF0F5", "#8B008B"]                 #颜色范围
33                          ),
```

（3）添加工具箱，并生成图表，代码如下：

```
01          #工具箱
02          toolbox_opts=opts.ToolboxOpts(is_show=True,            #显示工具箱
03                                        pos_left=700)            #工具箱离容器左侧的距离
04          )
05  bar.render("mycharts7.html")                                   #生成图表
```

运行程序，在程序所在路径下生成一个名为 mycharts7.html 的 HTML 文件，打开该文件，效果如图 7.12 所示。

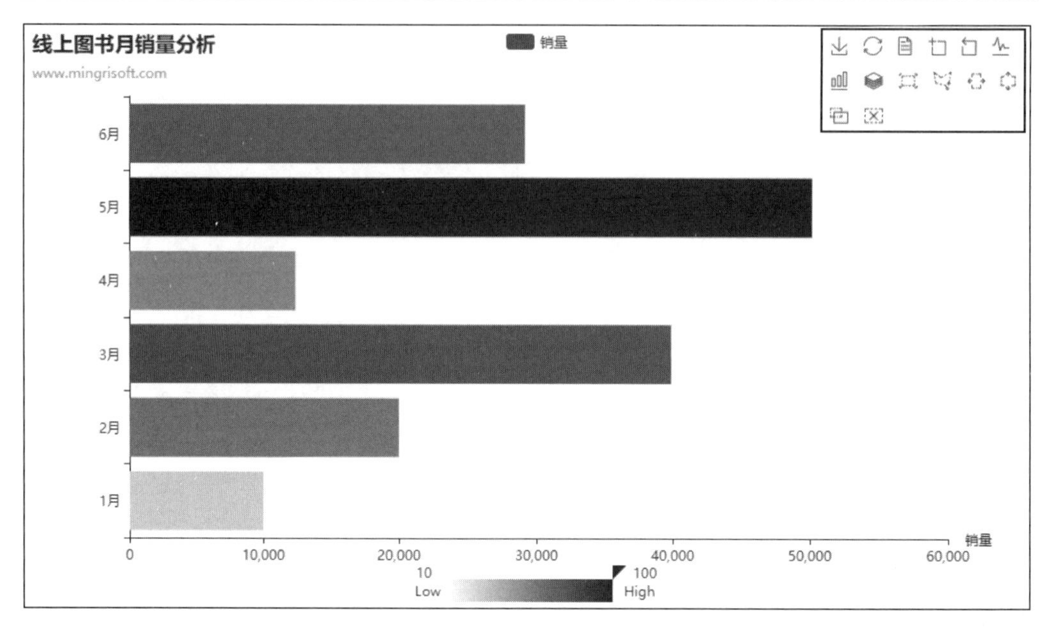


图 7.12　工具箱

## 7.2.7　区域缩放

区域缩放工具条主要通过 set_global_opts()方法的 datazoom_opts 参数进行设置，该参数值参考 options 模块的 DataZoomOpts()方法。DataZoomOpts()方法主要参数说明如下。

- ☑ is_show：布尔值，是否显示区域缩放工具条。
- ☑ type_：区域缩放工具条的类型，可选参数，其值为 slider 或 inside。
- ☑ is_realtime：布尔值，是否实时更新图表。
- ☑ range_start：数据窗口范围的起始百分比，其值为 0～100，表示 0%～100%。
- ☑ range_end：数据窗口范围的结束百分比，其值为 0～100，表示 0%～100%。
- ☑ start_value：数据窗口的起始数值。
- ☑ end_value：数据窗口范围的结束数值。
- ☑ orient：区域缩放工具条的布局方式。可选参数，默认值为 None，其值为 horizontal（水平）或 vertical（竖直）。
- ☑ pos_left：工具箱离容器左侧的距离。
- ☑ pos_right：工具箱离容器右侧的距离。
- ☑ pos_top：工具箱离容器顶端的距离。
- ☑ pos_bottom：工具箱离容器底端的距离。

【示例 08】　为图表添加区域缩放。（**示例位置：资源包\MR\Code\07\08**）

下面为图表添加区域缩放工具条，具体步骤如下所示。

（1）导入相关模块，代码如下：

```
01    from pyecharts import options as opts
02    from pyecharts.charts import Bar
```

（2）绘制柱状图，代码如下：

```
01  bar=Bar()
02  #为柱状图添加数据
03  bar.add_dataset(source=[
04                  ["val", "销量","月份"],
05                  [24, 10009, "1 月"],
06                  [57, 19988, "2 月"],
07                  [74, 39870, "3 月"],
08                  [50, 12345, "4 月"],
09                  [99, 50145, "5 月"],
10                  [68, 29146, "6 月"]
11                  ]
12          )
13  bar.add_yaxis(
14          series_name="销量",                                    #系列名称
15          yaxis_data=[],                                         #系列数据
16          encode={"x": "销量", "y": "月份"},                      #对 x 轴和 y 轴数据进行编码
17          label_opts=opts.LabelOpts(is_show=False)               #不显示标签文本
18          )
19  bar.set_global_opts(
20          title_opts=opts.TitleOpts("线上图书月销量分析",           #主标题
21                          subtitle='www.mingrisoft.com'),        #副标题
22          xaxis_opts=opts.AxisOpts(name="销量"),                  #x 轴坐标轴名称
23          yaxis_opts=opts.AxisOpts(type_="category"),            #y 轴坐标轴类型为“类目”
24          #视觉映射
25          visualmap_opts=opts.VisualMapOpts(
26              orient="vertical",                                 #竖直放置颜色条
27              pos_right=20,                                      #工具箱离容器右侧的距离
28              pos_top=100,                                       #工具箱离容器顶端的距离
29              min_=10,                                           #颜色条最小值
30              max_=100,                                          #颜色条最大值
31              range_text=["High", "Low"],                        #颜色条两端的文本
32              dimension=0,                                       #颜色条映射的维度
33              range_color=["#FFF0F5", "#8B008B"]                 #颜色范围
34                      ),
35          #工具箱
36          toolbox_opts=opts.ToolboxOpts(is_show=True,            #显示工具箱
37                              pos_left=700),                     #工具箱离容器左侧的距离
```

（3）添加区域缩放工具条，并生成图表，代码如下：

```
01          #区域缩放工具条
02          datazoom_opts=opts.DataZoomOpts()
03          )
04  bar.render("mycharts8.html")                                   #生成图表
```

运行程序，在程序所在路径下生成一个名为 mycharts8.html 的 HTML 文件，打开该文件，效果如图 7.13 所示。

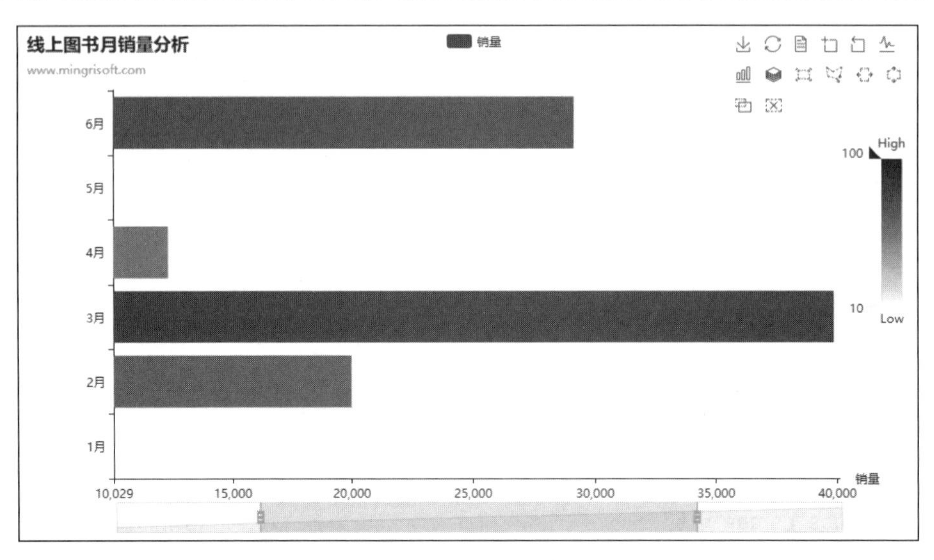


图 7.13　区域缩放

# 7.3　Pyecharts 图表的绘制

## 7.3.1　柱状图——Bar 模块

绘制柱状图/条形图主要使用 Bar 模块实现，主要方法介绍如下。

☑　add_xaxis()：*x* 轴数据。

☑　add_yaxis()：*y* 轴数据。

☑　reversal_axis()：翻转 *x*、*y* 轴数据。

☑　add_dataset()：原始数据。一般来说，原始数据表达的是二维表。

【示例 09】　绘制多柱状图。(**示例位置：资源包\MR\Code\07\09**)

上述内容简单介绍了柱状图的绘制，下面通过 Pandas 导入 Excel 文件中的数据，然后绘制多柱状图，分析近 7 年各个电商平台的销量情况，具体步骤如下所示。

（1）导入相关模块，代码如下：

```
01    import pandas as pd
02    from pyecharts.charts import Bar
03    from pyecharts import options as opts
04    from pyecharts.globals import ThemeType
```

（2）导入 Excel 文件，代码如下：

```
01    #导入 Excel 文件
02    df = pd.read_excel('books.xlsx',sheet_name='Sheet2')
03    #x 轴和 y 轴数据
04    x=list(df['年份'])
05    y1=list(df['京东'])
```

```
06  y2=list(df['天猫'])
07  y3=list(df['自营'])
```

（3）绘制多柱状图，代码如下：

```
01  bar = Bar(init_opts=opts.InitOpts(theme=ThemeType.LIGHT))  #创建柱状图并设置主题
02  #为柱状图添加 x 轴和 y 轴数据
03  bar.add_xaxis(x)
04  bar.add_yaxis('京东',y1)
05  bar.add_yaxis('天猫',y2)
06  bar.add_yaxis('自营',y3)
07  #渲染图表到 HTML 文件中，并存放在程序所在目录下
08  bar.render("mybar1.html")
```

运行程序，对比效果如图 7.14 和图 7.15 所示。

| Index | 序号 | 年份 | 京东 | 天猫 | 自营 |
|---|---|---|---|---|---|
| 0 | B01 | 2013 | 680 | 325 | 806 |
| 1 | B02 | 2014 | 890 | 1878 | 2883 |
| 2 | B03 | 2015 | 1560 | 2347 | 9438 |
| 3 | B04 | 2016 | 2345 | 2900 | 5721 |
| 4 | B05 | 2017 | 5589 | 3214 | 10420 |
| 5 | B06 | 2018 | 12988 | 4325 | 15408 |
| 6 | B07 | 2019 | 15250 | 5845 | 17927 |

图 7.14　数据展示

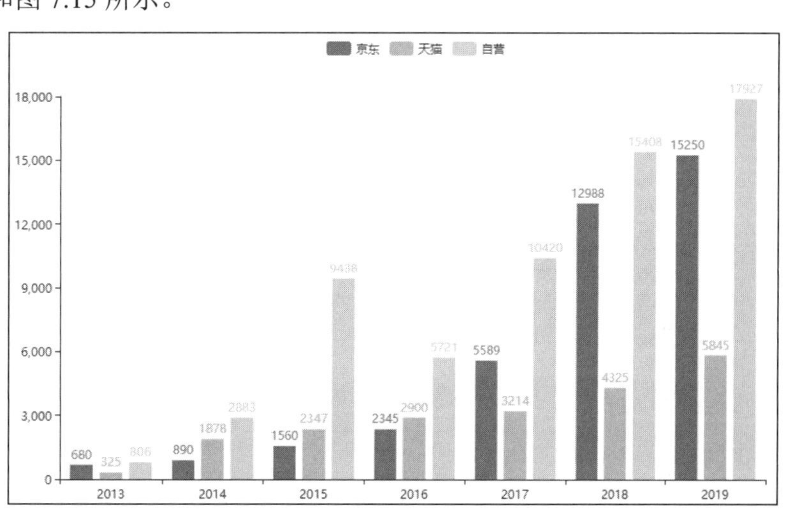


图 7.15　多柱状图展示

## 7.3.2　折线/面积图——Line 模块

绘制折线/面积图主要使用 Line 模块的 add_xaxis()方法和 add_yaxis()方法实现。下面介绍 add_yaxis()方法的几个主要参数。

☑　series_name：系列名称。用于提示文本和图例标签。

☑　y_axis：$y$ 轴数据。

☑　color：标签文本的颜色。

☑　symbol：标记。包括 circle、rect、roundRect、triangle、diamond、pin、arrow 或 none，也可以设置为图片。

☑　symbol_size：标记大小。

☑　is_smooth：布尔值，是否为平滑曲线。

☑　is_step：布尔值，是否显示为阶梯图。

☑　linestyle_opts：线条样式。参考 series_options.LineStyleOpts。

☑　areastyle_opts：填充区域配置项，主要用于绘制面积图。该参数值须参考 options 模块的

AreaStyleOpts()方法，例如 areastyle_opts=opts.AreaStyleOpts(opacity=1)。

【示例 10】　绘制折线图。（**示例位置：资源包\MR\Code\07\10**）

下面绘制折线图，分析近 7 年各个电商平台的销量情况，具体步骤如下所示。

（1）导入相关模块，代码如下：

```
01  import pandas as pd
02  from pyecharts.charts import Line
```

（2）绘制折线图，代码如下：

```
01  #导入 Excel 文件
02  df = pd.read_excel('books.xlsx',sheet_name='Sheet2')
03  x=list(df['年份'])
04  y1=list(df['京东'])
05  y2=list(df['天猫'])
06  y3=list(df['自营'])
07  line=Line()   #创建折线图
08  #为折线图添加 x 轴和 y 轴数据
09  line.add_xaxis(xaxis_data=x)
10  line.add_yaxis(series_name="京东",y_axis=y1)
11  line.add_yaxis(series_name="天猫",y_axis=y2)
12  line.add_yaxis(series_name="自营",y_axis=y3)
13  #渲染图表到 HTML 文件中，并存放在程序所在目录下
14  line.render("myline1.html")
```

运行程序，在程序所在路径下生成 myline1.html 的 HTML 文件，打开该文件，效果如图 7.16 所示。

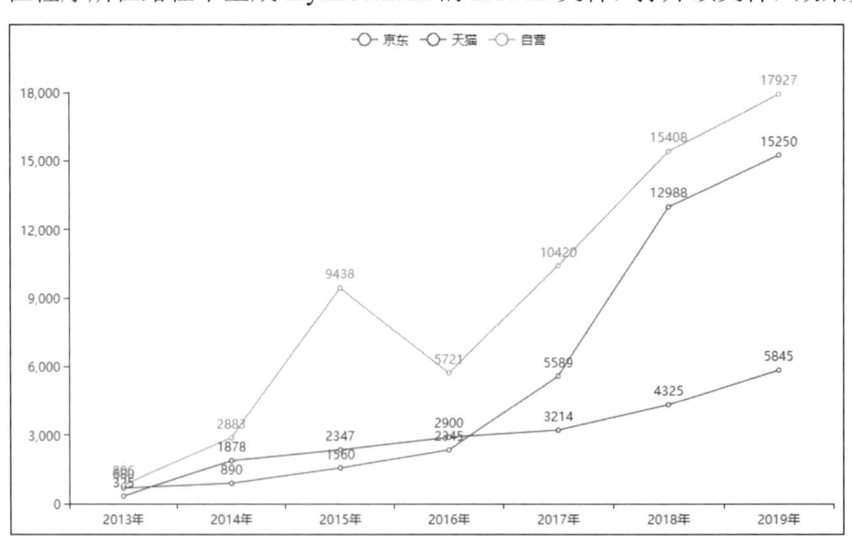


图 7.16　折线图

**注意**

*x* 轴数据必须为字符串，否则图表不显示。如果数据为其他类型，需要使用 str()函数转换为字符串，如 x_data=[str(i) for i in x]。

**【示例 11】**　绘制面积图。（**示例位置：资源包\MR\Code\07\11**）

使用 Line 模块还可以绘制面积图，主要通过在 add_yaxis()方法中指定 areastyle_opts 参数，该参数值由 options 模块的 AreaStyleOpts()方法提供。下面绘制面积图，具体步骤如下所示。

（1）导入相关模块，代码如下：

```
01    import pandas as pd
02    from pyecharts.charts import Line
03    from pyecharts import options as opts
```

（2）绘制面积图，代码如下：

```
01    #导入 Excel 文件
02    df = pd.read_excel('books.xlsx',sheet_name='Sheet2')
03    x=list(df['年份'])
04    y1=list(df['京东'])
05    y2=list(df['天猫'])
06    y3=list(df['自营'])
07    line=Line()   #创建面积图
08    #为面积图添加 x 轴和 y 轴数据
09    line.add_xaxis(xaxis_data=x)
10    line.add_yaxis(series_name="自营",y_axis=y3,areastyle_opts=opts.AreaStyleOpts(opacity=1))
11    line.add_yaxis(series_name="京东",y_axis=y1,areastyle_opts=opts.AreaStyleOpts(opacity=1))
12    line.add_yaxis(series_name="天猫",y_axis=y2,areastyle_opts=opts.AreaStyleOpts(opacity=1))
13    #渲染图表到 HTML 文件中，并存放在程序所在目录下
14    line.render("myline2.html")
```

运行程序，在程序所在路径下生成 myline2.html 的 HTML 文件，打开该文件，效果如图 7.17 所示。

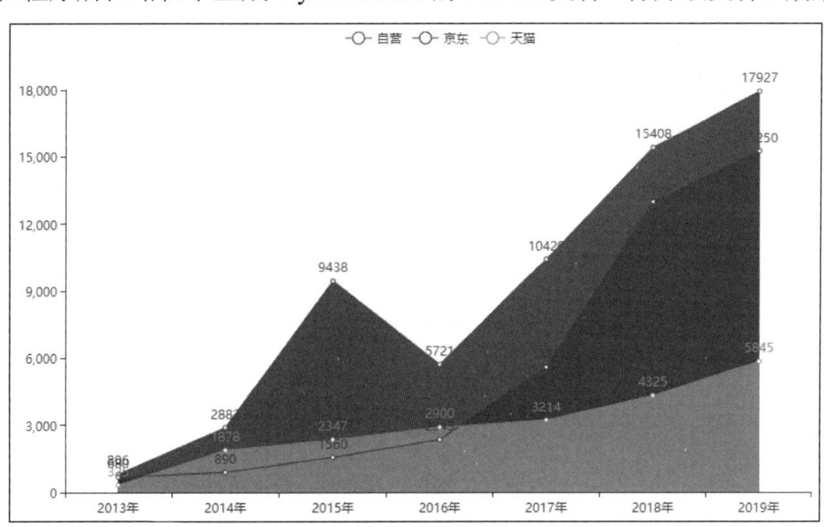


图 7.17　面积图

## 7.3.3　饼形图——Pie 模块

绘制饼形图主要使用 Pie 模块的 add()方法实现。下面介绍 add()方法的几个主要参数。

☑ series_name：系列名称。用于提示文本和图例标签。

☑ data_pair：数据项，格式为[(key1, value1), (key2, value2)]。可使用 zip()函数将可迭代对象打包成元组，然后再转换为列表。

☑ color：系列标签的颜色。

☑ radius：饼图的半径，数组的第一项是内半径，第二项是外半径。默认设置为百分比，相对于容器高宽中较小的一项的一半。

☑ rosetype：是否展开为南丁格尔玫瑰图（也称南丁格尔的玫瑰），通过半径区分数据大小。其值为 radius 或 area，radius 表示通过扇区圆心角展现数据的百分比，通过半径展现数据的大小；area 表示所有扇区圆心角相同，仅通过半径展现数据的大小。

**知识胶囊**

南丁格尔，英国护士和统计学家，出生于意大利的一个英国上流社会的家庭。南丁格尔被描述为“在统计的图形显示方法上，是一个真正的先驱”，她发展出极坐标图饼图的形式，或称为南丁格尔玫瑰图，相当于现代圆形直方图，以说明她在管理的野战医院内，病人死亡率在不同季节的变化。她使用极坐标图饼图，向不会阅读统计报告的国会议员，报告克里米亚战争的医疗条件。

☑ is_clockwise：饼图的扇区是否以顺时针显示。

【示例 12】 饼形图分析各地区销量占比情况。（**示例位置：资源包\MR\Code\07\12**）

下面绘制饼形图，分析各地区销量占比情况，具体步骤如下所示。

（1）导入相关模块，代码如下：

```
01  import pandas as pd
02  from pyecharts.charts import Pie
03  from pyecharts import options as opts
```

（2）导入 Excel 文件，并将数据处理为列表加元组的形式，代码如下：

```
01  #导入 Excel 文件
02  df = pd.read_excel('data2.xls')
03  x_data=df['地区']
04  y_data=df['销量']
05  #将数据转换为列表加元组的格式（[(key1, value1), (key2, value2)]）
06  data=[list(z) for z in zip(x_data, y_data)]
07  #数据排序
08  data.sort(key=lambda x: x[1])
```

（3）创建饼形图，代码如下：

```
01  pie=Pie()                                    #创建饼形图
02  #为饼形图添加数据
03  pie.add(
04          series_name="地区",                  #序列名称
05          data_pair=data,                      #数据
06      )
07  pie.set_global_opts(
```

```
08              #饼形图标题居中
09              title_opts=opts.TitleOpts(
10                   title="各地区销量情况分析",
11                   pos_left="center"),
12              #不显示图例
13              legend_opts=opts.LegendOpts(is_show=False),
14        )
15    pie.set_series_opts(
16              #序列标签
17              label_opts=opts.LabelOpts(),
18        )
19    #渲染图表到 HTML 文件中，并存放在程序所在目录下
20    pie.render("mypie1.html")
```

运行程序，在程序所在路径下生成 mypie1.html 的 HTML 文件，打开该文件，效果如图 7.18 所示。

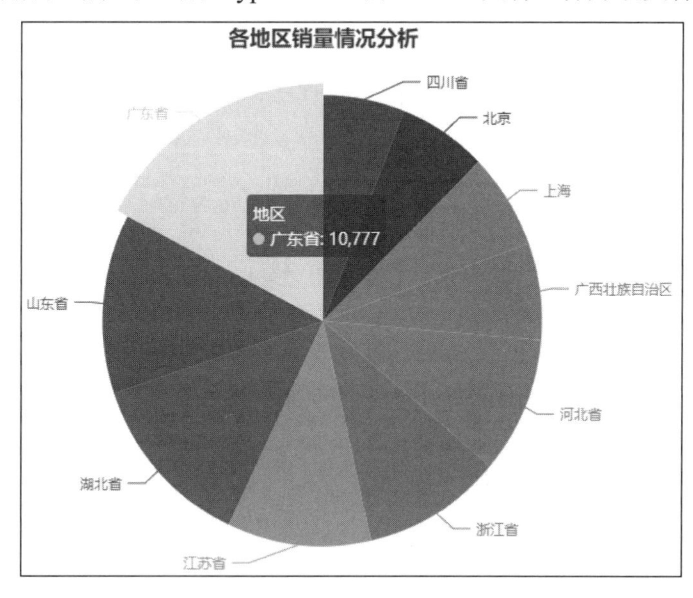


图 7.18　饼形图

## 7.3.4　箱形图——Boxplot 模块

【示例 13】　绘制简单的箱形图。（**示例位置：资源包\MR\Code\07\13**）

绘制箱形图主要使用 Boxplot 模块的 add_xaxis()方法和 add_yaxis()方法实现。下面绘制一个简单的箱形图，程序代码如下：

```
01    import pandas as pd
02    from pyecharts.charts import Boxplot
03    #导入 Excel 文件
04    df = pd.read_excel('Tips.xlsx')
05    y_data=[list(df['总消费'])]
06    boxplot=Boxplot()     #创建箱形图
07    #为箱形图添加数据
```

```
08    boxplot.add_xaxis([""])
09    boxplot.add_yaxis('',y_axis=boxplot.prepare_data(y_data))
10    #渲染图表到 HTML 文件中，并存放在程序所在目录下
11    boxplot.render("myboxplot.html")
```

运行程序，在程序所在路径下生成 myboxplot.html 的 HTML 文件，打开该文件，效果如图 7.19 所示。

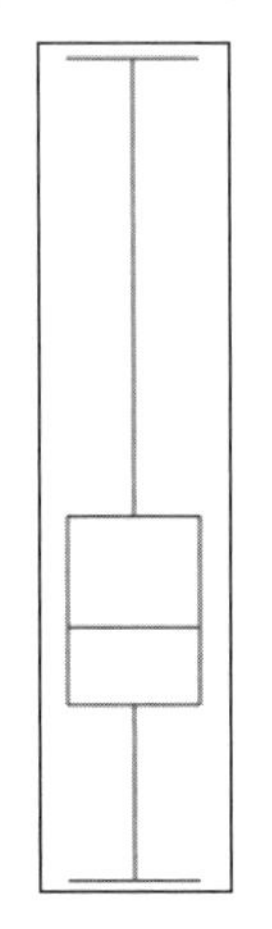

图 7.19　箱形图

### 7.3.5　涟漪特效散点图——EffectScatter 模块

【示例 14】　绘制简单的散点图。（**示例位置：资源包\MR\Code\07\14**）

绘制涟漪特效散点图主要使用 EffectScatter 模块的 add_xaxis()方法和 add_yaxis()方法实现。下面绘制一个简单的涟漪特效散点图，程序代码如下：

```
01    import pandas as pd
02    from pyecharts.charts import EffectScatter
03    #导入 Excel 文件
04    df = pd.read_excel('books.xlsx',sheet_name='Sheet2')
05    #x 轴和 y 轴数据
06    x=list(df['年份'])
07    y1=list(df['京东'])
08    y2=list(df['天猫'])
09    y3=list(df['自营'])
10    #绘制涟漪散点图
11    scatter=EffectScatter()
12    scatter.add_xaxis(x)
13    scatter.add_yaxis("",y1)
14    scatter.add_yaxis("",y2)
15    scatter.add_yaxis("",y3)
16    #渲染图表到 HTML 文件中，并存放在程序所在目录下
17    scatter.render("myscatter.html")
```

运行程序，在程序所在路径下生成 myscatter.html 的 HTML 文件，打开该文件，效果如图 7.20 所示。

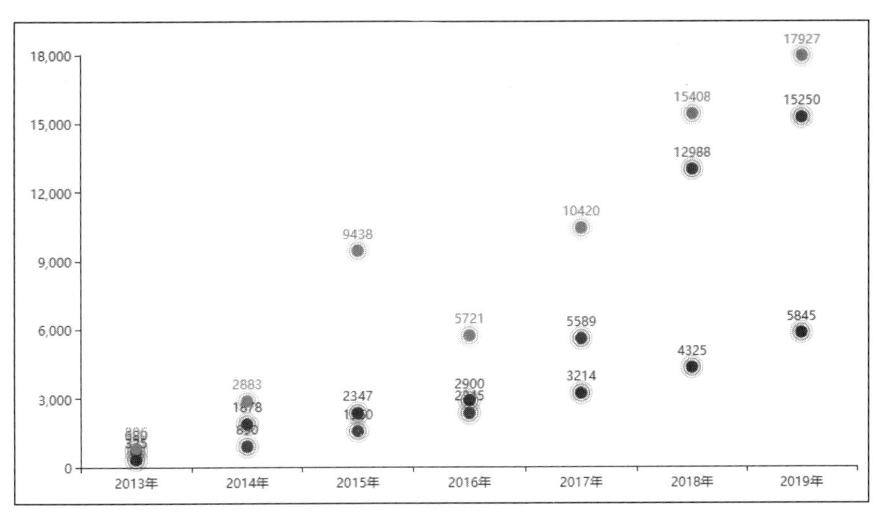


图 7.20　涟漪特效散点图

## 7.3.6　词云图——WordCloud 模块

绘制词云图主要使用 WordCloud 模块的 add()方法实现。下面介绍 add()方法的几个主要参数。

☑ series_name：系列名称。用于提示文本和图例标签。

☑ data_pair：数据项。格式为[(word1,count1), (word2, count2)]。可使用 zip()函数将可迭代对象打包成元组，然后再转换为列表。

☑ shape：字符型，词云图的轮廓。其值为 circle、cardioid、diamond、triangle-forward、triangle、pentagon 或 star。

☑ mask_image：自定义图片（支持的图片格式为 jpg、jpeg、png 和 ico）。该参数支持 base64（一种基于 64 个可打印字符来表示二进制数据的方法）和本地文件路径（相对或者绝对路径都可以）。

☑ word_gap：单词间隔。

☑ word_size_range：单词字体大小范围。

☑ rotate_step：旋转单词角度。

☑ pos_left：距离左侧的距离。

☑ pos_top：距离顶部的距离。

☑ pos_right：距离右侧的距离。

☑ pos_bottom：距离底部的距离。

☑ width：词云图的宽度。

☑ height：词云图的高度。

实现词云图首先需要通过 jieba 模块的 TextRank 算法从文本中提取关键词。TextRank 是一种文本排序算法，是基于著名的网页排序算法 PageRank 改动而来。TextRank 不仅能进行关键词提取，也能做自动文摘。

根据某个词所连接的所有词汇的权重（权重是指某一因素或指标相对于某一事物的重要程度，这里指某个词在整段文字中的重要程度），重新计算该词汇的权重，然后把重新计算的权重传递下去，直到这种变化达到均衡态，权重数值不再发生改变。根据最后的权重值，取其中排列靠前的词汇作为关键词。

【示例 15】 绘制词云图分析用户评论内容。(**示例位置：资源包\MR\Code\07\15**)

接下来绘制词云图，分析用户的评论内容。具体步骤如下所示。

（1）安装 jieba 模块，运行 anaconda prompt（Anaconda），通过 pip 命令安装 jieba 模块，安装命令如下：

```
pip install jieba
```

（2）导入相关模块，代码如下：

```
01  from pyecharts.charts import WordCloud
02  from jieba import analyse
```

（3）使用 TextRank 算法从文本中提取关键词，代码如下：

```
01  #基于 TextRank 算法从文本中提取关键词
02  textrank = analyse.textrank
03  text = open('111.txt','r',encoding='gbk').read()
04  keywords = textrank(text,topK=30)
05  list1=[]
06  tup1=()
```

（4）关键词列表，代码如下：

```
01  #关键词列表
02  for keyword, weight in textrank(text,topK=30, withWeight=True):
03      print('%s %s' % (keyword, weight))
04      tup1=(keyword,weight)                                  #关键词权重
05      list1.append(tup1)                                     #添加到列表中
```

（5）绘制词云图，代码如下：

```
01  mywordcloud=WordCloud()
02  mywordcloud.add('',list1,word_size_range=[20,100])
03  mywordcloud.render('wordclound.html')
```

运行程序，在程序所在路径下生成 wordclound.html 的 HTML 文件，打开该文件，效果如图 7.21 所示。

图 7.21 词云图

## 7.3.7 热力图——HeatMap 模块

【示例 16】 热力图统计双色球中奖号码出现的次数。（**示例位置：资源包\MR\Code\07\16**）

绘制热力图主要使用 HeatMap 模块的 add_xaxis()方法和 add_yaxis()方法。下面通过热力图统计 2014—2019 年双色球中奖号码出现的次数，具体步骤如下所示。

（1）导入相关模块，代码如下：

```
01  import pyecharts.options as opts
02  from pyecharts.charts import HeatMap
03  import pandas as pd
```

（2）导入 Excel 文件，并进行数据处理，代码如下：

```
01  #导入 Excel 文件
02  df=pd.read_csv('data.csv',encoding='gb2312')
03  series=df['中奖号码'].str.split('  ',expand=True)                #提取中奖号码
04  #统计每一位中奖号码出现的次数
05  df1=df.groupby(series[0]).size()
06  df2=df.groupby(series[1]).size()
07  df3=df.groupby(series[2]).size()
08  df4=df.groupby(series[3]).size()
09  df5=df.groupby(series[4]).size()
10  df6=df.groupby(series[5]).size()
11  df7=df.groupby(series[6]).size()
12  #横向表合并（行对齐）
13  data = pd.concat([df1,df2,df3,df4,df5,df6,df7], axis=1,sort=True)
14  data=data.fillna(0)                                              #空值 NaN 替换为 0
15  data=data.round(0).astype(int)                                   #浮点数转换为整数
```

（3）将数据转换为 HeatMap 支持的列表格式，代码如下：

```
01  #数据转换为 HeatMap 支持的列表格式
02  value1=[]
03  for i in range(7):
04      for j in range(33):
05          value1.append([i,j,int(data.iloc[j,i])])
```

（4）绘制热力图，代码如下：

```
01  x=['第 1 位','第 2 位','第 3 位','第 4 位','第 5 位','第 6 位','第 7 位']
02  heatmap=HeatMap(init_opts=opts.InitOpts(width='600px',height='650px'))
03  heatmap.add_xaxis(x)
04  heatmap.add_yaxis("aa",list(data.index),value=value1,            #y 轴数据
05                  #y 轴标签
06                  label_opts=opts.LabelOpts(is_show=True,color='white',position="center"))
07  heatmap.set_global_opts(title_opts=opts.TitleOpts(title="统计 2014—2019 年双色球中奖号码出现的次数",
pos_left="center"),
08          legend_opts=opts.LegendOpts(is_show=False),              #不显示图例
```

```
09            xaxis_opts=opts.AxisOpts(                                   #坐标轴配置项
10                type_="category",                                      #类目轴
11                splitarea_opts=opts.SplitAreaOpts(                     #分隔区域配置项
12                    is_show=True,
13                    #区域填充样式
14                    areastyle_opts=opts.AreaStyleOpts(opacity=1)
15                ),
16                ),
17            yaxis_opts=opts.AxisOpts(                                   #坐标轴配置项
18                type_="category",                                      #类目轴
19                splitarea_opts=opts.SplitAreaOpts(                     #分隔区域配置项
20                    is_show=True,
21                    #区域填充样式
22                    areastyle_opts=opts.AreaStyleOpts(opacity=1)
23                ),
24            ),
25            #视觉映射配置项
26            visualmap_opts=opts.VisualMapOpts(is_piecewise=True,        #分段显示
27                                              min_=1,max_=170,         #最小值、最大值
28                                              orient='horizontal',     #水平方向
29                                              pos_left="center")       #居中
30        )
31    heatmap.render("heatmap.html")
```

运行程序，在程序所在路径下生成 heatmap.html 的 HTML 文件，打开该文件，效果如图 7.22 所示。

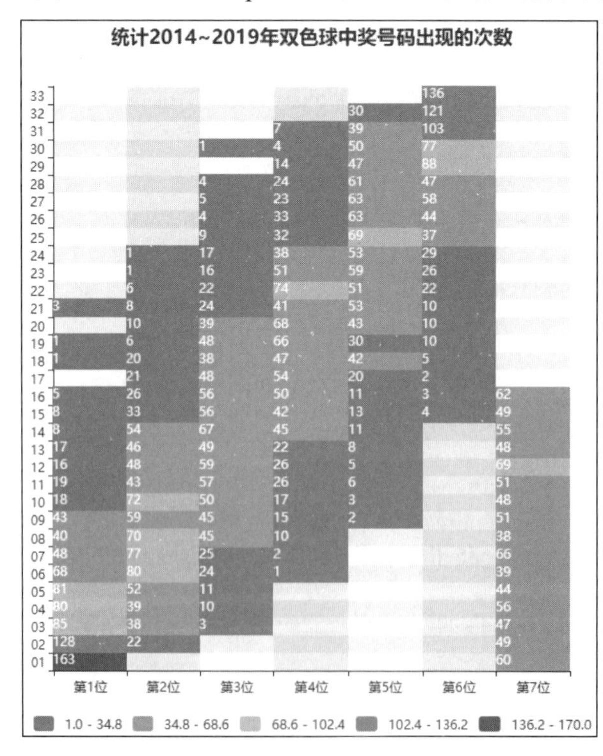


图 7.22　热力图

### 7.3.8　水球图——Liquid 模块

【示例 17】　绘制水球图。（示例位置：资源包\MR\Code\07\17）

绘制水球图主要使用 Liquid 模块的 add()方法实现。下面绘制一个简单的涟漪特效散点图，程序代码如下：

```
01  from pyecharts.charts import Liquid
02  #绘制水球图
03  liquid=Liquid()
04  liquid.add('',[0.7])
05  liquid.render("myliquid.html")
```

运行程序，在程序所在路径下生成 myliquid.html 的 HTML 文件，打开该文件，效果如图 7.23 所示。

图 7.23　水球图

### 7.3.9　日历图——Calendar 模块

【示例 18】　绘制加班日历图。（示例位置：资源包\MR\Code\07\18）

绘制日历图主要使用 Calendar 模块的 add()方法实现。下面绘制一个简单日历图，通过该日历图分析 6 月份加班情况，程序代码如下：

```
01  import pandas as pd
02  from pyecharts import options as opts
03  from pyecharts.charts import Calendar
04  #导入 Excel 文件
05  df=pd.read_excel('202001.xls')
06  data=df.stack()  #行列转换
07  #求最大值和最小值
08  mymax=round(max(data),2)
09  mymin=round(min(data),2)
10  #生成日期
11  index=pd.date_range('20200601','20200630')
12  #合并列表
13  data_list=list(zip(index,data))
14  #生成日历图
```

```
15  calendar=Calendar()
16  calendar.add("",
17                  data_list,
18                  calendar_opts=opts.CalendarOpts(range_=['2020-06-01','2020-06-30']))
19  calendar.set_global_opts(
20            title_opts=opts.TitleOpts(title="2020 年 6 月加班情况",pos_left='center'),
21            visualmap_opts=opts.VisualMapOpts(
22                 max_=mymax,
23                 min_=mymin+0.1,
24                 orient="horizontal",
25                 is_piecewise=True,
26                 pos_top="230px",
27                 pos_left="70px",
28            ),
29       )
30  calendar.render("mycalendar.html")
```

运行程序，在程序所在路径下生成 calendar.html 的 HTML 文件，打开该文件，效果如图 7.24 所示。

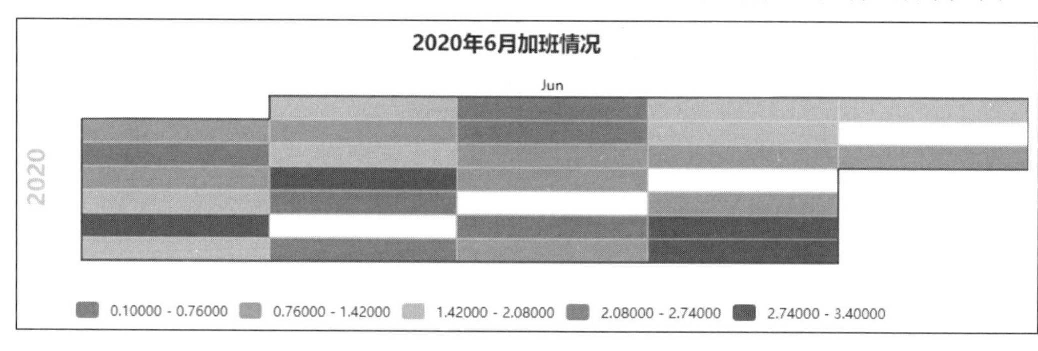


图 7.24　日历图

# 7.4　综 合 应 用

## 7.4.1　案例 1：南丁格尔玫瑰图

案例位置：资源包\MR\Code\07\example\01

下面使用 Pie 模块绘制南丁格尔玫瑰图，效果如图 7.25 所示。

南丁格尔玫瑰图主要通过绘制饼形图实现，其中一个关键点是设置 rosetype 参数为 area，具体实现步骤如下所示。

（1）导入相关模块，代码如下：

```
01  import pandas as pd
02  from pyecharts.charts import Pie
03  from pyecharts import options as opts
```

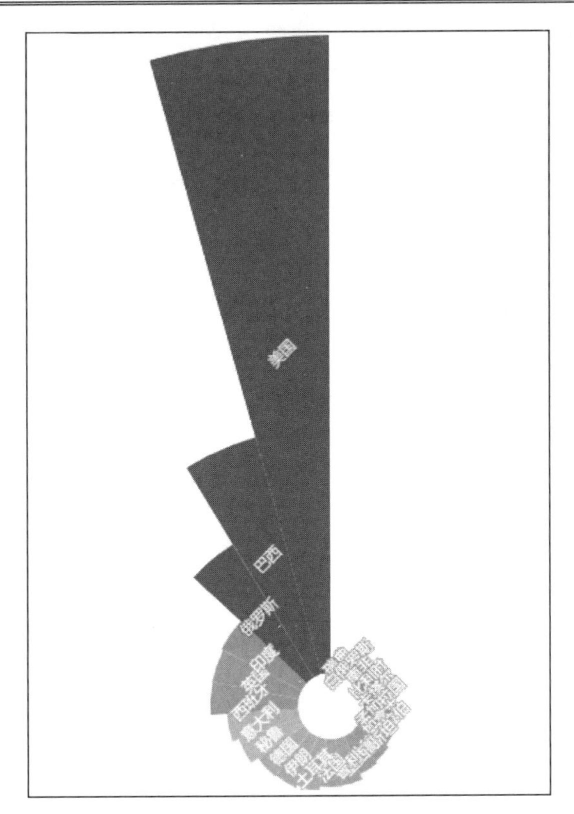


图 7.25　南丁格尔玫瑰图

（2）导入 Excel 文件，并对数据进行处理，代码如下：

```
01  #导入 Excel 文件
02  df = pd.read_excel('data2.xls')
03  x_data=df['地区']
04  y_data=df['累计']
05  #将数据转换为列表加元组的格式（[(key1, value1), (key2, value2)]）
06  data=[list(z) for z in zip(x_data, y_data)]
07  #数据排序
08  data.sort(key=lambda x: x[1])
```

（3）绘制南丁格尔玫瑰图，代码如下：

```
01  #创建饼形图并设置画布大小
02  pie=Pie(init_opts=opts.InitOpts(width='800px',height='600px'))
03  #为饼形图添加数据
04  pie.add(
05          series_name="地区",                     #序列名称
06          data_pair=data,                         #数据
07          radius=["8%","160%"],                   #内外半径
08          center=["60%","90%"],                   #位置
09          rosetype='area',                        #玫瑰图
10          color='auto'                            #颜色自动渐变
11      )
```

```
12  pie.set_global_opts(
13              #不显示图例
14              legend_opts=opts.LegendOpts(is_show=False),
15              #视觉映射
16              visualmap_opts=opts.VisualMapOpts(is_show=False,
17                min_=100,                                          #颜色条最小值
18                max_=450000,                                       #颜色条最大值
19          )
20  )
21  pie.set_series_opts(
22              #序列标签
23              label_opts=opts.LabelOpts(position='inside',         #标签位置
24                                        rotate=45,
25                                        font_size=11)              #字体大小
26          )
27  #渲染图表到 HTML 文件中，并存放在程序所在目录下
28  pie.render("mypie1.html")
```

## 7.4.2　案例 2：双 $y$ 轴可视化数据分析图表的实现（柱形图+折线图）

案例位置：资源包\MR\Code\07\example\02

双 $y$ 轴顾名思义就是两个 $y$ 轴，下面实现柱形图+折线图双 $y$ 轴图表的绘制，其中柱形图 $y$ 轴表示月销量，折线图 $y$ 轴表示 3 个平台的月平均销量，效果如图 7.26 所示。

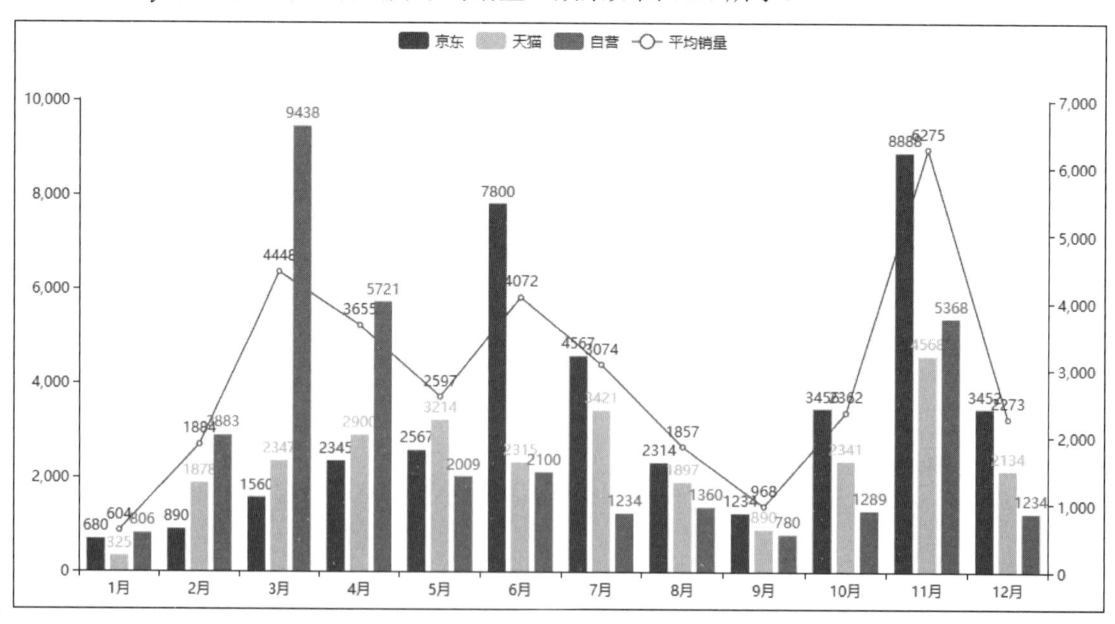


图 7.26　双 $y$ 轴可视化数据分析图表

实现双 $y$ 轴可视化数据分析图表的两个关键点：一是使用 Bar 模块的 extend_axis()方法扩展 $y$ 轴；二是对 add_yaxis()方法的 yaxis_index 参数进行设置，该参数用于指定 $y$ 轴的索引值，从 0 开始。双 $y$ 轴索引值分别为 0 和 1。具体实现步骤如下所示。

（1）导入相关模块，代码如下：

```
01	import pyecharts.options as opts
02	from pyecharts.charts import Bar, Line
03	import pandas as pd
04	import numpy
```

（2）导入 Excel 文件，代码如下：

```
01	#导入 Excel 文件
02	df=pd.read_excel('books.xlsx')
03	x_data =list(df['月份'])
04	y1=list(df['京东'])
05	y2=list(df['天猫'])
06	y3=list(df['自营'])
```

（3）创建颜色列表，代码如下：

```
colors = ["#5793f3", "#FFD700", "#675bba"]
```

（4）求平均值并保留整数位，代码如下：

```
y_average=list(((df['京东']+df['天猫']+df['自营'])/3).apply(numpy.round))
```

（5）绘制柱形图，代码如下：

```
01	#绘制柱形图
02	legend_list =["京东","天猫","自营"]
03	bar = (
04	    Bar(init_opts=opts.InitOpts(width="1000px", height="500px"))
05	    .add_xaxis(xaxis_data=x_data)
06	    .add_yaxis(
07	        series_name="京东",
08	        yaxis_data=y1,
09	        color=colors[0],
10	        yaxis_index=0,
11	    )
12	    .add_yaxis(
13	        series_name="天猫",yaxis_data=y2,color=colors[1]
14	    )
15	    .add_yaxis(
16	        series_name="自营",yaxis_data=y3,color=colors[2]
17	    )
18	    .extend_axis(yaxis=opts.AxisOpts())
19	)
```

（6）绘制折线图，代码如下：

```
01	#绘制折线图
02	line =Line()
03	line.add_xaxis(xaxis_data=x_data)
```

```
04    line.add_yaxis(
05            series_name="平均销量",
06            y_axis=y_average,        #y 轴平均值
07            color='red',
08            yaxis_index=1,
09        )
10    #渲染图表到 HTML 文件中，并存放在程序所在目录下
11    bar.overlap(line).render("barline.html")
```

### 7.4.3 案例 3：饼形图与环形图组合图表的实现

案例位置：资源包\MR\Code\07\example\03

饼形图与环形图组合，其中饼形图展示“北上广”三大主要城市的销量情况，环形图展示其他省份的销量情况，效果如图 7.27 所示。

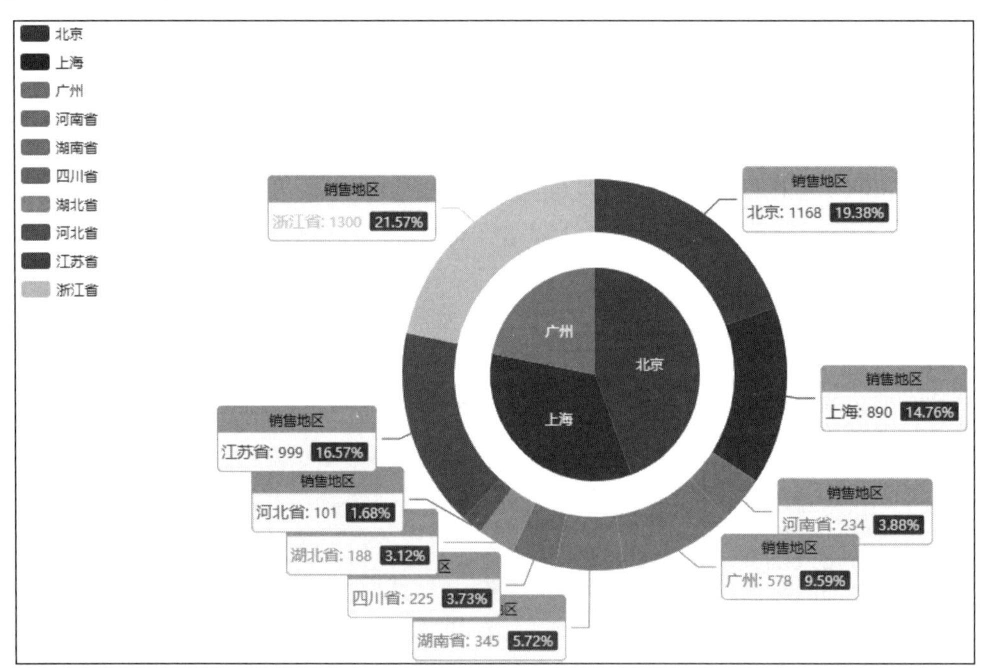


图 7.27 饼形图与环形图组合图表

绘制饼形图与环形图组合图表的一个关键点是创建两个饼形图，并设置不同的半径（radius 参数），具体实现步骤如下所示。

（1）导入相关模块，代码如下：

```
01    import pyecharts.options as opts
02    from pyecharts.charts import Pie
```

（2）为饼形图和环形图添加数据，代码如下：

```
01    #饼形图数据
02    x1 = ["北京", "上海", "广州"]
```

```
03  y1 = [1168, 890,578]
04  data1 = [list(z) for z in zip(x1,y1)]
05  #环形图数据
06  x2 = ["北京", "上海", "河南省", "广州", "湖南省", "四川省", "湖北省", "河北省", "江苏省", "浙江省"]
07  y2 = [1168, 890, 234, 578, 345, 225, 188, 101,999,1300]
08  data2 = [list(z) for z in zip(x2,y2)]
```

（3）饼形图与环形图组合，代码如下：

```
01   (
02       Pie(init_opts=opts.InitOpts(width="1000px", height="600px"))
03       #饼形图
04       .add(
05           series_name="销售地区",
06           data_pair=data1,
07           radius=[0, "30%"],
08           label_opts=opts.LabelOpts(position="inner"),      #饼形图标签
09       )
10       #环形图
11       .add(
12           series_name="销售地区",
13           radius=["40%", "55%"],
14           data_pair=data2,
15           #环形图标签
16           label_opts=opts.LabelOpts(
17               position="outside",                            #标签位置
18               #标签格式化
19               formatter="{a|{a}}{bg|}\n{hr|}\n {b|{b}: }{c}   {per|{d}%}   ",
20               background_color="#FAFAD2",                    #背景色
21               border_color="#FFA500",                        #边框颜色
22               border_width=1,                                #边框宽度
23               border_radius=4,                               #边框半径
24               #利用富文本样式，定义标签效果
25               rich={
26                   "a": {"color": "black", "lineHeight": 22, "align": "center"},
27                   "bg": {
28                       "backgroundColor": "#FFA500",
29                       "width": "100%",
30                       "align": "right",
31                       "height": 22,
32                       "borderRadius": [4, 4, 0, 0],
33                   },
34                   "hr": {
35                       "borderColor": "#aaa",
36                       "width": "100%",
37                       "borderWidth": 0.5,
38                       "height": 0,
39                   },
40                   "b": {"fontSize": 14, "lineHeight": 33},
41                   "per": {
```

```
42                            "color": "#eee",
43                            "backgroundColor": "#334455",
44                            "padding": [2, 4],
45                            "borderRadius": 2,
46                        },
47                    },
48                ),
49            )
50            .set_global_opts(legend_opts=opts.LegendOpts(pos_left="left", orient="vertical"))
51            .set_series_opts(
52                tooltip_opts=opts.TooltipOpts(
53                    trigger="item", formatter="{a} <br/>{b}: {c} ({d}%)"
54                )
55            )
56            .render("mypies.html")
```

**知识胶囊**

下面介绍一下 Pyecharts 的文本标签配置项。

☑ 字体基本样式：fontStyle、fontWeight、fontSize、fontFamily。

☑ 文字颜色：color。

☑ 文字描边：textBorderColor、textBorderWidth。

☑ 文字阴影：textShadowColor、textShadowBlur、textShadowOffsetX、textShadowOffsetY。

☑ 文本块或文本片段大小：lineHeight、width、height、padding。

☑ 文本块或文本片段的对齐：align、verticalAlign。

☑ 文本块或文本片段的边框、背景（颜色或图片）：backgroundColor、borderColor、borderWidth、borderRadius。

☑ 文本块或文本片段的阴影：shadowColor、shadowBlur、shadowOffsetX、shadowOffsetY。

☑ 文本块的位置和旋转：position、distance、rotate。

# 7.5 小　　结

相比 Matplotlib 和 Searnborn，Pyecharts 绘制出的图表更加令人惊叹，其动感效果更是 Matplotlib 和 Searnborn 无法比拟的，但也存在不足之处，其生成的图表为网页格式，不能够随时查看，需要打开文件进行浏览。Pyecharts 更适合 Web 程序。

Pyecharts 还有很多功能，由于篇幅有限不能一一进行介绍，希望读者在学习过程中能够举一反三，绘制出更多精彩的数据分析图表。

# 第8章

# 图解数组计算模块 NumPy

NumPy 为数据分析三剑客之一，主要用于数组计算、矩阵运算和科学计算。对于本章的学习，建议初学者灵活学习，重点掌握数组创建、数组的简单操作和计算即可。

为了便于理解，本章运用了大量的示意图，用例简单，力求使您能够轻松地融入 NumPy 的学习中。通过典型案例，让您充分理解 NumPy、应用 NumPy。

下面让我们揭开 NumPy 神秘的面纱，开启 NumPy 之旅。

## 8.1　初识 NumPy

### 8.1.1　NumPy 概述

NumPy（见图 8.1），更像是一个魔方（见图 8.2），它是 Python 数组计算、矩阵运算和科学计算的核心库，NumPy 这个词来源于 Numerical 和 Python 两个单词。NumPy 提供了一个高性能的数组对象，让我们轻松创建一维数组、二维数组和多维数组，以及大量的函数和方法，帮助我们轻松地进行数组计算，从而广泛地应用于数据分析、机器学习、图像处理和计算机图形学、数学任务等领域当中。

图 8.1　NumPy

图 8.2　魔方

NumPy 的用途是以数组的形式对数据进行操作。机器学习中充斥了大量的数组运算，而 NumPy 使得这些操作变得简单！由于 NumPy 是 C 语言实现的，所以其运算速度非常快。具体功能如下。

☑ 有一个强大的 *n* 维数组对象 ndarray。

☑ 广播功能函数。

☑ 线性代数、傅立叶变换、随机数生成、图形操作等功能。

☑ 整合 C/C++/Fortran 代码的工具。

## 8.1.2 安装 NumPy 模块

安装 NumPy 有两种方法。

### 1. 使用 pip 安装

安装 NumPy 最简单的方法是使用 pip 工具，安装命令如下：

```
pip install pip
```

### 2. 在 PyCharm 开发环境中安装

（1）运行 PyCharm，选择 File→Settings 命令，打开 Settings 对话框，选择 Project Interpreter 选项，然后单击添加模块的按钮，如图 8.3 所示。

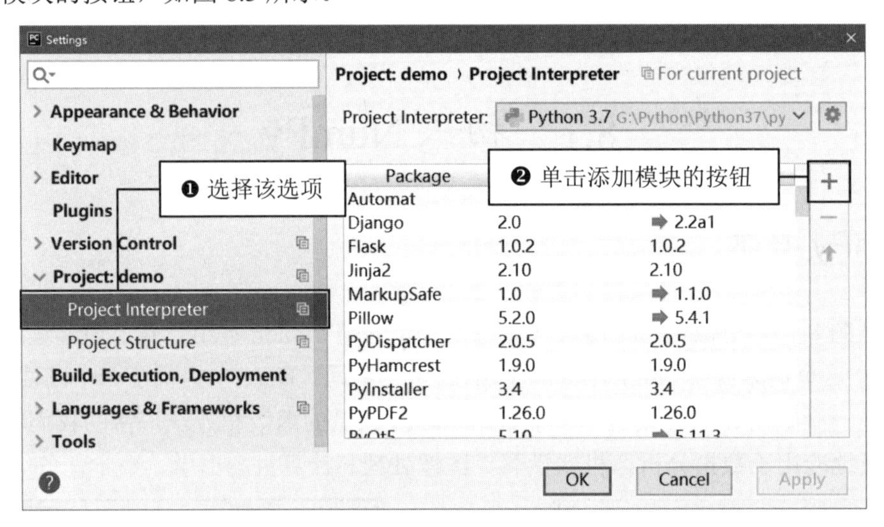


图 8.3　单击添加模块的按钮

（2）在搜索栏中输入需要添加的模块名称为 numpy，然后选择需要安装的模块，如图 8.4 所示。单击 Install Package 按钮即可安装 NumPy 模块。

### 3. 安装验证

测试是否安装成功，程序代码如下：

```
01  from numpy import *        #导入 numpy 库
02  print(eye(4))              #生成对角矩阵
```

运行程序，输出结果如下：

```
[[1. 0. 0. 0.]
 [0. 1. 0. 0.]
 [0. 0. 1. 0.]
 [0. 0. 0. 1.]]
```

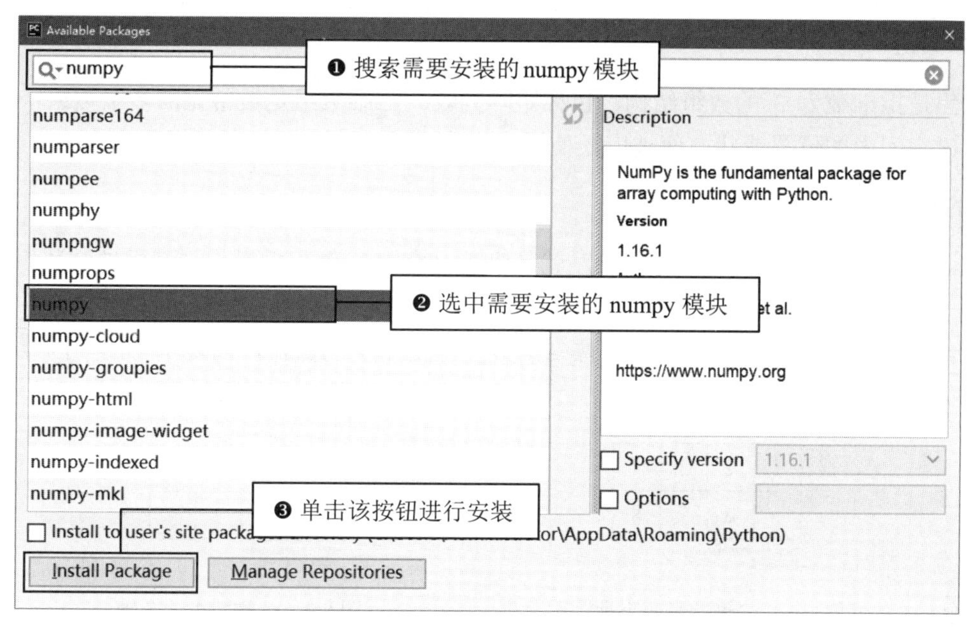


图 8.4　在 PyCharm 开发环境中安装 NumPy 模块

## 8.1.3　数组相关概念

学习 NumPy 前，我们先了解一下数组相关概念。数组可分为一维数组、二维数组、三维数组，其中三维数组是常见的多维数组，如图 8.5 所示。

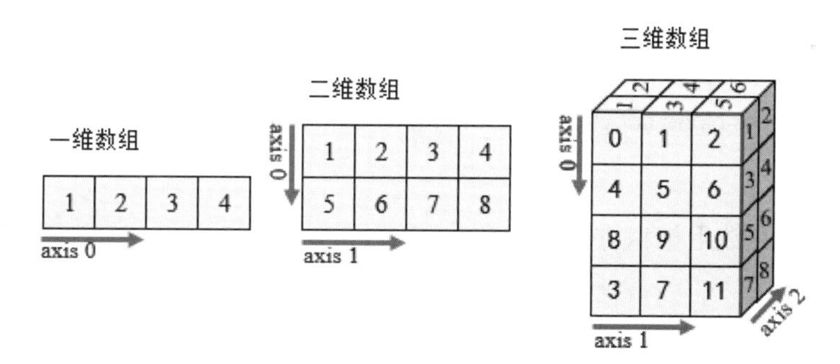


图 8.5　数组示意图

### 1．一维数组

一维数组很简单，基本和 Python 列表一样，区别在于数组切片针对的是原始数组（这就意味着，如果对数组进行修改，原始数组也会跟着更改）。

### 2．二维数组

二维数组本质是以数组作为数组元素的数组。二维数组包括行和列，类似于表格形状，又称为矩阵。

### 3．三维数组

三维数组是指维数为 3 的数组结构，也称矩阵列表。三维数组是最常见的多维数组，由于其可以用来描述三维空间中的位置或状态而被广泛使用。

### 4．轴的概念

轴是 NumPy 里的 axis，指定某个 axis，就是沿着这个 axis 做相关操作，其中二维数组中两个 axis 的指向如图 8.6 所示。

对于一维数组，情况有点特殊，它不像二维数组从上向下的操作，而是水平的，因此一维数组其 axis=0 指向如图 8.7 所示。

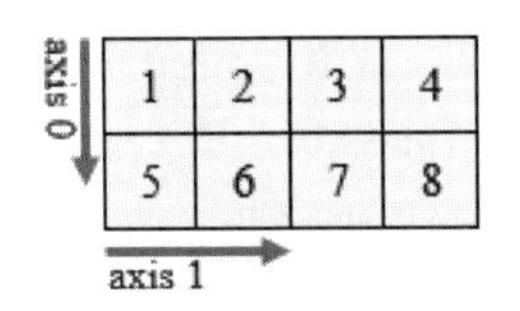


图 8.6　二维数组两个轴

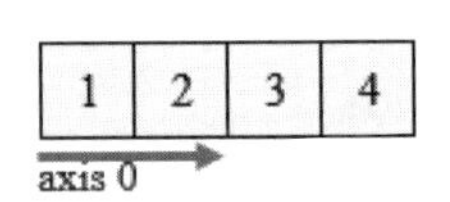


图 8.7　一维数组一个轴

# 8.2　创 建 数 组

## 8.2.1　创建简单的数组

NumPy 创建简单的数组主要使用 array()函数，语法如下：

```
numpy.array(object,dtype=None,copy=True,order='K',subok=False,ndmin=0)
```

参数说明：

- ☑ object：任何具有数组接口方法的对象。
- ☑ dtype：数据类型。
- ☑ copy：布尔型，可选参数，默认值为 True，则 object 对象被复制；否则，只有当__array__返回副本，object 参数为嵌套序列，或者需要副本满足数据类型和顺序要求时，才会生成副本。
- ☑ order：元素在内存中的出现顺序，值为 K、A、C、F。如果 object 参数不是数组，则新创建的数组将按行排列（C），如果值为 F，则按列排列；如果 object 参数是一个数组，则 C（按行）、F（按列）、A（原顺序）、K（元素在内存中的出现顺序）成立。
- ☑ subok：布尔型。如果值为 True，则将传递子类；否则返回的数组将强制为基类数组（默认值）。
- ☑ ndmin：指定生成数组的最小维数。

【示例 01】　演示如何创建数组。（**示例位置：资源包\MR\Code\08\01**）

创建几个简单的数组，效果如图 8.8 所示。

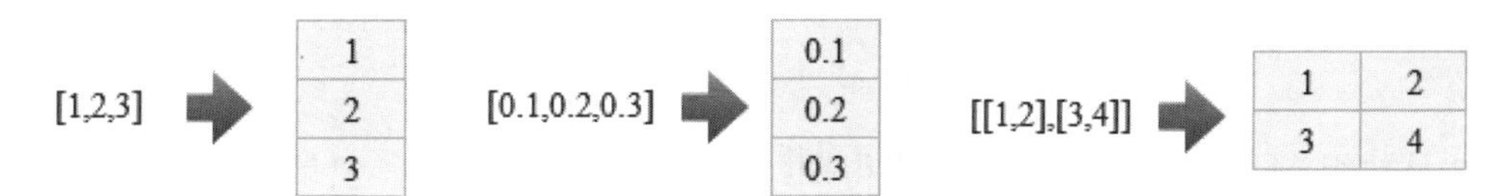


图 8.8　简单数组

程序代码如下：

```
01    import numpy as np                        #导入 numpy 模块
02    n1 = np.array([1,2,3])                    #创建一个简单的一维数组
03    n2 = np.array([0.1,0.2,0.3])              #创建一个包含小数的一维数组
04    n3 = np.array([[1,2],[3,4]])              #创建一个简单的二维数组
```

### 1．为数组指定数据类型

【示例 02】　为数组指定数据类型。（**示例位置：资源包\MR\Code\08\02**）

NumPy 支持比 Python 更多种类的数据类型，通过 dtype 参数可以指定数组的数据类型，程序代码如下：

```
01    import numpy as np                        #导入 numpy 模块
02    list = [1, 2, 3]                          #列表
03    #创建浮点型数组
04    n1 = np.array(list,dtype=np.float_)
05    #或者
06    n1= np.array(list,dtype=float)
07    print(n1)
08    print(n1.dtype)
09    print(type(n1[0]))
```

运行程序，输出结果如下：

```
[1. 2. 3.]
float64
<class 'numpy.float64'>
```

### 2．数组的复制

【示例 03】　复制数组。（**示例位置：资源包\MR\Code\08\03**）

当运算和处理数组时，为了不影响到原数组，就需要对原数组进行复制，而对复制后的数组进行修改删除等操作都不会影响到原数组。数组的复制可以通过 copy 参数实现，程序代码如下：

```
01    import numpy as np                        #导入 numpy 模块
02    n1 = np.array([1,2,3])                    #创建数组
03    n2 = np.array(n1,copy=True)               #复制数组
04    n2[0]=3                                   #修改数组中的第一个元素为 3
05    n2[2]=1                                   #修改数组中的第三个元素为 1
06    print(n1)
07    print(n2)
```

运行程序，输出结果如下：

```
[1 2 3]
[3 2 1]
```

数组 n2 是数组 n1 的副本，从运行结果得知：虽然修改了数组 n2，但是数组 n1 没有发生变化。

#### 3．通过 ndmin 参数控制最小维数

数组可分为一维数组、二维数组和多维数组，通过 ndmin 参数可以控制数组的最小维数。无论给出的数据的维数是多少，ndmin 参数都会根据最小维数创建指定维数的数组。

【示例 04】　修改数组的维数。（**示例位置：资源包\MR\Code\08\04**）

ndmin=3，虽然给出的数组是一维的，但是同样会创建一个三维数组，程序代码如下：

```
01    import numpy as np
02    nd1 = [1, 2, 3]
03    nd2 = np.array(nd1, ndmin=3)          #三维数组
04    print(nd2)
```

运行程序，输出结果如下：

```
[[[1 2 3]]]
```

### 8.2.2　不同方式创建数组

#### 1．创建指定维度和数据类型未初始化的数组

【示例 05】　创建指定维度和未初始化的数组。（**示例位置：资源包\MR\Code\08\05**）

创建指定维度和数据类型未初始化的数组主要使用 empty()函数，程序代码如下：

```
01    import numpy as np
02    n = np.empty([2,3])
03    print(n)
```

运行程序，输出结果如下：

```
[[2.22519099e-307 2.33647355e-307 1.23077925e-312]
 [2.33645827e-307 2.67023123e-307 1.69117157e-306]]
```

这里，数组元素为随机值，因为它们未被初始化。如果要改变数组类型，可以使用 dtype 参数，如整型，dtype=int。

#### 2．创建指定维度（以 0 填充）的数组

【示例 06】　创建指定维度（以 0 填充）的数组。（**示例位置：资源包\MR\Code\08\06**）

创建指定维度并以 0 填充的数组，主要使用 zeros()函数，程序代码如下：

```
01    import numpy as np
02    n = np.zeros(3)
03    print(n)
```

运行程序，输出结果如下：

```
[0. 0. 0.]
```

输出结果默认是浮点型（float）。

### 3．创建指定维度（以 1 填充）的数组

【示例 07】　创建指定维度并以 1 填充的数组。（**示例位置：资源包\MR\Code\08\07**）

创建指定维度并以 1 填充的数组，主要使用 ones()函数，程序代码如下：

```
01    import numpy as np
02    n = np.ones(3)
03    print(n)
```

运行程序，输出结果如下：

```
[1. 1. 1.]
```

### 4．创建指定维度和类型的数组并以指定值填充

【示例 08】　创建以指定值填充的数组。（**示例位置：资源包\MR\Code\08\08**）

创建指定维度和类型的数组并以指定值填充，主要使用 full()函数，程序代码如下：

```
01    import numpy as np
02    n = np.full((3,3), 8)
03    print(n)
```

运行程序，输出结果如下：

```
[[8 8 8]
 [8 8 8]
 [8 8 8]]
```

## 8.2.3　从数值范围创建数组

### 1．通过 arange()函数创建数组

arange()函数同 Python 内置 range()函数相似，区别在于返回值，arange()函数返回值是数组，而 range()函数返回值是列表。arange()函数的语法如下：

```
arange([start,] stop[, step,], dtype=None)
```

参数说明：

☑　start：起始值，默认值为 0。
☑　stop：终止值（不包含）。
☑　step：步长，默认值为 1。
☑　dtype：创建数组的数据类型，如果不设置数据类型，则使用输入数据的数据类型。

【示例 09】 通过数值范围创建数组。（示例位置：资源包\MR\Code\08\09）

使用 arange()函数通过数值范围创建数组，程序代码如下：

```
01  import numpy as np
02  n=np.arange(1,12,2)
03  print(n)
```

运行程序，输出结果如下：

```
[1  3  5  7  9 11]
```

2. 使用 linspace()函数创建等差数列

首先简单了解一下等差数列，等差数列是指如果一个数列从第二项起，每一项与它的前一项的差等于同一个常数，那么这个数列就叫作等差数列。

例如，一般成年男鞋的各种尺码，如图 8.9 所示。

| 男鞋尺码对照表 | | | | | | | | | | | | | | |
|---|---|---|---|---|---|---|---|---|---|---|---|---|---|---|
| 厘米 | 23.5 | 24 | 24.5 | 25 | 25.5 | 26 | 26.5 | 27 | 27.5 | 28 | 28.5 | 29 | 29.5 | 30 |

图 8.9 男鞋尺码对照表

马拉松赛前训练，一周每天的训练量（单位：m），如图 8.10 所示。

| 周一 | 周二 | 周三 | 周四 | 周五 | 周六 |
|---|---|---|---|---|---|
| 7500 | 8000 | 8500 | 9000 | 9500 | 10000 |

图 8.10 训练计划

在 Python 中创建等差数列可以使用 NumPy 的 linspace()函数，该函数用于创建一个一维的等差数列的数组，它与 arange()函数不同，arange()函数是从开始值到结束值的左闭右开区间（即包括开始值不包括结束值），第三个参数（如果存在）是步长；而 linspace()函数是从开始值到结束值的闭区间（可以通过参数 endpoint=False，使结束值不是闭区间），并且第三个参数是值的个数。

**知识胶囊**

本文经常会提到诸如“左闭右开区间”“左开右闭区间”“闭区间”等，这里简单介绍一下。“左闭右开区间”是指包括起始值但不包括终止值的一个数值区间；“左开右闭区间”是指不包括起始值但包括终止值的一个数值区间；“闭区间”是指既包括起始值又包括终止值的一个数值区间。

linspace()函数语法如下：

```
linspace(start,stop,num=50,endpoint=True,retstep=False,dtype=None)
```

参数说明：

☑ start：序列的起始值。

☑ stop：序列的终止值，如果 endpoint 参数的值为 True，则该值包含于数列中。

☑ num：要生成的等步长的样本数量，默认值为 50。

☑　endpoint：如果值为 True，数列中包含 stop 参数的值；反之则不包含。默认值为 True。

☑　retstep：如果值为 True，则生成的数组中会显示间距；反之则不显示。

☑　dtype：数组的数据类型。

【示例 10】　创建马拉松赛前训练等差数列数组。（**示例位置：资源包\MR\Code\08\10**）

创建马拉松赛前训练等差数列数组，程序代码如下：

```
01	import numpy as np
02	n1 = np.linspace(7500,10000,6)
03	print(n1)
```

运行程序，输出结果如下：

```
[ 7500.   8000.   8500.   9000.   9500. 10000.]
```

### 3. 使用 logspace()函数创建等比数列

首先了解一下等比数列，等比数列是指从第二项起，每一项与它的前一项的比值等于同一个常数的一种数列。

例如，在古印度，国王要重赏发明国际象棋的大臣，对他说：我可以满足你的任何要求，大臣说：请给我的棋盘的 64 个格子都放上小麦，第 1 个格子放 1 粒小麦，第 2 个格子放 2 粒小麦，第 3 个格子放 4 粒小麦，第 4 个格子放 8 粒小麦，如图 8.11 所示。后面每个格子里放的小麦数都是前一个格子里所放小麦数的 2 倍，直到第 64 个格子。

图 8.11　棋盘

在 Python 中创建等比数列可以使用 NumPy 的 logspace()函数，语法如下：

```
numpy.logspace(start, stop, num=50, endpoint=True, base=10.0, dtype=None)
```

参数说明：

☑　start：序列的起始值。

☑　stop：序列的终止值。如果 endpoint 参数值为 True，则该值包含于数列中。

☑　num：要生成的等步长的数据样本数量，默认值为 50。

☑　endpoint：如果值为 True，则数列中包含 stop 参数值；反之则不包含。默认值为 True。

☑　base：对数 log 的底数。

☑　dtype：数组的数据类型。

【示例 11】　通过 logspace()函数解决棋盘放置小麦的问题。（**示例位置：资源包\MR\Code\08\11**）

通过 logspace()函数计算棋盘中每个格子里放的小麦数是前一个格子里的 2 倍，直到第 64 个格子，每个格子里放多少小麦，程序代码如下：

```
01	import numpy as np
02	n = np.logspace(0,63,64,base=2,dtype='int')
03	print(n)
```

运行程序，输出结果如图 8.12 所示。

```
[          1          2          4          8         16         32
          64        128        256        512       1024       2048
        4096       8192      16384      32768      65536     131072
      262144     524288    1048576    2097152    4194304    8388608
    16777216   33554432   67108864  134217728  268435456  536870912
  1073741824 -2147483648 -2147483648 -2147483648 -2147483648 -2147483648
 -2147483648 -2147483648 -2147483648 -2147483648 -2147483648 -2147483648
 -2147483648 -2147483648 -2147483648 -2147483648 -2147483648 -2147483648
 -2147483648 -2147483648 -2147483648 -2147483648 -2147483648 -2147483648
 -2147483648 -2147483648 -2147483648 -2147483648 -2147483648 -2147483648
 -2147483648 -2147483648 -2147483648 -2147483648]
```

图 8.12　每个格子里放的小麦数

上述举例出现一个问题：后面大数出现负数，而且都是一样的，这是由于程序中指定的数据类型是 int，是 32 位的，数据范围为-2147483648～2147483647，而我们计算后的数据远远超出了这个范围，因此便出现了溢出现象。解决这一问题，需要指定数据类型为 uint64（无符号整数，数据范围为 0～18446744073709551615），关键代码如下：

```
n = np.logspace(0,63,64,base=2,dtype='uint64')
```

运行程序，输出结果如图 8.13 所示。

```
[[                 1                   2                   4                   8                  16                  32                  64                 128]
 [               256                 512                1024                2048                4096                8192               16384               32768]
 [             65536              131072              262144              524288             1048576             2097152             4194304             8388608]
 [          16777216            33554432            67108864           134217728           268435456           536870912          1073741824          2147483648]
 [        4294967296          8589934592         17179869184         34359738368         68719476736        137438953472        274877906944        549755813888]
 [     1099511627776       2199023255552       4398046511104       8796093022208      17592186044416      35184372088832      70368744177664     140737488355328]
 [   281474976710656     562949953421312    1125899906842624    2251799813685248    4503599627370496    9007199254740992   18014398509481984   36028797018963968]
 [ 72057594037927936  144115188075855872  288230376151711744  576460752303423488 1152921504606846976 2305843009213693952 4611686018427387904 9223372036854775808]]
```

图 8.13　每个格子里放的小麦数

以上就是每个格子里需要放的小麦数，可见发明国际象棋的大臣是多么聪明。

**说明**

关于 NumPy 数据类型的详细介绍可参见 8.3.1 节。

## 8.2.4　生成随机数组

随机数组的生成主要使用 NumPy 的 random 模块，下面介绍几种常用的随机生成数组的函数。

### 1．rand()函数

rand()函数用于生成(0,1)之间的随机数组，传入一个值随机生成一维数组，传入一对值则随机生成二维数组，语法如下：

```
numpy.random.rand(d0,d1,d2,d3,...,dn)
```

参数 d0，d1，…，dn 为整数，表示维度，可以为空。

【示例 12】　随机生成 0～1 的数组。（**示例位置：资源包\MR\Code\08\12**）

随机生成一维数组和二维数组，代码如下：

```
01　import numpy as np
02　n=np.random.rand(5)
03　print('随机生成 0～1 的一维数组：')
04　print(n)
05　n1=np.random.rand(2,5)
06　print('随机生成 0～1 的二维数组：')
07　print(n1)
```

运行程序，输出结果如下：

```
随机生成 0～1 的一维数组：
[0.61263942 0.91212086 0.52012924 0.98204632 0.31633564]
随机生成 0～1 的二维数组：
[[0.82044812 0.26050245 0.57000398 0.6050845  0.50440925]
 [0.29113919 0.86638283 0.74161101 0.0728488  0.4466494 ]]
```

### 2．randn()函数

randn()函数用于从正态分布中返回随机生成的数组，语法如下：

```
numpy.random.randn(d0,d1,d2,d3,...,dn)
```

参数 d0，d1，…，dn 为整数，表示维度，可以为空。

【示例 13】　随机生成满足正态分布的数组。（**示例位置：资源包\MR\Code\08\13**）

随机生成满足正态分布的数组，程序代码如下：

```
01　import numpy as np
02　n1=np.random.randn(5)
03　print('随机生成满足正态分布的一维数组：')
04　print(n1)
05　n2=np.random.randn(2,5)
06　print('随机生成满足正态分布的二维数组：')
07　print(n2)
```

运行程序，输出结果如下：

```
随机生成满足正态分布的一维数组：
[-0.05282077  0.79946288  0.96003714  0.29555332 -1.26818832]
随机生成满足正态分布的二维数组：
[[ 1.6872899   1.62042986  2.69278922 -0.64467268 -1.75645902]
 [ 1.0973791  -0.22962313 -0.26965705  0.1225163  -1.89051741]]
```

### 3．randint()函数

randint()函数与 NumPy 的 arange()函数类似。randint()函数用于生成一定范围内的随机数组，左闭右开区间，语法如下：

```
numpy.random.randint(low,high=None,size=None)
```

参数说明：

☑ low：低值（起始值），整数，且当参数 high 不为空时，参数 low 应小于参数 high；否则程序会出现错误。

☑ high：高值（终止值），整数。

☑ size：数组维数，整数或者元组，整数表示一维数组，元组表示多维数组。默认值为空，如果为空，则仅返回一个整数。

【示例 14】 生成一定范围内的随机数组。（**示例位置：资源包\MR\Code\08\14**）

生成一定范围内的随机数组，程序代码如下：

```
01  import numpy as np
02  n1=np.random.randint(1,3,10)
03  print('随机生成 10 个 1～3 且不包括 3 的整数：')
04  print(n1)
05  n2=np.random.randint(5,10)
06  print('size 数组大小为空随机返回一个整数：')
07  print(n2)
08  n3=np.random.randint(5,size=(2,5))
09  print('随机生成 5 以内二维数组')
10  print(n3)
```

运行程序，输出结果如下：

```
随机生成 10 个 1～3 且不包括 3 的整数：
[2 1 2 1 1 2 2 2 1 1]
size 数组大小为空随机返回一个整数：
8
随机生成 5 以内二维数组
[[2 2 2 4 2]
 [3 1 3 1 4]]
```

### 4. normal()函数

normal()函数用于生成正态分布的随机数，语法如下：

```
numpy.random.normal(loc,scale,size)
```

参数说明：

☑ loc：正态分布的均值，对应正态分布的中心。loc=0 说明是一个以 *y* 轴为对称轴的正态分布。

☑ scale：正态分布的标准差，对应正态分布的宽度，scale 值越大，正态分布的曲线越“矮胖”；scale 值越小，曲线越“高瘦”。

☑ size：表示数组维数。

【示例 15】 生成正态分布的随机数组。（**示例位置：资源包\MR\Code\08\15**）

生成正态分布的随机数组，程序代码如下：

```
01  import numpy as np
02  n = np.random.normal(0, 0.1, 10)
03  print(n)
```

运行程序，输出结果如下：

```
[ 0.08530096  0.0404147  -0.00358281  0.05405901 -0.01677737 -0.02448481
  0.13410224 -0.09780364  0.06095256 -0.0431846 ]
```

## 8.2.5　从已有的数组中创建数组

### 1．asarray()函数

asarray()函数用于创建数组，其与 array()函数类似，语法如下：

```
numpy.asarray(a,dtype=None,order=None)
```

参数说明：

☑　a：可以是列表、列表的元组、元组、元组的元组、元组的列表或多维数组。
☑　dtype：数组的数据类型。
☑　order：值为 C 和 F，分别代表按行排列和按列排列，即数组元素在内存中的出现顺序。

【示例 16】　使用 asarray()函数创建数组。（**示例位置：资源包\MR\Code\08\16**）

使用 asarray()函数创建数组，程序代码如下：

```
01  import numpy as np                          #导入 numpy 模块
02  n1 = np.asarray([1,2,3])                    #通过列表创建数组
03  n2 = np.asarray([(1,1),(1,2)])              #通过列表的元组创建数组
04  n3 = np.asarray((1,2,3))                    #通过元组创建数组
05  n4= np.asarray(((1,1),(1,2),(1,3)))         #通过元组的元组创建数组
06  n5 = np.asarray(([1,1],[1,2]))              #通过元组的列表创建数组
07  print(n1)
08  print(n2)
09  print(n3)
10  print(n4)
11  print(n5)
```

运行程序，输出结果如下：

```
[1 2 3]
[[1 1]
 [1 2]]
[1 2 3]
[[1 1]
 [1 2]
 [1 3]]
[[1 1]
 [1 2]]
```

### 2．frombuffer()函数

NumPy 的 ndarray()数组对象不能像 Python 列表一样动态地改变其大小，在做数据采集时很不方便。

下面介绍如何通过 frombuffer()函数实现动态数组。frombuffer()函数接受 buffer 输入参数，以流的形式将读入的数据转换为数组。frombuffer()函数语法如下：

```
numpy.frombuffer(buffer,dtype=float,count=-1,offset=0)
```

参数说明：

☑ buffer：实现了__buffer__方法的对象。

☑ dtype：数组的数据类型。

☑ count：读取的数据数量，默认值为-1，表示读取所有数据。

☑ offset：读取的起始位置，默认值为 0。

【示例 17】 将字符串“mingrisoft”转换为数组。（**示例位置：资源包\MR\Code\08\17**）

将字符串“mingrisoft”转换为数组，程序代码如下：

```
01  import numpy as np
02  n=np.frombuffer(b'mingrisoft',dtype='S1')
03  print(n)
```

关键代码解析：当 buffer 参数值为字符串时，Python 3 默认字符串是 Unicode 类型，所以要转成 Byte string 类型，需要在原字符串前加上 b。

### 3．fromiter()函数

fromiter()函数用于从可迭代对象中建立数组对象，语法如下：

```
numpy.fromiter(iterable,dtype,count=-1)
```

参数说明：

☑ iterable：可迭代对象。

☑ dtype：数组的数据类型。

☑ count：读取的数据数量，默认值为-1，表示读取所有数据。

【示例 18】 通过可迭代对象创建数组。（**示例位置：资源包\MR\Code\08\18**）

通过可迭代对象创建数组，程序代码如下：

```
01  import numpy as np
02  iterable = (x * 2 for x in range(5))          #遍历 0～5 并乘以 2，返回可迭代对象
03  n = np.fromiter(iterable, dtype='int')        #通过可迭代对象创建数组
04  print(n)
```

运行程序，输出结果如下：

```
[0 2 4 6 8]
```

### 4．empty_like()函数

empty_like()函数用于创建一个与给定数组具有相同维度和数据类型且未初始化的数组，语法如下：

```
numpy.empty_like(prototype,dtype=None,order='K',subok=True)
```

参数说明：

☑ prototype：给定的数组。

☑ dtype：覆盖结果的数据类型。

☑ order：指定数组的内存布局。其中 C（按行）、F（按列）、A（原顺序）、K（数据元素在内存中的出现顺序）。

☑ subok：默认情况下，返回的数组被强制为基类数组。如果值为 True，则返回子类。

【示例 19】　创建未初始化的数组。（**示例位置：资源包\MR\Code\08\19**）

下面使用 empty_like()函数创建一个与给定数组具有相同维数、数据类型以及未初始化的数组，程序代码如下：

```
01	import numpy as np
02	n = np.empty_like([[1, 2], [3, 4]])
03	print(n)
```

运行程序，输出结果如下：

```
[[0 0]
 [0 0]]
```

5．zeros_like()函数

【示例 20】　创建以 0 填充的数组。（**示例位置：资源包\MR\Code\08\20**）

zeros_like()函数用于创建一个与给定数组维度和数据类型相同，并以 0 填充的数组，程序代码如下：

```
01	import numpy as np
02	n = np.zeros_like([[0.1,0.2,0.3], [0.4,0.5,0.6]])
03	print(n)
```

运行程序，输出结果如下：

```
[[0. 0. 0.]
 [0. 0. 0.]]
```

**说明**

参数说明请参见 empty_like()函数。

6．ones_like()函数

【示例 21】　创建以 1 填充的数组。（**示例位置：资源包\MR\Code\08\21**）

ones_like()函数用于创建一个与给定数组维度和数据类型相同，并以 1 填充的数组，程序代码如下：

```
01	import numpy as np
02	n = np.ones_like([[0.1,0.2,0.3], [0.4,0.5,0.6]])
03	print(n)
```

运行程序，输出结果如下：

```
[[1. 1. 1.]
 [1. 1. 1.]]
```

**说明**

参数说明请参见 empty_like()函数。

### 7. full_like()函数

full_like()函数用于创建一个与给定数组维度和数据类型相同，并以指定值填充的数组，语法如下：

```
numpy.full_like(a, fill_value, dtype=None, order='K', subok=True)
```

参数说明：

- ☑ a：给定的数组。
- ☑ fill_value：填充值。
- ☑ dtype：数组的数据类型，默认值为 None，则使用给定数组的数据类型。
- ☑ order：指定数组的内存布局。其中 C（按行）、F（按列）、A（原顺序）、K（数组元素在内存中的出现顺序）。
- ☑ subok：默认情况下，返回的数组被强制为基类数组。如果值为 True，则返回子类。

【示例 22】 创建以指定值“0.2”填充的数组。（**示例位置：资源包\MR\Code\08\22**）

创建一个与给定数组维度和数据类型相同，并以指定值“0.2”填充的数组，程序代码如下：

```
01  import numpy as np
02  a = np.arange(6)                   #创建一个数组
03  print(a)
04  n1 = np.full_like(a, 1)            #创建一个与数组 a 维度和数据类型相同的数组，以 1 填充
05  n2 = np.full_like(a,0.2)           #创建一个与数组 a 维度和数据类型相同的数组，以 0.2 填充
06  #创建一个与数组 a 维度和数据类型相同的数组，以 0.2 填充，浮点型
07  n3 = np.full_like(a, 0.2, dtype='float')
08  print(n1)
09  print(n2)
10  print(n3)
```

运行程序，输出结果如下：

```
[1 1 1 1 1 1]
[0 0 0 0 0 0]
[0.2 0.2 0.2 0.2 0.2 0.2]
```

# 8.3 数组的基本操作

## 8.3.1 数据类型

在对数组进行基本操作前，首先了解一下 NumPy 的数据类型。NumPy 的数据类型比 Python 数据类型增加了更多种类的数值类型，如表 8.1 所示。为了区别 Python 数据类型，像 bool、int、float、complex、

str 等数据类型的名称末尾都加了短下画线“_”。

表 8.1　NumPy 数据类型表

| 数 据 类 型 | 描　　述 |
|---|---|
| bool_ | 存储一个字节的布尔值（真或假） |
| int_ | 默认整数，相当于 C 的 long，通常为 int32 |
| intc | 相当于 C 的 int，通常为 int32 |
| intp | 用于索引的整数，相当于 C 的 size_t，通常为 int64 |
| int8 | 字节（-128～127） |
| int16 | 16 位整数（-32768～32767） |
| int32 | 32 位整数（-2147483648～2147483647） |
| int64 | 64 位整数（-9223372036854775808～9223372036854775807） |
| uint8 | 8 位无符号整数（0～255） |
| uint16 | 16 位无符号整数（0～65535） |
| uint32 | 32 位无符号整数（0～4294967295） |
| uint64 | 64 位无符号整数（0～18446744073709551615） |
| float | _float64 的简写 |
| float16 | 半精度浮点：1 个符号位，5 位指数，10 位尾数 |
| float32 | 单精度浮点：1 个符号位，8 位指数，23 位尾数 |
| float64 | 双精度浮点：1 个符号位，11 位指数，52 位尾数 |
| complex_ | complex128 类型的简写 |
| omplex64 | 复数，由两个 32 位浮点表示（实部和虚部） |
| complex128 | 复数，由两个 64 位浮点表示（实部和虚部） |
| datatime64 | 日期时间类型 |
| timedelta64 | 两个时间之间的间隔 |

每一种数据类型都有相应的数据转换函数。举例如下：

```
np.int8(3.141)
```

结果为 3。

```
np.float64(8)
```

结果为 8.0。

```
np.float(True)
```

结果为 1.0。

```
bool(1)
```

结果为 True。

在创建 ndarray 数组时，可以直接指定数值类型，关键代码如下：

```
a = np.arange(8, dtype=float)
```

结果为[0. 1. 2. 3. 4. 5. 6. 7.]。

**注意**

复数不能转换成为整数类型或者浮点数，例如以下的代码会出现错误提示：

```
float(8+ 1j)
```

## 8.3.2 数组运算

不用编写循环即可对数据执行批量运算，这就是 NumPy 数组运算的特点，NumPy 称之为矢量化。大小相等的数组之间的任何算术运算 NumPy 都可以实现。本节主要介绍简单的数组运算，如加、减、乘、除、幂运算等。下面创建两个简单的 NumPy 数组，即 n1 和 n2，数组 n1 包括元素 1 和 2，数组 n2 包括元素 3 和 4，如图 8.14 所示。接下来实现这两个数组的运算。

图 8.14　数组示意图

### 1. 加法运算

例如，加法运算是数组中对应位置的元素相加（即每行对应相加），如图 8.15 所示。

n1　n2

n1+n2=　1 2　+　3 4　=　4 6

图 8.15　数组加法运算示意图

【示例 23】　数组加法运算。（**示例位置：资源包\MR\Code\08\23**）

在程序中直接将两个数组相加即可，即 n1+n2，程序代码如下：

```
01  import numpy as np
02  n1=np.array([1,2])                    #创建一维数组
03  n2=np.array([3,4])
04  print(n1+n2)                          #加法运算
```

运行程序，输出结果如下：

```
[4 6]
```

### 2. 减法、乘法和除法运算

除了加法运算，还可以实现数组的减法、乘法和除法，如图 8.16 所示。

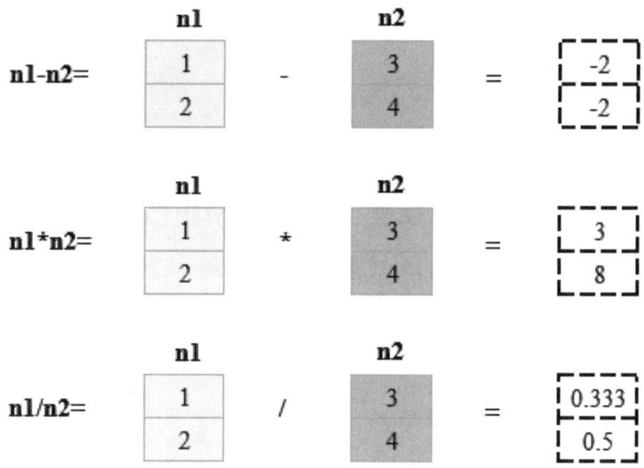

n1-n2= [1, 2] - [3, 4] = [-2, -2]

n1*n2= [1, 2] * [3, 4] = [3, 8]

n1/n2= [1, 2] / [3, 4] = [0.333, 0.5]

图 8.16　数组的减法、乘法和除法运算示意图

【示例 24】　数组的减法、乘法和除法运算。（**示例位置：资源包\MR\Code\06\24**）

同样，在程序中直接将两个数组相减、相乘或相除即可，程序代码如下：

```
01  import numpy as np
02  n1=np.array([1,2])                    #创建一维数组
03  n2=np.array([3,4])
04  print(n1-n2)                          #减法运算
05  print(n1*n2)                          #乘法运算
06  print(n1/n2)                          #除法运算
```

运行程序，输出结果如下：

```
[-2 -2]
[3 8]
[0.33333333 0.5        ]
```

### 3．幂运算

幂是数组中对应位置元素的幂运算，用两个“*”表示，如图 8.17 所示。

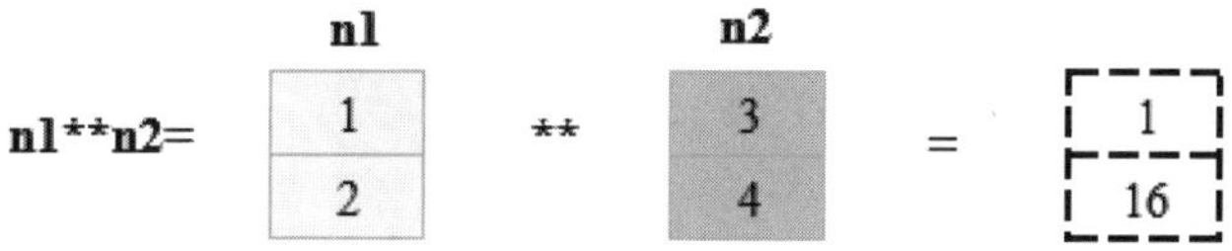

n1**n2= [1, 2] ** [3, 4] = [1, 16]

图 8.17　数组幂运算示意图

【示例 25】　数组的幂运算。（**示例位置：资源包\MR\Code\08\25**）

从图 8.17 中得知：数组 n1 的元素 1 和数组 n2 的元素 3，通过幂运算得到的是 1 的 3 次幂；数组 n1 的元素 2 和数组 n2 的元素 4，通过幂运算得到的是 2 的 4 次幂，程序代码如下：

```
01  import numpy as np
02  n1=np.array([1,2])                    #创建一维数组
03  n2=np.array([3,4])
04  print(n1**n2)                         #幂运算
```

运行程序，输出结果如下：

```
[ 1 16]
```

### 4．比较运算

【示例 26】　数组的比较运算。（**示例位置：资源包\MR\Code\08\26**）

数组的比较运算是数组中对应位置元素的比较运算，比较后的结果是布尔值数组，程序代码如下：

```
01  import numpy as np
02  n1=np.array([1,2])                        #创建一维数组
03  n2=np.array([3,4])
04  print(n1>=n2)                             #大于等于
05  print(n1==n2)                             #等于
06  print(n1<=n2)                             #小于等于
07  print(n1!=n2)                             #不等于
```

运行程序，输出结果如下：

```
[False False]
[False False]
[ True  True]
[ True  True]
```

### 5．数组的标量运算

首先了解两个概念，即标量和向量。标量其实就是一个单独的数；而向量是一组数，这组数是顺序排列的，这里我们理解为数组。那么，数组的标量运算也可以理解为是向量与标量之间的运算。

例如，马拉松赛前训练，一周里每天的训练量以“米”（m）为单位，下面将其转换为以“千米”为单位，如图 8.18 所示。

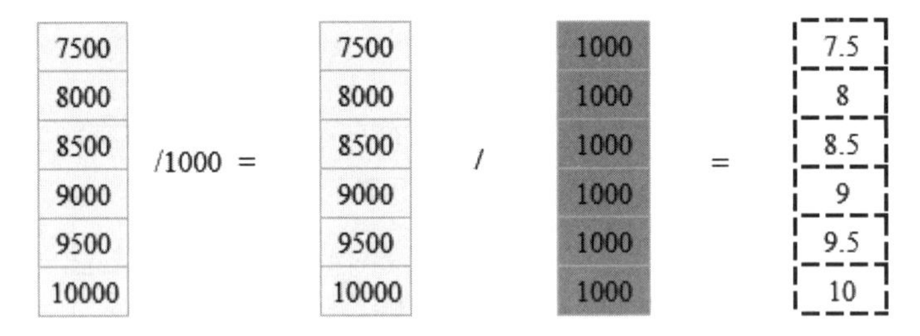


图 8.18　数组的标量运算示意图

【示例 27】　数组的标量运算。（**示例位置：资源包\MR\Code\08\27**）

在程序中，米转换为千米直接输入 n1/1000 即可，程序代码如下：

```
01  import numpy as np
02  n1 = np.linspace(7500,10000,6,dtype='int')    #创建等差数列数组
03  print(n1)                                     #输出数组
04  print(n1/1000)                                #米转换为千米
```

运行程序，输出结果如下：

```
[ 7500   8000   8500   9000   9500 10000]
[ 7.5   8.    8.5   9.    9.5 10. ]
```

上述运算过程，在 NumPy 中叫作“广播机制”，它是一个非常有用的功能。

### 8.3.3　数组的索引和切片

NumPy 数组元素是通过数组的索引和切片来访问和修改的，因此索引和切片是 NumPy 中最重要、最常用的操作。

#### 1．索引

所谓数组的索引，即用于标记数组中对应元素的唯一数字，从 0 开始，即数组中的第一个元素的索引是 0，以此类推。NumPy 数组可以使用标准 Python 语法 x[obj]的语法对数组进行索引，其中 *x* 是数组，obj 是索引。

【示例 28】　获取一维数组中的元素。（**示例位置：资源包\MR\Code\08\28**）

获取一维数组 n1 中索引为 0 的元素，程序代码如下：

```
01  import numpy as np
02  n1=np.array([1,2,3])                    #创建一维数组
03  print(n1[0])                            #输出一维数组的第一个元素
```

运行程序，输出结果如下：

```
1
```

【示例 29】　获取二维数组中的元素。（**示例位置：资源包\MR\Code\08\29**）

再举一个例子，通过索引获取二维数组中的元素，程序代码如下：

```
01  import numpy as np
02  n1=np.array([[1,2,3],[4,5,6]])          #创建二维数组
03  print(n1[1][2])                         #输出二维数组中第 2 行第 3 列的元素
```

运行程序，输出结果如下：

```
6
```

#### 2．切片式索引

数组的切片可以理解为对数组的分割，按照等分或者不等分，将一个数组切割为多个片段，它与 Python 中列表的切片操作一样。NumPy 中的切片用冒号分隔切片参数来进行切片操作，语法如下：

```
[start:stop:step]
```

参数说明：

☑ start：起始索引。

☑ stop：终止索引。

☑ step：步长。

【示例 30】 实现简单的数组切片操作。（**示例位置：资源包\MR\Code\08\30**）

实现简单的切片操作，对数组 n1 进行切片式索引操作，如图 8.19 所示。

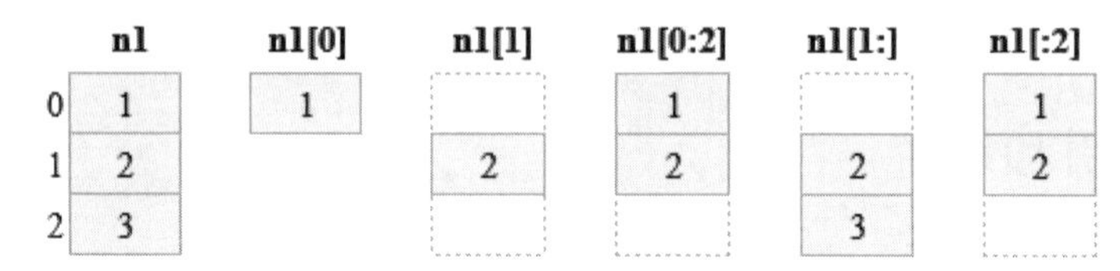


图 8.19　切片式索引示意图

程序代码如下：

```
01  import numpy as np
02  n1=np.array([1,2,3])          #创建一维数组
03  print(n1[0])                  #输出第 1 个元素
04  print(n1[1])                  #输出第 2 个元素
05  print(n1[0:2])                #输出第 1 个元素至第 3 个元素（不包括第 3 个元素）
06  print(n1[1:])                 #输出从第 2 个元素开始以后的元素
07  print(n1[:2])                 #输出第 1 个元素（0 省略）至第 3 个元素（不包括第 3 个元素）
```

运行程序，输出结果如下：

```
1
2
[1 2]
[2 3]
[1 2]
```

切片式索引操作需要注意以下几点。

（1）索引是左闭右开区间，如上述代码中的 n1[0:2]，只能取到索引从 0～1 的元素，而取不到索引为 2 的元素。

（2）当没有 start 参数时，代表从索引 0 开始取数，如上述代码中的 n1[:2]。

（3）start、stop 和 step 这 3 个参数都可以是负数，代表反向索引。以 step 参数为例，如图 8.20 所示。

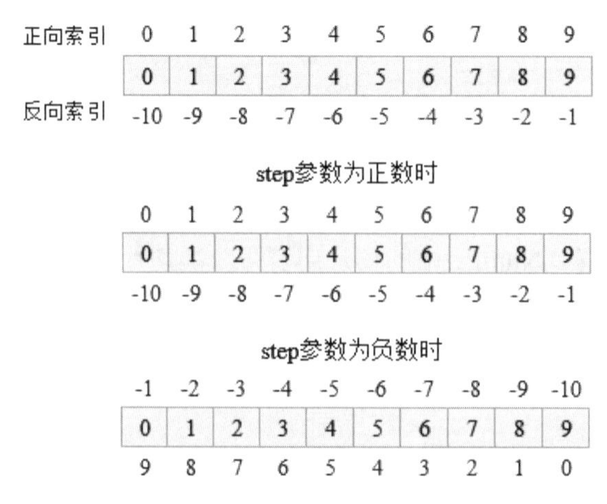


图 8.20　反向索引示意图

【示例 31】　常用的切片式索引操作。（**示例位置：资源包\MR\Code\08\31**）

常用的切片式索引操作，程序代码如下：

```
01  import numpy as np
02  n = np.arange(10)            #使用 arange()函数创建一维数组
03  print(n)                     #输出一维数组
04  print(n[:3])                 #输出第 1 个元素（0 省略）至第 4 个元素（不包括第 4 个元素）
05  print(n[3:6])                #输出第 4 个元素至第 7 个元素（不包括第 7 个元素）
06  print(n[6:])                 #输出第 7 个元素至最后一个元素
07  print(n[::])                 #输出所有元素
08  print(n[:])                  #输出第 1 个元素至最后一个元素
09  print(n[::2])                #输出步长是 2 的元素
10  print(n[1::5])               #输出第 2 个元素至最后一个元素且步长是 5 的元素
11  print(n[2::6])               #输出第 3 个元素至最后一个元素且步长是 6 的元素
12  #start、stop、step 为负数时
13  print(n[::-1])               #输出所有元素且步长是-1 的元素
14  print(n[:-3:-1])             #输出倒数第 3 个元素至倒数第 1 个元素（不包括倒数第 3 个元素）
15  print(n[-3:-5:-1])           #输出倒数第 3 个元素至倒数第 5 个元素且步长是-1 的元素
16  print(n[-5::-1])             #输出倒数第 5 个元素至最后一个元素且步长是-1 的元素
```

运行程序，输出结果如下：

```
[0 1 2 3 4 5 6 7 8 9]
[0 1 2]
[3 4 5]
[6 7 8 9]
[0 1 2 3 4 5 6 7 8 9]
[0 1 2 3 4 5 6 7 8 9]
[0 2 4 6 8]
[1 6]
[2 8]
[9 8 7 6 5 4 3 2 1 0]
[9 8]
[7 6]
[5 4 3 2 1 0]
```

### 3. 二维数组索引

二维数组索引可以使用 array[n,m]的方式，以逗号分隔，表示第 *n* 个数组的，第 *m* 个元素。

【示例 32】　二维数组的简单索引操作。（**示例位置：资源包\MR\Code\08\32**）

创建一个 3 行 4 列的二维数组，实现简单的索引操作，效果如图 8.21 所示。

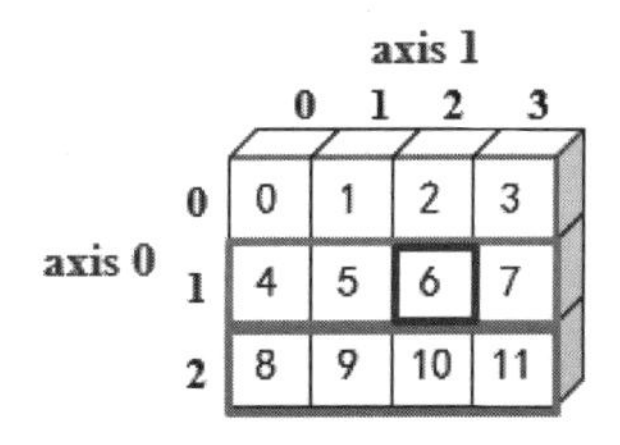


图 8.21　二维数组索引示意图

程序代码如下：

```
01  import numpy as np
02  #创建 3 行 4 列的二维数组
03  n=np.array([[0,1,2,3],[4,5,6,7],[8,9,10,11]])
04  print(n[1])                    #输出第 2 行的元素
05  print(n[1,2])                  #输出第 2 行第 3 列的元素
06  print(n[-1])                   #输出倒数第 1 行的元素
```

运行程序，输出结果如下：

```
[4 5 6 7]
6
[ 8  9 10 11]
```

上述代码中，n[1]表示第 2 个数组，n[1,2]表示第 2 个数组第 3 个元素，它等同于 n[1][2]，表示数组 *n* 中第 2 行第 3 列的值，实际上 n[1][2]是先索引第一个维度得到一个数组，然后在此基础上再索引。

### 4. 二维数组切片式索引

【示例 33】 二维数组的切片操作。（示例位置：资源包\MR\Code\08\33）

创建一个二维数组，实现各种切片式索引操作，效果如图 8.22 所示。

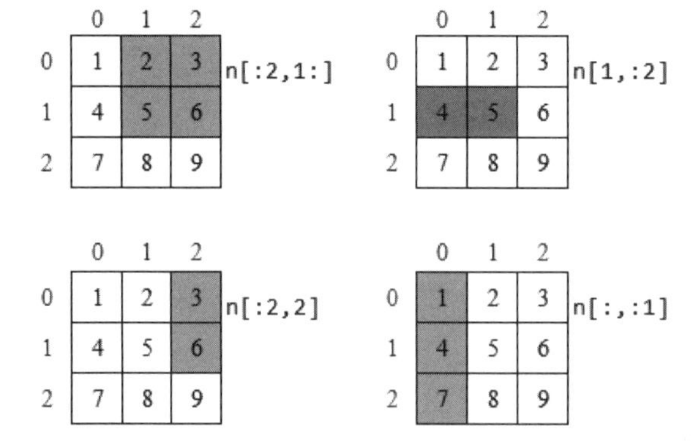


图 8.22 二维数组切片式索引示意图

程序代码如下：

```
01  import numpy as np
02  #创建 3 行 3 列的二维数组
03  n=np.array([[1,2,3],[4,5,6],[7,8,9]])
04  print(n[:2,1:])                #输出第 1 行至第 3 行（不包括第 3 行）的第 2 列至最后一列的元素
05  print(n[1,:2])                 #输出第 2 行的第 1 列至第 3 列（不包括第 3 列）的元素
06  print(n[:2,2])                 #输出第 1 行至第 3 行（不包括第 3 行）的第 3 列的元素
07  print(n[:,:1])                 #输出所有行的第 1 列至第 2 列（不包括第 2 列）的元素
```

运行程序，输出结果如下：

```
[[2 3]
 [5 6]]
[4 5]
```

```
[3 6]
[[1]
 [4]
 [7]]
```

## 8.3.4　数组重塑

数组重塑实际是更改数组的形状，例如，将原来 2 行 3 列的数组重塑为 3 行 4 列的数组。在 NumPy 中主要使用 reshape()方法，该方法用于改变数组的形状。

### 1．一维数组重塑

一维数组重塑就是将数组重塑为多行多列的数组。

【示例 34】　将一维数组重塑为二维数组。（**示例位置：资源包\MR\Code\08\34**）

创建一个一维数组，然后通过 reshape()方法将其改为 2 行 3 列的二维数组，程序代码如下：

```
01	import numpy as np
02	n=np.arange(6)	#创建一维数组
03	print(n)
04	n1=n.reshape(2,3)	#将数组重塑为 2 行 3 列的二维数组
05	print(n1)
```

运行程序，输出结果如下：

```
[0 1 2 3 4 5]
[[0 1 2]
 [3 4 5]]
```

需要注意的是，数组重塑是基于数组元素不发生改变的情况，重塑后的数组所包含的元素个数必须与原数组元素个数相同，如果数组元素发生改变，程序就会报错。

【示例 35】　将一行古诗转换为 4 行 5 列的二维数组。（**示例位置：资源包\MR\Code\08\35**）

将一行 20 列的数据转换为 4 行 5 列的二维数组，效果如图 8.23 所示。

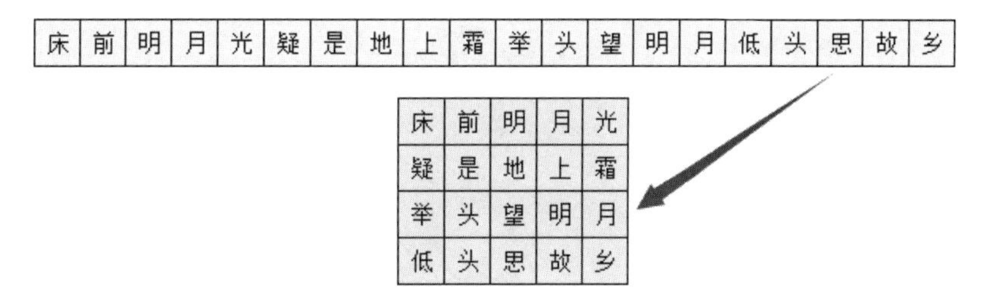


图 8.23　数组重塑示意图

程序代码如下：

```
01	import numpy as np
02	n=np.array(['床','前','明','月','光','疑','是','地','上','霜','举','头','望','明','月','低','头','思','故','乡'])
03	n1=n.reshape(4,5)	#将数组重塑为 4 行 5 列的二维数组
04	print(n1)
```

运行程序，输出结果如下：

```
[['床' '前' '明' '月' '光']
 ['疑' '是' '地' '上' '霜']
 ['举' '头' '望' '明' '月']
 ['低' '头' '思' '故' '乡']]
```

2. 多维数组重塑

多维数组重塑同样使用 reshape()方法。

【示例 36】 将 2 行 3 列的数组重塑为 3 行 2 列的数组。(**示例位置：资源包\MR\Code\08\36**)

将 2 行 3 列的二维数组重塑为 3 行 2 列的二维数组，程序代码如下：

```
01  import numpy as np
02  n=np.array([[0,1,2],[3,4,5]])          #创建二维数组
03  print(n)
04  n1=n.reshape(3,2)                      #将数组重塑为 3 行 2 列的二维数组
05  print(n1)
```

运行程序，输出结果如下：

```
[[0 1 2]
 [3 4 5]]
[[0 1]
 [2 3]
 [4 5]]
```

3. 数组转置

数组转置是指数组的行列转换，可以通过数组的 T 属性和 transpose()函数实现。

【示例 37】 将二维数组中的行列转置。(**示例位置：资源包\MR\Code\08\37**)

通过 T 属性将 4 行 6 列的二维数组中的行变成列，列变成行，程序代码如下：

```
01  import numpy as np
02  n = np.arange(24).reshape(4,6)         #创建 4 行 6 列的二维数组
03  print(n)
04  print(n.T)                             #T 属性行列转置
```

运行程序，输出结果如下：

```
[[ 0  1  2  3  4  5]
 [ 6  7  8  9 10 11]
 [12 13 14 15 16 17]
 [18 19 20 21 22 23]]
[[ 0  6 12 18]
 [ 1  7 13 19]
 [ 2  8 14 20]
 [ 3  9 15 21]
 [ 4 10 16 22]
 [ 5 11 17 23]]
```

【示例 38】　转换客户销售数据。（**示例位置：资源包\MR\Code\08\38**）

上述举例可能不太直观，下面再举一个例子，转换客户销售数据，对比效果如图 8.24 所示。

| 客户 | 销售额 |
| --- | --- |
| A | 100 |
| B | 200 |
| C | 300 |
| D | 400 |
| E | 500 |

| A | B | C | D | E |
| --- | --- | --- | --- | --- |
| 100 | 200 | 300 | 400 | 500 |

图 8.24　客户销售数据转换对比示意图

程序代码如下：

```
01    import numpy as np
02    n = np.array([['A',100],['B',200],['C',300],['D',400],['E',500]])
03    print(n)
04    print(n.T)                                          #T 属性行列转置
```

运行程序，输出结果如下：

```
[['A' '100']
 ['B' '200']
 ['C' '300']
 ['D' '400']
 ['E' '500']]
[['A' 'B' 'C' 'D' 'E']
 ['100' '200' '300' '400' '500']]
```

transpose()函数也可以实现数组转置。例如，上述举例用 transpose()函数实现，关键代码如下：

```
01    n = np.array([['A',100],['B',200],['C',300],['D',400],['E',500]])
02    print(n.transpose())                               #transpose()函数行列转置
```

运行程序，输出结果如下：

```
[['A' 'B' 'C' 'D' 'E']
 ['100' '200' '300' '400' '500']]
```

## 8.3.5　数组的增、删、改、查

数组增、删、改、查的方法有很多种，下面介绍几种常用的方法。

### 1．数组的增加

数组数据的增加可以按照水平方向增加数据，也可以按照垂直方向增加数据。水平方向增加数据主要使用 hstack()函数，垂直方向增加数据主要使用 vstack()函数。

【示例 39】　为数组增加数据。（**示例位置：资源包\MR\Code\08\39**）

创建两个二维数组，然后实现数组数据的增加，程序代码如下：

```
01  import numpy as np
02  #创建二维数组
03  n1=np.array([[1,2],[3,4],[5,6]])
04  n2=np.array([[10,20],[30,40],[50,60]])
05  print(np.hstack((n1,n2)))                    #水平方向增加数据
06  print(np.vstack((n1,n2)))                    #垂直方向增加数据
```

运行程序，输出结果如下：

```
[[ 1   2 10 20]
 [ 3   4 30 40]
 [ 5   6 50 60]]
[[ 1   2]
 [ 3   4]
 [ 5   6]
 [10 20]
 [30 40]
 [50 60]]
```

2．数组的删除

数组的删除主要使用 delete()方法。

【示例 40】 删除指定的数组。（**示例位置：资源包\MR\Code\08\40**）

删除指定的数组，程序代码如下：

```
01  import numpy as np
02  #创建二维数组
03  n1=np.array([[1,2],[3,4],[5,6]])
04  print(n1)
05  n2=np.delete(n1,2,axis=0)                    #删除第 3 行
06  n3=np.delete(n1,0,axis=1)                    #删除第 1 列
07  n4=np.delete(n1,(1,2),0)                     #删除第 2 行和第 3 行
08  print('删除第 3 行后的数组：','\n',n2)
09  print('删除第 1 列后的数组：','\n',n3)
10  print('删除第 2 行和第 3 行后的数组：','\n',n4)
```

运行程序，输出结果如下：

```
[[1 2]
 [3 4]
 [5 6]]
删除第 3 行后的数组：
 [[1 2]
 [3 4]]
删除第 1 列后的数组：
 [[2]
 [4]
 [6]]
删除第 2 行和第 3 行后的数组：
 [[1 2]]
```

那么，对于不想要的数组或数组元素还可以通过索引和切片方法只选取需要的数组或数组元素。

### 3. 数组的修改

修改数组或数组元素时，直接为数组或数组元素赋值即可。

【示例 41】　修改指定的数组。（**示例位置：资源包\MR\Code\08\41**）

修改指定的数组，程序代码如下：

```
01  import numpy as np
02  #创建二维数组
03  n1=np.array([[1,2],[3,4],[5,6]])
04  print(n1)
05  n1[1]=[30,40]                                #修改第 2 行数组[3,4]为[30,40]
06  n1[2][1]=88                                  #修改第 3 行第 2 个元素 6 为 88
07  print('修改后的数组：','\n',n1)
```

运行程序，输出结果如下：

```
[[1 2]
 [3 4]
 [5 6]]
修改后的数组：
 [[ 1  2]
 [30 40]
 [ 5 88]]
```

### 4. 数组的查询

数组的查询同样可以使用索引和切片方法来获取指定范围的数组或数组元素，还可以通过 where()函数查询符合条件的数组或数组元素。where()函数语法如下：

```
numpy.where(condition,x,y)
```

上述语法，第一个参数为一个布尔数组，第二个参数和第三个参数可以是标量也可以是数组。满足条件（参数 condition），输出参数 $x$，不满足条件输出参数 $y$。

【示例 42】　按指定条件查询数组。（**示例位置：资源包\MR\Code\08\42**）

数组查询，大于 5 输出 2，不大于 5 输出 0，程序代码如下：

```
01  import numpy as np
02  n1 = np.arange(10)                           #创建一个一维数组
03  print(n1)
04  print(np.where(n1>5,2,0))                    #大于 5 输出 2，不大于 5 输出 0
```

运行程序，输出结果如下：

```
[0 1 2 3 4 5 6 7 8 9]
[0 0 0 0 0 0 2 2 2 2]
```

如果不指定参数 $x$ 和 $y$，则输出满足条件的数组元素的坐标。例如，上述举例不指定参数 $x$ 和 $y$，关键代码如下：

```
01    n2=n1[np.where(n1>5)]
02    print(n2)
```

运行程序，输出结果如下：

```
[6 7 8 9]
```

# 8.4　NumPy 矩阵的基本操作

在数学中经常会看到矩阵，而在程序中常用的是数组，可以简单地理解为，矩阵是数学的概念，而数组是计算机程序设计领域的概念。在 NumPy 中，矩阵是数组的分支，数组和矩阵有些时候是通用的，二维数组也称矩阵。下面简单介绍矩阵的基本操作。

## 8.4.1　创建矩阵

NumPy 函数库中存在两种不同的数据类型（矩阵 matrix 和数组 array），它们都可以用于处理行列表示的数组元素，虽然它们看起来很相似，但是在这两种数据类型上执行相同的数学运算，可能得到不同的结果。

在 NumPy 中，矩阵应用十分广泛。例如，每个图像可以被看作像素值矩阵。假设一个像素值仅为 0 和 1，那么 5×5 大小的图像就是一个 5×5 的矩阵，如图 8.25 所示；而 3×3 大小的图像就是一个 3×3 的矩阵，如图 8.26 所示。

| | | | | |
|---|---|---|---|---|
| 1 | 1 | 1 | 0 | 0 |
| 0 | 1 | 1 | 1 | 0 |
| 0 | 0 | 1 | 1 | 1 |
| 0 | 0 | 1 | 1 | 0 |
| 0 | 1 | 1 | 0 | 0 |

图 8.25　5×5 矩阵示意图

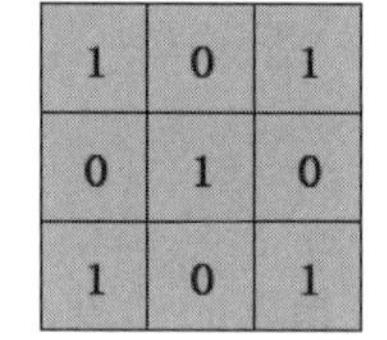

| | | |
|---|---|---|
| 1 | 0 | 1 |
| 0 | 1 | 0 |
| 1 | 0 | 1 |

图 8.26　3×3 矩阵示意图

关于矩阵就简单了解到这里，下面介绍如何在 NumPy 中创建矩阵。

【示例 43】　创建简单矩阵。（**示例位置：资源包\MR\Code\08\43**）

使用 mat()函数创建矩阵，程序代码如下：

```
01    import numpy as np
02    a = np.mat('5 6;7 8')
03    b = np.mat([[1, 2], [3, 4]])
04    print(a)
05    print(b)
06    print(type(a))
07    print(type(b))
```

```
08    n1 = np.array([[1, 2], [3, 4]])
09    print(n1)
10    print(type(n1))
```

运行程序，输出结果如下：

```
[[5 6]
 [7 8]]
[[1 2]
 [3 4]]
<class 'numpy.matrix'>
<class 'numpy.matrix'>
[[1 2]
 [3 4]]
<class 'numpy.ndarray'>
```

从运行结果得知：mat()函数创建的是矩阵类型，array()函数创建的是数组类型，而用 mat()函数创建的矩阵才能进行一些线性代数的操作。

【示例 44】　使用 mat()函数创建常见的矩阵。(**示例位置：资源包\MR\Code\08\44**)

下面使用 mat()函数创建常见的矩阵。

（1）创建一个 3×3 的 0（零）矩阵，程序代码如下：

```
01    import numpy as np
02    #创建一个 3×3 的零矩阵
03    data1 = np.mat(np.zeros((3,3)))
04    print(data1)
```

运行程序，输出结果如下：

```
[[0. 0. 0.]
 [0. 0. 0.]
 [0. 0. 0.]]
```

（2）创建一个 2×4 的 1 矩阵，程序代码如下：

```
01    import numpy as np
02    #创建一个 2×4 的 1 矩阵
03    data1 = np.mat(np.ones((2,4)))
04    print(data1)
```

运行程序，输出结果如下：

```
[[1. 1. 1. 1.]
 [1. 1. 1. 1.]]
```

（3）使用 random 模块的 rand()函数创建一个 3×3 为 0～1 随机产生的二维数组，并将其转换为矩阵，程序代码如下：

```
01    import numpy as np
02    data1 = np.mat(np.random.rand(3,3))
03    print(data1)
```

运行程序，输出结果如下：

```
[[0.23593472 0.32558883 0.42637078]
 [0.36254276 0.6292572   0.94969203]
 [0.80931869 0.3393059   0.18993806]]
```

（4）创建一个 1～8 的随机整数矩阵，程序代码如下：

```
01    import numpy as np
02    data1 = np.mat(np.random.randint(1,8,size=(3,5)))
03    print(data1)
```

运行程序，输出结果如下：

```
[[4 5 3 5 3]
 [1 3 2 7 7]
 [2 7 5 4 5]]
```

（5）创建对角矩阵，程序代码如下：

```
01    import numpy as np
02    data1 = np.mat(np.eye(2,2,dtype=int))                    #2×2 对角矩阵
03    print(data1)
04    data1 = np.mat(np.eye(4,4,dtype=int))                    #4×4 对角矩阵
05    print(data1)
```

运行程序，输出结果如下：

```
[[1 0]
 [0 1]]
[[1 0 0 0]
 [0 1 0 0]
 [0 0 1 0]
 [0 0 0 1]]
```

（6）创建对角线矩阵，程序代码如下：

```
01    import numpy as np
02    a = [1,2,3]
03    data1 = np.mat(np.diag(a))                               #对角线 1、2、3 矩阵
04    print(data1)
05    b = [4,5,6]
06    data1 = np.mat(np.diag(b))                               #对角线 4、5、6 矩阵
07    print(data1)
```

运行程序，输出结果如下：

```
[[1 0 0]
 [0 2 0]
 [0 0 3]]
[[4 0 0]
```

```
[0 5 0]
[0 0 6]]
```

说明

mat()函数只适用于二维矩阵，维数超过 2 以后，mat()函数就不适用了，从这一点来看 array()函数更具通用性。

## 8.4.2　矩阵运算

如果两个矩阵大小相同，我们可以使用算术运算符"+""-""*""/"对矩阵进行加、减、乘、除的运算。

【示例 45】　矩阵加法运算。（**示例位置：资源包\MR\Code\08\45**）

创建两个矩阵 data1 和 data2，实现矩阵的加法运算，效果如图 8.27 所示。

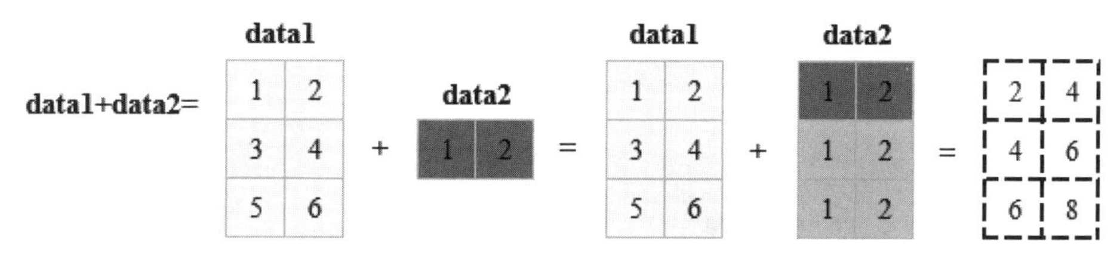


图 8.27　矩阵的加法运算示意图

程序代码如下：

```
01  import numpy as np
02  #创建矩阵
03  data1= np.mat([[1, 2], [3, 4],[5,6]])
04  data2=np.mat([1,2])
05  print(data1+data2)                              #矩阵加法运算
```

运行程序，输出结果如下：

```
[[2 4]
 [4 6]
 [6 8]]
```

【示例 46】　矩阵减法、乘法和除法运算。（**示例位置：资源包\MR\Code\08\46**）

除了加法运算，还可以实现矩阵的减法、乘法和除法运算。接下来实现上述矩阵的减法和除法运算，程序代码如下：

```
01  import numpy as np
02  #创建矩阵
03  data1= np.mat([[1, 2], [3, 4],[5,6]])
04  data2=np.mat([1,2])
05  print(data1-data2)                              #矩阵减法运算
06  print(data1/data2)                              #矩阵除法运算
```

运行程序，输出结果如下：

```
[[0 0]
 [2 2]
 [4 4]]
[[1. 1.]
 [3. 2.]
 [5. 3.]]
```

当对上述矩阵实现乘法运算时，程序出现了错误，原因是矩阵的乘法运算，要求左边矩阵的列和右边矩阵的行数要一致。由于上述矩阵 data2 只有一行，所以导致程序出错。

【示例 47】 修改矩阵并进行乘法运算。（示例位置：资源包\MR\Code\08\47）

将矩阵 data2 改为 2×2 矩阵，再进行矩阵的乘法运算，程序代码如下：

```
01  import numpy as np
02  #创建矩阵
03  data1= np.mat([[1, 2], [3, 4],[5,6]])
04  data2=np.mat([[1,2],[3,4]])
05  print(data1*data2)                          #矩阵乘法运算
```

运行程序，输出结果如下：

```
[[ 7 10]
 [15 22]
 [23 34]]
```

上述举例，是两个矩阵直接相乘，称之为矩阵相乘。矩阵相乘是第一个矩阵中与该元素行号相同的元素与第二个矩阵中与该元素列号相同的元素，两两相乘后再求和，运算过程如图 8.28 所示。例如，1×1+2×3=7，是第一个矩阵第 1 行元素与第二个矩阵第 1 列元素，两两相乘求和得到的。

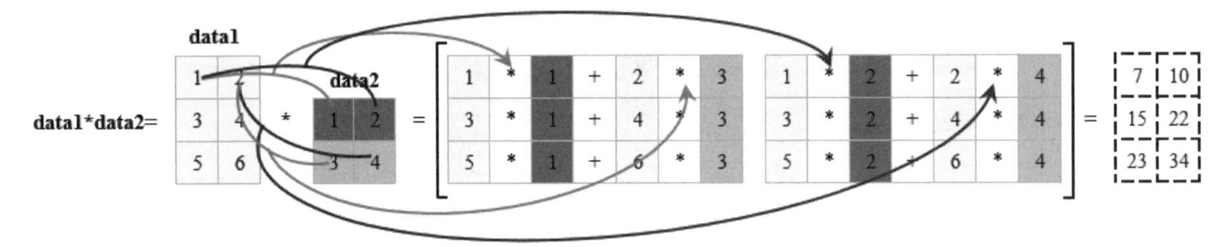


图 8.28　矩阵相乘运算过程示意图

数组运算和矩阵运算的一个关键区别是矩阵相乘使用的是点乘。点乘，也称点积，是数组中元素对应位置一一相乘之后求和的操作，在 NumPy 中专门提供了点乘方法，即 dot()方法，该方法返回的是两个数组的点积。

【示例 48】 数组相乘与数组点乘比较。（示例位置：资源包\MR\Code\08\48）

数组相乘与数组点乘运算，程序代码如下：

```
01  import numpy as np
02  #创建数组
03  n1 = np.array([1, 2, 3])
```

```
04    n2= np.array([[1, 2, 3], [1, 2, 3], [1, 2, 3]])
05    print('数组相乘结果为：','\n',n1*n2)                 #数组相乘
06    print('数组点乘结果为：','\n',np.dot(n1, n2))        #数组点乘
```

运行程序，输出结果如下：

```
数组相乘结果为：
 [[1 4 9]
 [1 4 9]
 [1 4 9]]
数组点乘结果为：
 [ 6 12 18]
```

【示例 49】　矩阵元素之间的相乘运算。（**示例位置：资源包\MR\Code\08\49**）

要实现矩阵对应元素之间的相乘可以使用 multiply()函数，程序代码如下：

```
01    import numpy as np
02    n1 = np.mat('1 3 3;4 5 6;7 12 9')              #创建矩阵，使用分号隔开数据
03    n2 = np.mat('2 6 6;8 10 12;14 24 18')
04    print('矩阵相乘结果为：\n',n1*n2)               #矩阵相乘
05    print('矩阵对应元素相乘结果为：\n',np.multiply(n1,n2))
```

运行程序，输出结果如下：

```
矩阵相乘结果为：
 [[ 68 108  96]
 [132 218 192]
 [236 378 348]]
矩阵对应元素相乘结果为：
 [[  2  18  18]
 [ 32  50  72]
 [ 98 288 162]]
```

## 8.4.3　矩阵转换

### 1．矩阵转置

【示例 50】　使用 T 属性实现矩阵转置。（**示例位置：资源包\MR\Code\08\50**）

矩阵转置与数组转置一样使用 T 属性，程序代码如下：

```
01    import numpy as np
02    n1 = np.mat('1 3 3;4 5 6;7 12 9')              #创建矩阵，使用分号隔开数据
03    print('矩阵转置结果为：\n',n1.T)                #矩阵转置
```

运行程序，输出结果如下：

```
矩阵转置结果为：
 [[ 1  4  7]
 [ 3  5 12]
 [ 3  6  9]]
```

2．矩阵求逆

【示例 51】 实现矩阵逆运算。（**示例位置：资源包\MR\Code\08\51**）

矩阵要可逆，否则意味着该矩阵为奇异矩阵（即矩阵的行列式的值为 0）。矩阵求逆主要使用 I 属性，程序代码如下：

```
01  import numpy as np
02  n1 = np.mat('1 3 3;4 5 6;7 12 9')                     #创建矩阵，使用分号隔开数据
03  print('矩阵的逆矩阵结果为：\n',n1.I)                     #逆矩阵
```

运行程序，输出结果如下：

```
矩阵的逆矩阵结果为：
 [[-0.9           0.3           0.1        ]
 [ 0.2          -0.4           0.2        ]
 [ 0.43333333   0.3          -0.23333333]]
```

# 8.5 NumPy 常用统计分析函数

## 8.5.1 数学运算函数

NumPy 包含大量的数学运算的函数，包括三角函数、算术运算函数、复数处理函数等，如表 8.2 所示。

表 8.2 数学运算函数

| 函　　数 | 说　　明 |
|---|---|
| add()、subtract()、multiply()、divide() | 简单的数组加、减、乘、除运算 |
| abs() | 取数组中各元素的绝对值 |
| sqrt() | 计算数组中各元素的平方根 |
| square() | 计算数组中各元素的平方 |
| log()、log10()、log2() | 计算数组中各元素的自然对数和分别以 10、2 为底的对数 |
| reciprocal() | 计算数组中各元素的倒数 |
| power() | 第一个数组中的元素作为底数，计算它与第二个数组中相应元素的幂 |
| mod() | 计算数组之间相应元素相除后的余数 |
| around() | 计算数组中各元素指定小数位数的四舍五入值 |
| ceil()、floor() | 计算数组中各元素向上取整和向下取整 |
| sin()、cos()、tan() | 三角函数。计算数组中角度的正弦值、余弦值和正切值 |
| modf() | 将数组各元素的小数和整数部分分割为两个独立的数组 |
| exp() | 计算数组中各元素的指数值 |
| sign() | 计算数组中各元素的符号值 1（+），0，-1（-） |
| maximum()、fmax() | 计算数组元素的最大值 |
| minimum()、fmin() | 计算数组元素的最小值 |
| copysign(a,b) | 将数组 b 中各元素的符号赋值给数组 a 对应的元素 |

下面介绍几个常用的数学运算函数。

## 1. 算术函数

（1）加、减、乘、除

NumPy 算术函数包含简单的加、减、乘、除运算，如 add()函数、subtract()函数、multiply()函数和 divide()函数。这里要注意的是，数组必须具有相同的形状或符合数组广播规则。

**【示例 52】** 数组加、减、乘、除运算。（**示例位置：资源包\MR\Code\08\52**）

数组加、减、乘、除运算，程序代码如下：

```
01  import numpy as np
02  n1 = np.array([[1,2,3],[4,5,6],[7,8,9]])   #创建数组
03  n2 = np.array([10, 10, 10])
04  print('两个数组相加：')
05  print(np.add(n1, n2))
06  print('两个数组相减：')
07  print(np.subtract(n1, n2))
08  print('两个数组相乘：')
09  print(np.multiply(n1, n2))
10  print('两个数组相除：')
11  print(np.divide(n1, n2))
```

运行程序，输出结果如下：

```
两个数组相加：
[[11 12 13]
 [14 15 16]
 [17 18 19]]
两个数组相减：
[[-9 -8 -7]
 [-6 -5 -4]
 [-3 -2 -1]]
两个数组相乘：
[[10 20 30]
 [40 50 60]
 [70 80 90]]
两个数组相除：
[[0.1 0.2 0.3]
 [0.4 0.5 0.6]
 [0.7 0.8 0.9]]
```

（2）倒数

reciprocal()函数用于返回数组中各元素的倒数。如 4/3 的倒数是 3/4。

**【示例 53】** 计算数组元素的倒数。（**示例位置：资源包\MR\Code\08\53**）

计算数组元素的倒数，程序代码如下：

```
01  import numpy as np
02  a = np.array([0.25, 1.75, 2, 100])
03  print(np.reciprocal(a))
```

运行程序，输出结果如下：

```
[4.         0.57142857 0.5        0.01       ]
```

（3）求幂

power()函数将第一个数组中的元素作为底数，计算它与第二个数组中相应元素的幂。

【示例 54】　数组元素的幂运算。（**示例位置：资源包\MR\Code\08\54**）

对数组元素幂运算，程序代码如下：

```
01  import numpy as np
02  n1 = np.array([10, 100, 1000])
03  print(np.power(n1, 3))
04  n2= np.array([1, 2, 3])
05  print(np.power(n1, n2))
```

运行程序，输出结果如下：

```
[       1000    1000000 1000000000]
[         10      10000 1000000000]
```

（4）取余

mod()函数用于计算数组之间相应元素相除后的余数。

【示例 55】　对数组元素取余。（**示例位置：资源包\MR\Code\08\55**）

对数组元素取余，程序代码如下：

```
01  import numpy as np
02  n1 = np.array([10, 20, 30])
03  n2 = np.array([4, 5, -8])
04  print(np.mod(n1, n2))
```

运行程序，输出结果如下：

```
[2  0 -2]
```

**知识胶囊**

下面重点介绍 NumPy 负数取余的算法，公式如下：

```
r=a-n*[a//n]
```

其中 r 为余数，a 是被除数，n 是除数，“//”为运算取商时保留整数的下界，即偏向于较小的整数。根据负数取余的 3 种情况，举例如下：

```
r=30-(-8)*(30//(-8))=30-(-8)*(-4)=30-32=-2
r=-30-(-8)*(-30//(-8))=-30-(-8)*(3)=-30-24=-6
r=-30-(8)*(-30//(8))=-30-(8)*(-4)=-30+32=2
```

2．舍入函数

（1）四舍五入 around()函数

四舍五入在 NumPy 中应用比较多，主要使用 around()函数，该函数返回指定小数位数的四舍五入

值，语法如下：

```
numpy.around(a,decimals)
```

参数说明：

☑ a：数组。

☑ decimals：舍入的小数位数，默认值为 0，如果为负，整数将四舍五入到小数点左侧的位置。

【示例 56】　将数组中的一组数字四舍五入。（**示例位置：资源包\MR\Code\08\56**）

将数组中的一组数字四舍五入，程序代码如下：

```
01  import numpy as np
02  n = np.array([1.55, 6.823,100,0.1189,3.1415926,-2.345])       #创建数组
03  print(np.around(n))                                              #四舍五入取整
04  print(np.around(n, decimals=2))                                  #四舍五入保留小数点两位
05  print(np.around(n, decimals=-1))                                 #四舍五入取整到小数点左侧
```

运行程序，输出结果如下：

```
[  2.    7. 100.    0.    3.   -2.]
[  1.55    6.82 100.      0.12    3.14   -2.35]
[  0.   10. 100.    0.    0.   -0.]
```

（2）向上取整 ceil()函数

ceil()函数用于返回大于或者等于指定表达式的最小整数，即向上取整。

【示例 57】　对数组元素向上取整。（**示例位置：资源包\MR\Code\08\57**）

对数组元素向上取整，程序代码如下：

```
01  import numpy as np
02  n = np.array([-1.8, 1.66, -0.2, 0.888, 15])                      #创建数组
03  print(np.ceil(n))                                                #向上取整
```

运行程序，输出结果如下：

```
[-1.   2. -0.   1. 15.]
```

（3）向下取整 floor()函数

floor()函数用于返回小于或者等于指定表达式的最大整数，即向下取整。

【示例 58】　对数组元素向下取整。（**示例位置：资源包\MR\Code\08\58**）

对数组元素向下取整，程序代码如下：

```
01  import numpy as np
02  n = np.array([-1.8, 1.66, -0.2, 0.888, 15])                      #创建数组
03  print(np.floor(n))                                               #向下取整
```

运行程序，输出结果如下：

```
[-2.   1. -1.   0. 15.]
```

### 3. 三角函数

NumPy 提供了标准的三角函数，即 sin()函数、cos()函数和 tan()函数。

【示例 59】 计算数组的正弦值、余弦值和正切值。（**示例位置：资源包\MR\Code\08\59**）

计算数组元素的正弦值、余弦值和正切值，程序代码如下：

```
01  import numpy as np
02  n= np.array([0, 30, 45, 60, 90])
03  print('不同角度的正弦值：')
04  #通过乘 pi/180 转换为弧度
05  print(np.sin(n * np.pi / 180))
06  print('数组中角度的余弦值：')
07  print(np.cos(n * np.pi / 180))
08  print('数组中角度的正切值：')
09  print(np.tan(n * np.pi / 180))
```

运行程序，输出结果如下：

```
不同角度的正弦值：
[0.         0.5        0.70710678 0.8660254  1.        ]
数组中角度的余弦值：
[1.00000000e+00 8.66025404e-01 7.07106781e-01 5.00000000e-01
 6.12323400e-17]
数组中角度的正切值：
[0.00000000e+00 5.77350269e-01 1.00000000e+00 1.73205081e+00
 1.63312394e+16]
```

arcsin()函数、arccos()函数和 arctan()函数用于返回给定角度的 sin、cos 和 tan 的反三角函数。这些函数的结果可以通过 degrees()函数将弧度转换为角度。

【示例 60】 将弧度转换为角度。（**示例位置：资源包\MR\Code\08\60**）

首先计算不同角度的正弦值，然后使用 arcsin()函数计算角度的反正弦，返回值以弧度为单位，最后使用 degrees()函数将弧度转换为角度来验证结果，程序代码如下：

```
01  import numpy as np
02  n = np.array([0, 30, 45, 60, 90])
03  print('不同角度的正弦值：')
04  sin = np.sin(n * np.pi / 180)
05  print(sin)
06  print('计算角度的反正弦，返回值以弧度为单位：')
07  inv = np.arcsin(sin)
08  print(inv)
09  print('弧度转换为角度：')
10  print(np.degrees(inv))
```

运行程序，输出结果如下：

```
不同角度的正弦值：
[0.         0.5        0.70710678 0.8660254  1.        ]
计算角度的反正弦，返回值以弧度为单位：
```

```
[0.         0.52359878 0.78539816 1.04719755 1.57079633]
弧度转换为角度：
[ 0. 30. 45. 60. 90.]
```

arccos()函数和 arctan()函数的用法与 arcsin()函数的用法差不多，这里不再举例。

## 8.5.2　统计分析函数

统计分析函数是对整个 NumPy 数组或某条轴的数据进行统计运算，函数介绍如表 8.3 所示。

表 8.3　统计分析函数

| 函　　数 | 说　　明 |
| --- | --- |
| sum() | 对数组中元素或某行某列的元素求和 |
| cumsum() | 所有数组元素累计求和 |
| cumprod() | 所有数组元素累计求积 |
| mean() | 计算平均值 |
| min()、max() | 计算数组的最小值和最大值 |
| average() | 计算加权平均值 |
| median() | 计算数组中元素的中位数（中值） |
| var() | 计算方差 |
| std() | 计算标准差 |
| eg() | 对数组的第二维度的数据进行求平均 |
| argmin()、argmax() | 计算数组最小值和最大值的下标（注：是一维的下标） |
| unravel_index() | 根据数组形状将一维下标转成多维下标 |
| ptp() | 计算数组最大值和最小值的差 |

下面介绍几个常用的统计函数。首先创建一个数组，如图 8.29 所示。

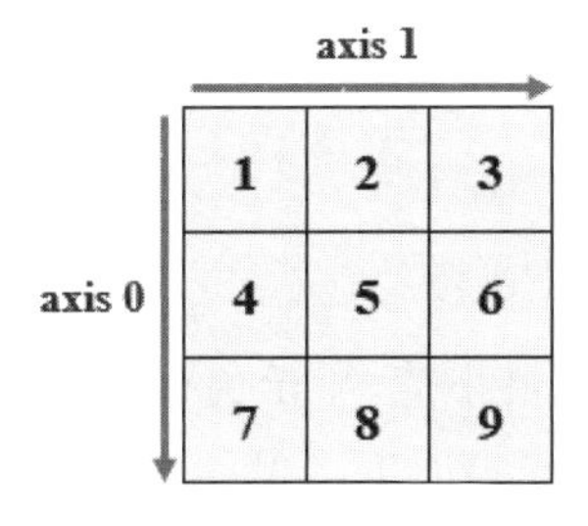


图 8.29　数组示意图

### 1．求和 sum()函数

【示例 61】　对数组元素求和。（示例位置：资源包\MR\Code\08\61）

对数组元素求和、对数组元素按行和按列求和，程序代码如下：

```
01  import numpy as np
02  n=np.array([[1,2,3],[4,5,6],[7,8,9]])
03  print('对数组元素求和：')
```

```
04    print(n.sum())
05    print('对数组元素按行求和：')
06    print(n.sum(axis=0))
07    print('对数组元素按列求和：')
08    print(n.sum(axis=1))
```

运行程序，输出结果如下：

```
对数组元素求和：
45
对数组元素按行求和：
[12 15 18]
对数组元素按列求和：
[ 6 15 24]
```

### 2．求平均值 mean()函数

【示例 62】 对数组元素求平均值。（**示例位置：资源包\MR\Code\08\62**）

对数组元素求平均值、对数组元素按行求平均值和按列求平均值，关键代码如下：

```
01    print('对数组元素求平均值：')
02    print(n.mean())
03    print('对数组元素按行求平均值：')
04    print(n.mean(axis=0))
05    print('对数组元素按列求平均值：')
06    print(n.mean(axis=1))
```

运行程序，输出结果如下：

```
对数组元素求平均值：
5.0
对数组元素按行求平均值：
[4. 5. 6.]
对数组元素按列求平均值：
[2. 5. 8.]
```

### 3．求最大值 max()函数和最小值 min()函数

【示例 63】 对数组元素求最大值和最小值。（**示例位置：资源包\MR\Code\08\63**）

对数组元素求最大值和最小值，关键代码如下：

```
01    print('数组元素最大值：')
02    print(n.max())
03    print('数组中每一行的最大值：')
04    print(n.max(axis=0))
05    print('数组中每一列的最大值：')
06    print(n.max(axis=1))
07    print('数组元素最小值：')
08    print(n.min())
09    print('数组中每一行的最小值：')
```

```
10    print(n.min(axis=0))
11    print('数组中每一列的最小值：')
12    print(n.min(axis=1))
```

运行程序，输出结果如下：

```
数组元素最大值：
9
数组中每一行的最大值：
[7 8 9]
数组中每一列的最大值：
[3 6 9]
数组元素最小值：
1
数组中每一行的最小值：
[1 2 3]
数组中每一列的最小值：
[1 4 7]
```

对二维数组求最大值在实际应用中非常广泛。例如，统计销售冠军。

### 4．求加权平均 average()函数

在日常生活中，常用平均数表示一组数据的“平均水平”。在一组数据里，一个数据出现的次数称为权。将一组数据与出现的次数相乘再平均就是“加权平均”。加权平均能够反映一组数据中各个数据的重要程度，以及对整体趋势的影响。加权平均在日常生活应用非常广泛，如考试成绩、股票价格、竞技比赛等。

【示例 64】　计算电商各活动销售的加权平均价。（**示例位置：资源包\MR\Code\08\64**）

某电商在开学季、6.18、双十一、双十二等活动价格均不同，下面计算加权平均价，程序代码如下：

```
01    import numpy as np
02    price=np.array([34.5,36,37.8,39,39.8,33.6])                 #创建“单价”数组
03    number=np.array([900,580,230,150,120,1800])                 #创建“销售数量”数组
04    print('加权平均价：')
05    print(np.average(price,weights=number))
```

运行程序，输出结果如下：

```
加权平均价：
34.84920634920635
```

### 5．中位数 median()函数

中位数用来衡量数据取值的中等水平或一般水平，可以避免极端值的影响。在数据处理过程中，当数据中存在少量异常值时，它不受其影响，基于这一特点，一般使用中位数来评价分析结果。

那么，什么是中位数？将各个变量值按大小顺序排列起来，形成一个数列，居于数列中间位置的那个数即为中位数。例如，1、2、3、4、5 这 5 个数，中位数就是中间的数字 3，而 1、2、3、4、5、6 这 6 个数，中位数则是中间两个数的平均值，即 3.5。

**知识胶囊**

中位数与平均数不同，它不受异常值的影响。例如，将 1、2、3、4、5、6 改为 1、2、3、4、5、288，中位数依然是 3.5。

【示例 65】　计算电商活动价格的中位数。（示例位置：资源包\MR\Code\08\65）

计算电商在开学季、6.18、双十一、双十二等活动价格的中位数，程序代码如下：

```
01    import numpy as np
02    n=np.array([34.5,36,37.8,39,39.8,33.6])             #创建“单价”数组
03    #数组排序后，查找中位数
04    sort_n = np.msort(n)
05    print('数组排序：')
06    print(sort_n)
07    print('数组中位数为：')
08    print(np.median(sort_n))
```

运行程序，输出结果如下：

```
数组排序：
[33.6 34.5 36. 37.8 39. 39.8]
数组中位数为：
36.9
```

6．方差、标准差

方差、标准差的定义在第 4 章已经介绍过了，这里不再赘述，直接进入主题。

【示例 66】　求数组的方差和标准差。（示例位置：资源包\MR\Code\08\66）

在 NumPy 中实现方差和标准差，程序代码如下：

```
01    import numpy as np
02    n=np.array([34.5,36,37.8,39,39.8,33.6])             #创建“单价”数组
03    print('数组方差：')
04    print(np.var(n))
05    print('数组标准差：')
06    print(np.std(n))
```

运行程序，输出结果如下：

```
数组方差：
5.168055555555551
数组标准差：
2.2733357771247853
```

### 8.5.3　数组的排序

数组的排序是对数组元素进行排序。

### 1．sort()函数

使用 sort()函数进行排序，直接改变原数组，参数 axis 指定按行排序还是按列排序。

【示例 67】　对数组元素按行和列排序。(**示例位置：资源包\MR\Code\08\67**)

对数组元素排序，程序代码如下：

```
01  import numpy as np
02  n=np.array([[4,7,3],[2,8,5],[9,1,6]])
03  print('数组排序：')
04  print(np.sort(n))
05  print('按行排序：')
06  print(np.sort(n,axis=0))
07  print('按列排序：')
08  print(np.sort(n,axis=1))
```

运行程序，输出结果如下：

```
数组排序：
[[3 4 7]
 [2 5 8]
 [1 6 9]]
按行排序：
[[2 1 3]
 [4 7 5]
 [9 8 6]]
按列排序：
[[3 4 7]
 [2 5 8]
 [1 6 9]]
```

### 2．argsort()函数

使用 argsort()函数对数组进行排序，返回升序排序之后数组值从小到大的索引值。

【示例 68】　对数组元素升序排序。(**示例位置：资源包\MR\Code\08\68**)

对数组元素排序，程序代码如下：

```
01  import numpy as np
02  x=np.array([4,7,3,2,8,5,1,9,6])
03  print('升序排序后的索引值')
04  y = np.argsort(x)
05  print(y)
06  print('排序后的顺序重构原数组')
07  print(x[y])
```

运行程序，输出结果如下：

```
升序排序后的索引值：
[6 3 2 0 5 8 1 4 7]
排序后的顺序重构原数组：
[1 2 3 4 5 6 7 8 9]
```

### 3．lexsort()函数

lexsort()函数用于对多个序列进行排序。可以把它当作是对电子表格进行排序，每一列代表一个序列，排序时优先照顾靠后的列。

【示例 69】　通过排序解决成绩相同学生的录取问题。（**示例位置：资源包\MR\Code\08\69**）

某重点高中，精英班录取学生按照总成绩录取。由于名额有限，因此当总成绩相同时，数学成绩高的优先录取；当总成绩和数学成绩都相同时，按照英语成绩高的优先录取。下面使用 lexsort()函数对学生成绩进行排序，程序代码如下：

```
01  import numpy as np
02  math=np.array([101,109,115,108,118,118])          #创建数学成绩
03  en=np.array([117,105,118,108,98,109])             #创建英语成绩
04  total=np.array([621,623,620,620,615,615])         #创建总成绩
05  sort_total=np.lexsort((en,math,total))
06  print('排序后的索引值')
07  print(sort_total)
08  print ('通过排序后的索引获取排序后的数组：')
09  print(np.array([[en[i],math[i],total[i]] for i in sort_total]))
```

运行程序，输出结果如下：

```
排序后的索引值
[4 5 3 2 0 1]
通过排序后的索引获取排序后的数组：
[[ 98 118 615]
 [109 118 615]
 [108 108 620]
 [118 115 620]
 [117 101 621]
 [105 109 623]]
```

上述举例，按照数学、英语和总分进行升序排序，总成绩 620 分的两名同学，按照数学成绩高的优先录取原则进行第一轮排序，总分 615 分的两名同学，同时他们的数学成绩也相同，则按照英语成绩高的优先录取原则进行第二轮排序。

# 8.6　综 合 应 用

## 8.6.1　案例 1：NumPy 实现正态分布

案例位置：资源包\MR\Code\08\example\01

首先简单了解一下什么是正态分布。正态分布，也称“常态分布”，又名高斯分布，它在数据分析的许多方面有着重大的影响力。

正态分布是应用最广泛、最常见的一种数据分布形式。正态分布像一只倒扣的钟，两头低，中间高，左右对称，大部分数据集中在平均值附近，小部分在两端。例如，学生成绩的分布，高分和低分

的成绩一般是少数，分布在两端，而大部分成绩集中在中间，如图 8.30 所示。

下面使用 NumPy 生成均值为 0，标准差为 0.1 的一维正态分布样本 1000 个，并用图表显示出来，效果如图 8.31 所示。

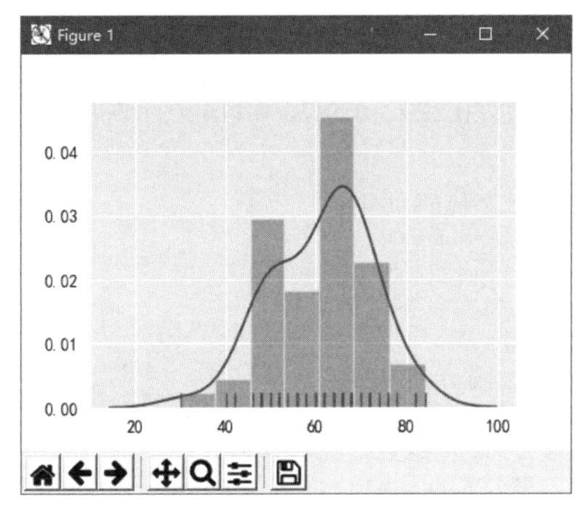


图 8.30　学生成绩正态分布示意图

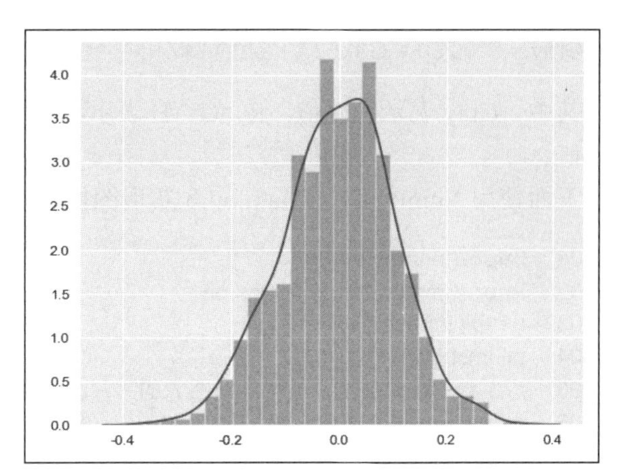


图 8.31　正态分布图

程序代码如下：

```
01  import numpy as np
02  import matplotlib.pyplot as plt
03  import seaborn as sns
04  plt.rcParams['axes.unicode_minus'] = False      #用来正常显示负号
05  sns.set_style('darkgrid')
06  n = np.random.normal(0, 0.1, 1000)              #生成均值为 0，标准差为 0.1 的一维正态分布样本 1000 个
07  print(n)
08  sns.distplot(n)                                 #直方图
09  plt.show()                                      #显示
```

## 8.6.2　案例 2：NumPy 用于图像灰度处理

案例位置：资源包\MR\Code\08\example\02

首先了解一下图像，图像其实是由若干像素组成，每一个像素都有明确的位置和被分配的颜色值，因此一张图像也就构成了一个像素矩阵。例如，一张灰度图片的像素块，如图 8.32 所示。

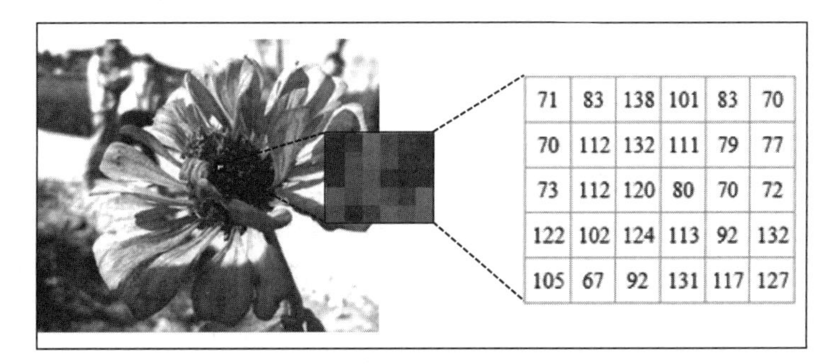


图 8.32　灰度图片像素矩阵示意图

从图 8.32 得知：灰度图的数据是一个二维数组，颜色取值为 0～255，其中，0 为黑色，255 为白色。从 0～255 逐渐由暗色变为亮色。由此可见，图像灰度处理是不是就可以通过数组计算来实现呢？

接下来，了解一个公式，RGB 转换成灰度图像的常用公式：

```
Gray = R*0.299 + G*0.587 + B*0.114
```

其中，Gray 表示灰度值，R、G、B 表示红、绿、蓝颜色值，0.299、0.587、0.114 表示灰度公式的固定值。

下面使用 NumPy 结合 Matplotlib 实现图像的灰度处理，程序代码如下：

```
01  import numpy as np
02  import matplotlib.pyplot as plt
03  n1=plt.imread("flower.jpg")                          #读取图片
04  plt.imshow(n1)                                       #传入数组显示对应颜色
05  #n1 为三维的数组，最高维是图像的高，次高维是图像的宽，最低维[R,G,B]是颜色值
06  n2=np.array([0.299,0.587,0.114])                     #灰度公式的固定值
07  x=np.dot(n1,n2) #将数组 n1（RGB 颜色值）和数组 n2（灰度公式的固定值）中的每个元素进行点乘运算
08  plt.imshow(x,cmap="gray")                            #传入数组显示灰度
09  plt.show()                                           #显示图像
```

上述代码，显示灰度图时，需要在 imshow()函数中设置参数 cmap="gray"。

运行程序，对比效果如图 8.33 和图 8.34 所示。

图 8.33　原图

图 8.34　灰度图像

# 8.7　小　　结

通过本章的学习，能够掌握 NumPy 的常用操作，即从数组创建到数组的基本操作和运算。对于数据统计分析来说，这些内容已经足够了；而对于人工智能、机器学习，还需要更加深入地学习 NumPy 相关知识。另外，当数据量非常大时，NumPy 可以带来百倍以上的速度提升。

# 第 9 章

# 数据统计分析案例

本章以案例为主，通过简单的知识讲解使读者了解数据统计分析中常用的分析方法，如对比分析，同比、定比和环比分析，贡献度分析，差异化分析，相关性分析和时间序列分析的概念。通过典型案例，将数据统计分析方法与前面学习的内容相结合，力求将所学内容应用到实践中。

## 9.1 对比分析

### 9.1.1 什么是对比分析

对比分析法是将两个或两个以上的数据进行比较，分析其中的差异，从而揭示这些事物代表的发展变化情况和规律性。

特点：非常直观地看出事物某方面的变化或差距，而且可以准确、量化地表示出变化的差距是多少。

对比分析法通常是把两个相互联系的指标数据进行比较，从数量上展示和说明研究对象规模的大小、水平的高低、速度的快慢，以及各种关系是否协调。对比分析一般来说有以下几种对比方法：纵向对比、横向对比、标准对比、实际与计划对比。

### 9.1.2 案例：对比分析各品牌销量表现 TOP10

案例位置：资源包\MR\Code\09\example\01

对比国产各品牌汽车 2020 年 1 月销量，效果如图 9.1 所示。

程序代码如下：

```
01  import pandas as pd
02  import matplotlib.pyplot as plt
03  df = pd.read_excel('car.xlsx')
04  df1=df.head(10)
05  plt.rcParams['font.sans-serif']=['SimHei']                #解决中文乱码
06  x=df1['车型']
07  y=df1['1 月销量']
08  #调整图表距左的空白
```

```
09    plt.subplots_adjust(left=0.2)
10    #4 个方向的坐标轴上的刻度线是否显示
11    plt.tick_params(bottom=False,left=False)
12    #添加刻度标签
13    plt.yticks(range(10))
14    #图表标题
15    plt.title('2020 年 1 月国产品牌汽车销量 TOP10')
16    plt.barh(x, y,color='Turquoise')                    #设置柱子颜色为蓝绿色
17    plt.show()
```

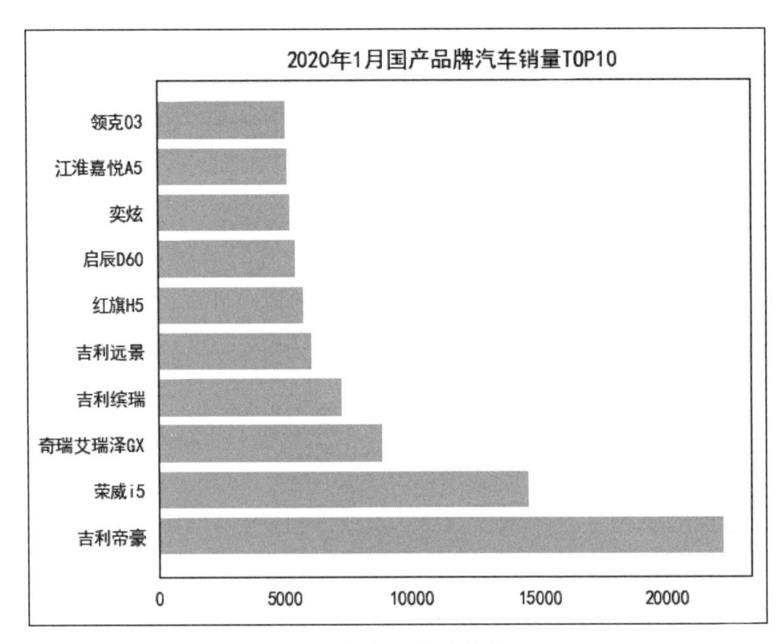


图 9.1　对比分析各品牌销量表现 TOP10

# 9.2　同比、定比和环比分析

在数据分析中，有一个重要的分析方法，叫趋势分析法，即将两期或连续数期报告中某一指标进行对比，确定其增减变动的方向、数额和幅度，以确定该指标的变动趋势。趋势分析法中的指标，有同比分析、定比（定基比）分析和环比分析，以及同比增长率分析、定比（定基比）增长率分析和环比增长率分析。

## 9.2.1　同比、定比和环比概述

首先了解一下同比、定比和环比的概念。

☑　同比：本期数据与历史同期数据比较。例如，2020 年 2 月份与 2019 年 2 月份相比较。

☑ 定比：本期数据与特定时期的数据比较。例如，2020 年 2 月与 2019 年 12 月份相比较。

☑ 环比：本期数据与上期数据比较。例如，2020 年 2 月份与 2020 年 1 月份相比较。

同比的好处是可以排除一部分季节因素；环比的好处是可以更直观地表明阶段性的变换，但是会受季节性因素影响；定比常用于财务数据分析。下面来看一个生活中经常出现的场景。

☑ 同比：去年这个这时候这条裙子我还能穿，现在穿不进去啦！

☑ 定比：年龄，50 岁是 25 岁的两倍。

☑ 环比：这个月好像比上个月胖了。

下面简单介绍一下同比、定比和环比计算的公式。

### 1．同比

同比的计算公式如下：

$$\text{同比}=\frac{\text{本期数据}}{\text{上年同期数据}}$$

$$\text{同比增长率}=\frac{(\text{本期数}-\text{同期数})}{\text{同期数}}\times 100\%$$

### 2．定比

定比的计算公式如下：

$$\text{定比}=\frac{\text{本期数据}}{\text{固定数据}}$$

$$\text{定比增长率}=\frac{(\text{本期数据}-\text{固定期数据})}{\text{固定期数据}}\times 100\%$$

### 3．环比

环比增长率反映本期比上期增长了多少，公式如下：

$$\text{环比增长率}=\frac{(\text{本期数}-\text{同期数})}{\text{上期数}}\times 100\%$$

环比发展速度是本期水平与前一期水平之比，反映前后两期的发展变化情况，公式如下：

$$\text{环比发展速度}=\frac{\text{本期数}}{\text{上期数}}\times 100\%$$

$$\text{环比增长速度}=\text{环比发展速度}-1$$

## 9.2.2　案例 1：京东电商单品销量同比增长情况分析

案例位置：资源包\MR\Code\09\example\02\01

下面分析 2020 年 2 月与 2019 年 2 月相比，京东电商《零基础学 Python（全彩版）》一书销量同比增长情况，效果如图 9.2 所示。

从分析结果得知：上海、武汉同比增长较小。

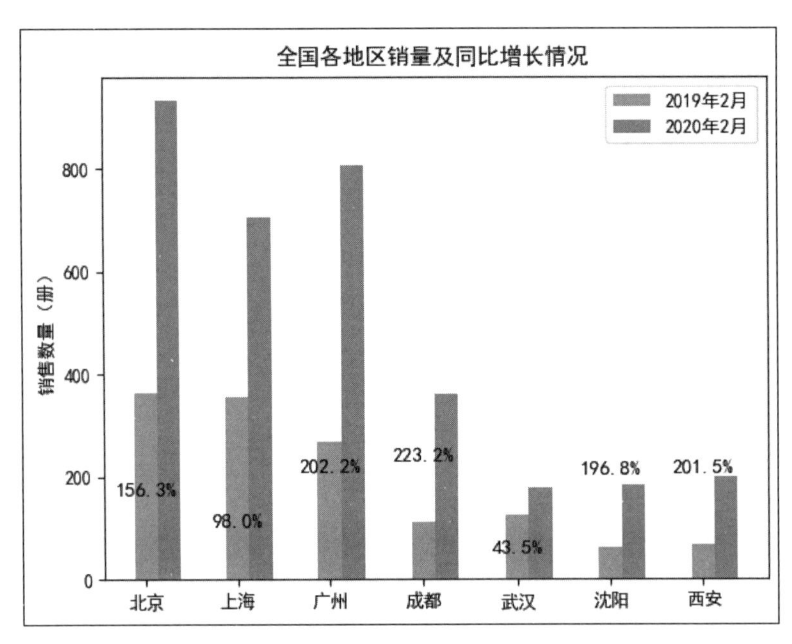


图 9.2 同比分析

程序代码如下：

```
01  import pandas as pd
02  import matplotlib.pyplot as plt
03  import numpy as np
04  df=pd.read_excel('JD2019.xlsx')
05  #数据处理，提取 2019 年 2 月和 2020 年 2 月的数据
06  df= df.set_index('日期')                                    #将日期设置为索引
07  df1=pd.concat([df['2019-02'],df['2020-02']])
08  df1=df1[df1['商品名称']=='零基础学 Python（全彩版）']
09  df1=df1[['北京','上海','广州','成都','武汉','沈阳','西安']]
10  df2=df1.T                                                   #行列转置
11  x=np.array([0,1,2,3,4,5,6])
12  y1=df2['2019-02-01']
13  y2=df2['2020-02-01']
14  #同比增长率
15  df2['rate']=((df2['2020-02-01']-df2['2019-02-01'])/df2['2019-02-01'])*100
16  y=df2['rate']
17  print(y)
18  width =0.25                                                 #柱子宽度
19  plt.rcParams['font.sans-serif']=['SimHei']                  #解决中文乱码
20  plt.title('全国各地区销量及同比增长情况')                   #图表标题
21  plt.ylabel('销售数量（册）')                                #y 轴标签
22  #x 轴标签
23  plt.xticks(x,['北京','上海','广州','成都','武汉','沈阳','西安'])
24  #双柱形图
25  plt.bar(x,y1,width=width,color = 'orange',label='2019 年 2 月')
```

```
26  plt.bar(x+width,y2,width=width,color = 'deepskyblue',label='2020 年 2 月')
27  #增长率标签
28  for a, b in zip(x,y):
29      plt.text(a,b,('%.1f%%' % b), ha='center', va='bottom', fontsize=11)
30  plt.legend()
31  plt.show()
```

## 9.2.3　案例 2：单品销量定比分析

案例位置：资源包\MR\Code\09\example\02\02

下面实现京东电商《零基础学 Python（全彩版）》一书 2019 年销量定比分析，以 2019 年 1 月为基期，基点为 1，效果如图 9.3 所示。

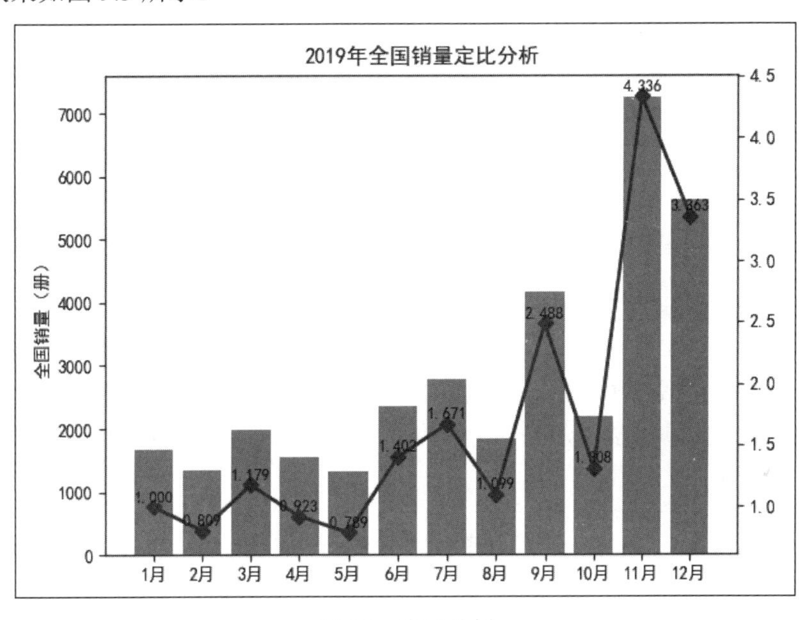


图 9.3　定比分析

从图 9.3 中可以看到，6 月开始呈现连续小幅度增长，到 11 月开始大幅度增长，定比指数较 10 月提高了 3.028 个点。

程序代码如下：

```
01  import pandas as pd
02  import matplotlib.pyplot as plt
03  df=pd.read_excel('JD2019.xlsx')
04  #数据处理
05  df1=df[df['商品名称']=='零基础学 Python（全彩版）'].sort_values('日期')
06  df1=df1[['北京','上海','广州','成都','武汉','沈阳','西安','日期']]
07  df1= df1.set_index('日期')                                    #将日期设置为索引
08  df1['全国销量']=df1.sum(axis=1)                               #求和运算
09  #选取 2019 年数据
10  df1=df1['2019-01-01':'2019-12-01']
```

```
11  print(df1)
12  df1['January']=df1.iloc[0,7]
13  #定比分析（以 2019 年 1 月为基期，基点为 1）
14  df1['base']=df1['全国销量']/df1['January']
15  x=[0,1,2,3,4,5,6,7,8,9,10,11]
16  y1=df1['全国销量']
17  y2=df1['base']
18  fig = plt.figure()
19  plt.rcParams['font.sans-serif']=['SimHei']                  #解决中文乱码
20  plt.rcParams['axes.unicode_minus'] = False                  #用来正常显示负号
21  ax1 = fig.add_subplot(111)                                  #添加子图
22  plt.title('2019 年全国销量定比分析')                          #图表标题
23  #图表 x 轴标题
24  plt.xticks(x,['1 月','2 月','3 月','4 月','5 月','6 月','7 月','8 月','9 月','10 月','11 月','12 月'])
25  ax1.bar(x,y1,color = 'blue',label='left',alpha=0.5)
26  ax1.set_ylabel('全国销量（册）')                               #y 轴标签
27  ax2 = ax1.twinx()                                           #添加一条 y 轴坐标轴
28  ax2.plot(x,y2,color='r',linestyle='-',marker='D',linewidth=2)
29  for a,b in zip(x,y2):
30      plt.text(a, b+0.02, '%.3f' %b, ha='center', va= 'bottom',fontsize=9)
31  plt.show()
```

## 9.2.4 案例 3：单品销量环比增长情况分析

案例位置：资源包\MR\Code\09\example\02\03

下面分析京东电商《零基础学 Python（全彩版）》一书 2019 年销量环比增长情况，效果如图 9.4 所示。

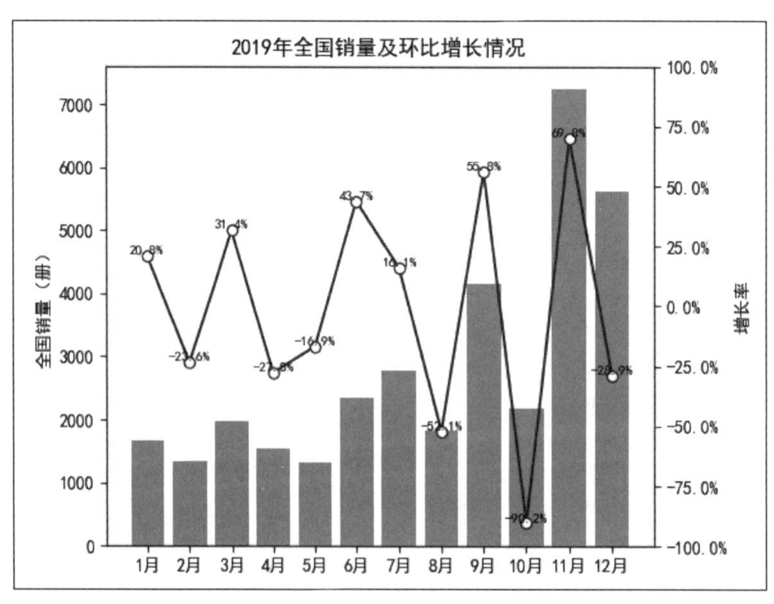


图 9.4 环比分析

程序代码如下：

```
01  import pandas as pd
02  import matplotlib.pyplot as plt
03  import matplotlib.ticker as mtick
04  df=pd.read_excel('JD2019.xlsx')
05  #数据处理
06  df1=df[df['商品名称']=='零基础学 Python（全彩版）'].sort_values('日期')
07  df1=df1[['北京','上海','广州','成都','武汉','沈阳','西安','日期']]
08  df1= df1.set_index('日期')                                    #将日期设置为索引
09  df1['全国销量']=df1.sum(axis=1)                               #求和运算
10  #环比增长率
11  df1['rate']=((df1['全国销量']-df1['全国销量'].shift())/df1['全国销量'])*100
12  #选取 2019 年数据
13  df1=df1['2019-01-01':'2019-12-01']
14  x=[0,1,2,3,4,5,6,7,8,9,10,11]
15  y1=df1['全国销量']
16  y2=df1['rate']
17  fig = plt.figure()
18  plt.rcParams['font.sans-serif']=['SimHei']                    #解决中文乱码
19  plt.rcParams['axes.unicode_minus'] = False                    #用来正常显示负号
20  ax1 = fig.add_subplot(111)                                    #添加子图
21  plt.title('2019 年全国销量及环比增长情况')                     #图表标题
22  #图表 x 轴标题
23  plt.xticks(x,['1 月','2 月','3 月','4 月','5 月','6 月','7 月','8 月','9 月','10 月','11 月','12 月'])
24  ax1.bar(x,y1,color = 'deepskyblue',label='left')
25  ax1.set_ylabel('全国销量（册）')                               #y 轴标签
26  ax2 = ax1.twinx()                                             #添加一条 y 轴坐标轴
27  ax2.plot(x,y2,color='r',linestyle='-',marker='o',mfc='w',label=u"增长率")
28  #设置右侧 y 轴格式
29  fmt = '%.1f%%'
30  yticks = mtick.FormatStrFormatter(fmt)
31  ax2.yaxis.set_major_formatter(yticks)
32  ax2.set_ylim(-100,100)
33  ax2.set_ylabel(u"增长率")
34  for a,b in zip(x,y2):
35      plt.text(a, b+0.02, '%.1f%%' % b, ha='center', va= 'bottom',fontsize=8)
36  #调整图表距右边的空白
37  plt.subplots_adjust(right=0.8)
38  plt.show()
```

**实用技巧**

在使用 Matplotlib 绘制图表时，发现了一个警告 Warining，如图 9.5 所示。

```
C:\Users\Administrator\AppData\Local\Programs\Python\Python37\lib\site-packages\matplotlib\figure.py:98: MatplotlibDeprecationWarning:
Adding an axes using the same arguments as a previous axes currently reuses the earlier instance.  In a future version, a new instance will always be created and returned.  Meanwhile, this warning can be supp
  "Adding an axes using the same arguments as a previous axes "
```

图 9.5　警告信息

完整警告信息如下：

MatplotlibDeprecationWarning:

Adding an axes using the same arguments as a previous axes currently reuses the earlier instance. In a future version, a new instance will always be created and returned. Meanwhile, this warning can be suppressed, and the future behavior ensured, by passing a unique label to each axes instance.

"Adding an axes using the same arguments as a previous axes "

解决方法：

出现上述警告，原因是在创建画布 fig=plt.figure()后就设置了图表标题或坐标轴标签，将图表标题或坐标轴标签相关代码放置在定义子图 ax=fig.add_subplot(111)代码后就不会出现警告信息了。

# 9.3 贡献度分析（帕累托法则）

## 9.3.1 什么是贡献度分析

贡献度分析又称 80/20 法则、二八法则、帕累托法则、帕累托定律、最省力法则或不平衡原则。

该法则是由意大利经济学家“帕累托”提出的。80/20 法则认为：原因和结果、投入和产出、努力和报酬之间本来存在着无法解释的不平衡。例如，一个公司 80%的利润常常来自 20%的产品，那么使用贡献度分析就可以分析获利最高的 20%的产品。

下面简单介绍一下贡献率相关算法。

$$累计贡献率（\%）=\frac{累加销售收入}{销售总收入}\times 100\%$$

通过上述公式得出累计贡献率，当累计贡献率接近 80%时（不一定正好是 80%），然后找到该产品在图表中相应的位置并进行标注。

说明

真正的比例不一定正好是 80%：20%。80/20 法则表明在多数情况下该关系很可能是不平衡的，并且接近于 80/20。

## 9.3.2 案例：产品贡献度分析

案例位置：资源包\MR\Code\09\example\03

下面分析淘宝电商全彩系列图书 2018 年上半年销售收入占比 80%的产品。首先，使用 9.3.1 节中的公式计算产品累计贡献率，结果如图 9.6 所示。从图 9.6 中可以看出，到图书编号 B13 时，累计贡献率就已达到了 0.817665（接近总销售收入的 80%），其中共有 10 种产品，接下来在图表中进行标注，

如图 9.7 所示。

```
图书编号
B4     0.307463
B5     0.445179
B3     0.512330
B8     0.572204
B22    0.631536
B9     0.680833
B16    0.725675
B6     0.764115
B1     0.796161
B13    0.817665
B25    0.836678
B2     0.854559
B15    0.871132
B10    0.887640
B18    0.900241
B17    0.911840
B12    0.923435
...
```

以上产品累计贡献率已接近总销售收入的 80%，所以这部分产品应作为主打产品，重点营销

图 9.6　输出累计贡献率

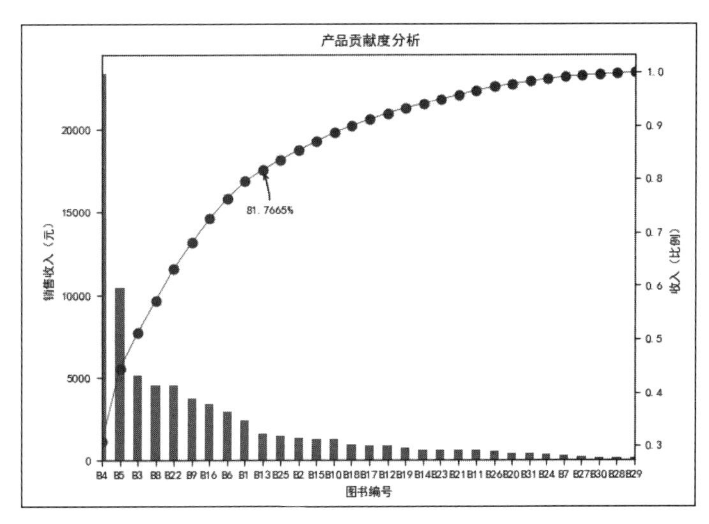


图 9.7　产品贡献度分析

程序代码如下：

```
01  import pandas as pd
02  import matplotlib.pyplot as plt
03  aa =r'./data11.xls'
04  df = pd.DataFrame(pd.read_excel(aa))
05  #分组统计排序
06  #通过 reset_index()函数将 groupby()方法中的分组结果重新设置索引
07  df1 = df.groupby(["图书编号"])["买家实际支付金额"].sum().reset_index()
08  df1 = df1.set_index('图书编号')                                    #设置索引
09  df1 = df1[u'买家实际支付金额'].copy()
10  df2=df1.sort_values(ascending=False)                               #排序
11  #图表字体为黑体，字号为 8
12  plt.rc('font', family='SimHei', size=8)
13  plt.figure("贡献度分析")
14  df2.plot(kind='bar')
15  plt.ylabel(u'销售收入（元）')
16  p = 1.0*df2.cumsum()/df2.sum()
17  print(p)
18  p.plot(color='r', secondary_y=True, style='-o', linewidth=0.5)
19  plt.title("产品贡献度分析")
20  plt.annotate(format(p[9], '.4%'), xy=(9, p[9]), xytext=(9 * 0.9, p[9] * 0.9),
21              arrowprops=dict(arrowstyle="->", connectionstyle="arc3,rad=.1"))  #添加标记，并指定箭头样式
22  plt.ylabel(u'收入（比例）')
23  plt.show()
```

# 9.4 差异化分析

## 9.4.1 差异化概述

任何事物都存在差异，如同上课听讲，有人津津有味，有人昏昏欲睡。

那么，通过差异化分析，比较不同事物之间在某个指标上存在的差异，根据差异定制不同的策略。对于产品而言，差异化分析是指企业在其提供给顾客的产品上，通过各种方法满足顾客的偏好，使顾客能够把它同其他竞争企业提供的同类产品有效地区别开来，从而使企业在市场竞争中占据有利的地位。

比较常见的有性别差异、年龄差异。通过差异化分析比较不同性别之间在某个指标上存在的差异，通过分析结果对不同性别定制不同的方案。例如，分析不同性别的同学在学习成绩上的差异，了解男生和女生之间的这些差异，因材施教，定制不同的弥补弱项的方案。对于女生，可以有意识地培养她的思维能力；而对于男生，可以买些书籍，来增强他薄弱的方面。

年龄差异化分析，了解不同年龄的需求，投其所好，使企业的利润最大化。例如，网购、自媒体、汽车、旅游等行业，通过年龄差异化分析，找出不同年龄段用户群体的喜好，从而增加产品销量。

## 9.4.2 案例：学生成绩性别差异分析

案例位置：资源包\MR\Code\09\example\04

“女孩喜欢毛绒玩具，男孩喜欢车”这大概是天生的。

科学研究表明，男孩和女孩的差别在相当程度上是由生理基础决定的。通过高科技扫描就可以发现，男孩和女孩的大脑都会有某些部位比对方相应的部位更发达、更忙碌。

随着孩子的成长，这种天生的性别差异就会对孩子的学习有所影响，并且不断强化。而反过来，学习的本身也在改变着大脑的机能发育。因为当孩子玩耍和学习时，相对应的脑细胞就会更加活跃且随时更新，而那些不经常使用的部分将会逐渐退化萎缩。

下面我们用数据说话，通过雷达图分析男生、女生各科成绩差异，效果如图 9.8 所示。

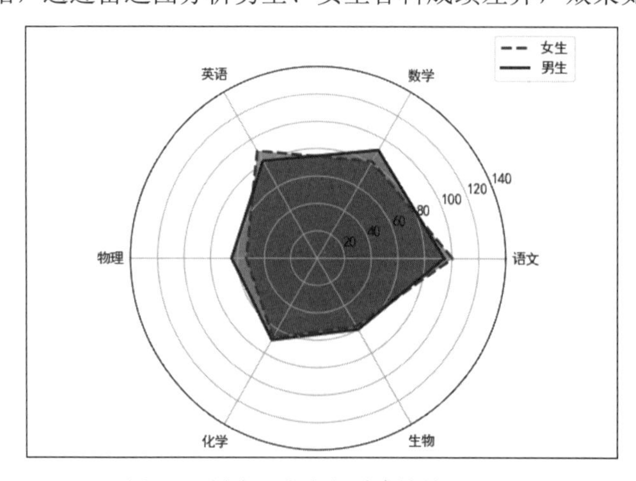


图 9.8　男生、女生各科成绩差异分析

从分析结果得知：男生数学和物理高于女生，而女生在英语和语文上略占优势。针对性别差异造成学习成绩的差距，应该采取因材施教，从而提高女生的数学和物理成绩、男生的语文和英语成绩。

程序代码如下：

```
01  import pandas as pd
02  import matplotlib.pyplot as plt
03  import numpy as np
04  df = pd.read_excel('成绩表.xlsx')
05  plt.rcParams['font.sans-serif']=['SimHei']                         #解决中文乱码
06  labels = np.array(['语文','数学','英语','物理','化学','生物'])        #标签
07  dataLenth = 6                                                       #数据长度
08  #计算女生、男生各科平均成绩
09  df1 = np.array(df[df['性别']=='女'].mean().round(2))
10  df2 = np.array(df[df['性别']=='男'].mean().round(2))
11  #设置雷达图的角度，用于平分切开一个平面
12  angles = np.linspace(0, 2*np.pi, dataLenth, endpoint=False)
13  df1 = np.concatenate((df1, [df1[0]]))                               #使雷达图闭合
14  df2 = np.concatenate((df2, [df2[0]]))                               #使雷达图闭合
15  angles = np.concatenate((angles, [angles[0]]))                      #使雷达图闭合
16  plt.polar(angles, df1, 'r--', linewidth=2,label='女生')             #设置极坐标系，r--代表 red 和虚线
17  plt.fill(angles, df1,facecolor='r',alpha=0.5)                       #填充
18  plt.polar(angles, df2,'b-', linewidth=2,label='男生')               #设置极坐标系，bo 代表 blue 和实心圆
19  plt.fill(angles, df2,facecolor='b',alpha=0.5)                       #填充
20  plt.thetagrids(angles * 180/np.pi, labels)                          #设置网格、标签
21  plt.ylim(0,140)                                                     #设置 y 轴上下限
22  plt.legend(loc='upper right',bbox_to_anchor=(1.2,1.1))              #图例及图例位置
23  plt.show()
```

# 9.5　相关性分析

## 9.5.1　相关性概述

任何事物之间都存在一定的联系。例如，夏天温度的高低与空调的销量就存在相关性。当温度升高时，空调的销量也会相应提高。

相关性分析是指对多个具备相关关系的数据进行分析，从而衡量数据之间的相关程度或密切程度。相关性可以应用到所有数据的分析过程中。如果一组数据的改变引发另一组数据朝相同方向变化，那么这两组数据存在正相关性，例如，身高与体重，一般个子高的人体重会重一些，个子矮的人体重会轻一些；如果一组数据的改变引发另一组数据朝相反方向变化，那么这两组数据存在负相关性，例如，运动与体重。

## 9.5.2　案例：广告展现量与费用成本相关性分析

案例位置：资源包\MR\Code\09\example\05

为了促进销售，电商营销必然要投入广告，这样就会产生广告展现量和费用成本相关的数据。通

常情况下，我们认为费用高，广告效果就好，它们之间必然存在联系，但仅通过主观判断没有说服力，无法证明数据之间关系的真实存在，也无法度量它们之间关系的强弱。因此，我们要通过相关性分析来找出数据之间的关系。

下面来看一下费用成本与广告展现量相关数据情况（由于数据太多，只显示部分数据），如图 9.9 和图 9.10 所示。

| | A | B |
|---|---|---|
| 1 | 日期 | 费用 |
| 2 | 2020-02-01 | 657.25 |
| 3 | 2020-02-01 | 771.57 |
| 4 | 2020-02-01 | 34.1 |
| 5 | 2020-02-01 | 291.59 |
| 6 | 2020-02-02 | 66.82 |
| 7 | 2020-02-02 | 836.05 |
| 8 | 2020-02-02 | 72.58 |
| 9 | 2020-02-02 | 733.5 |
| 10 | 2020-02-03 | 580.69 |
| 11 | 2020-02-03 | 27.14 |
| 12 | 2020-02-03 | 62.31 |
| 13 | 2020-02-03 | 250.91 |
| 14 | 2020-02-04 | 24.12 |
| 15 | 2020-02-04 | 73.74 |
| 16 | 2020-02-04 | 685.6 |
| 17 | 2020-02-04 | 586.3 |
| 18 | 2020-02-05 | 20.06 |
| 19 | 2020-02-05 | 598.23 |
| 20 | 2020-02-05 | 53.5 |
| 21 | 2020-02-05 | 788.23 |
| 22 | 2020-02-06 | 925.7 |
| 23 | 2020-02-06 | 18.81 |
| 24 | 2020-02-06 | 551.24 |
| 25 | 2020-02-06 | 48.01 |
| 26 | 2020-02-07 | 492.75 |
| 27 | 2020-02-07 | 860 |
| 28 | 2020-02-07 | 39.94 |

图 9.9　费用成本

| | A | B | C | D | E | F | G | H | I |
|---|---|---|---|---|---|---|---|---|---|
| 1 | 日期 | 展现量 | 点击量 | 订单金额 | 加购数 | 下单新客数 | 访问页面数 | 进店数 | 商品关注数 |
| 2 | 2020年2月1日 | 38291 | 504 | 2932.4 | 154 | 31 | 4730 | 94 | 7 |
| 3 | 2020年2月2日 | 39817 | 576 | 4926.47 | 242 | 49 | 4645 | 93 | 14 |
| 4 | 2020年2月3日 | 39912 | 583 | 5413.6 | 228 | 54 | 4941 | 82 | 13 |
| 5 | 2020年2月4日 | 38085 | 553 | 3595.4 | 173 | 40 | 4551 | 99 | 6 |
| 6 | 2020年2月5日 | 37239 | 585 | 4914.8 | 189 | 55 | 5711 | 83 | 16 |
| 7 | 2020年2月6日 | 35196 | 640 | 4891.8 | 207 | 53 | 6010 | 30 | 6 |
| 8 | 2020年2月7日 | 33294 | 611 | 3585.5 | 151 | 37 | 5113 | 37 | 7 |
| 9 | 2020年2月8日 | 36216 | 659 | 4257.1 | 240 | 45 | 5130 | 78 | 11 |
| 10 | 2020年2月9日 | 36275 | 611 | 4412.3 | 174 | 47 | 4397 | 75 | 12 |
| 11 | 2020年2月10日 | 41618 | 722 | 4914 | 180 | 45 | 5670 | 86 | 5 |
| 12 | 2020年2月11日 | 44519 | 792 | 5699.42 | 234 | 63 | 5825 | 50 | 1 |
| 13 | 2020年2月12日 | 50918 | 898 | 8029.4 | 262 | 78 | 6399 | 92 | 8 |
| 14 | 2020年2月13日 | 49554 | 883 | 6819.5 | 228 | 67 | 6520 | 84 | 12 |
| 15 | 2020年2月14日 | 52686 | 938 | 5697.5 | 271 | 59 | 7040 | 121 | 10 |
| 16 | 2020年2月15日 | 60906 | 978 | 6007.9 | 246 | 68 | 7906 | 107 | 12 |
| 17 | 2020年2月16日 | 58147 | 989 | 6476.7 | 280 | 72 | 7029 | 104 | 16 |
| 18 | 2020年2月17日 | 59479 | 1015 | 6895.4 | 260 | 72 | 6392 | 101 | 9 |
| 19 | 2020年2月18日 | 60372 | 993 | 5992.3 | 253 | 60 | 6935 | 100 | 11 |
| 20 | 2020年2月19日 | 64930 | 1028 | 6213.5 | 251 | 65 | 7936 | 107 | 10 |
| 21 | 2020年2月20日 | 64262 | 1038 | 6716 | 249 | 68 | 7199 | 112 | 5 |
| 22 | 2020年2月21日 | 64183 | 1025 | 6168.7 | 283 | 72 | 7464 | 101 | 11 |
| 23 | 2020年2月22日 | 61190 | 1025 | 7232.1 | 241 | 70 | 7339 | 115 | 15 |
| 24 | 2020年2月23日 | 63088 | 1110 | 8243.8 | 263 | 95 | 8661 | 154 | 18 |
| 25 | 2020年2月24日 | 60932 | 1117 | 8959.99 | 307 | 78 | 8580 | 124 | 7 |
| 26 | 2020年2月25日 | 60821 | 992 | 6639 | 290 | 74 | 9046 | 108 | 17 |
| 27 | 2020年2月26日 | 48530 | 956 | 7868.7 | 286 | 77 | 7680 | 63 | 17 |
| 28 | 2020年2月27日 | 55965 | 940 | 7235.9 | 249 | 75 | 7075 | 83 | 7 |
| 29 | 2020年2月28日 | 49136 | 892 | 6299.4 | 254 | 69 | 6869 | 73 | 4 |
| 30 | 2020年2月29日 | 49319 | 958 | 7488.4 | 249 | 83 | 7744 | 101 | 15 |

图 9.10　广告展现量

相关性分析方法很多，简单的相关性分析方法是将数据进行可视化处理，单纯从数据的角度很难发现数据之间的趋势和联系，而将数据绘制成图表后就可以直观地看出数据之间的趋势和联系。

下面通过散点图看一看广告展现量与费用成本的相关性，效果如图 9.11 所示。

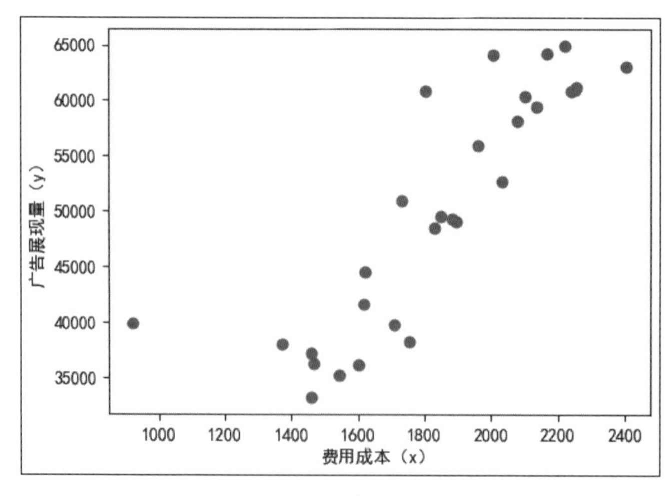


图 9.11　散点图

首先对数据进行简单处理，由于“费用.xlsx”表中同一天会产生多个类型的费用，所以需要按天统计费用，然后将“展现量.xlsx”和“费用.xlsx”两张表的数据合并，最后绘制散点图，程序代码如下：

```
01  import pandas as pd
02  import matplotlib.pyplot as plt
03  #解决数据输出时列名不对齐的问题
04  pd.set_option('display.unicode.east_asian_width', True)
05  #设置数据显示的列数和宽度
06  pd.set_option('display.max_columns',500)
07  pd.set_option('display.width',1000)
08  df_y = pd.read_excel('展现量.xlsx')
09  df_x = pd.read_excel('费用.xlsx')
10  df_x= df_x.set_index('日期')                           #将日期设置为索引
11  df_y= df_y.set_index('日期')                           #将日期设置为索引
12  df_x.index = pd.to_datetime(df_x.index)                #将数据的索引转换为 datetime 类型
13  df_x=df_x.resample('D').sum()                          #按天统计费用
14  data=pd.merge(df_x,df_y,on='日期')                     #数据合并
15  print(data)
16  plt.rcParams['font.sans-serif']=['SimHei']             #解决中文乱码
17  plt.xlabel('费用成本（x）')
18  plt.ylabel('广告展现量（y）')
19  plt.scatter(data['费用'], data['展现量'])              #绘制散点图，以“费用”和“展现量”作为横纵坐标
20  plt.show()
```

虽然图表清晰地展示了广告展现量与费用成本的相关性，但无法判断数据之间有什么关系，相关关系也没有准确地度量，并且数据超过两组时也无法完成各组数据的相关性分析。

下面再介绍一种方法——相关系数方法。相关系数是反映数据之间关系密切程度的统计指标，相关系数的取值区间为 1～-1。1 表示数据之间完全正相关（线性相关）；-1 表示数据之间完全负相关；0 表示数据之间不相关。数据越接近 0 表示相关关系越弱，越接近 1 表示相关关系越强。

计算相关系数需要一定的计算公式，而在 Python 中无须使用烦琐的公式，通过 DataFrame 对象提供的 corr()函数就可以轻松实现，关键代码如下：

```
data.corr()
```

运行程序，输出结果如图 9.12 所示。

| | 费用 | 展现量 | 点击量 | 订单金额 | 加购数 | 下单新客数 | 访问页面数 | 进店数 | 商品关注数 |
|---|---|---|---|---|---|---|---|---|---|
| 费用 | 1.000000 | 0.856013 | 0.858597 | 0.625787 | 0.601735 | 0.642448 | 0.763320 | 0.650899 | 0.155748 |
| 展现量 | 0.856013 | 1.000000 | 0.938554 | 0.728037 | 0.751283 | 0.756107 | 0.847017 | 0.697591 | 0.209990 |
| 点击量 | 0.858597 | 0.938554 | 1.000000 | 0.854883 | 0.815858 | 0.863694 | 0.910142 | 0.585917 | 0.205446 |
| 订单金额 | 0.625787 | 0.728037 | 0.854883 | 1.000000 | 0.813694 | 0.947238 | 0.803193 | 0.465630 | 0.279830 |
| 加购数 | 0.601735 | 0.751283 | 0.815858 | 0.813694 | 1.000000 | 0.809087 | 0.776379 | 0.471594 | 0.312882 |
| 下单新客数 | 0.642448 | 0.756107 | 0.863694 | 0.947238 | 0.809087 | 1.000000 | 0.842903 | 0.485570 | 0.361718 |
| 访问页面数 | 0.763320 | 0.847017 | 0.910142 | 0.803193 | 0.776379 | 0.842903 | 1.000000 | 0.541397 | 0.327500 |
| 进店数 | 0.650899 | 0.697591 | 0.585917 | 0.465630 | 0.471594 | 0.485570 | 0.541397 | 1.000000 | 0.393864 |
| 商品关注数 | 0.155748 | 0.209990 | 0.205446 | 0.279830 | 0.312882 | 0.361718 | 0.327500 | 0.393864 | 1.000000 |

图 9.12　各组数据的相关系数

从分析结果得知："费用"与"费用"自身的相关性是 1，与"展现量""点击量"的相关系数分别是 0.856013、0.858597；"展现量"与"展现量"自身的相关性是 1，与"点击量""订单金额"的相关系数分别是 0.938554、0.728037。那么，除了"商品关注数"相关系数比较低，其他都很高，可以看出"费用"与"展现量""点击量"等有一定的正相关性，而且相关性很强。

相关系数的优点是可以通过数字对变量的关系进行度量，并且带有方向性，1 表示正相关，-1 表示负相关，越靠近 0 相关性越弱。缺点是无法利用这种关系对数据进行预测。

# 9.6 时间序列分析

## 9.6.1 时间序列概述

顾名思义，时间序列就是按照时间顺序排列的一组数据序列。时间序列分析就是找出数据变化发展的规律，从而预测未来的走势。

时间序列分析有以下几种表现形式。

☑ 长期趋势变化：受某种因素的影响，数据依据时间变化，按某种规则稳步增长或下降。使用的分析方法有移动平均法、指数平滑法等。

☑ 季节性周期变化：受季节更替等因素影响，数据依据固定周期规则性的变化。季节性周期变化，不局限于自然季节，还包括月、周等短期周期。例如，空调、羽绒服、冷饮的销售，双十一、双十二流量在一周之内的波动等。采用的方法为季节指数。

☑ 循环变化：指一种较长时间的上、下起伏周期性波动，一般循环时间为 2～15 年。

☑ 随机性变化：由许多不确定因素引起的数据变化，在时间序列中无法预计。

## 9.6.2 案例：年增长趋势和季节性波动分析

案例位置：资源包\MR\Code\09\example\06

下面分析淘宝店铺近 3 年增长趋势和季节性波动，如图 9.13 所示。从分析结果得出，近 3 年淘宝店铺收入呈现持续稳定增长趋势，但 2019 年有所下降，季节性波动比较明显，每年的第 4 季度是销售"旺季"。

程序代码如下：

```
01  import pandas as pd
02  import matplotlib.pyplot as plt
03  df = pd.read_excel('TB.xls')
04  df1=df[['订单付款时间','买家实际支付金额']]
05  df1 = df1.set_index('订单付款时间')                    #将"订单付款时间"设置为索引
06  plt.rcParams['font.sans-serif']=['SimHei']            #解决中文乱码
07  #按年统计数据
08  df_y=df1.resample('AS').sum().to_period('A')
09  print(df_y)
```

```
10  #按季度统计数据
11  df_q=df1.resample('Q').sum().to_period('Q')
12  print(df_q)
13  #绘制子图
14  fig = plt.figure(figsize=(8,3))
15  ax=fig.subplots(1,2)
16  df_y.plot(subplots=True,ax=ax[0])
17  df_q.plot(subplots=True,ax=ax[1])
18  #调整图表距上部和底部的空白
19  plt.subplots_adjust(top=0.95,bottom=0.2)
20  plt.show()
```

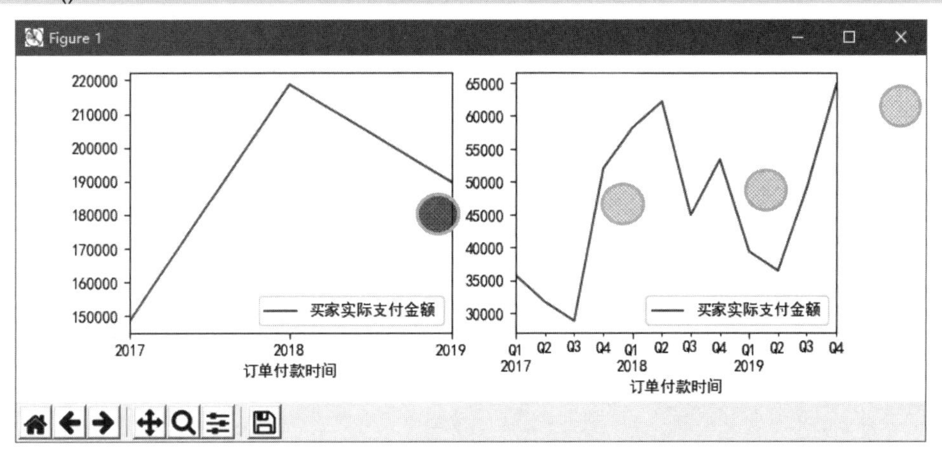


图 9.13　年增长趋势和季节性波动

# 9.7　小　　结

本章通过常用的数据分析方法并结合图表，以案例的形式呈现，每一种分析方法都对应一个恰当的分析案例，一张贴切的图表，力求使读者能够真正理解数据分析，并将其应用到实际数据分析工作中。每一个案例都经过作者反复揣摩，希望能够对读者有所帮助。

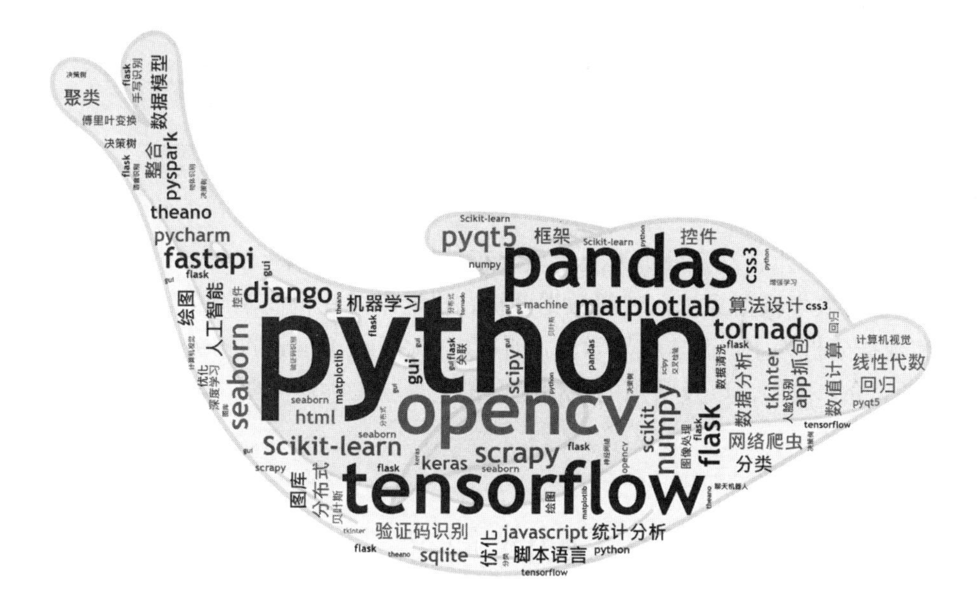


# 第 3 篇　高级篇

本篇以机器学习库 Scikit-Learn 为主，介绍了什么是 Scikit-Learn、线性模型、支持向量机和聚类。

# 第 10 章

# 机器学习库 Scikit-Learn

机器学习顾名思义就是让机器（计算机）模拟人类学习，有效提高工作效率。Python 提供的第三方模块 Scikit-Learn 融入了大量的数学模型算法，使得数据分析、机器学习变得简单高效。

由于本书以数据处理和数据分析为主，而非机器学习，所以对于 Scikit-Learn 的相关技术只做简单讲解，主要包括 Scikit-Learn 简介、安装，以及常用的线性回归模型最小二乘法回归、岭回归、支持向量机和聚类。

## 10.1 Scikit-Learn 简介

Scikit-Learn（简称 Sklearn）是 Python 的第三方模块，它是机器学习领域中知名的 Python 模块之一，它对常用的机器学习算法进行了封装，包括回归（Regression）、降维（Dimensionality Reduction）、分类（Classfication）和聚类（Clustering）四大机器学习算法。Scikit-Learn 具有以下特点。

☑ 简单高效的数据挖掘和数据分析工具。

☑ 让每个人能够在复杂环境中重复使用。

☑ Scikit-Learn 是 Scipy 模块的扩展，是建立在 NumPy 和 Matplotlib 模块的基础上的。利用这几大模块的优势，可以大大提高机器学习的效率。

☑ 开源，采用 BSD 协议，可用于商业。

## 10.2 安装 Scikit-Learn

Scikit-Learn 安装要求如下。

☑ Python 版本：高于 2.7。

☑ NumPy 版本：高于 1.10.2。

☑ SciPy 版本：高于 0.13.3。

如果已经安装 NumPy 和 Scipy，那么安装 Scikit-Learn 最简单的方法是使用 pip 工具安装。命令如下：

```
pip install -U scikit-learn
```

或者使用 conda，命令如下：

```
conda install scikit-learn
```

还可以在 PyCharm 开发环境中安装。运行 PyCharm，选择 File→Settings 命令，打开 Settings 对话框，选择 Project Interpreter 选项，然后单击+（添加）按钮，打开 Available Packages 对话框，在搜索文本框中输入需要添加的模块名称，例如 scikit-learn，然后在列表中选择需要安装的模块，如图 10.1 所示。单击 Install Package 按钮即可实现 Scikit-Learn 模块的安装。

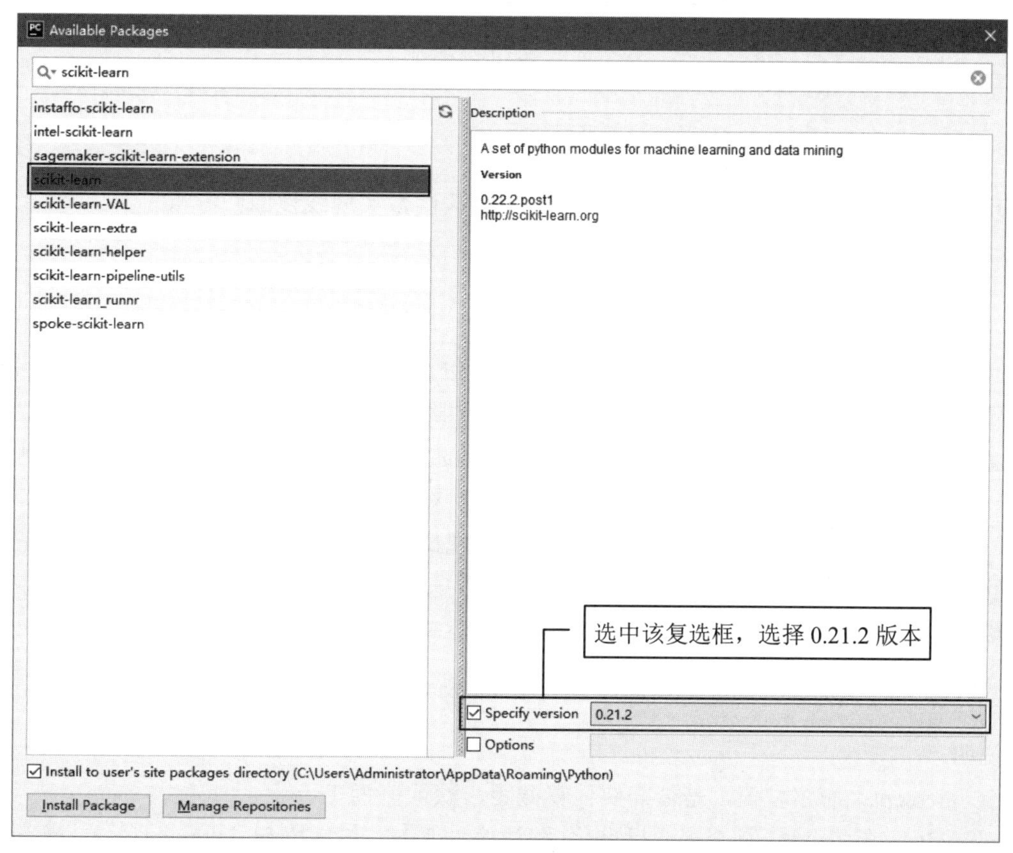


图 10.1　安装 Scikit-Learn

这里需要注意：尽量选择安装 0.21.2 版本，否则运行程序可能会出现因为模块版本不适合而导致程序出现错误提示——“找不到指定的模块”。

## 10.3　线性模型

Scikit-Learn 已经为我们设计好了线性模型（sklearn.linear_model），在程序中直接调用即可，无须编写过多代码就可以轻松实现线性回归分析。首先了解一下线性回归分析。

线性回归是利用数理统计中的回归分析来确定两种或两种以上变量间相互依赖的定量关系的一种统计分析与预测方法，运用十分广泛。

在线性回归分析中，只包括一个自变量和一个因变量，且二者的关系可用一条直线近似表示，这种回归分析称为一元线性回归分析；如果线性回归分析中包括两个或两个以上的自变量，且因变量和自变量之间是线性关系，则称为多元线性回归分析。

在 Python 中，无须理会烦琐的线性回归求解数学过程，直接使用 Scikit-Learn 的 linear_model 模块就可以实现线性回归分析。linear_model 模块提供了很多线性模型，包括最小二乘法回归、岭回归、Lasso、贝叶斯回归等。本节主要介绍最小二乘法回归和岭回归。

首先导入 linear_model 模块，程序代码如下：

```
from sklearn import linear_model
```

导入 linear_model 模块后，在程序中就可以使用相关函数实现线性回归分析。

## 10.3.1 最小二乘法回归

线性回归是数据挖掘中的基础算法之一，线性回归的思想其实就是解一组方程，得到回归系数，不过在出现误差项之后，方程的解法就存在了改变，一般使用最小二乘法进行计算，所谓“二乘”就是平方的意思，最小二乘法也称最小平方和，其目的是通过最小化误差的平方和，使得预测值与真值无限接近。

linear_model 模块的 LinearRegression()函数用于实现最小二乘法回归。LinearRegression()函数拟合一个带有回归系数的线性模型，使得真实数据和预测数据（估计值）之间的残差平方和最小，与真实数据无限接近。LinearRegression()函数语法如下：

```
linear_model.LinearRegression(fit_intercept=True,normalize=False,copy_X=True,n_jobs=None)
```

参数说明：

☑ fit_intercept：布尔型值，是否需要计算截距，默认值为 True。

☑ normalize：布尔型值，是否需要标准化，默认值为 False，与参数 fit_intercept 有关。当 fit_intercept 参数值为 False 时，将忽略该参数；当 fit_intercept 参数值为 True 时，则回归前对回归量 $\boldsymbol{X}$ 进行归一化处理，取均值相减，再除以 $L_2$ 范数（$L_2$ 范数是指向量各元素的平方和然后开方）。

☑ copy_X：布尔型值，选择是否复制 $\boldsymbol{X}$ 数据，默认值为 True，如果值为 False，则覆盖 $\boldsymbol{X}$ 数据。

☑ n_jobs：整型，代表 CPU 工作效率的核数，默认值为 1，-1 表示跟 CPU 核数一致。

主要属性：

☑ coef_：数组或形状，表示线性回归分析的回归系数。

☑ intercept_：数组，表示截距。

主要方法：

☑ fit(X,y,sample_weight=None)：拟合线性模型。

☑ predict(X)：使用线性模型返回预测数据。

☑ score(X,y,sample_weight=None)：返回预测的确定系数 R^2。

LinearRegression()函数调用 fit()方法来拟合数组 *X*、*y*，并且将线性模型的回归系数存储在其成员变量 coef_属性中。

【示例 01】 智能预测房价。(**示例位置：资源包\MR\Code\10\01**)

智能预测房价，假设某地房屋面积和价格关系如图 10.2 所示。下面使用 LinearRegression()函数预测面积为 170 平方米的房屋的单价。

| 面积 | 价格 |
|---|---|
| 56 | 7800 |
| 104 | 9000 |
| 156 | 9200 |
| 200 | 10000 |
| 250 | 11000 |
| 300 | 12000 |

图 10.2　房屋价格表

程序代码如下：

```
01  from sklearn import linear_model
02  import numpy as np
03  x=np.array([[1,56],[2,104],[3,156],[4,200],[5,250],[6,300]])
04  y=np.array([7800,9000,9200,10000,11000,12000])
05  clf = linear_model.LinearRegression()
06  clf.fit (x,y)                                          #拟合线性模型
07  k=clf.coef_                                            #回归系数
08  b=clf.intercept_                                       #截距
09  x0=np.array([[7,170]])
10  #通过给定的 x0 预测 y0，y0=截距+X 值*回归系数
11  y0=clf.predict(x0)                                     #预测值
12  print('回归系数：',k)
13  print('截距：',b)
14  print('预测值：',y0)
```

运行程序，输出结果如下：

```
回归系数：[1853.37423313    -21.7791411 ]
截距：7215.950920245397
预测值：[16487.11656442]
```

## 10.3.2　岭回归

岭回归是在最小二乘法回归基础上，加入了对表示回归系数的 $L_2$ 范数约束。岭回归是缩减法的一种，相当于对回归系数的大小施加了限制。岭回归主要使用 linear_model 模块的 Ridge()函数实现。语法如下：

```
linear_model.Ridge(alpha=1.0,fit_intercept=True,normalize=False,copy_X=True,max_iter=None,tol=0.001,solver=
'auto',random_state=None)
```

参数说明：

☑ alpha：权重。

☑ fit_intercept：布尔型值，是否需要计算截距，默认值为 True。

☑ normalize：输入的样本特征归一化，默认值为 False。

☑ copy_X：复制或者重写。

☑ max_iter：最大迭代次数。

☑ tol：浮点型，控制求解的精度。

☑ solver：求解器，其值包括 auto、svd、cholesky、sparse_cg 和 lsqr，默认值为 auto。

主要属性：

coef_：数组或形状，表示线性回归分析的回归系数。

主要方法：

☑ fit(X,y)：拟合线性模型。

☑ predict(X)：使用线性模型返回预测数据。

Ridg()函数使用 fit()方法将线性模型的回归系数存储在其成员变量 coef_属性中。

【示例 02】 使用岭回归函数实现智能预测房价。（**示例位置：资源包\MR\Code\10\02**）

使用岭回归函数 Ridg()实现智能预测房价，程序代码如下：

```
01  from sklearn.linear_model import Ridge
02  import numpy as np
03  x=np.array([[1,56],[2,104],[3,156],[4,200],[5,250],[6,300]])
04  y=np.array([7800,9000,9200,10000,11000,12000])
05  clf = Ridge(alpha=1.0)
06  clf.fit(x, y)
07  k=clf.coef_                                               #回归系数
08  b=clf.intercept_                                          #截距
09  x0=np.array([[7,170]])
10  #通过给定的 x0 预测 y0，y0=截距+X 值*斜率
11  y0=clf.predict(x0)                                        #预测值
12  print('回归系数：',k)
13  print('截距：',b)
14  print('预测值：',y0)
```

运行程序，输出结果如下：

```
回归系数：[10.00932795 16.11613094]
截距：6935.001421210872
预测值：[9744.80897725]
```

## 10.4 支持向量机

支持向量机（SVM）可用于监督学习算法，主要包括分类、回归和异常检测。支持向量分类的方法可以被扩展用作解决回归问题，这个方法被称作支持向量回归。

本节介绍支持向量回归函数——LinearSVR()函数。LinearSVR()类是一个支持向量回归的函数，支持向量回归不仅适用于线性模型，还可以用于对数据和特征之间的非线性关系的研究。避免多重共线性问题，从而提高泛化性能，解决高维问题，语法如下：

```
sklearn.svm.LinearSVR(epsilon = 0.0, tol = 0.0001, C = 1.0, loss ='epsilon_insensitive', fit_intercept = True, intercept_scaling = 1.0, dual = True, verbose = 0, random_state = None, max_iter = 1000)
```

参数说明：

☑ epsilon：float 类型值，默认值为 0.0。

☑ tol：float 类型值，终止迭代的标准值，默认值为 0.0001。

☑ C：float 类型值，罚项参数，该参数越大，使用的正则化越少，默认值为 1.0。

☑ loss：string 类型值，损失函数，该参数有以下两种选项。

  ➢ epsilon_insensitive：默认值，不敏感损失（标准 SVR）是 $L_1$ 损失。

  ➢ squared_epsilon_insensitive：平方不敏感损失是 $L_2$ 损失。

☑ fit_intercept：boolean 类型值，是否计算此模型的截距。如果设置值为 False，则不会在计算中使用截距（即数据预计已经居中）。默认值为 True。

☑ intercept_scaling：float 类型值，当 fit_intercept 为 True 时，实例向量 $\boldsymbol{x}$ 变为[x,self.intercept_scaling]。此时相当于添加了一个特征，该特征将对所有实例都是常数值。

☑ dual：boolean 类型值，选择算法以解决对偶或原始优化问题。当设置值为 True 时，可解决对偶问题；当设置值为 False 时，可解决原始问题。默认值为 True。

☑ verbose：int 类型值，是否开启 verbose 输出，默认值为 0。

☑ random_state：int 类型值，随机数生成器的种子，用于在清洗数据时使用。默认值为 None。

☑ max_iter：int 类型值，要运行的最大迭代次数。默认值为 1000。

两个主要的属性：

☑ coef_：赋予特征的权重，返回 array 数据类型。

☑ intercept_：决策函数中的常量，返回 array 数据类型。

【示例 03】　波士顿房价预测。（**示例位置：资源包\MR\Code\10\03**）

通过 Scikit-Learn 自带的数据集“波士顿房价”，实现房价预测，程序代码如下：

```
01  from sklearn.svm import LinearSVR                         #导入线性回归类
02  from sklearn.datasets import load_boston                  #导入加载波士顿数据集
03  from pandas import DataFrame                              #导入 DataFrame
04  boston = load_boston()                                    #创建加载波士顿数据对象
05  #将波士顿房价数据创建为 DataFrame 对象
06  df = DataFrame(boston.data, columns=boston.feature_names)
07  df.insert(0,'target',boston.target)                       #将价格添加至 DataFrame 对象中
08  data_mean = df.mean()                                     #获取平均值
09  data_std = df.std()                                       #获取标准偏差
10  data_train = (df - data_mean) / data_std                  #数据标准化
11  x_train = data_train[boston.feature_names].values         #特征数据
12  y_train = data_train['target'].values                     #目标数据
13  linearsvr = LinearSVR(C=0.1)                              #创建 LinearSVR()类
14  linearsvr.fit(x_train, y_train)                           #训练模型
15  #预测，并还原结果
16  x = ((df[boston.feature_names] - data_mean[boston.feature_names]) / data_std[boston.feature_names]).values
17  #添加预测房价的信息列
18  df[u'y_pred'] = linearsvr.predict(x) * data_std['target'] + data_mean['target']
19  print(df[['target', 'y_pred']].head())                    #输出真实价格与预测价格
```

运行程序，输出结果如下：

```
   target     y_pred
0    24.0  28.414753
1    21.6  23.858352
2    34.7  29.933633
3    33.4  28.311133
4    36.2  28.126484
```

# 10.5 聚　　类

## 10.5.1 什么是聚类

聚类类似于分类，不同的是聚类所要求划分的类是未知的，也就是说不知道应该属于哪类，而是通过一定的算法自动分类。在实际应用中，聚类是一个将在某些方面相似的数据进行分类组织的过程（简单地说就是将相似数据聚在一起），其示意图如图 10.3 和图 10.4 所示。

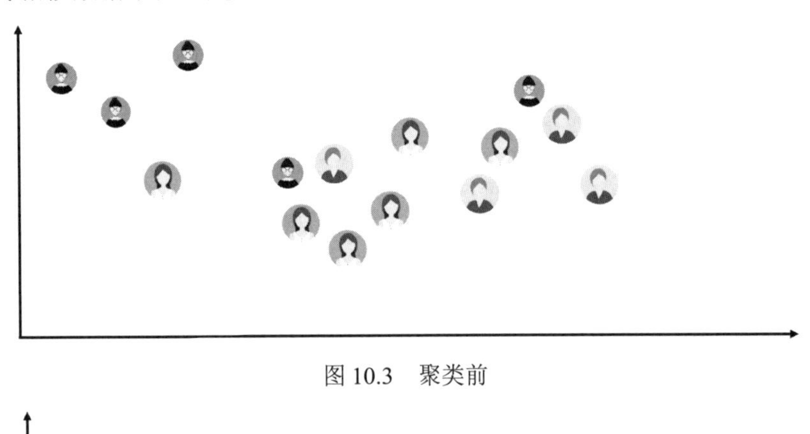

图 10.3　聚类前

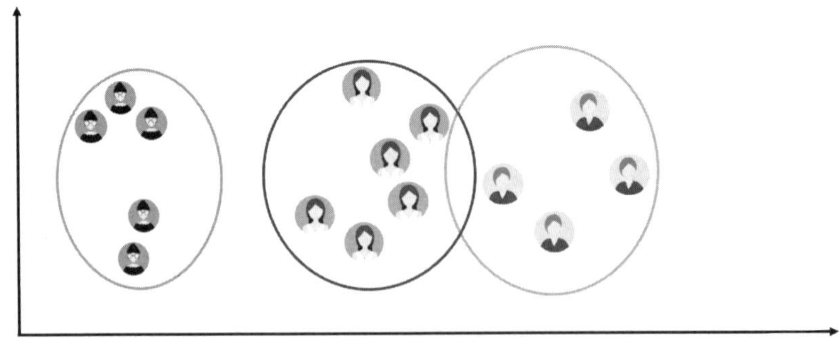

图 10.4　聚类后

聚类主要应用领域如下。

☑ 商业：聚类分析被用来发现不同的客户群，并且通过购买模式刻画不同客户群的特征。

☑ 生物：聚类分析被用来对动植物分类和对基因进行分类，获取对种群固有结构的认识。

☑ 保险行业：聚类分析通过一个高的平均消费来鉴定汽车保险单持有者的分组，同时根据住宅

类型、价值和地理位置来判断一个城市的房产分组。

☑ 互联网：聚类分析被用来在网上进行文档归类。

☑ 电子商务：聚类分析在电子商务网站数据挖掘中也是很重要的一个方面，通过分组聚类出具有相似浏览行为的客户，并分析客户的共同特征，可以更好地帮助电商了解自己的客户，向客户提供更合适的服务。

## 10.5.2　聚类算法

*k*-means 算法是一种聚类算法，它是一种无监督学习算法，目的是将相似的对象归到同一个簇中。簇内的对象越相似，聚类的效果就越好。

传统的聚类算法包括划分方法、层次方法、基于密度方法、基于网格方法和基于模型方法。本节主要介绍 *k*-means 聚类算法，它是划分方法中较典型的一种，也可以称为 *k* 均值聚类算法。下面介绍什么是 *k* 均值聚类以及相关算法。

### 1. *k*-means 聚类

*k*-means 聚类也称为 *k* 均值聚类，是著名的划分聚类的算法，由于简洁和高效使得它成为所有聚类算法中应用最为广泛的一种。*k* 均值聚类是给定一个数据点集合和需要的聚类数目 *k*，*k* 由用户指定，*k* 均值算法根据某个距离函数反复把数据分入 *k* 个聚类中。

### 2. 算法

随机选取 *k* 个点作为初始质心（质心即簇中所有点的中心），然后将数据集中的每个点分配到一个簇中，具体来讲，为每个点找距其最近的质心，并将其分配给该质心所对应的簇。这一步完成之后，将每个簇的质心更新为该簇所有点的平均值。这个过程将不断重复直到满足某个终止条件。终止条件可以是以下任何一个。

☑ 没有（或最小数目）对象被重新分配给不同的聚类。

☑ 没有（或最小数目）聚类中心再发生变化。

☑ 误差平方和局部最小。

伪代码：

```
01  创建 k 个点作为起始质心，可以随机选择（位于数据边界内）
02  当任意一个点的簇分配结果发生改变时（初始化为 True）
03          对数据集中每个数据点，重新分配质心
04                  对每个质心
05                      计算质心与数据点之间的距离
06                  将数据点分配到距其最近的簇
07          对每一个簇，计算簇中所有点的均值并将均值作为新的质心
```

通过以上介绍相信读者对 *k*-means 聚类算法已经有了初步的认识，而在 Python 中应用该算法无须手动编写代码，因为 Python 第三方模块 Scikit-Learn 已经帮我们写好了，在性能和稳定性上比自己写的好得多，只需在程序中调用即可，没必要自己造轮子。

### 10.5.3 聚类模块

Scikit-Learn 的 cluster 模块用于聚类分析，该模块提供了很多聚类算法，下面主要介绍 KMeans 方法，该方法通过 *k*-means 聚类算法实现聚类分析。

首先导入 sklearn.cluster 模块的 KMeans 方法，程序代码如下：

```
from sklearn.cluster import KMeans
```

接下来，在程序中就可以使用 KMeans()方法了。KMeans()方法的语法如下：

```
KMeans(n_clusters=8,init='k-means++',n_init=10,max_iter=300,tol=1e-4,precompute_distances='auto',verbose=
0,random_state=None,copy_x=True,n_jobs=None,algorithm='auto')
```

参数说明：

- ☑ n_clusters：整型，默认值为 8，是生成的聚类数，即产生的质心（centroid）数。
- ☑ init：参数值为 k-means++、random 或者传递一个数组向量。默认值为 k-means++。
  - ➢ k-means++：用一种特殊的方法选定初始质心从而加速迭代过程的收敛。
  - ➢ random：随机从训练数据中选取初始质心。如果传递数组类型，则应该是 shape(n_clusters, n_features)的形式，并给出初始质心。
- ☑ n_init：整型，默认值为 10，用不同的质心初始化值运行算法的次数。
- ☑ max_iter：整型，默认值为 300，每执行一次 *k*-means 算法的最大迭代次数。
- ☑ tol：浮点型，默认值 1e-4（科学技术法，即 1 乘以 10 的-4 次方），控制求解的精度。
- ☑ precompute_distances：参数值为 auto、True 或者 False。用于预先计算距离，计算速度更快但占用更多内存。
  - ➢ auto：如果样本数乘以聚类数大于 12e6（科学技术法，即 12 乘以 10 的 6 次方），则不预先计算距离。
  - ➢ True：总是预先计算距离。
  - ➢ False：永远不预先计算距离。
- ☑ verbose：整型，默认值为 0，冗长的模式。
- ☑ random_state：整型或随机数组类型。用于初始化质心的生成器（generator）。如果值为一个整数，则确定一个种子（seed）。默认值为 NumPy 的随机数生成器。
- ☑ copy_x：布尔型，默认值为 True。如果值为 True，则原始数据不会被改变；如果值为 False，则会直接在原始数据上做修改，并在函数返回值时将其还原。但是在计算过程中由于有对数据均值的加减运算，所以数据返回后，原始数据同计算前数据可能会有细小差别。
- ☑ n_jobs：整型，指定计算所用的进程数。如果值为-1，则用所有的 CPU 进行运算；如果值为 1，则不进行并行运算，这样方便调试；如果值小于-1，则用到的 CPU 数为（n_cpus+1+n_jobs），例如 n_jobs 值为-2，则用到的 CPU 数为总 CPU 数减 1。
- ☑ algorithm：表示 *k*-means 算法法则，参数值为 auto、full 或 elkan，默认值为 auto。

主要属性：

☑ cluster_centers_：返回数组，表示分类簇的均值向量。

☑ labels_：返回数组，表示每个样本数据所属的类别标记。

☑ inertia_：返回数组，表示每个样本数据距离它们各自最近簇的中心之和。

主要方法：

☑ fit(X[,y])：计算 *k*-means 聚类。

☑ fit_predictt(X[,y])：计算簇质心并给每个样本数据预测类别。

☑ predict(X)：给每个样本估计最接近的簇。

☑ score(X[,y])：计算聚类误差。

【示例 04】　对一组数据聚类。（**示例位置：资源包\MR\Code\10\04**）

对一组数据聚类，程序代码如下：

```
01  import numpy as np
02  from sklearn.cluster import KMeans
03  X=np.array([[1,10],[1,11],[1,12],[3,20],[3,23],[3,21],[3,25]])
04  kmodel = KMeans(n_clusters = 2)                  #调用 KMeans()方法实现聚类（两类）
05  y_pred=kmodel.fit_predict(X)                     #预测类别
06  print('预测类别：',y_pred)
07  print('聚类中心坐标值：','\n',kmodel.cluster_centers_)
08  print('类别标记：',kmodel.labels_)
```

运行程序，输出结果如下：

```
预测类别：  [1 1 1 0 0 0 0]
分类簇的均值向量：
 [[ 3.     22.25]
 [ 1.     11.   ]]
类别标记：  [1 1 1 0 0 0 0]
```

## 10.5.4　聚类数据生成器

10.5.3 节列举了一个简单的聚类示例，但是聚类效果并不明显。本节生成了专门的聚类算法的测试数据，可以更好地诠释聚类算法，展示聚类效果。

Scikit-Learn 的 make_blobs()方法用于生成聚类算法的测试数据，直观地说，make_blobs()方法可以根据用户指定的特征数量、中心点数量、范围等生成几类数据，这些数据可用于测试聚类算法的效果。

make_blobs()方法的语法如下：

```
sklearn.datasets.make_blobs(n_samples=100,n_features=2,centers=3,cluster_std=1.0,center_box=(-10.0,10.0),
shuffle=True,random_state=None)
```

常用参数说明：

☑ n_samples：待生成的样本的总数。

☑ n_features：每个样本的特征数。

☑ centers：类别数。

☑ cluster_std：每个类别的方差，例如，生成两类数据，其中一类比另一类具有更大的方差，可以将 cluster_std 设置为[1.0,3.0]。

【示例 05】 生成用于聚类的测试数据。(**示例位置：资源包\MR\Code\10\05**)

生成用于聚类的数据（500 个样本，每个样本有两个特征），程序代码如下：

```
01    from sklearn.datasets import make_blobs
02    from matplotlib import pyplot
03    x,y = make_blobs(n_samples=500, n_features=2, centers=3)
```

接下来，通过 KMeans()方法对测试数据进行聚类，程序代码如下：

```
01    from sklearn.cluster import KMeans
02    y_pred = KMeans(n_clusters=4, random_state=9).fit_predict(x)
03    plt.scatter(x[:, 0], x[:, 1], c=y_pred)
04    plt.show()
```

运行程序，效果如图 10.5 所示。

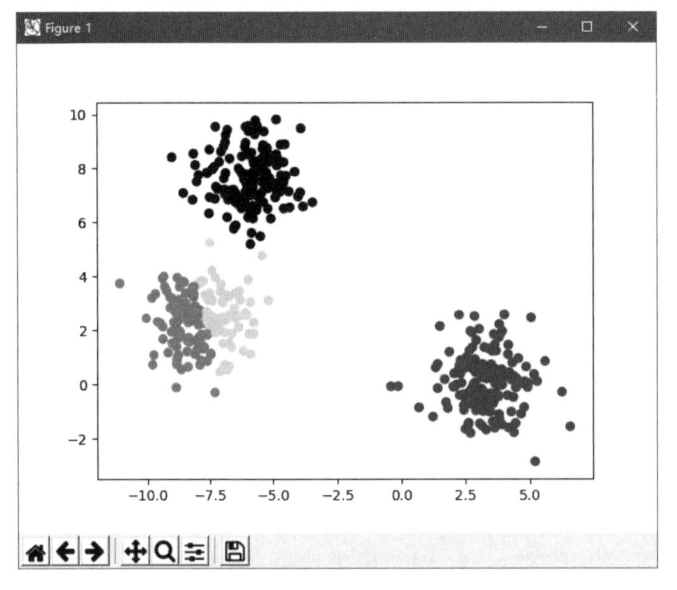


图 10.5　聚类散点图

从分析结果得知：相似的数据聚在一起，分成了 4 堆，也就是 4 类，并以不同的颜色显示，看上去清晰直观。

# 10.6　小　　结

通过本章的学习，能够了解机器学习 Scikit-Learn 模块，该模块包含大量的算法模型，本章仅介绍了几个常用模型并结合快速示例，力求使读者能够轻松上手，快速理解相关模型的用法，并为后期学习数据分析与预测项目打下良好的基础。

# 第 4 篇　项目篇

本篇以项目实战为主，侧重提升读者的实际数据分析能力。涉及四大领域，主要包括 APP 注册用户分析（MySQL 版）、电商销售数据分析与预测、二手房房价分析与预测，以及客户价值分析。

# 第 11 章

# 注册用户分析（MySQL 版）

注册用户分析，是指获得网站或 APP 等平台用户的注册情况，并对用户注册数据进行统计、分析，从中发现产品推广对新注册用户的影响，从而发现目前营销策略中可能存在的问题，为进一步修正或重新制定营销策略提供有效的依据。

通过对注册用户的分析可以让企业更加详细、清楚地了解用户的行为习惯，从而找出产品推广中存在的问题，让企业的营销更加精准、有效，提高业务转化率，从而提升企业收益。

## 11.1 概　　述

注册用户分析是对平台的注册用户数据进行统计和分析，从而发现目前营销策略中可能存在的问题。由于平台使用了 MySQL 数据库，因此在进行数据统计与分析前，首要任务是通过 Python 连接 MySQL 数据库，并获取 MySQL 数据库中的数据。

网站 APP 平台注册用户分析主要包括年度注册用户分析和新注册用户分析。其中，新注册用户分析对于新品推广尤为重要，它能够使企业了解新品推广中存在的问题，让企业的营销更加精准、有效，从而提高业务转化率，提升企业收益。

## 11.2 项目效果预览

年度注册用户分析图如图 11.1 所示。新用户注册时间分布图如图 11.2 所示。

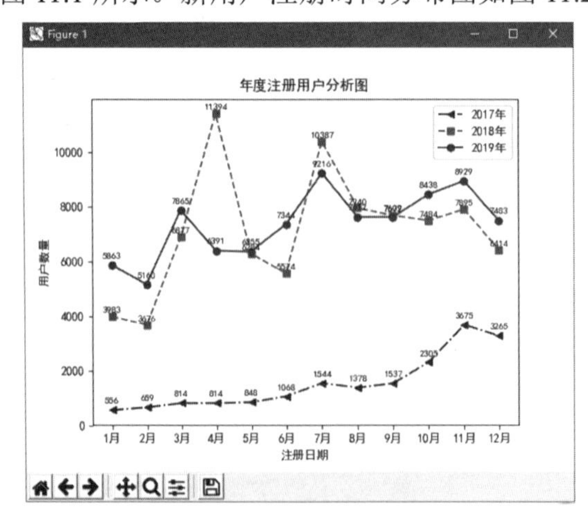


图 11.1　年度注册用户分析图

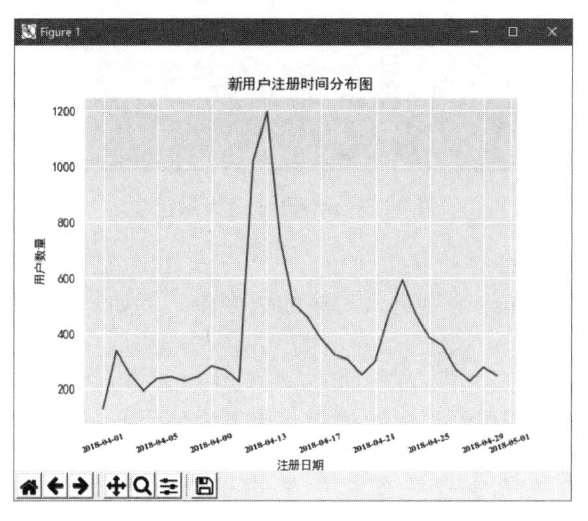


图 11.2　新用户注册时间分布图

# 11.3　项 目 准 备

☑　操作系统：Windows 7、Windows 10。

☑　语言：Python 3.7。

☑　开发环境：PyCharm。

☑　第三方模块：PyMySQL（0.9.3）、Pandas（1.0.3）、xlrd（1.2.0）、xlwt（1.3.0）、Scipy（1.2.1）、NumPy（1.16.1）、Matplotlib（3.0.2）。

# 11.4　导入 MySQL 数据

## 11.4.1　Python 操纵 MySQL

导入 MySQL 数据具体步骤如下所示。

（1）安装 MySQL 软件，设置密码（本项目密码为 111，也可以是其他密码），该密码一定要记住，连接 MySQL 数据库时会用到，其他采用默认设置即可。

（2）创建数据库。

运行 MySQL，首先输入密码，进入 mysql 命令提示符，如图 11.3 所示。然后使用 CREATE DATABASE 命令创建数据库。例如，创建数据库 test，命令如下：

```
CREATE DATABASE test;
```

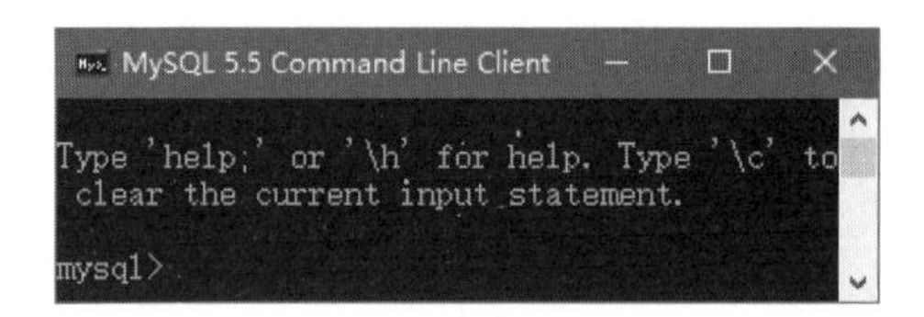


图 11.3　mysql 命令提示符

（3）导入 SQL 文件（user.sql）。

在 mysql 命令提示符下通过 use 命令进入对应的数据库。例如，进入数据库 test，命令如下：

```
use test;
```

出现 Database changed，说明已经进入数据库。接下来使用 source 命令指定 SQL 文件，然后导入该文件。例如，导入 user.sql，命令如下：

```
source D:/user.sql
```

下面预览导入的数据，使用 SQL 查询语句（select 语句）查询表中前 5 条数据，命令如下：

```
select * from user limit 5;
```

运行结果如图 11.4 所示。

```
MySQL 5.5 Command Line Client
mysql> use test;
Database changed
mysql> select * from user limit 5;
+----------+-----------------+-------------+-----------------+
| username | last_login_time | login_count | addtime         |
+----------+-----------------+-------------+-----------------+
| mr000001 | 2017/01/01 1:57 | 0           | 2017/01/01 1:57 |
| mr000002 | 2017/01/01 7:33 | 0           | 2017/01/01 7:33 |
| mr000003 | 2017/01/01 7:50 | 0           | 2017/01/01 7:50 |
| mr000004 | 2017/01/01 12:28 | 0          | 2017/01/01 12:28 |
| mr000005 | 2017/01/01 12:44 | 0          | 2017/01/01 12:44 |
+----------+-----------------+-------------+-----------------+
5 rows in set (0.00 sec)

mysql>
```

图 11.4　导入成功后的 MySQL 数据

至此，导入 MySQL 数据的任务就完成了，接下来在 Python 中安装 PyMySQL 模块，连接 MySQL 数据库。

## 11.4.2　Python 连接 MySQL 数据库

首先在 PyCharm 开发环境中安装 PyMySQL 模块，然后导入 pymysql 模块，使用连接语句连接 MySQL 数据库，程序代码如下：

```
01  import pymysql
02  #连接 MySQL 数据库
03  conn=pymysql.connect(host="localhost",user='root',passwd = password,db = database_name,charset="utf8")
04  sql_query = 'SELECT * FROM database_name.table_name'
```

上述语句中，需要修改的参数代码是 passwd 和 db，即指定 MySQL 密码和项目使用的数据库。那么，本项目连接代码如下：

```
conn = pymysql.connect(host = "localhost",user = 'root',passwd ='root',db = 'test',charset="utf8")
```

接下来，使用 Pandas 模块的 read_sql()方法读取 MySQL 数据，程序代码如下：

```
01  sql_query = 'SELECT * FROM test.user'                #SQL 查询语句
02  data = pd.read_sql(sql_query, con=conn)              #读取 MySQL 数据
03  conn.close()                                         #关闭数据库连接
04  print(data.head())                                   #输出部分数据
```

运行程序，输出结果如图 11.5 所示。

|   | username | last_login_time | login_count | addtime |
|---|---|---|---|---|
| 0 | mr000001 | 2017/01/01 1:57 | 0 | 2017/01/01 1:57 |
| 1 | mr000002 | 2017/01/01 7:33 | 0 | 2017/01/01 7:33 |
| 2 | mr000003 | 2017/01/01 7:50 | 0 | 2017/01/01 7:50 |
| 3 | mr000004 | 2017/01/01 12:28 | 0 | 2017/01/01 12:28 |
| 4 | mr000005 | 2017/01/01 12:44 | 0 | 2017/01/01 12:44 |

图 11.5　读取 MySQL 数据（部分数据）

# 11.5　项目实现过程

## 11.5.1　数据准备

本项目分析了近 3 年的网站用户注册数据，即 2017 年 1 月 1 日至 2019 年 12 月 31 日，主要包括用户名、最后访问时间、访问次数和注册时间。

## 11.5.2　数据检测

鉴于数据量非常大，下面使用 DataFrame 对象提供的方法对数据进行检测。

（1）使用 info()方法查看每个字段的情况，如类型、是否为空等，程序代码如下：

```
data.info()
```

（2）使用 describe()方法查看数据描述信息，程序代码如下：

```
data.describe()
```

（3）统计每列的空值情况，程序代码如下：

```
data.isnull().sum()
```

运行程序，输出结果如图 11.6 所示。

```
<class 'pandas.core.frame.DataFrame'>
RangeIndex: 192308 entries, 0 to 192307
Data columns (total 4 columns):
username          192308 non-null object
last_login_time   192308 non-null object
login_count       192308 non-null object
addtime           192308 non-null object
dtypes: object(4)
memory usage: 5.9+ MB
None
       username   last_login_time login_count            addtime
count    192308            192308      192308             192308
unique   192308            169999         182             169854
top    mr085081  2017/11/29 12:22           1   2017/11/29 12:22
freq          1                11       79588                 10
username          0
last_login_time   0
login_count       0
addtime           0
dtype: int64
```

图 11.6　数据检测结果

从上述结果得知：用户注册数据表现非常好，不存在异常数据和空数据。

## 11.5.3　年度注册用户分析

按月统计每一年注册用户增长情况，程序代码如下：（**源码位置：资源包\MR\Code\11\data_year.py**）

```
01  import pymysql
02  import pandas as pd
03  import matplotlib.pyplot as plt
04  #连接 MySQL 数据库，指定密码（passwd）和数据库（db）
05  conn = pymysql.connect(host = "localhost",user = 'root',passwd ='root',
06                         db = 'test',charset="utf8")
07  sql_query = 'SELECT * FROM test.user'                  #SQL 查询语句
08  data = pd.read_sql(sql_query, con=conn)                #读取 MySQL 数据
09  conn.close()                                           #关闭数据库连接
10  data=data[['username','addtime']]                      #提取指定列数据
11  data.rename(columns = {'addtime':'注册日期','username':'用户数量
12                         '},inplace=True)                #列重命名
13  data['注册日期'] = pd.to_datetime(data['注册日期'])    #将数据类型转换为日期类型
14  data = data.set_index('注册日期')                      #将日期设置为索引
15  #按月统计每一年的注册用户
16  index=['1 月','2 月','3 月','4 月','5 月','6 月',
17         '7 月','8 月','9 月','10 月','11 月','12 月']
18  df_2017=data['2017']
19  df_2017=df_2017.resample('M').size().to_period('M')
20  df_2017.index=index
21  df_2018=data['2018']
22  df_2018=df_2018.resample('M').size().to_period('M')
23  df_2018.index=index
```

```
24  df_2019=data['2019']
25  df_2019=df_2019.resample('M').size().to_period('M')
26  df_2019.index=index
27  dfs=pd.concat([df_2017,df_2018,df_2019],axis=1)
28  #设置列索引
29  dfs.columns=['2017 年','2018 年','2019 年']
30  dfs.to_excel('result2.xlsx',index=False)                          #导出数据为 Excel 文件
31  #绘制折线图
32  plt.rcParams['font.sans-serif']=['SimHei']                        #解决中文乱码
33  plt.title('年度注册用户分析图')
34  x=index
35  y1=dfs['2017 年']
36  y2=dfs['2018 年']
37  y3=dfs['2019 年']
38  plt.plot(x,y1,label='2017 年',linestyle='-.',color='b',marker='<')          #绘制 2017 年数据
39  plt.plot(x,y2,label='2018 年',linestyle='--',color='g',marker='s')          #绘制 2018 年数据
40  plt.plot(x,y3,label='2019 年',color='r',marker='o')                         #绘制 2019 年数据
41  #添加文本标签
42  for a,b1,b2,b3 in zip(x,y1,y2,y3):
43      plt.text(a,b1+200,b1,ha = 'center',va = 'bottom',fontsize=8)
44      plt.text(a,b2+100,b2,ha='center', va='bottom', fontsize=8)
45      plt.text(a,b3+200,b3,ha='center', va='bottom', fontsize=8)
46  x = range(0, 12, 1)
47  plt.xlabel('注册日期')
48  plt.ylabel('用户数量')
49  plt.legend()
50  plt.show()
```

运行程序，输出结果如图 11.7 所示。

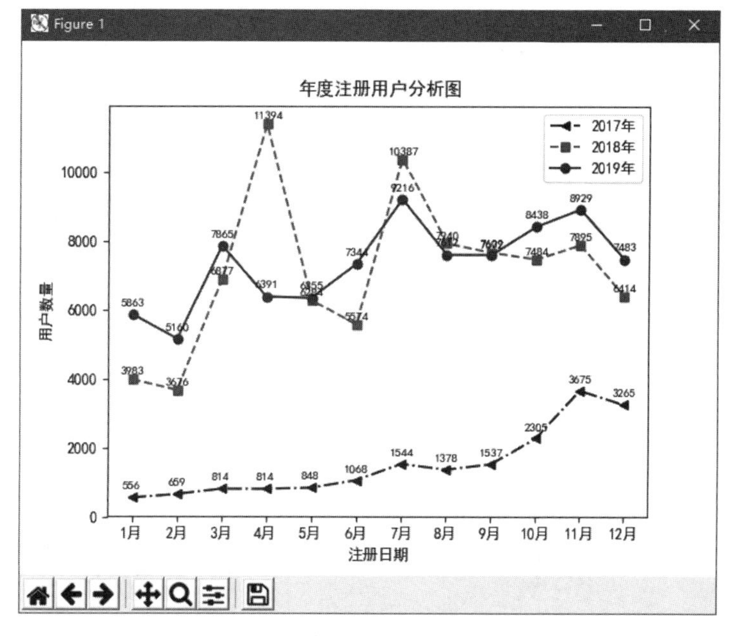


图 11.7　年度注册用户分析图

通过折线图分析可知：2017 年注册用户增长比较平稳，2018 年、2019 年比 2017 年注册用户增长约 6 倍。2018 年和 2019 年数据每次的最高点都在同一个月，存在一定的趋势变化。

## 11.5.4 新注册用户分析

通过年度注册用户分析情况，我们观察新注册用户的时间分布，近 3 年新用户的注册量最高峰值出现在 2018 年 4 月。下面以 2018 年 4 月 1 日至 4 月 30 日数据为例，对新注册用户进行分析。

程序代码如下：（**源码位置：资源包\MR\Code\11\data_new.py**）

```
01  import pymysql
02  import pandas as pd
03  import seaborn as sns
04  import matplotlib.pyplot as plt
05  from pandas.plotting import register_matplotlib_converters
06  register_matplotlib_converters()                          #解决图表显示日期出现警告信息
07  #连接 MySQL 数据库，指定密码（passwd）和数据库（db）
08  conn = pymysql.connect(host = "localhost",user = 'root',passwd ='111',db = 'test',charset="utf8")
09  sql_query = 'SELECT * FROM test.user'                     #SQL 查询语句
10  data = pd.read_sql(sql_query, con=conn)                   #读取 MySQL 数据
11  conn.close()                                              #关闭数据库连接
12  data=data[['username','addtime']]                         #提取指定列数据
13  data.rename(columns = {'addtime':'注册日期','username':'用户数量'},inplace=True)#列重命名
14  data['注册日期'] = pd.to_datetime(data['注册日期'])         #将数据类型转换为日期类型
15  data = data.set_index('注册日期')                          #将日期设置为索引
16  data=data['2018-04-01':'2018-04-30']                      #提取指定日期数据
17  #按天统计新注册用户
18  df=data.resample('D').size().to_period('D')
19  df.to_excel('result1.xlsx',index=False)                   #导出数据为 Excel 文件
20  x=pd.date_range(start='20180401', periods=30)
21  y=df
22  #绘制折线图
23  sns.set_style('darkgrid')
24  plt.rcParams['font.sans-serif']=['SimHei']                #解决中文乱码
25  plt.title('新用户注册时间分布图')                            #图表标题
26  plt.xticks(fontproperties = 'Times New Roman', size = 8,rotation=20) #X 轴字体大小
27  plt.plot(x,y)
28  plt.xlabel('注册日期')
29  plt.ylabel('用户数量')
30  plt.show()
```

运行程序，输出结果如图 11.8 所示。

首先观察新用户注册的时间分布，可以发现在此期间内，新用户的注册量有 3 次小高峰，并且在 4 月 13 日迎来最高峰。此后新用户注册量逐渐下降。

经过研究后发现，在这期间推出了新品，同时开放了新品并纳入了开学季活动，致使新用户人数达到新高峰。

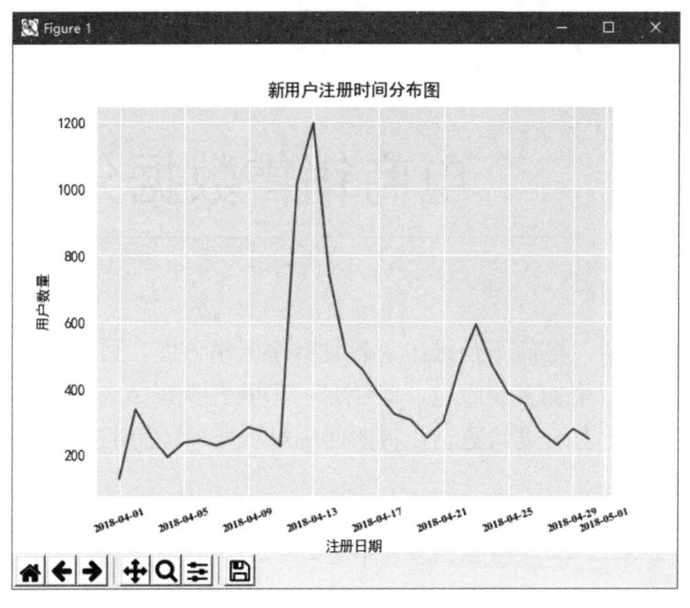


图 11.8　新用户注册时间分布图

# 11.6　小　　结

通过本章项目的学习，能够使读者了解 Python 连接 MySQL 数据库的相关技术。通过时间序列分析近 3 年注册用户增长情况和变化趋势，以及对新注册用户情况的分析，了解产品对新注册用户的影响，从而推出合理的营销方案，引导新用户注册，逐步扩大影响力和知名度。

# 第 12 章

# 电商销售数据分析与预测

随着电商行业的激烈竞争，电商平台推出了各种数字营销方案，付费广告也是花样繁多。那么电商投入广告后，究竟能给企业增加多少收益，对销量的影响究竟有多大，是否满足了企业的需求，是否达到了企业的预期效果。针对这类问题企业将如何应对和处理，而不是凭直觉妄加猜测。

## 12.1 概　　述

某电商投入了几个月的广告费，收益还不错，未来 6 个月计划多投入一些广告，那么多投入的广告未来能给企业带来多少收益？为此，我们用 Python 结合科学的统计分析方法对某电商的销售收入和广告费数据进行了分析与预测，首先探索以往销售收入和广告费两组数据间的关系，然后进行销售收入的预测。

## 12.2 项目效果预览

本项目的销售数据分析效果如图 12.1～图 12.4 所示。

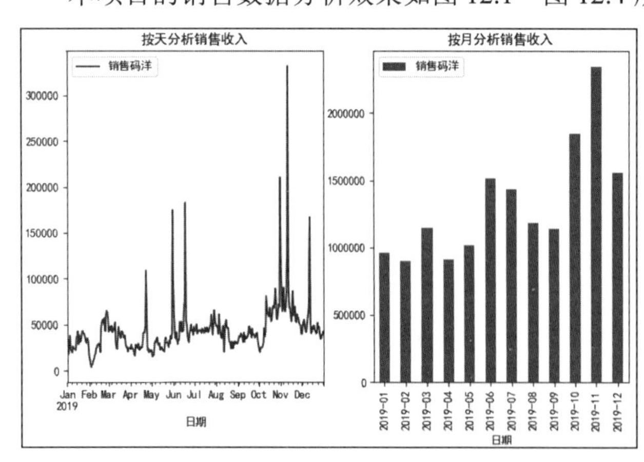


图 12.1　销售收入分析

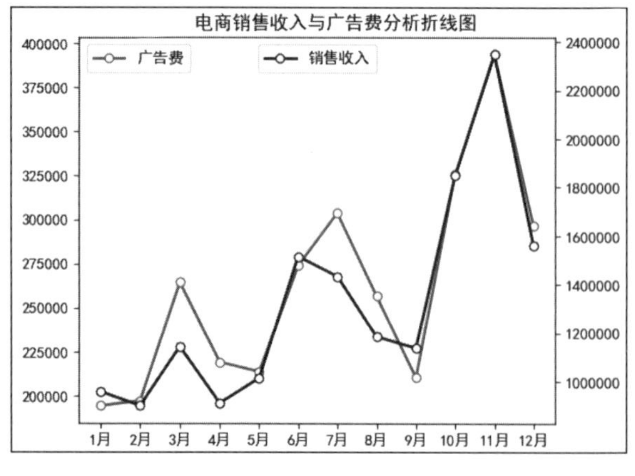


图 12.2　销售收入和广告费相关性分析

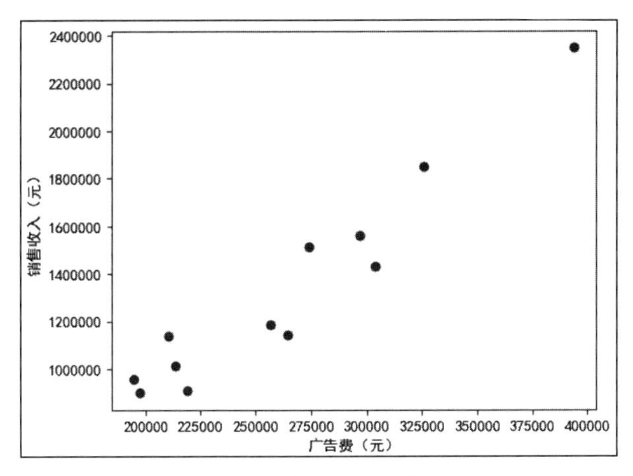

图 12.3　销售收入和广告费散点图

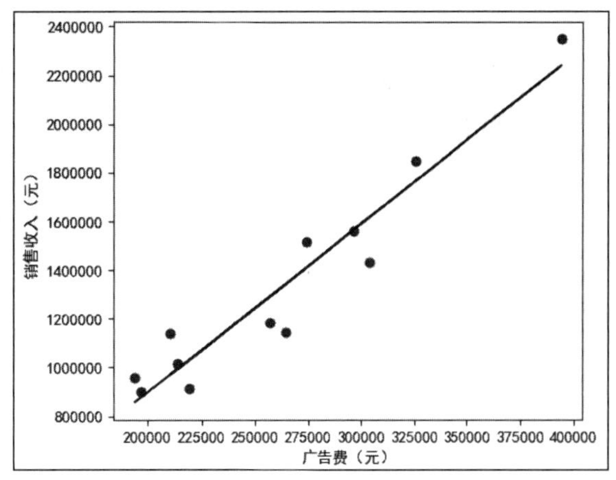


图 12.4　销售收入和广告费线性拟合图

# 12.3　项 目 准 备

本项目的开发及运行环境如下。

☑ 操作系统：Windows 7、Windows 10。
☑ 语言：Python 3.7。
☑ 开发环境：PyCharm。
☑ 第三方模块：Pandas（1.0.3）、xlrd（1.2.0）、xlwt（1.3.0）、Scipy（1.2.1）、NumPy（1.16.1）、Matplotlib（3.0.2）、Scikit-Learn（0.21.2）。

# 12.4　分 析 方 法

经过对某电商销售收入和广告费数据的分析后，得知这两组数据存在一定的线性关系，因此我们采用线性回归的分析方法对未来 6 个月的销售收入进行预测。

线性回归包括一元线性回归和多元线性回归。

☑ 一元线性回归：当只有一个自变量和一个因变量，且二者的关系可用一条直线近似表示时，称为一元线性回归（研究因变量 $y$ 和一个自变量 $x$ 之间的关系）。
☑ 多元线性回归：当自变量有两个或多个时，研究因变量 $y$ 和多个自变量 1$x$，2$x$，…，$nx$ 之间的关系，则称为多元线性回归。

**说明**

被预测的变量叫作因变量，被用来进行预测的变量叫作自变量。

简单地说，当研究一个因素（广告费）影响销售收入时，可以使用一元线性回归；当研究多个因素

（广告费、用户评价、促销活动、产品介绍、季节因素等）影响销售收入时，可以使用多元线性回归。

在本章中通过对某电商每月销售收入和广告费的分析，判断销售收入和广告费存在一定的线性关系，因此就可以通过线性回归公式求得销售收入的预测值，公式如下：

$$y = bx + k$$

其中，$y$ 为预测值（因变量），$x$ 为特征（自变量），$b$ 为斜率，$k$ 为截距。

上述公式的求解过程主要使用最小二乘法，所谓“二乘”就是平方的意思，最小二乘法也称最小平方和，其目的是通过最小化误差的平方和，使得预测值与真值无限接近。

这里对求解过程不做过多介绍，主要使用 Scikit-Learn 线性模型（linear_model）中的 LinearRegression()方法实现销售收入的预测。

# 12.5 项目实现过程

用 Python 编写程序实现某电商销售收入的预测，首先分析某电商销售收入和广告费数据，然后通过折线图、散点图判断销售收入和广告费两组数据的相关性，最后实现销售收入的预测。

## 12.5.1 数据处理

某电商存在以下两组历史数据并分别存放在两个 Excel 文件中：一个是销售收入数据；另一个是广告费数据。在分析预测前，首先要对这些数据进行处理，提取与数据分析相关的数据。

例如，销售收入分析只需要“日期”和“销售码洋”，关键代码如下：

```
df=df[['日期','销售码洋']]
```

## 12.5.2 日期数据统计并显示

为了便于分析每天和每月销售收入数据，需要按天、按月统计 Excel 表中的销售收入数据，这里主要使用 Pandas 中 DataFrame 对象的 resample()方法。首先将 Excel 表中的日期转换为 datetime，然后设置日期为索引，最后使用 resample()方法和 to_period()方法实现日期数据的统计并显示，效果如图 12.5 和图 12.6 所示。

关键代码如下：

```
01  df['日期'] = pd.to_datetime(df['日期'])            #将日期转换为日期格式
02  df1= df.set_index('日期',drop=True)               #设置日期为索引
03  #按天统计销售数据
04  df_d=df1.resample('D').sum().to_period('D')
05  print(df_d)
06  #按月统计销售数据
07  df_m=df1.resample('M').sum().to_period('M')
08  print(df_m)
```

| | A | B |
|---|---|---|
| 1 | 日期 | 销售码洋 |
| 2 | 2019-01-01 00:00:00 | 20673.4 |
| 3 | 2019-01-02 00:00:00 | 17748.6 |
| 4 | 2019-01-03 00:00:00 | 17992.6 |
| 5 | 2019-01-04 00:00:00 | 31944.4 |
| 6 | 2019-01-05 00:00:00 | 37875 |
| 7 | 2019-01-06 00:00:00 | 22400.2 |
| 8 | 2019-01-07 00:00:00 | 21861.6 |
| 9 | 2019-01-08 00:00:00 | 19516 |
| 10 | 2019-01-09 00:00:00 | 26330.6 |
| 11 | 2019-01-10 00:00:00 | 24406.4 |
| 12 | 2019-01-11 00:00:00 | 23858.6 |
| 13 | 2019-01-12 00:00:00 | 23208 |
| 14 | 2019-01-13 00:00:00 | 22199.8 |
| 15 | 2019-01-14 00:00:00 | 35673.8 |
| 16 | 2019-01-15 00:00:00 | 37140.4 |
| 17 | 2019-01-16 00:00:00 | 42839 |
| 18 | 2019-01-17 00:00:00 | 28760.4 |
| 19 | 2019-01-18 00:00:00 | 38567.4 |
| 20 | 2019-01-19 00:00:00 | 31018.6 |
| 21 | 2019-01-20 00:00:00 | 31745.6 |
| 22 | 2019-01-21 00:00:00 | 35466.6 |
| 23 | 2019-01-22 00:00:00 | 42177.6 |
| 24 | 2019-01-23 00:00:00 | 43147.4 |

图 12.5　按天统计销售数据（部分数据）

| | A | B |
|---|---|---|
| 1 | 日期 | 销售码洋 |
| 2 | 2019-01-01 00:00:00 | 958763.6 |
| 3 | 2019-02-01 00:00:00 | 900500.2 |
| 4 | 2019-03-01 00:00:00 | 1144057.4 |
| 5 | 2019-04-01 00:00:00 | 911718.8 |
| 6 | 2019-05-01 00:00:00 | 1014847.8 |
| 7 | 2019-06-01 00:00:00 | 1515419 |
| 8 | 2019-07-01 00:00:00 | 1433418.2 |
| 9 | 2019-08-01 00:00:00 | 1185811 |
| 10 | 2019-09-01 00:00:00 | 1138865 |
| 11 | 2019-10-01 00:00:00 | 1848853.4 |
| 12 | 2019-11-01 00:00:00 | 2347063 |
| 13 | 2019-12-01 00:00:00 | 1560959.6 |

图 12.6　按月统计销售数据

## 12.5.3　销售收入分析

销售收入分析实现了按天和按月分析销售收入数据，并通过图表显示，效果更加清晰直观，如图 12.7 所示。

这里通过 DataFrame 对象本身提供的绘图方法实现了图表的绘制，并应用了子图，主要使用 subplots()函数实现。首先，使用 subplots()函数创建坐标系对象 Axes，然后在绘制图表中指定 Axes 对象，关键代码如下：（**实例位置：资源包\MR\Code\12\sales.py**）

```
01  #图表字体为黑体，字号为 10
02  plt.rc('font', family='SimHei',size=10)
03  #绘制子图
04  fig = plt.figure(figsize=(9,5))
05  ax=fig.subplots(1,2)                          #创建 Axes 对象
06  #分别设置图表标题
07  ax[0].set_title('按天分析销售收入')
08  ax[1].set_title('按月分析销售收入')
09  df_d.plot(ax=ax[0],color='r')                 #第一个图折线图
10  df_m.plot(kind='bar',ax=ax[1],color='g')      #第二个图柱形图
11  #调整图表距上部和底部的空白
12  plt.subplots_adjust(top=0.95,bottom=0.15)
13  plt.show()
```

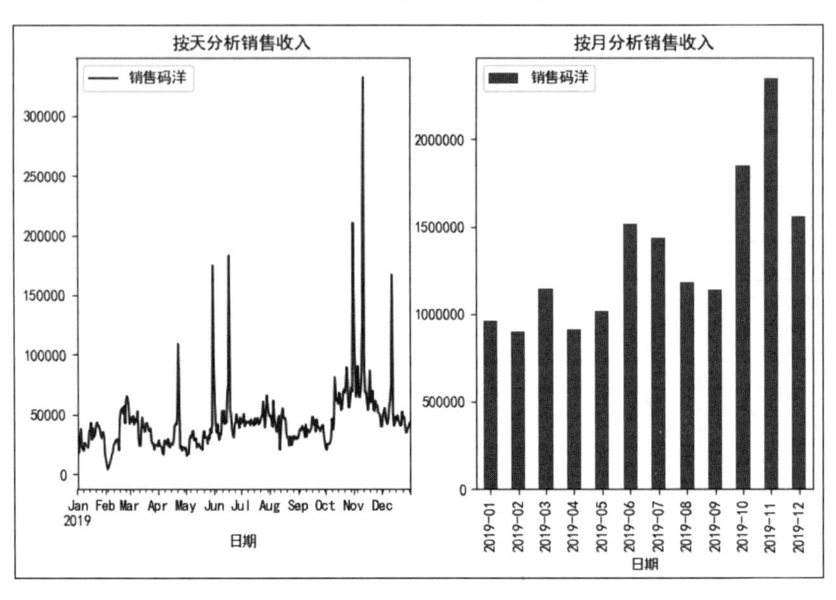


图 12.7　销售收入分析

## 12.5.4　销售收入与广告费相关性分析

在使用线性回归方法预测销售收入前，需要对相关数据进行分析。那么，单纯从数据的角度很难发现其中的趋势和联系，而将数据绘制成图表后，趋势和联系就会变得清晰起来。

下面通过折线图和散点图来看一看销售收入与广告费的相关性。

绘制图表前，最重要的是我们得有数据，数据很重要，销售收入和广告费数据如图 12.8 和图 12.9 所示（由于数据较多，这里只显示部分数据）。

| | A | B | C | D |
|---|---|---|---|---|
| 1 | 日期 | 商品名称 | 成交件数 | 销售码洋 |
| 2 | 2019/1/1 | Python从入门到项目实践（全彩版） | 36 | 3592.8 |
| 3 | 2019/1/1 | 零基础学Python（全彩版） | 28 | 2234.4 |
| 4 | 2019/1/1 | 零基础学C语言（全彩版） | 20 | 1396 |
| 5 | 2019/1/1 | 零基础学Java（全彩版） | 26 | 1814.8 |
| 6 | 2019/1/1 | SQL即查即用（全彩版） | 12 | 597.6 |
| 7 | 2019/1/1 | 零基础学C#（全彩版） | 10 | 798 |
| 8 | 2019/1/1 | Java项目开发实战入门（全彩版） | 12 | 717.6 |
| 9 | 2019/1/1 | JavaWeb项目开发实战入门（全彩版） | 8 | 558.4 |
| 10 | 2019/1/1 | C++项目开发实战入门（全彩版） | 7 | 488.6 |
| 11 | 2019/1/1 | 零基础学C++（全彩版） | 12 | 957.6 |
| 12 | 2019/1/1 | 零基础学HTML5+CSS3（全彩版） | 8 | 638.4 |
| 13 | 2019/1/1 | C#项目开发实战入门（全彩版） | 8 | 558.4 |
| 14 | 2019/1/1 | Java精彩编程200例（全彩版） | 16 | 1276.8 |
| 15 | 2019/1/1 | 案例学WEB前端开发（全彩版） | 3 | 149.4 |
| 16 | 2019/1/1 | 零基础学JavaScript（全彩版） | 7 | 558.6 |
| 17 | 2019/1/1 | C#精彩编程200例（全彩版） | 6 | 538.8 |
| 18 | 2019/1/1 | C语言精彩编程200例（全彩版） | 7 | 558.6 |
| 19 | 2019/1/1 | C语言项目开发实战入门（全彩版） | 5 | 299 |
| 20 | 2019/1/1 | ASP.NET项目开发实战入门（全彩版） | 3 | 209.4 |
| 21 | 2019/1/1 | 零基础学Android（全彩版） | 5 | 449 |
| 22 | 2019/1/1 | 零基础学PHP（全彩版） | 2 | 159.6 |
| 23 | 2019/1/1 | PHP项目开发实战入门（全彩版） | 2 | 139.6 |
| 24 | 2019/1/1 | 零基础学Oracle（全彩版） | 8 | 638.4 |

图 12.8　销售收入（部分数据）

| | A | B |
|---|---|---|
| 1 | 投放日期 | 支出 |
| 2 | 2019/1/1 | 810 |
| 3 | 2019/1/1 | 519 |
| 4 | 2019/1/1 | 396 |
| 5 | 2019/1/1 | 278 |
| 6 | 2019/1/1 | 210 |
| 7 | 2019/1/1 | 198 |
| 8 | 2019/1/1 | 164 |
| 9 | 2019/1/1 | 162 |
| 10 | 2019/1/1 | 154 |
| 11 | 2019/1/1 | 135 |
| 12 | 2019/1/1 | 134 |
| 13 | 2019/1/1 | 132 |
| 14 | 2019/1/1 | 125 |
| 15 | 2019/1/1 | 107 |
| 16 | 2019/1/1 | 93 |
| 17 | 2019/1/1 | 92 |
| 18 | 2019/1/1 | 82 |
| 19 | 2019/1/1 | 81 |
| 20 | 2019/1/1 | 59 |
| 21 | 2019/1/1 | 54 |
| 22 | 2019/1/1 | 47 |
| 23 | 2019/1/1 | 43 |
| 24 | 2019/1/1 | 43 |

图 12.9　广告费（部分数据）

首先读取数据，大致对数据进行浏览，程序代码如下：

```
01  import pandas as pd
02  import matplotlib.pyplot as plt
03  df1= pd.read_excel('.\data\广告费.xlsx')
04  df2= pd.read_excel('.\data\销售表.xlsx')
05  print(df1.head())
06  print(df2.head())
```

运行程序，输出结果如图 12.10 所示。

```
         投放日期   支出
0 2019-01-01  810
1 2019-01-01  519
2 2019-01-01  396
3 2019-01-01  278
4 2019-01-01  210
          日期                   商品名称  成交件数    销售码洋
0 2019-01-01  Python从入门到项目实践（全彩版）    36  3592.8
1 2019-01-01      零基础学Python（全彩版）    28  2234.4
2 2019-01-01        零基础学C语言（全彩版）    20  1396.0
3 2019-01-01       零基础学Java（全彩版）    26  1814.8
4 2019-01-01         SQL即查即用（全彩版）    12   597.6
```

图 12.10　部分数据

### 1．折线图

从图 12.10 中不难看出，销售收入数据有明显的时间维度，那么，首先选择使用折线图分析。

为了更清晰地对比广告费与销售收入这两组数据的变化和趋势，我们使用双 *y* 轴折线图，其中主 *y* 轴用来绘制广告费数据，次 *y* 轴用来绘制销售收入数据。通过折线图可以发现，广告费和销售收入两组数据的变化和趋势大致相同，从整体的趋势来看，广告费和销售收入两组数据都呈现增长趋势。从规律性来看广告费和销售收入数据每次的最低点都出现在同一个月。从细节来看，两组数据的短期趋势的变化也基本一致，如图 12.11 所示。

关键代码如下：（**实例位置：资源包\MR\Code\12\line.py**）

```
01  #x 为广告费，y 为销售收入
02  y1=pd.DataFrame(df_x['支出'])
03  y2=pd.DataFrame(df_y['销售码洋'])
04  fig = plt.figure()
05  #图表字体为黑体，字号为 11
06  plt.rc('font', family='SimHei',size=11)
07  ax1 = fig.add_subplot(111)                              #添加子图
08  plt.title('电商销售收入与广告费分析折线图')             #图表标题
09  #图表 x 轴标题
10  x=[0,1,2,3,4,5,6,7,8,9,10,11]
11  plt.xticks(x,['1 月','2 月','3 月','4 月','5 月','6 月','7 月','8 月','9 月','10 月','11 月','12 月'])
12  ax1.plot(x,y1,color='orangered',linewidth=2,linestyle='-',marker='o',mfc='w',label='广告费')
13  plt.legend(loc='upper left')
```

```
14  ax2 = ax1.twinx()                                          #添加一条 y 轴坐标轴
15  ax2.plot(x,y2,color='b',linewidth=2,linestyle='-',marker='o',mfc='w',label='销售收入')
16  plt.subplots_adjust(right=0.85)
17  plt.legend(loc='upper center')
18  plt.show()
```

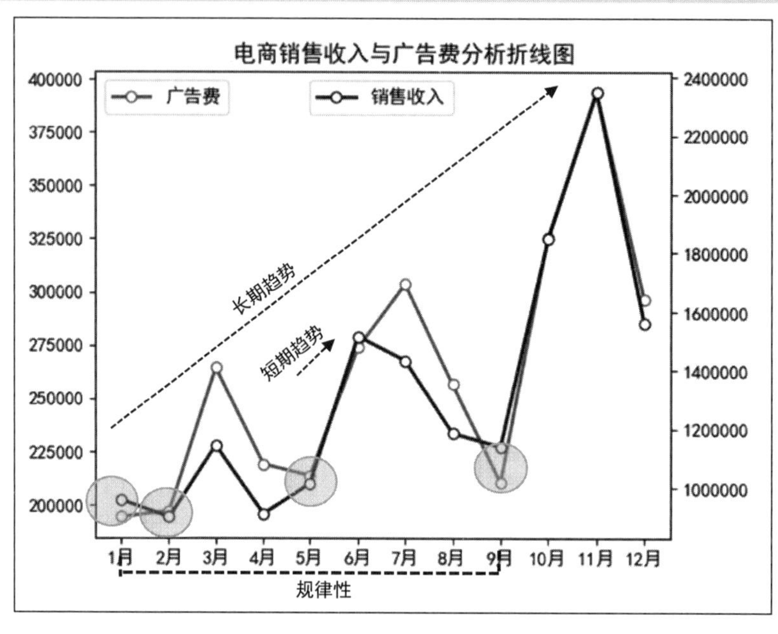


图 12.11　销售收入与广告费折线图

## 2. 散点图

对比折线图，散点图更加直观。散点图去除了时间维度的影响，只关注广告费和销售收入两组数据间的关系。在绘制散点图之前，我们将广告费设置为 $x$，也就是自变量，将销售收入设置为 $y$，也就是因变量。下面根据每个月销售收入和广告费数据绘制散点图，$x$ 轴是自变量广告费数据，$y$ 轴是因变量销售收入数据。从数据点的分布情况可以发现，自变量 $x$ 和因变量 $y$ 有着相同的变化趋势，当广告费增加后，销售收入也随之增加，如图 12.12 所示。

关键代码如下：（**实例位置：资源包\MR\Code\12\scatter.py**）

```
01  #x 为广告费，y 为销售收入
02  x=pd.DataFrame(df_x['支出'])
03  y=pd.DataFrame(df_y['销售码洋'])
04  #图表字体为黑体，字号为 11
05  plt.rc('font', family='SimHei',size=11)
06  plt.figure("电商销售收入与广告费分析散点图")
07  plt.scatter(x, y,color='r')                          #真实值散点图
08  plt.xlabel(u'广告费（元）')
09  plt.ylabel(u'销售收入（元）')
10  plt.subplots_adjust(left=0.15)                       #图表距画布右侧之间的空白
11  plt.show()
```

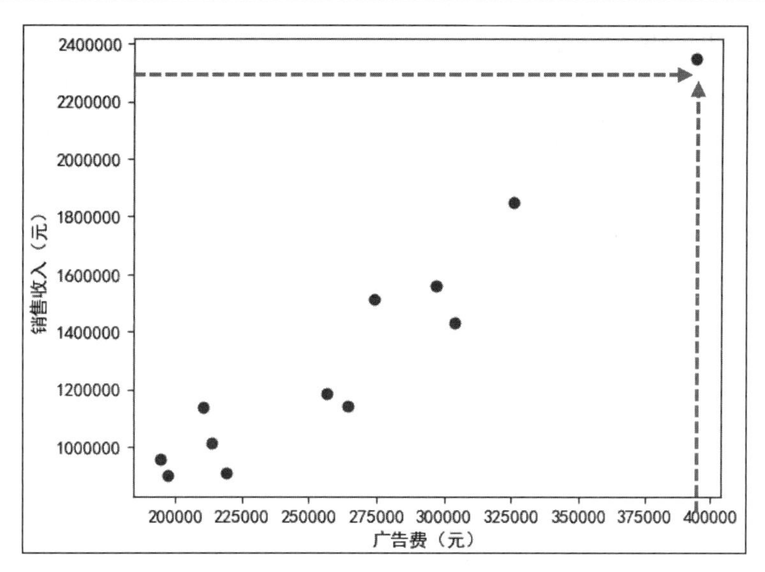


图 12.12　销售收入与广告费散点图

通过折线图和散点图清晰地展示了广告费和销售收入两组数据，让我们直观地发现了数据之间隐藏的关系，为接下来的决策做出重要的引导。经过折线图和散点图分析后，就可以对销售收入进行预测，进而做出科学的决策，而不是模棱两可，大概差不多。

## 12.5.5　销售收入预测

2020 年上半年计划投入广告费，如图 12.13 所示。那么，根据上述分析，采用线性回归分析方法对未来 6 个月的销售收入进行预测，主要使用 Scikit-Learn 提供的线性模型 linear_model 模块。

| 1月 | 2月 | 3月 | 4月 | 5月 | 6月 |
|---|---|---|---|---|---|
| 120,000.00 | 130,000.00 | 150,000.00 | 180,000.00 | 200,000.00 | 250,000.00 |

图 12.13　计划投入广告费

首先，将广告费设置为 $x$，也就是自变量，将销售收入设置为 $y$，也就是因变量，将计划广告费设置为 $x0$，将预测销售输入设置为 $y0$，然后拟合线性模型，获取回归系数和截距。通过给定的计划广告费（$x0$）和线性模型来预测销售收入（$y0$）。关键代码如下：（**实例位置：资源包\MR\Code\12\pred.py**）

```
01  clf=linear_model.LinearRegression()              #创建线性模型
02  #x 为广告费，y 为销售收入
03  x=pd.DataFrame(df_x['支出'])
04  y=pd.DataFrame(df_y['销售码洋'])
05  clf.fit(x,y)                                     #拟合线性模型
06  k=clf.coef_                                      #获取回归系数
07  b=clf.intercept_                                         #获取截距
08  #未来 6 个月计划投入的广告费
09  x0=np.array([120000,130000,150000,180000,200000,250000])
10  x0=x0.reshape(6,1)                                       #数组重塑
```

```
11  #预测未来 6 个月的销售收入（y0）
12  y0=clf.predict(x0)
13  print('预测销售收入：')
14  print(y0)
```

运行程序，输出结果如图 12.14 所示。

接下来，为了直观地观察真实数据与预测数据之间的关系，下面在散点图中加入预测值（预测回归线）绘制线性拟合图，效果如图 12.15 所示。

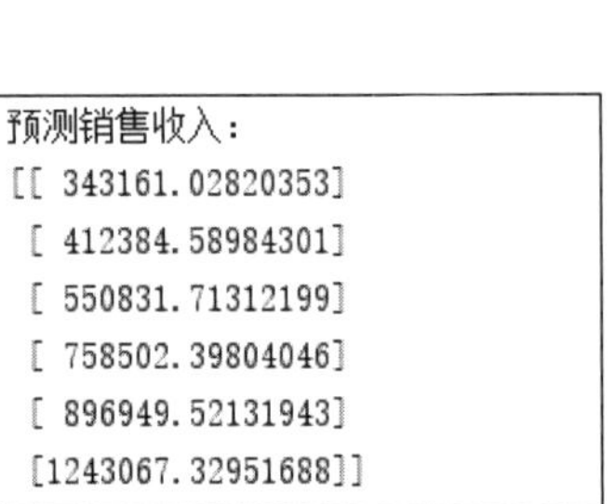

```
预测销售收入：
[[ 343161.02820353]
 [ 412384.58984301]
 [ 550831.71312199]
 [ 758502.39804046]
 [ 896949.52131943]
 [1243067.32951688]]
```

图 12.14　预测销售收入

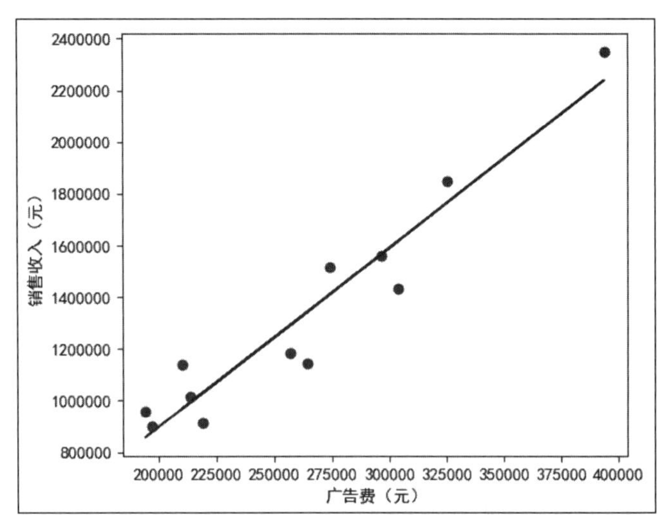


图 12.15　线性拟合图

将散点图与折线图结合形成线性拟合图。散点图体现真实数据，而折线图为预测数据，关键代码如下：

```
01  #使用线性模型预测 y 值
02  y_pred =clf.predict(x)
03  #图表字体为华文细黑，字号为 10
04  plt.rc('font', family='SimHei',size=11)
05  plt.figure("电商销售数据分析与预测")
06  plt.scatter(x, y,color='r')                              #真实值散点图
07  plt.plot(x,y_pred, color='blue', linewidth=1.5)          #预测回归线
08  plt.ylabel(u'销售收入（元）')
09  plt.xlabel(u'广告费（元）')
10  plt.subplots_adjust(left=0.2)                            #设置图表距画布左边的空白
11  plt.show()
```

## 12.5.6　预测评分

评分算法为准确率，准确率越高，说明预测的销售收入效果就越好。

下面使用 Scikit-Learn 提供的评价指标函数 metrics()实现回归模型的评估，主要包括以下 4 种方法。

☑　explained_variance_score：回归模型的方差得分，取值范围为 0～1。

☑ mean_absolute_error：平均绝对误差。

☑ mean_squared_error：均方差。

☑ r2_score：判定系数，解释回归模型的方差得分，取值范围为 0～1。

下面使用 r2_score()方法评估回归模型，为预测结果评分。如果评分结果是 0，则说明预测结果跟盲目猜测差不多；如果评分结果是 1，则说明预测结果非常准；如果评分结果是 0～1 的数，则说明预测结果的好坏程度；如果结果是负数，则说明预测结果还不如盲目猜测，而导致这种情况的原因是数据没有线性关系。

假设未来 6 个月实际销售收入分别是 360000、450000、600000、800000、920000、1300000，程序代码如下：

```
01  from sklearn.metrics import r2_score
02  y_true = [360000,450000,600000,800000,920000,1300000]        #真实值
03  score=r2_score(y_true,y0)                                    #预测评分
04  print(score)
```

运行程序，输出结果为 0.9839200886906198，说明预测结果非常好。

# 12.6　小　　结

本章融入了数据处理、可视化图表、数据分析和机器学习相关知识。通过本章项目的实践，进一步巩固和加深了前面所学知识，并进行了综合应用。例如，相关性分析和线性回归分析方法的结合，为数据预测提供了有效的依据。通过实际项目的应用，掌握了 Scikit-Learn 线性回归模型，为日后的数据分析工作奠定了坚实的基础。

# 第13章

# 二手房房价分析与预测

衣食住行，住房一直以来都是热门话题，而房价更是大家时刻关心的问题。虽然新商品房听着上档次，但是二手房是现房交易，并且具有地段较好、配套设施完善、产权权属清晰、选择面更广等优势，使得二手房越来越受到广大消费者的青睐。由此，越来越多的人关注二手房，对房价、面积、地理位置、装修程度等进行多维度对比与分析，从而找到既适合自己又具备一定升值空间的房子。

## 13.1 概　　述

随着现代科技化的不断进步，信息化将是科技发展中的重要元素之一，而人们每天都要面对海量的数据，如医疗数据、人口数据、人均收入等，因此数据分析将会得到广泛应用。数据分析在实际应用时可以帮助人们在海量数据中找到具有决策意义的重要信息。

本章将通过数据分析方法实现“二手房数据分析预测系统”，用于对二手房数据进行分析、统计，并根据数据中的重要特征实现房屋价格的预测，最后通过可视化图表方式进行数据的显示功能。

## 13.2 项目效果预览

在二手房数据分析预测系统中，查看二手房各种数据分析图表时，需要在主窗体工具栏中单击对应的工具栏按钮。主窗体运行效果如图13.1所示。

图13.1　主窗体

在主窗体工具栏中单击“各区二手房均价分析”按钮，显示各区域二手房均价，如图 13.2 所示。

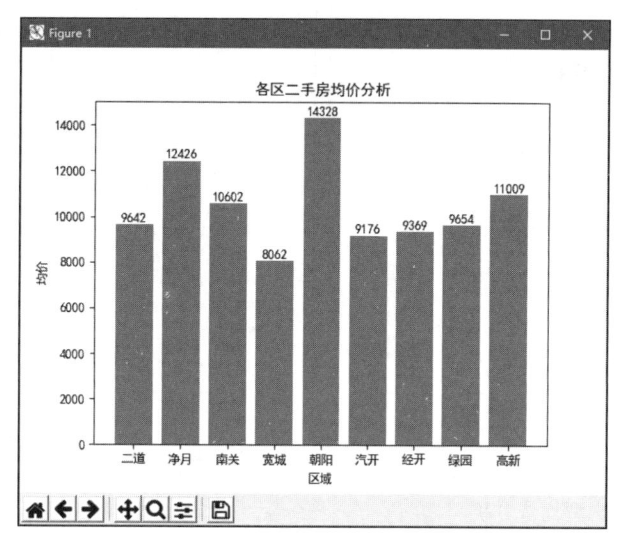


图 13.2　各区二手房均价分析

在主窗体工具栏中单击“各区二手房数量所占比例”按钮，了解城市所属区域二手房的销售数量和占比情况，如图 13.3 所示。

经过分析得知：二手房数据中房子的装修程度也是购买者关心的一个重要元素。在主窗体工具栏中单击“全市二手房装修程度分析”按钮，分析全市二手房装修程度，如图 13.4 所示。

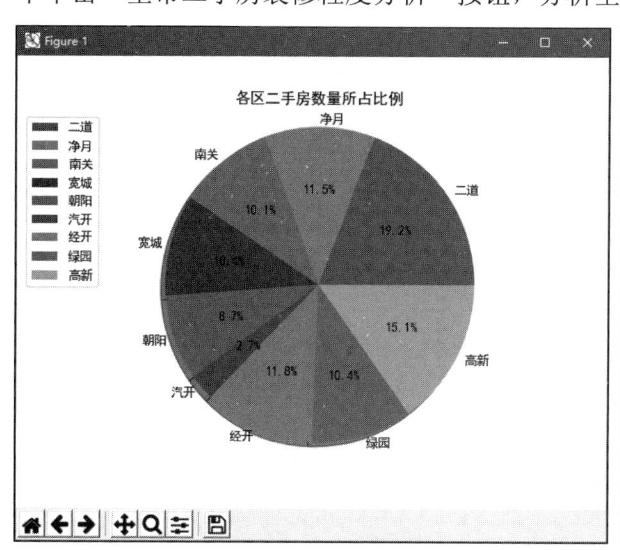


图 13.3　各区二手房数量所占比例

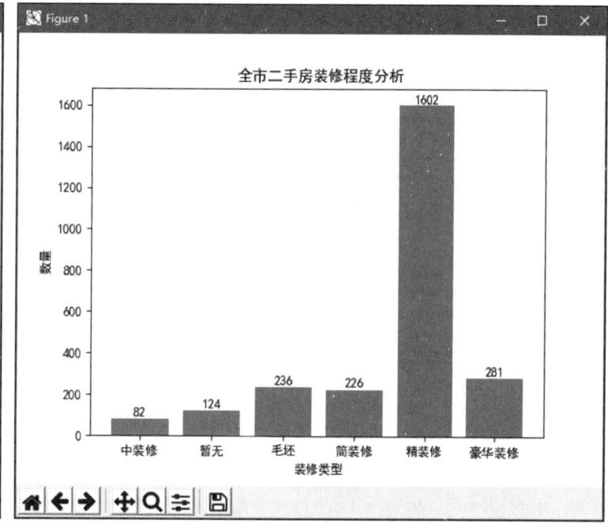


图 13.4　全市二手房装修程度分析

二手房的户型类别很多，如果需要查看所有二手房户型中比较热门的户型均价时，则在主窗体工具栏中单击“热门户型均价分析”按钮，分析热门户型均价，如图 13.5 所示。

分析二手房数据时，首先分析特征数据，然后通过回归算法的函数预测二手房的售价。在主窗体工具栏中单击“二手房售价预测”按钮，显示二手房售价预测的折线图，如图 13.6 所示。

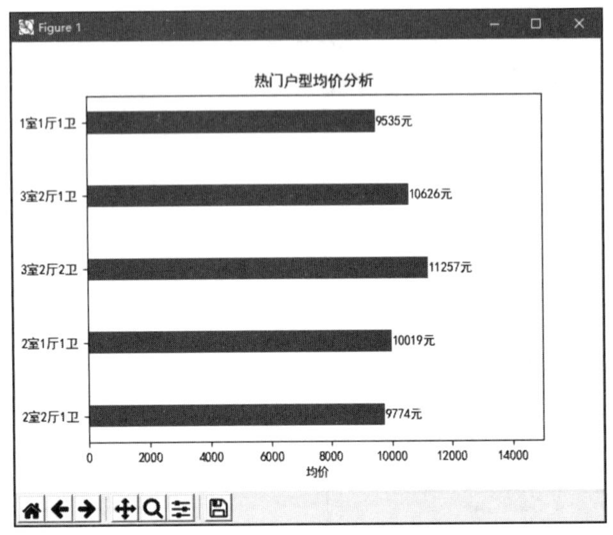


图 13.5　热门户型均价分析

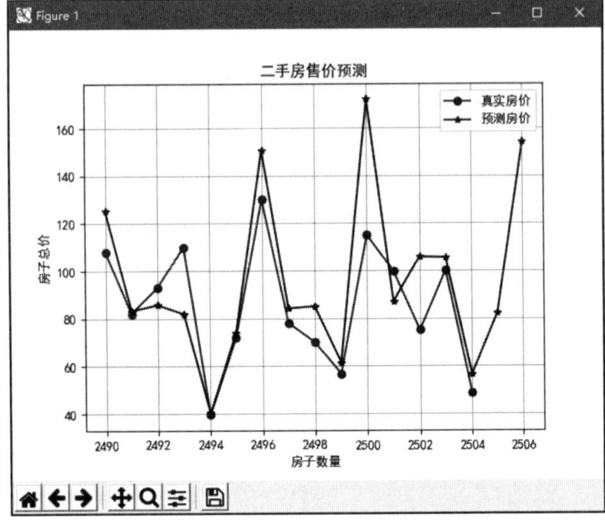


图 13.6　二手房售价预测

# 13.3　项 目 准 备

本项目的开发及运行环境如下。

☑　操作系统：Windows 7、Windows 10。

☑　语言：Python 3.7。

☑　开发环境：PyCharm。

☑　内置模块：sys。

☑　第三方模块：PyQt5（5.11.3）、PyQt5-tools（5.11.3.1.4）、Pandas（1.0.3）、xlrd（1.2.0）、xlwt（1.3.0）、Scipy（1.2.1）、NumPy（1.16.1）、Matplotlib（3.0.2）、Scikit-Learn（0.21.2）。

# 13.4　图表工具模块

图表工具模块为自定义工具模块，该模块中主要定义用于显示可视化数据图表的函数，用于实现饼形图、折线图以及条形图的绘制与显示工作。图表工具模块创建完成后根据数据分析的类型调用对应的图表函数，就可以实现数据的可视化操作。

## 13.4.1　绘制饼形图

在实现绘制饼形图时，首先需要创建 chart.py 文件，该文件为图表工具的自定义模块。然后在该文件中导入 matplotlib 模块与 pyplot 子模块。接下来为了避免中文乱码，需要使用 rcParams 变量。

绘制饼形图的函数名称为 pie_chart()，用于显示各区二手房数量所占比例。pie_chart()函数需要以

下 3 个参数：size 为饼形图中每个区二手房数量；label 为每个区对应的名称；title 为图表的标题。

程序代码如下：（**源码位置：资源包\MR\Code\13\house_data_analysis\chart.py**）

```
01  import matplotlib                                             #导入图表模块
02  import matplotlib.pyplot as plt                              #导入绘图模块
03  #避免中文乱码
04  matplotlib.rcParams['font.sans-serif'] = ['SimHei']
05  matplotlib.rcParams['axes.unicode_minus'] = False
06  #显示饼形图
07  def pie_chart(size,label,title):
08      """
09      绘制饼形图
10      size：各部分大小
11      labels：设置各部分标签
12      labeldistance：设置标签文本距圆心位置，1.1 表示 1.1 倍半径
13      autopct：设置圆里面文本
14      shadow：设置是否有阴影
15      startangle：起始角度，默认从 0 开始逆时针转
16      pctdistance：设置圆内文本距圆心距离
17      """
18      plt.figure()                                              #图形画布
19      plt.pie(size, labels=label,labeldistance=1.05,
20              autopct="%1.1f%%", shadow=True, startangle=0, pctdistance=0.6)
21      plt.axis("equal")                                         #设置横轴和纵轴大小相等，这样饼才是圆的
22      plt.title(title, fontsize=12)
23      plt.legend(bbox_to_anchor=(0.03, 1))                      #让图例生效，并设置图例显示位置
24      plt.show()                                                #显示饼形图
```

## 13.4.2　绘制折线图

绘制折线图的函数名称为 broken_line()，用于显示真实房价与预测房价的折线图。该函数需要以下 3 个参数：*y* 为二手房的真实价格；y_pred 为二手房的预测价格；title 为图表的标题。

程序代码如下：（**源码位置：资源包\MR\Code\13\house_data_analysis\chart.py**）

```
01  #显示预测房价折线图
02  def broken_line(y,y_pred,title):
03      '''
04      y:y 轴折线点，也就是房子总价
05      y_pred，预测房价的折线点
06      color：折线的颜色
07      marker：折点的形状
08      '''
09      plt.figure()                                              #图形画布
10      plt.plot(y, color='r', marker='o',label='真实房价')          #绘制折线，并在折点添加蓝色圆点
11      plt.plot(y_pred, color='b', marker='*',label='预测房价')
12      plt.xlabel('房子数量')
13      plt.ylabel('房子总价')
14      plt.title(title)                                          #表标题文字
```

```
15        plt.legend()                                        #显示图例
16        plt.grid()                                          #显示网格
17        plt.show()                                          #显示图表
```

## 13.4.3 绘制条形图

绘制条形图的函数一共分为 3 个，分别用于显示各区二手房均价、全市二手房装修程度以及热门户型均价。下面介绍定义函数的具体方式。

### 1．绘制各区二手房均价的条形图

绘制各区二手房均价的条形图为纵向条形图，函数名称为 average_price_bar()，该函数需要以下 3 个参数：*x* 为全市中各区域的数据；*y* 为各区域的均价数据；title 为图表的标题。

程序代码如下：（**源码位置：资源包\MR\Code\13\house_data_analysis\chart.py**）

```
01  #显示均价条形图
02  def average_price_bar(x,y, title):
03      plt.figure()                                            #图形画布
04      plt.bar(x,y, alpha=0.8)                                 #绘制条形图
05      plt.xlabel("区域")                                       #区域文字
06      plt.ylabel("均价")                                       #均价文字
07      plt.title(title)                                        #表标题文字
08      #为每一个图形加数值标签
09      for x, y in enumerate(y):
10          plt.text(x, y + 100, y, ha='center')
11      plt.show()                                              #显示图表
```

### 2．绘制全市二手房装修程度的条形图

绘制全市二手房装修程度的条形图为纵向条形图，函数名称为 renovation_bar()，该函数需要以下 3 个参数：*x* 为装修类型的数据；*y* 为每种装修类型所对应的数量；title 为图表的标题。

程序代码如下：（**源码位置：资源包\MR\Code\13\house_data_analysis\chart.py**）

```
01  #显示装修条形图
02  def renovation_bar(x,y, title):
03      plt.figure()                                            #图形画布
04      plt.bar(x,y, alpha=0.8)                                 #绘制条形图
05      plt.xlabel("装修类型")                                   #区域文字
06      plt.ylabel("数量")                                       #均价文字
07      plt.title(title)                                        #表标题文字
08      #为每一个图形加数值标签
09      for x, y in enumerate(y):
10          plt.text(x, y + 10, y, ha='center')
11      plt.show()                                              #显示图表
```

### 3．绘制热门户型均价的条形图

绘制热门户型均价的条形图为水平条形图，函数名称为 bar()，该函数需要以下 3 个参数：price 为

热门户型的均价；type 为热门户型的名称；title 为图表的标题。

程序代码如下：（**源码位置：资源包\MR\Code\13\house_data_analysis\chart.py**）

```
01  #显示热门户型的水平条形图
02  def bar(price,type, title):
03      """
04      绘制水平条形图方法 barh()
05      参数一：y 轴
06      参数二：x 轴
07      """
08      plt.figure()                                                       #图形画布
09      plt.barh(type, price, height=0.3, color='r', alpha=0.8)  #从下往上画水平条形图
10      plt.xlim(0, 15000)                                                 #x 轴的均价为 0～15000
11      plt.xlabel("均价")                                                 #均价文字
12      plt.title(title)                                                   #表标题文字
13      #为每一个图形加数值标签
14      for y, x in enumerate(price):
15          plt.text(x + 10, y,str(x) + '元', va='center')
16      plt.show()                                                         #显示图表
```

# 13.5　项目实现过程

## 13.5.1　数据清洗

在实现数据分析前需要先对数据进行清洗工作，清洗数据的主要目的是为了减小数据分析的误差。清洗数据时首先需要读取数据，然后观察数据中是否存在无用值、空值以及数据类型是否需要进行转换等。清洗二手房数据的具体步骤如下所示。

（1）读取二手房数据文件，显示部分数据。

程序代码如下：（**源码位置：资源包\MR\Code\13\house_data_analysis\house_analysis.py**）

```
01  import pandas as as pd                                  #导入数据统计模块
02  data = pd.read_csv('data.csv')                         #读取 csv 数据文件
03  print(data.head())                                     #打印文件内容的头部信息
```

运行程序，输出结果如图 13.7 所示。

|  | Unnamed: 0 | 小区名字 | 总价 | 户型 | 建筑面积 | 单价 | 朝向 | 楼层 | 装修 | 区域 |
|---|---|---|---|---|---|---|---|---|---|---|
| 0 | 0 | 中天北湾新城 | 89万 | 2室2厅1卫 | 89平米 | 10000元/平米 | 南北 | 低层 | 毛坯 | 高新 |
| 1 | 1 | 桦林苑 | 99.8万 | 3室2厅1卫 | 143平米 | 6979元/平米 | 南北 | 中层 | 毛坯 | 净月 |
| 2 | 2 | 嘉柏湾 | 32万 | 1室1厅1卫 | 43.3平米 | 7390元/平米 | 南 | 高层 | 精装修 | 经开 |
| 3 | 3 | 中环12区 | 51.5万 | 2室1厅1卫 | 57平米 | 9035元/平米 | 南北 | 高层 | 精装修 | 南关 |
| 4 | 4 | 昊源高格蓝湾 | 210万 | 3室2厅2卫 | 160.8平米 | 13060元/平米 | 南北 | 高层 | 精装修 | 二道 |

图 13.7　二手房数据（部分数据）

观察上述数据，首先“Unnamed: 0”索引列对于数据分析没有任何帮助，然后“总价”“建筑面积”

“单价”列所对应的数据不是数值类型，所以无法进行计算。接下来对这些数据进行处理。

（2）将索引列“Unnamed: 0”删除；然后将数据中的所有空值删除；最后分别将“总价”“建筑面积”“单价”列所对应数据中的字符删除仅保留数字部分，再将数字转换为 float 类型，再次输出数据。

程序代码如下：（**源码位置：资源包\MR\Code\13\house_data_analysis\house_analysis.py**）

```
01  del data['Unnamed: 0']                                            #将索引列删除
02  data.dropna(axis=0, how='any', inplace=True)                      #删除 data 数据中的所有空值
03  #将单价“元/平方米”去掉
04  data['单价'] = data['单价'].map(lambda d: d.replace('元/平方米', ''))
05  data['单价'] = data['单价'].astype(float)                          #将房子单价转换为浮点类型
06  data['总价'] = data['总价'].map(lambda z: z.replace('万', ''))     #将总价“万”去掉
07  data['总价'] = data['总价'].astype(float)                          #将房子总价转换为浮点类型
08  #将建筑面积“平方米”去掉
09  data['建筑面积'] = data['建筑面积'].map(lambda p: p.replace('平方米', ''))
10  data['建筑面积'] = data['建筑面积'].astype(float)                  #将建筑面积转换为浮点类型
11  print(data.head())                                                #打印文件内容的头部信息
```

运行程序，输出结果如图 13.8 所示。

| | 小区名字 | 总价 | 户型 | 建筑面积 | 单价 | 朝向 | 楼层 | 装修 | 区域 |
|---|---|---|---|---|---|---|---|---|---|
| 0 | 中天北湾新城 | 89.0 | 2室2厅1卫 | 89.0 | 10000.0 | 南北 | 低层 | 毛坯 | 高新 |
| 1 | 桦林苑 | 99.8 | 3室2厅1卫 | 143.0 | 6979.0 | 南北 | 中层 | 毛坯 | 净月 |
| 2 | 嘉柏湾 | 32.0 | 1室1厅1卫 | 43.3 | 7390.0 | 南 | 高层 | 精装修 | 经开 |
| 3 | 中环12区 | 51.5 | 2室1厅1卫 | 57.0 | 9035.0 | 南北 | 高层 | 精装修 | 南关 |
| 4 | 昊源高格蓝湾 | 210.0 | 3室2厅2卫 | 160.8 | 13060.0 | 南北 | 高层 | 精装修 | 二道 |

图 13.8　处理后的二手房数据（部分数据）

## 13.5.2　区域二手房均价分析

实现区域二手房均价分析前，首先需要将数据按所属区域进行划分，然后计算每个区域的二手房均价，最后将区域及对应的房屋均价信息通过纵向条形图显示，具体步骤如下所示。

（1）通过 groupby()方法实现二手房区域的划分，然后通过 mean()方法计算出每个区域的二手房均价，最后分别通过 index 属性与 values 属性获取所有区域信息与对应的均价。

程序代码如下：（**源码位置：资源包\MR\Code\13\house_data_analysis\house_analysis.py**）

```
01  def get_average_price():
02      group = data.groupby('区域')                                   #将房子区域分组
03      average_price_group = group['单价'].mean()                     #计算每个区域的均价
04      region = average_price_group.index                            #区域
05      average_price = average_price_group.values.astype(int)        #区域对应的均价
06      return region, average_price                                  #返回区域与对应的均价
```

（2）在主窗体初始化类中创建 show_average_price()方法，用于绘制并显示各区二手房均价分析图。

程序代码如下：（**源码位置：资源包\MR\Code\13\house_data_analysis\show_window.py**）

```
01  #显示各区二手房均价分析图
02  def show_average_price(self):
```

```
03        region, average_price= house_analysis.get_average_price()          #获取房子区域与均价
04        chart.average_price_bar(region,average_price,'各区二手房均价分析')
```

（3）指定显示各区二手房均价分析图，按钮事件所对应的方法。

程序代码如下：（**源码位置：资源包\MR\Code\13\house_data_analysis\show_window.py**）

```
01    #显示各区二手房均价分析图，按钮事件
02    main.btn_1.triggered.connect(main.show_average_price)
```

（4）在主窗体工具栏中单击“各区二手房均价分析”按钮，显示各区二手房均价分析图，如图 13.9 所示。

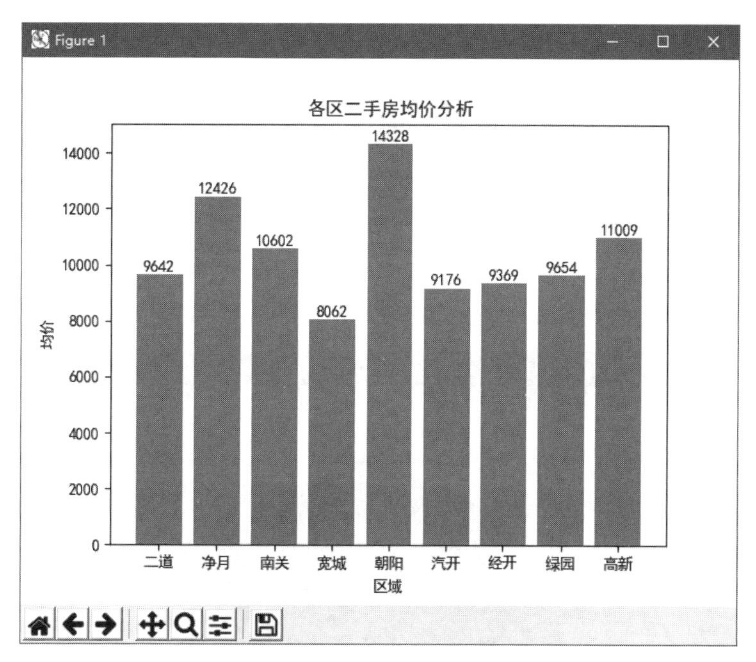


图 13.9　各区二手房均价分析图

## 13.5.3　区域二手房数据及占比分析

在实现各区房子数量比例时，首先需要将数据中每个区域进行分组并获取每个区域的房子数量，然后获取每个区域与对应的二手房数量，最后计算每个区域二手房数量的百分比。具体步骤如下所示。

（1）通过 groupby()方法对房子区域进行分组，并使用 size()方法获取每个区域的分组数量（区域对应的房子数量），然后使用 index 属性与 values 属性分别获取每个区域与对应的二手房数量，最后计算每个区域房子数量的百分比。

程序代码如下：（**源码位置：资源包\MR\Code\13\house_data_analysis\house_analysis.py**）

```
01    #获取各区房子数量比例
02    def get_house_number():
03        group_number = data.groupby('区域').size()                    #房子区域分组数量
04        region = group_number.index                                    #区域
```

```
05        numbers = group_number.values                          #获取每个区域内房子出售的数量
06        percentage = numbers / numbers.sum() * 100             #计算每个区域房子数量的百分比
07        return region, percentage                              #返回百分比
```

（2）在主窗体初始化类中创建 show_house_number()方法，用于绘制并显示各区二手房数量所占比例的分析图。

程序代码如下：（**源码位置：资源包\MR\Code\13\house_data_analysis\show_window.py**）

```
01  #显示各区二手房数量所占比例
02  def show_house_number(self):
03      region, percentage = house_analysis.get_house_number()      #获取房子区域与数量百分比
04      chart.pie_chart(percentage,region,'各区二手房数量所占比例')   #显示图表
```

（3）指定显示各区二手房数量所占比例图，按钮事件所对应的方法。

程序代码如下：（**源码位置：资源包\MR\Code\13\house_data_analysis\show_window.py**）

```
01  #显示各区二手房数量所占比例图，按钮事件
02  main.btn_2.triggered.connect(main.show_house_number)
```

（4）在主窗体工具栏中单击“各区二手房数量所占比例”按钮，显示各区二手房数量及占比分析图，如图 13.10 所示。

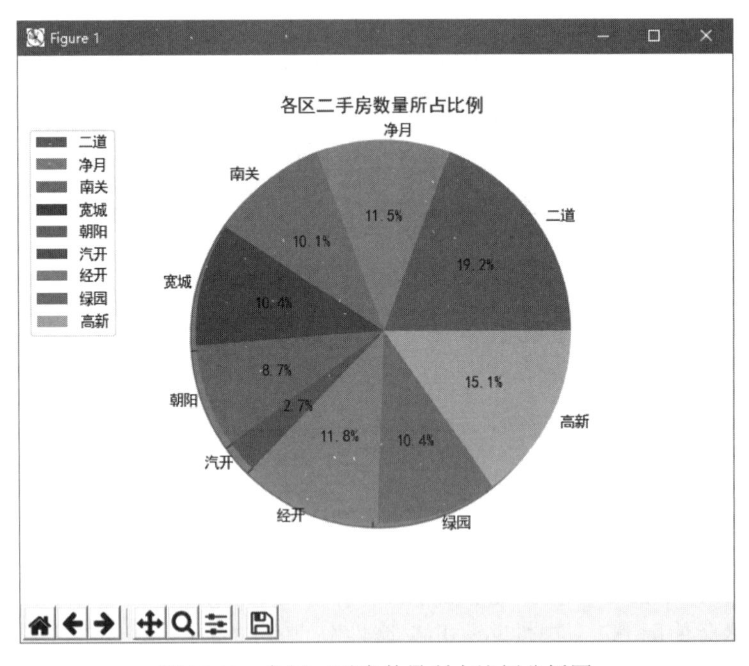


图 13.10　各区二手房数量所占比例分析图

## 13.5.4　全市二手房装修程度分析

在实现全市二手房装修程度分析时，首先需要将二手房的装修程度进行分组并将每个分组对应的数量统计出来，再将装修程度分类信息与对应的数量进行数据的分离工作，具体步骤如下所示。

（1）通过 groupby()方法对房子的装修程度进行分组，并使用 size()方法获取每个装修程度分组的数量，然后使用 index 属性与 values 属性分别获取每个装修程度分组与对应的数量。

程序代码如下：（**源码位置：资源包\MR\Code\13\house_data_analysis\house_analysis.py**）

```
01  #获取全市二手房装修程度对比
02  def get_renovation():
03      group_renovation = data.groupby('装修').size()              #将房子装修程度分组并统计数量
04      type = group_renovation.index                              #装修程度
05      number = group_renovation.values                           #装修程度对应的数量
06      return type, number                                        #返回装修程度与对应的数量
```

（2）在主窗体初始化类中创建 show_renovation()方法，用于绘制并显示全市房子装修程度的分析图。

程序代码如下：（**源码位置：资源包\MR\Code\13\house_data_analysis\show_window.py**）

```
01  #显示全市二手房装修程度分析
02  def show_renovation(self):
03      type, number = house_analysis.get_renovation()             #获取全市房子装修程度
04      chart.renovation_bar(type,number,'全市二手房装修程度分析')   #显示图表
```

（3）指定显示全市二手房装修程度分析图，按钮事件所对应的方法。

程序代码如下：（**源码位置：资源包\MR\Code\13\house_data_analysis\show_window.py**）

```
01  #显示全市二手房装修程度分析图，按钮事件
02  main.btn_3.triggered.connect(main.show_renovation)
```

（4）在主窗体工具栏中单击“全市二手房装修程度分析”按钮，显示全市二手房装修程度分析图，如图 13.11 所示。

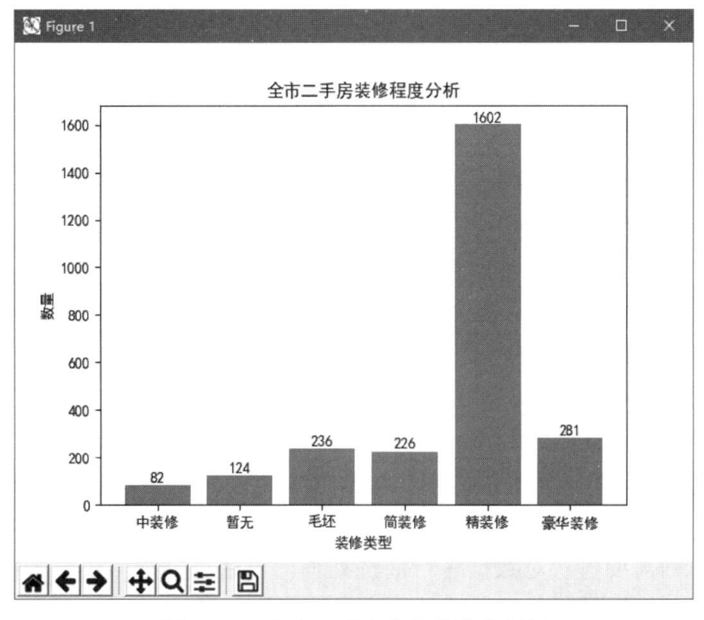


图 13.11　全市二手房装修程度分析图

### 13.5.5 热门户型均价分析

在实现热门户型均价分析时，首先需要将户型进行分组并获取每个分组所对应的数量，然后对户型分组数量进行降序处理，提取前 5 组户型数据，作为热门户型的数据，最后计算每个户型的均价。具体步骤如下所示。

（1）通过 groupby()方法对房子的户型进行分组，并使用 size()方法获取每个户型分组的数量，使用 sort_values()方法对户型分组数量进行降序处理。然后通过 head(5)方法，提取前 5 组户型数据。再通过 mean()方法计算每个户型的均价，最后使用 index 属性与 values 属性分别获取户型与对应的均价。

程序代码如下：（**源码位置：资源包\MR\Code\13\house_data_analysis\house_analysis.py**）

```
01  #获取二手房热门户型均价
02  def get_house_type():
03      house_type_number = data.groupby('户型').size()                          #房子户型分组数量
04      sort_values = house_type_number.sort_values(ascending=False)          #将户型分组数量进行降序
05      top_five = sort_values.head(5)                                         #提取前 5 组户型数据
06      house_type_mean = data.groupby('户型')['单价'].mean()                    #计算每个户型的均价
07      type = house_type_mean[top_five.index].index                          #户型
08      price = house_type_mean[top_five.index].values                        #户型对应的均价
09      return type, price.astype(int)                                        #返回户型与对应的数量
```

（2）在主窗体初始化类中创建 show_type()方法，绘制并显示热门户型均价的分析图。

程序代码如下：（**源码位置：资源包\MR\Code\13\house_data_analysis\show_window.py**）

```
01  #显示热门户型均价分析图
02  def show_type(self):
03      type, price = house_analysis.get_house_type()                         #获取全市二手房热门户型均价
04      chart.bar(price,type,'热门户型均价分析')
```

（3）指定显示热门户型均价分析图，按钮事件所对应的方法。

程序代码如下：（**源码位置：资源包\MR\Code\13\house_data_analysis\show_window.py**）

```
01  #显示热门户型均价分析图，按钮事件
02  main.btn_4.triggered.connect(main.show_type)
```

（4）在主窗体工具栏中单击“热门户型均价分析”按钮，显示热门户型均价分析图，效果如图 13.12 所示。

### 13.5.6 二手房房价预测

在实现二手房房价预测时，需要提供二手房源数据中的参考数据（特征值），这里将“户型”和“建筑面积”作为参考数据来进行房价的预测，所以需要观察“户型”数据是否符合分析条件。如果参考数据不符合分析条件，则需要再次对数据进行清洗处理。再通过源数据中已知的参考数据“户型”和“建筑面积”进行未知房价的预测。实现的具体步骤如下所示。

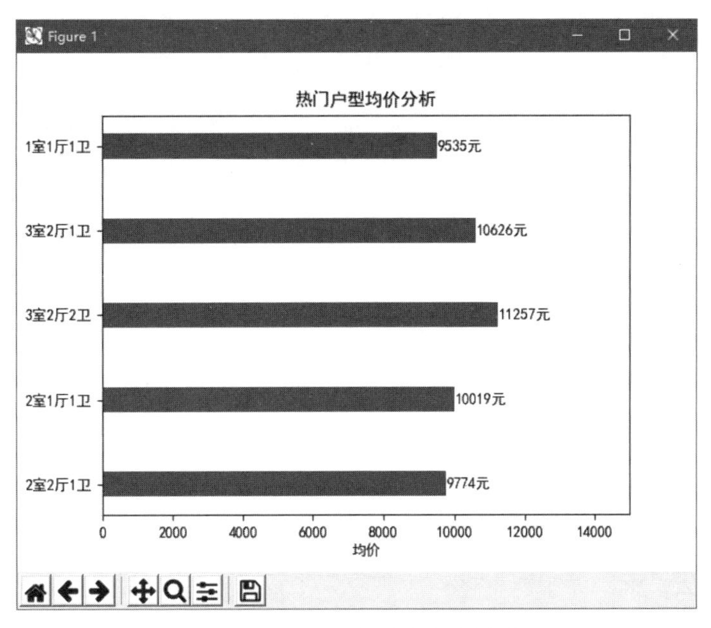


图 13.12　热门户型均价分析图

（1）查看源数据中“户型”和“建筑面积”数据，确认数据是否符合数据分析条件。

程序代码如下：（**源码位置：资源包\MR\Code\13\house_data_analysis\house_analysis.py**）

```
01  #获取价格预测
02  def get_price_forecast():
03      data_copy = data.copy()                              #复制数据
04      print(data_copy[['户型', '建筑面积']].head())
```

运行程序，输出结果如图 13.13 所示。

| | 户型 | 建筑面积 |
|---|---|---|
| 0 | 2室2厅1卫 | 89.0 |
| 1 | 3室2厅1卫 | 143.0 |
| 2 | 1室1厅1卫 | 43.3 |
| 3 | 2室1厅1卫 | 57.0 |
| 4 | 3室2厅2卫 | 160.8 |

图 13.13　户型和建筑面积（部分数据）

（2）从输出结果得知：“户型”数据中包含文字信息，而文字信息并不能实现数据分析时的拟合工作，所以需要将“室”“厅”“卫”进行独立字段的处理。

程序代码如下：（**源码位置：资源包\MR\Code\13\house_data_analysis\house_analysis.py**）

```
01  data_copy[['室', '厅', '卫']] = data_copy['户型'].str.extract('(\d+)室(\d+)厅(\d+)卫')
02  data_copy['室'] = data_copy['室'].astype(float)          #将房子室转换为浮点类型
03  data_copy['厅'] = data_copy['厅'].astype(float)          #将房子厅转换为浮点类型
04  data_copy['卫'] = data_copy['卫'].astype(float)          #将房子卫转换为浮点类型
05  print(data_copy[['室','厅','卫']].head())                 #打印“室”“厅”“卫”数据
```

运行程序，输出结果如图 13.14 所示。

|  | 室 | 厅 | 卫 |
|---|---|---|---|
| 0 | 2.0 | 2.0 | 1.0 |
| 1 | 3.0 | 2.0 | 1.0 |
| 2 | 1.0 | 1.0 | 1.0 |
| 3 | 2.0 | 1.0 | 1.0 |
| 4 | 3.0 | 2.0 | 2.0 |

图 13.14　处理后的户型数据（部分数据）

（3）将数据中没有参考意义的数据删除，其中包含“小区名字”“户型”“朝向”“楼层”“装修”“区域”“单价”“空值”，然后将“建筑面积”小于 300 平方米的房子信息筛选出来。

程序代码如下：（**源码位置：资源包\MR\Code\13\house_data_analysis\house_analysis.py**）

```
01  del data_copy['小区名字']
02  del data_copy['户型']
03  del data_copy['朝向']
04  del data_copy['楼层']
05  del data_copy['装修']
06  del data_copy['区域']
07  del data_copy['单价']
08  data_copy.dropna(axis=0, how='any', inplace=True)                #删除 data 数据中的所有空值
09  #获取“建筑面积”小于 300 平方米的房子信息
10  new_data = data_copy[data_copy['建筑面积'] < 300].reset_index(drop=True)
11  print(new_data.head())                                          #打印处理后的头部信息
```

运行程序，输出结果如图 13.15 所示。

|  | 总价 | 建筑面积 | 室 | 厅 | 卫 |
|---|---|---|---|---|---|
| 0 | 89.0 | 89.0 | 2.0 | 2.0 | 1.0 |
| 1 | 99.8 | 143.0 | 3.0 | 2.0 | 1.0 |
| 2 | 32.0 | 43.3 | 1.0 | 1.0 | 1.0 |
| 3 | 51.5 | 57.0 | 2.0 | 1.0 | 1.0 |
| 4 | 210.0 | 160.8 | 3.0 | 2.0 | 2.0 |

图 13.15　“建筑面积”小于 300 平米的数据（部分数据）

（4）添加自定义预测数据，其中包含“总价”“建筑面积”“室”“厅”“卫”，总价数据为 None，其他数据为模拟数据。然后进行数据的标准化，定义特征数据与目标数据，最后训练回归模型进行未知房价的预测。

程序代码如下：（**源码位置：资源包\MR\Code\13\house_data_analysis\house_analysis.py**）

```
01  #添加自定义预测数据
02  new_data.loc[2505] = [None, 88.0, 2.0, 1.0, 1.0]
03  new_data.loc[2506] = [None, 136.0, 3.0, 2.0, 2.0]
04  data_train=new_data.loc[0:2504]
05  x_list = ['建筑面积', '室', '厅', '卫']                          #自变量参考列
06  data_mean = data_train.mean()                                   #获取平均值
07  data_std = data_train.std()                                     #获取标准偏差
08  data_train = (data_train - data_mean) / data_std                #数据标准化
09  x_train = data_train[x_list].values                             #特征数据
```

```
10  y_train = data_train['总价'].values                                        #目标数据，总价
11  linearsvr = LinearSVR(C=0.1)                                               #创建 LinearSVR()类
12  linearsvr.fit(x_train, y_train)                                            #训练模型
13  #标准化特征数据
14  x = ((new_data[x_list] - data_mean[x_list]) / data_std[x_list]).values
15  #添加预测房价的信息列
16  new_data[u'y_pred'] = linearsvr.predict(x) * data_std['总价'] + data_mean['总价']
17  print('真实值与预测值分别为：\n', new_data[['总价', 'y_pred']])
18  y = new_data[['总价']][2490:]                                              #获取 2490 以后的真实总价
19  y_pred = new_data[['y_pred']][2490:]                                       #获取 2490 以后的预测总价
20  return y,y_pred                                                            #返回真实房价与预测房价
```

查看打印的“真实值”和“预测值”，其中索引编号 2505 和 2506 均为添加自定义的预测数据，输出结果如图 13.16 所示。（由于数据过多，省略部分数据）

```
真实值与预测值分别为：
        总价      y_pred
0       89.0   84.769660
1       99.8  143.716392
2       32.0   32.521474
3       51.5   50.998585
4      210.0  178.942263
5      118.0  199.319915
…
2505     NaN   82.129063
2506     NaN  154.037881
```

图 13.16　真实值和预测值（省略部分数据）

从输出结果得知：“总价”一列为房价的真实数据，而“y_pred”一列为房价的预测数据，其中索引为 2505 和 2506 为模拟的未知数据，所以“总价”列中的数据为空，而右侧的数据是根据已知的参考数据预测而来的。

（5）在主窗体初始化类中创建 show_total_price()方法，用于绘制并显示二手房售价预测折线图。

程序代码如下：（**源码位置：资源包\MR\Code\13\house_data_analysis\show_window.py**）

```
01  def show_total_price(self):
02      true_price,forecast_price = house_analysis.get_price_forecast()     #获取预测房价
03      chart.broken_line(true_price,forecast_price,'二手房售价预测')         #绘制及显示图表
```

（6）指定显示全市二手房户售价预测图，按钮事件所对应的方法。

程序代码如下：（**源码位置：资源包\MR\Code\13\house_data_analysis\show_window.py**）

```
01  #显示全市二手房户售价预测图，按钮事件
02  main.btn_5.triggered.connect(main.show_total_price)
```

（7）在主窗体工具栏中单击“二手房售价预测”按钮，显示全市二手房房价预测分析图，效果如图 13.17 所示。

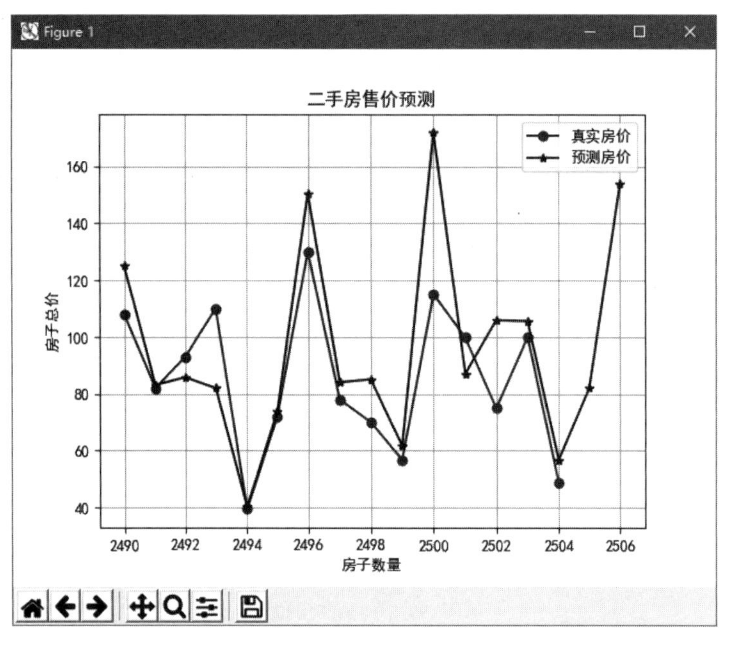


图 13.17　全市二手房房价预测折线图

**说明**

为了清晰地体现二手房房价预测数据，以上选择了展示部分数据，即索引为 2490 以后的预测房价，其中预测房价多出的部分为索引 2505 和 2506 的预测房价。

# 13.6　小　　结

本章主要使用 Python 开发了二手房房价分析与预测系统，该项目主要应用了 Pandas 和 Scikit-Learn 模块。其中 Pandas 模块主要用于实现数据的预处理以及数据的分类等，而 Scikit-Learn 模块主要用于实现数据的回归模型以及预测功能，最后通过绘图模块 Matplotlib，将分析后的数据绘制成图表，从而形成更直观的可视化数据。在开发中，数据分析是该项目的重点与难点，需要读者认真领会其中的算法，方便读者开发其他项目。

# 第 14 章

# 客户价值分析

随着行业竞争越来越激烈，商家将更多的运营思路转向客户，客户是企业生存的关键，能够把握住客户就能够掌控企业的未来。

客户的需求是客户消费的最直接原因，那么，企业如何细分客户，确定哪些是重要保持客户、哪些是发展客户、哪些是潜在客户，从而针对不同客户群体定制不同的营销策略，实现精准营销、降低营销成本、提高销售业绩、使企业利润最大化。

## 14.1 概　　述

随着行业竞争越来越激烈，商家将更多的运营思路转向客户。例如，购物时，常常被商家推荐扫码注册会员，各种电商平台也推出注册会员领优惠券等优惠政策，而这些做法都是为了积累客户，以便对客户进行分析。

那么，在商家积累的大量的客户交易数据中，如何根据客户历史消费记录分析不同客户群体的特征和价值呢？

例如，淘宝电商客户繁多，消费行为复杂，客户价值很难人工评估，并很难对客户进行分类，这就需要通过科学的分析方法评估客户价值，实现智能客户分类，快速定位客户。当然，也要清醒地认识到，即便是预测的客户价值较高，也只能说明其购买潜力较高，坐等客户送上门也是不现实的，必须结合实际与客户互动，推动客户追加购买、交叉购买才是电商努力的方向。

## 14.2 项目效果预览

本项目的 4 类客户数据分析效果如图 14.1～图 14.4 所示。

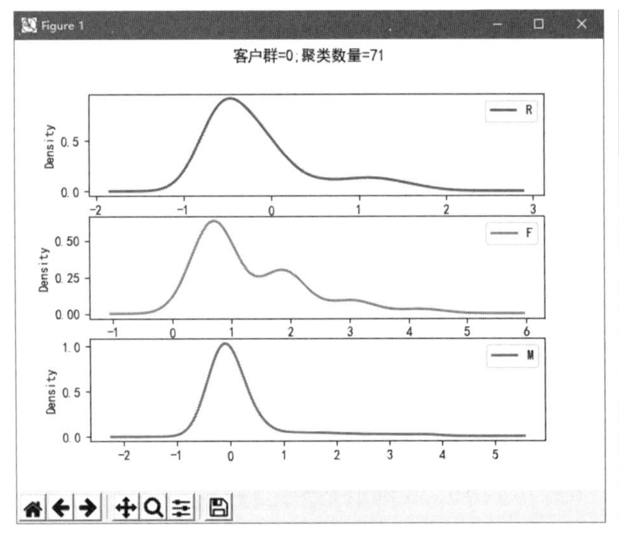


图 14.1　第一类客户

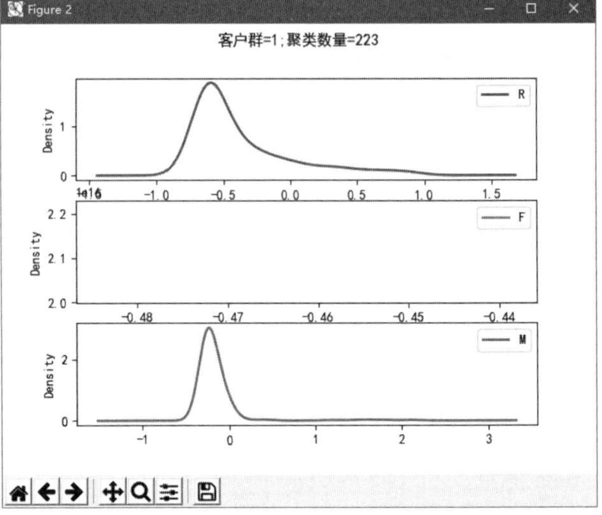


图 14.2　第二类客户

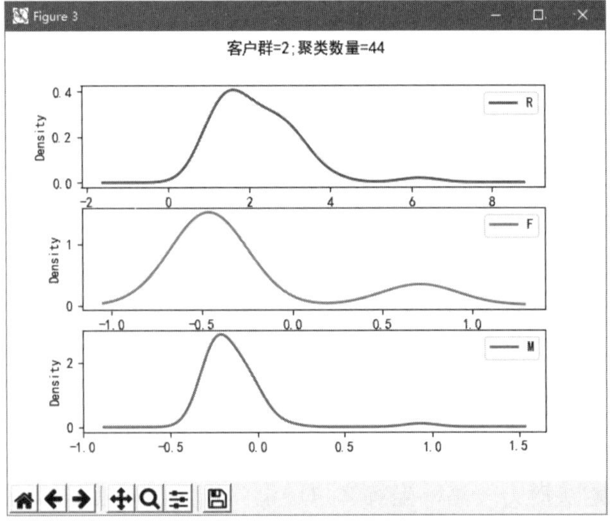


图 14.3　第三类客户

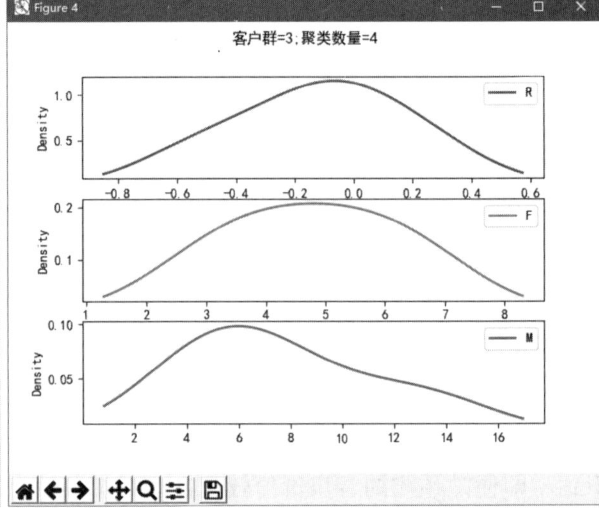


图 14.4　第四类客户

# 14.3　项 目 准 备

本项目的开发及运行环境如下。

☑　操作系统：Windows 7、Windows 10。

☑　语言：Python 3.7

☑　开发环境：PyCharm。

☑　第三方模块：Pandas（1.0.3）、xlrd（1.2.0）、xlwt（1.3.0）、Scipy（1.2.1）、NumPy（1.16.1）、Matplotlib（3.0.2）、Scikit-Learn（0.21.2）。

# 14.4　分 析 方 法

本章客户价值分析主要使用的是聚类分析方法，那么在对客户进行聚类前，首先要使用 RFM 模型分析客户价值，那么下面就从 RFM 模型说起。

## 14.4.1　RFM 模型

RFM 模型是衡量客户价值和客户潜在价值的重要工具和手段，大部分运营人员都会接触到该模型。RFM 模型是国际上最成熟、最为容易的客户价值分析方法，它包括以下 3 个指标。

☑　R：最近消费时间间隔（Recency）。

☑　F：消费频率（Frequency）。

☑　M：消费金额（Monetary）。

RFM 模型由 3 个指标首字母组合而成，如图 14.5 所示。

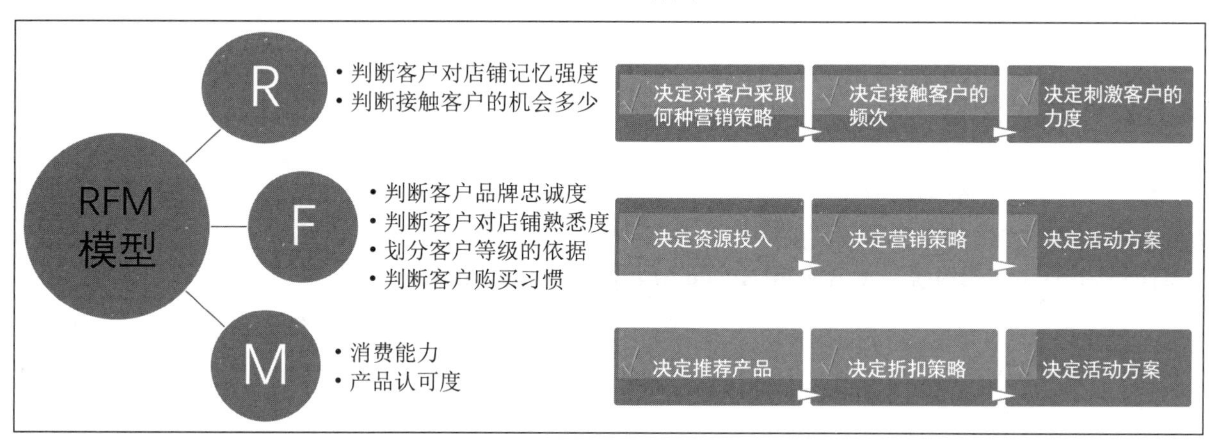


图 14.5　RFM 模型

下面对 R、F、M 这 3 个指标进行详细介绍。

R 为最近消费时间间隔，表示客户最近一次消费时间与之前消费时间的距离。R 越大，表示客户很久未发生交易；R 越小，表示客户最近有交易发生。R 越大则客户越可能会“沉睡”，流失的可能性越大，在这部分客户中，可能有些优质客户，值得通过一些营销手段进行激活。

F 为消费频率，表示一段时间内的客户消费次数。F 越大，表示客户交易越频繁，是非常忠诚的客户，也是对公司的产品认同度较高的客户；F 越小，表示客户不够活跃，且可能是竞争对手的常客。针对 F 较小、且消费额较大的客户，需要推出一定的竞争策略，将这批客户从竞争对手中争取过来。

M 为消费金额，表示客户每次消费金额，可以用最近一次消费金额，也可以用过去的平均消费金额，根据分析的目的不同，可以有不同的标识方法。

一般来讲，单次交易金额较大的客户，支付能力强，价格敏感度低，帕累托法则告诉我们，一家公司 80%的收入都是由消费最多的 20%客户贡献的，所以消费金额大的客户是较为优质的客户，是高价值客户，这类客户可采取一对一的营销方案。

### 14.4.2　聚类

聚类的目的是把数据分类，但是事先我们不知道如何去分，完全是靠算法判断数据之间的相似性，相似的就放在一起。本章通过聚类实现客户分类，将相似的客户分为一类，主要使用了机器学习 Scikit-Learn 中的聚类模块 cluster 提供的 KMeans 方法实现。有关聚类的介绍可以参考第 8 章。

## 14.5　项目实现过程

### 14.5.1　准备工作

Python 实现客户价值分析首先需要准备数据。淘宝电商存在大量的历史交易数据，本例仅抽取近两年的交易数据，即 2018 年 1 月 1 日至 2019 年 12 月 31 日。通过数据中的“买家会员名”“订单付款日期”“买家实际支付金额”来分析客户价值。

### 14.5.2　数据抽取

由于两年的数据分别存放在不同的 Excel 表中，那么，在数据抽取前需要对数据进行合并，然后从数据中抽取与客户价值分析相关的数据，即“买家会员名”“订单付款时间”“买家实际支付金额”，程序代码如下：（**实例位置：资源包\MR\Code\14\data_concat.py**）

```
01  import pandas as pd
02  #读取 Excel 文件
03  df_2018=pd.read_excel('./data/2018.xlsx')
04  df_2019=pd.read_excel('./data/2019.xlsx')
05  #抽取指定列数据
06  df_2018=df_2018[['买家会员名','买家实际支付金额','时间']]
07  df_2019=df_2019[['买家会员名','买家实际支付金额','订单付款时间']]
08  #数据合并与导出
09  dfs=pd.concat([df_2018,df_2019])
10  print(dfs.head())                                        #输出部分数据
11  dfs.to_excel('./data/all.xlsx')
```

### 14.5.3　数据探索分析

数据探索分析主要分析与客户价值 RFM 模型有关的数据是否存在数据缺失、数据异常的情况，分析出数据的规律。通常数据量较小的情况下打开数据表就能够看到不符合要求的数据，手动处理即可，而在数据量较大的情况下就需要使用 Python。这里主要使用 describe()函数，该函数可以自动计算字段非空值数（count）（空值数=数据总数-非空值数）、最大值（max）、最小值（min）、平均值（mean）、

唯一值数（unique）、中位数（50%）、频数最高者（top）、最高频数（freq）、方差（std），从而帮我们分析有多少数据存在数据缺失、数据异常。图 14.6 中，“订单付款时间”中有 637 条空值记录、买家实际支付金额最小值 0，说明这些数据中的客户并没有在我们的店铺消费，属于无效数据，因此没有必要对这部分客户进行分析。

| | A | B | C | D |
|---|---|---|---|---|
| 1 | | 空值数 | 最大值 | 最小值 |
| 2 | 买家会员名 | 0 | | |
| 3 | 买家实际支付金额 | 0 | 25332.97 | 0 |
| 4 | 订单付款时间 | 637 | | |

图 14.6　数据缺失异常情况

程序代码如下：（**实例位置：资源包\MR\Code\14\data_test.py**）

```
01  #对数据进行基本的探索
02  #返回缺失值个数以及最大最小值
03  import pandas as pd
04  data = pd.read_excel('./data/all.xlsx')                          #读取 Excel 文件
05  view = data.describe(percentiles = [], include = 'all').T      #数据的基本描述
06  view['null'] = len(data)-view['count']            #describe()函数自动计算非空值数，需要手动计算空值数
07  view = view[['null', 'max', 'min']]
08  view.columns = [u'空值数', u'最大值', u'最小值']                  #表头重命名
09  print(view)                                                     #输出结果
10  view.to_excel('./data/result.xlsx')                             #导出结果
```

## 14.5.4　计算 RFM 值

当计算 RFM 值时，首先需要对数据进行简单处理，去除“订单付款时间”的空值，去除“买家实际支付金额”为 0 的数据，关键代码如下：

```
data=data_all[data_all['订单付款时间'].notnull() & data_all['买家实际支付金额'] !=0]
```

然后，了解一下 RFM 值的计算方法。

☑ 最近消费时间间隔（R 值）：最近一次消费时间与某时刻的时间间隔。计算公式为

某时刻的时间（如 2019-12-31）−最近一次消费时间

☑ 消费频率（F 值）：客户累计消费次数。

☑ 消费金额（M 值）：客户累计消费金额。

了解了 RFM 值的计算方法，下面开始编写代码。（**实例位置：资源包\MR\Code\14\data_RFM.py**）

```
01  import pandas as pd
02  import numpy as np
03  data_all = pd.read_excel('./data/all.xlsx')                      #读取 Excel 文件
04  #去除空值，订单付款时间非空值才保留
05  #去除买家实际支付金额为 0 的记录
06  data=data_all[data_all['订单付款时间'].notnull() & data_all['买家实际支付金额'] !=0]
07  data=data.copy()                                                 #复制数据
08  #计算 RFM 值
09  data['最近消费时间间隔'] = (pd.to_datetime('2019-12-31') - pd.to_datetime(data['订单付款时间'])).values/
np.timedelta64(1, 'D')
10  df=data[['订单付款时间','买家会员名','买家实际支付金额','最近消费时间间隔']]
11  df1=df.groupby('买家会员名').agg({'买家会员名':'size','最近消费时间间隔': 'min','买家实际支付金额':'sum'})
12  df2=df1.rename(columns={'买家会员名':'消费频率','买家实际支付金额':'消费金额'})
13  df2.to_excel('./data/RFM.xlsx')                                  #导出结果
```

编写上述代码时，出现了如下警告信息：

```
SettingWithCopyWarning:
A value is trying to be set on a copy of a slice from a DataFrame.
Try using .loc[row_indexer,col_indexer] = value instead
```

解决办法：复制 DataFrame 数据，关键代码如下：

```
data=data.copy()
```

## 14.5.5 数据转换

数据转换是将数据转换成“适当的”格式，以适应数据分析和数据挖掘算法的需要。下面将 RFM 模型的数据进行标准化处理，程序代码如下：（**实例位置：资源包\MR\Code\14\data_transform.py**）

```
01  import pandas as pd
02  data = pd.read_excel('./data/RFM.xlsx')                       #读取 Excel 文件
03  data=data[['最近消费时间间隔','消费频率','消费金额']]           #提取指定列数据
04  data = (data - data.mean(axis = 0))/(data.std(axis = 0))     #标准化处理
05  data.columns=['R','F','M']                                   #表头重命名
06  print(data.head())                                           #输出部分数据
07  data.to_excel('./data/transformdata.xlsx', index = False)    #导出数据
```

运行程序，输出部分数据，如图 14.7 所示。

```
          R         F         M
0 -1.391819 -0.349334 -0.220797
1 -1.236457 -0.349334 -0.168030
2 -0.117496 -0.349334  0.012967
3 -1.244047 -0.349334 -0.148718
4  0.510053  0.976162  0.345271
```

图 14.7　标准化处理（部分数据）

## 14.5.6 客户聚类

下面使用 Scikit-Learn 的 cluster 模块的 KMeans 方法实现客户聚类，聚类结果通过密度图显示，程序代码如下：（**实例位置：资源包\MR\Code\14\data_kmeans.py**）

```
01  import pandas as pd
02  #引入 sklearn 模块，导入 KMeans 方法（K 均值聚类算法）
03  from sklearn.cluster import KMeans
04  import matplotlib.pyplot as plt
05  #读取数据并进行聚类分析
06  data = pd.read_excel('./data/transformdata.xlsx')            #读取数据
07  k = 4                                                        #设置聚类类别数
08  kmodel = KMeans(n_clusters = k)                              #创建聚类模型
09  kmodel.fit(data)                                             #训练模型
10  r1=pd.Series(kmodel.labels_).value_counts()
11  r2=pd.DataFrame(kmodel.cluster_centers_)
12  r=pd.concat([r2,r1],axis=1)
13  r.columns=list(data.columns)+[u'聚类数量']
14  r3 = pd.Series(kmodel.labels_,index=data.index)              #类别标记
15  r = pd.concat([data,r3], axis=1)                             #数据合并
```

```
16  r.columns = list(data.columns)+[u'聚类类别']
17  r.to_excel('./data/type.xlsx')                          #导出数据
18  plt.rcParams['font.sans-serif']=['SimHei']              #解决中文乱码
19  plt.rcParams['axes.unicode_minus']=False                #解决负号不显示
20  #密度图
21  for i in range(k):
22      cls=data[r[u'聚类类别']==i]
23      cls.plot(kind='kde',linewidth=2,subplots=True,sharex=False)
24      plt.suptitle('客户群=%d;聚类数量=%d' %(i,r1[i]))
25  plt.show()
```

运行程序，效果如图 14.8～图 14.11 所示。

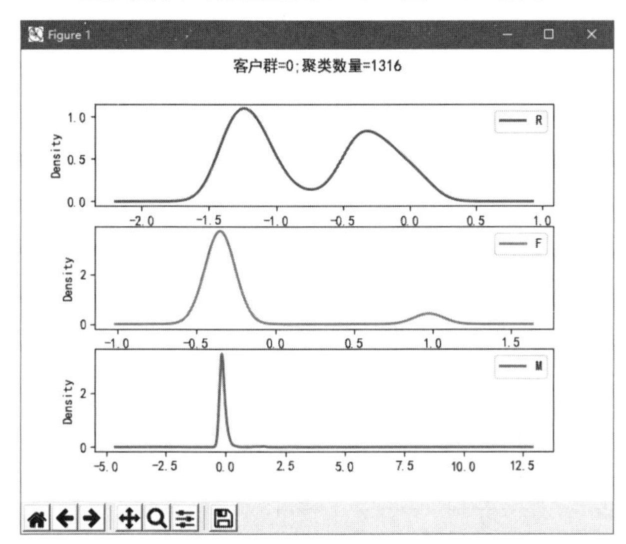


图 14.8　第一类客户

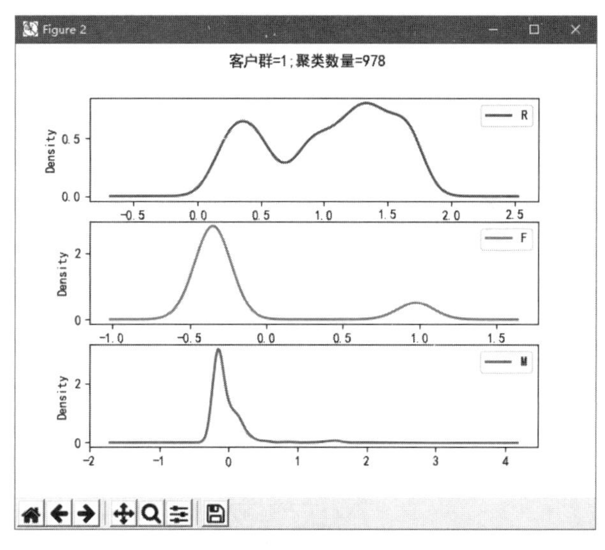


图 14.9　第二类客户

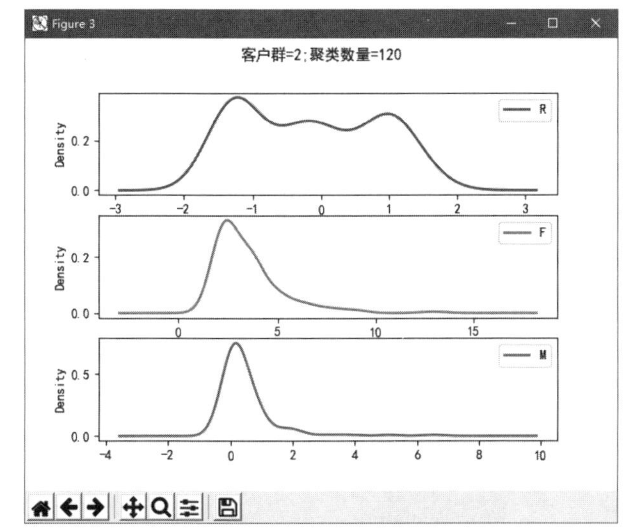


图 14.10　第三类客户

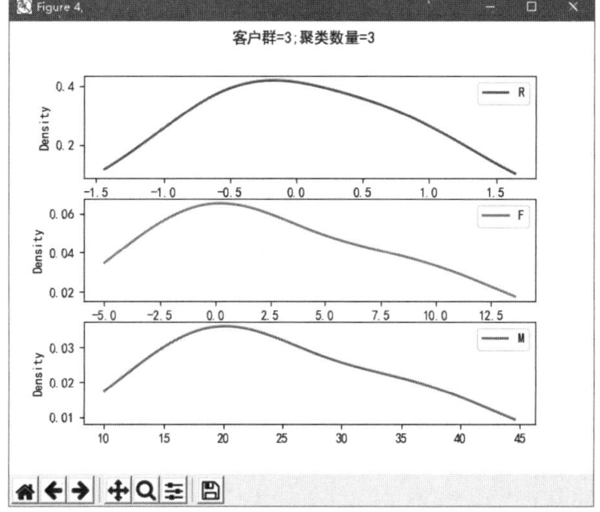


图 14.11　第四类客户

## 14.5.7 标记客户类别

为了清晰地分析客户，通过聚类模型标记客户类别，同时根据类别统计客户 RFM 值，关键代码如下：（**实例位置：资源包\MR\Code\14\data_kmeans.py**）

```
01  #标记原始数据的类别
02  cdata= pd.concat([cdata, pd.Series(kmodel.labels_, index=cdata.index)], axis=1)
03  #重命名最后一列为“类别”
04  cdata.columns=['买家会员名','R-最近消费时间间隔','F-消费频率','M-消费金额','类别']
05  cdata.to_excel('./data/client.xlsx')
06  #按照类别分组统计 R、F、M 的指标均值
07  data_mean = cdata.groupby(['类别']).mean()
08  print(data_mean)
09  data_mean.to_excel('./data/client_mean.xlsx')
10  new=data_mean.mean()
11  #增加一行 RFM 平均值（忽略索引），判断 RFM 值的高低
12  df=data_mean.append(new,ignore_index=True)
13  print(df)
```

运行程序，标记客户类别如图 14.12 所示，由于篇幅有限，这里只显示部分数据。

| | A | B | C | D | E | F |
|---|---|---|---|---|---|---|
| 1 | | 买家会员名 | R-最近消费时间间隔 | F-消费频率 | M-消费金额 | 类别 |
| 2 | 0 | mr0001 | 5.270231481 | 1 | 14.9 | 0 |
| 3 | 1 | mr0002 | 41.35841435 | 1 | 51.87 | 0 |
| 4 | 2 | mr0003 | 301.2756944 | 1 | 178.68 | 0 |
| 5 | 3 | mr0004 | 39.5953125 | 1 | 65.4 | 0 |
| 6 | 4 | mr0005 | 447.0455324 | 2 | 411.5 | 1 |
| 7 | 5 | mr0006 | 710.4631829 | 1 | 48.86 | 1 |
| 8 | 6 | mr0008 | 548.5095602 | 1 | 81.75 | 1 |
| 9 | 7 | mr0009 | 3.467372685 | 1 | 70.4 | 0 |
| 10 | 8 | mr0010 | 312.4875694 | 1 | 22.39 | 0 |
| 11 | 9 | mr0011 | 283.4523727 | 1 | 45.37 | 0 |
| 12 | 10 | mr0012 | 647.2321181 | 1 | 268 | 1 |
| 13 | 11 | mr0013 | 251.1737963 | 1 | 64 | 0 |
| 14 | 12 | mr0014 | 600.39125 | 1 | 41.86 | 1 |
| 15 | 13 | mr0015 | 698.1458449 | 1 | 55.86 | 1 |
| 16 | 14 | mr0016 | 21.41708333 | 1 | 159.18 | 0 |
| 17 | 15 | mr0020 | 377.4949537 | 2 | 218 | 1 |
| 18 | 16 | mr0023 | 82.29471065 | 3 | 344.94 | 2 |
| 19 | 17 | mr0026 | 548.4136458 | 1 | 55.86 | 1 |
| 20 | 18 | mr0027 | 216.3068981 | 1 | 215.46 | 0 |
| 21 | 19 | mr0028 | 49.63803241 | 1 | 103 | 0 |
| 22 | 20 | mr0029 | 615.3991435 | 1 | 140.72 | 1 |
| 23 | 21 | mr0031 | 358.369375 | 2 | 30 | 1 |

图 14.12　标记客户类别

根据类别统计客户 RFM 值，结果如图 14.13 所示。

| | A | B | C | D |
|---|---|---|---|---|
| 1 | 类别 | R-最近消费时间间隔 | F-消费频率 | M-消费金额 |
| 2 | 0 | 156.7850468 | 1.10106383 | 107.8314666 |
| 3 | 1 | 563.9514648 | 1.152351738 | 156.979908 |
| 4 | 2 | 293.811736 | 3.9 | 517.1543333 |
| 5 | 3 | 339.3714853 | 3.333333333 | 17473.62333 |

图 14.13　按类别统计客户 RFM 值

# 14.6　客户价值结果分析

客户价值分析主要由两部分构成：第一部分根据淘宝电商客户 3 个指标的数据，对客户进行聚类，也就是将不同价值客户分类；第二部分结合业务对每个客户群进行特征分析，分析其客户价值，并对客户群进行排名。

接下来，我们一起来观察前述 4 类客户的 RFM 各项值，它们高低各不相同，那么如何来判断它们的高低？这里将 RFM 这 3 个指标的均值作为判断高低的点，低于均值为“低”，高于均值则为“高”，图 14.14 中的最后一行即为均值。

| | R-最近消费时间间隔 | F-消费频率 | M-消费金额 |
|---|---|---|---|
| 0 | 156.785047 | 1.101064 | 107.831467 |
| 1 | 563.951465 | 1.152352 | 156.979908 |
| 2 | 293.811736 | 3.900000 | 517.154333 |
| 3 | 339.371485 | 3.333333 | 17473.623333 |
| 4 | 338.479933 | 2.371687 | 4563.897260 |

RFM 各值的均值

图 14.14　RFM 值高低比较

比较后，我们将客户群按价值高低进行分类和排名，客户群 0 是潜在客户、客户群 1 是一般发展客户、客户群 2 是一般保持客户、客户群 3 是重要保持客户，结果如表 14.1 所示。

表 14.1　客户群按价值高低进行分类和排名

| R | F | M | 聚类类别 | 客户类别 | 客户数/人 | 排　名 |
|---|---|---|---|---|---|---|
| 低⬇ | 低⬇ | 低⬇ | 0 | 潜在客户 | 1316 | 3 |
| 高⬆ | 低⬇ | 低⬇ | 1 | 一般发展客户 | 978 | 4 |
| 低⬇ | 高⬆ | 低⬇ | 2 | 一般保持客户 | 120 | 2 |
| 高⬆ | 高⬆ | 高⬆ | 3 | 重要保持客户 | 3 | 1 |

那么客户分类的依据是什么呢？

（1）潜在客户：R、F 和 M 低，这类客户短时间内在店铺消费过，消费次数和消费金额较少，是潜在客户。虽然这类客户的当前价值并不是很高，但却有很大的发展潜力。针对这类客户应进行密集的营销信息推送，增加其在店铺的消费次数和消费金额。

（2）一般发展客户：低价值客户，R 高，F、M 低，说明这类客户很长时间没有在店铺交易了，而且消费次数和消费金额也较少。这类客户可能只会在店铺打折促销活动时才会消费，要想办法激活；否则会有流失的危险。

（3）一般保持客户：F 高，这类客户消费次数多，是忠实的客户。针对这类客户应多传递促销活动、品牌信息、新品/活动信息等。

（4）重要保持客户：F、M 高，R 略高于平均分。他们是淘宝电商的高价值客户，是最为理想型的客户类型，他们对企业品牌认可，对产品认可，贡献值最大，所占比例却非常小。这类客户花钱多又经常来，但是最近没来，这是一段时间没来的忠实客户。淘宝电商可以将这类客户作为 VIP 客户进行一对一营销，以提高这类客户的忠诚度和满意度，尽可能延长这类客户的高水平消费。

## 14.7 小　　结

本章主要通过 RFM 模型和 *k*-means 聚类算法实现了客户价值分析。RFM 模型是专门用于衡量客户价值和客户潜在价值的重要工具和手段，这里一定要掌握，其次通过 *k*-means 聚类算法对客户分类。

*k*-means 聚类算法还有很多应用，例如通过监控老客户的活跃度，做一个 VIP 客户流失预警系统。一般而言，距上次购买时间越远，流失的可能性越大。

# 附　　录

Pandas 模块速查表

| 数据输入/输出 | |
|---|---|
| read_pickle() | 读取 pickle 文件 |
| read_table() | 将带分隔符的常规文件读入 DataFrame 对象中 |
| read_csv() | 将 CSV（逗号分隔）文件读入 DataFrame 对象中 |
| read_fwf() | 将固定宽度的数据读入 DataFrame 对象中 |
| read_clipboard() | 从剪贴板中读取文本并传递到 read_table 中 |
| read_excel() | 将一张 Excel 表读入 DataFrame 对象中 |
| ExcelFile.parse() | 将 Excel 表读入 DataFrame 对象中 |
| read_json() | 将 JSON 字符串转换为 Pandas 对象中 |
| read_html() | 将 HTML 表读入 DataFrame 对象中 |
| read_hdf() | 读取 HDF5 文件 |
| HDFStore.put() | 将对象存储在 HDFStore 中 |
| HDFStore.append() | 附加到文件中的表。节点必须是已经存在的表 |
| HDFStore.get() | 检索存储在文件的 Pandas 对象中 |
| HDFStore.select() | 检索存储在文件的 Pandas 对象中，并根据位置进行选择 |
| read_sql_table() | 将 SQL 数据库中的表读入 DataFrame 对象中 |
| read_sql_query() | 将 SQL 查询读入 DataFrame 对象中 |
| read_sql() | 将 SQL 查询或数据库中的表读入 DataFrame 对象中 |
| read_gbq() | 从谷歌 BigQuery 表（Google 推出的一项 Web 服务中）加载数据 |
| to_gbq() | 向谷歌 BigQuery 表中写入 DataFrame 对象 |
| read_stata() | 将 Stata（统计学软件）文件读入 DataFrame 对象中 |
| StataReader.data() | 从 Stata 文件中读取观察结果，并将其转换为数据流 |
| StataReader.data_label() | 返回 Stata 文件的数据标签 |
| StataReader.value_labels() | 返回一个关联每个变量名的字典 |
| StataReader.variable_labels() | 以字典形式返回变量标签 |
| StataWriter.write_file() | 写入 Stata 文件 |
| **数 据 操 作** | |
| melt() | 将数据从宽表转换为长表 |
| pivot() | 根据 DataFrame 数据中的 3 列生成透视表 |
| pivot_table() | 数据透视表 |
| crosstab() | 交叉表是用于统计分组频率的特殊透视表 |
| cut() | 数据面元化（即将数据按照一定的区间进行分割） |
| qcut() | 把一组数字按大小区间进行分割 |
| merge() | 按列名相同的列合并 DataFrame 数据 |

续表

| 数 据 操 作 | |
|---|---|
| concat() | 根据不同方式合并 DataFrame 数据 |
| get_dummies() | 实现 one-hot 编码（例如，性别男、女分别转换为 0、1） |
| factorize() | 当有多个变量出现时，将输入值编码为枚举类型或分类变量 |
| **缺 失 数 据** | |
| isnull() | 检测缺失数据（数据是否为空） |
| notnull() | 检测缺失数据（数据是否不为空） |
| **处理日期时间** | |
| to_datetime() | 将数据转换为日期时间格式 |
| to_timedelta() | 计算两个日期数据之间的时间差 |
| date_range() | 生成指定频率的日期时间索引，默认是 day（日历） |
| bdate_range | 生成一个固定频率的日期时间索引 |
| period_range() | 根据指定频率创建日期时间范围 |
| **移动窗口功能** | |
| rolling_count() | 在提供的窗口内对非 NaN 观测值进行移动计数 |
| rolling_sum() | 移动窗口数据的和 |
| rolling_mean() | 移动窗口数据的均值 |
| rolling_median() | 移动窗口数据的中位数 |
| rolling_var() | 移动窗口数据的方差 |
| rolling_std() | 移动窗口数据的标准差 |
| rolling_min() | 移动窗口数据的最小值 |
| rolling_max() | 移动窗口数据的最大值 |
| rolling_corr() | 移动窗口数据的相关系数 |
| rolling_corr_pairwise() | 配对数据的相关系数 |
| rolling_cov() | 移动窗口数据的协方差 |
| rolling_skew() | 移动窗口数据的偏度 |
| rolling_kurt() | 移动窗口数据的峰度 |
| rolling_apply() | 对移动窗口数据应用数组函数 |
| rolling_quantile() | 移动窗口数据的分位数 |
| rolling_window() | 移动窗口 |

Pandas 模块速查表——Series 对象

| 属性和底层数据 | |
|---|---|
| index() | 行/列标签 |
| values() | 返回序列数组 |
| dtype() | 返回序列的数据类型 |
| **数 据 转 换** | |
| astype() | 对序列数据类型强制转换 |
| copy() | 复制序列数据 |
| isnull() | 以布尔值返回空值序列 |
| notnull() | 以布尔值返回非空值序列 |

续表

| 字符串处理 | |
|---|---|
| str.cat() | 用给定的分隔符连接字符串数组 |
| str.center() | 居中，用额外的空格填充左右两边 |
| str.contains() | 检查给定的模式是否包含在数组的每个字符串中 |
| str.count() | 计算每个字符出现的次数 |
| str.decode() | 使用指定的编码将字符串解码为 unicode 编码格式 |
| str.encode() | 使用指定的编码将字符串编码为其他编码格式 |
| str.endswith()/str.startswith() | 返回布尔值，是否以指定的子字符串结尾/开头 |
| str.extract() | 使用传递的正则表达式在每个字符串中查找组 |
| str.findall() | 查找所有出现的模式或正则表达式 |
| str.get() | 从数组中每个元素的列表、元组或字符串中提取元素 |
| str.join() | 拼接字符串，类似于字符串函数 String 中的 join() |
| str.len() | 计算数组中每个字符串的长度 |
| str.lower()/str.upper() | 将数组中的字符串转换为小写/大写字母 |
| str.lstrip()/str.rstrip() | 去除字符串左边/右边的空格 |
| str.match() | 使用传递的正则表达式在每个字符串中查找组 |
| str.pad() | 带空格的填充字符串 |
| str.repeat() | 按指定的次数复制数组中的每个字符串 |
| str.replace() | 替换字符串 |
| str.slice() | 按下标截取字符串 |
| str.slice_replace() | 按下标替换字符串 |
| str.split() | 分隔字符串 |
| str.strip() | 删除数组中每个字符串中的空格（包括换行符） |
| str.title() | 将字符串转换为带标题的版本 |
| str.get_dummies() | 拆分 Series 中以“\|”分隔的字符串，然后返回一个 DataFrame 对象 |

Pandas 模块速查表——DataFrame 对象

| 构 造 函 数 | |
|---|---|
| DataFrame() | 创建表格数据结构，带有标记的轴（行和列） |
| **属性和底层数据** | |
| index | 行索引 |
| columns | 列标签 |
| as_matrix() | 将 DataFrame 转换为数字数组矩阵形式 |
| dtypes | 返回 DataFrame 的数据类型 |
| ftypes | 返回每一列的数据类型 |
| get_dtype_counts() | 返回 DataFrame 的数据类型的数量 |
| get_ftype_counts() | 返回每一列的数据类型的数量 |
| values | 返回数组类型的数据 |
| ndim | 返回 DataFrame 的维度 |
| shape | 返回 DataFrame 的形状 |
| size | 返回 DataFrame 元素的个数 |

续表

| 类 型 转 换 | |
|---|---|
| astype() | 对 DataFrame 数据类型强制转换 |
| copy() | 深度复制数据 |
| isnull() | 以布尔值返回空值数据 |
| notnull() | 以布尔值返回非空值数据 |
| **数据选择/迭代/筛选** | |
| head()/tail() | 返回前 n 行数据/返回最后 n 行数据 |
| at 属性 | 以行名和列名获取单个数据 |
| iat 属性 | 以行索引获取单个数据 |
| loc 属性 | 以行名和列名获取多个数据 |
| iloc 属性 | 以行列索引获取多个数据 |
| insert() | 在指定位置插入一列数据 |
| iteritems() | 返回列名和序列的迭代器 |
| iterrows() | 返回索引和序列的迭代器 |
| itertuples() | 以元组的形式迭代 DataFrame 行，并带有索引值 |
| isin() | 返回符合条件的 DataFrame。例如，A 列包含 8，df[df['A'].isin([8])] |
| filter() | 通过指定条件筛选数据 |
| where() | 通过指定条件筛选数据 |
| **索 引 设 置** | |
| idxmax() | 最大值的索引 |
| idxmin() | 最小值的索引 |
| lookup() | 基于标签的“花式索引”功能的 DataFrame |
| reindex() | 重新设置索引 |
| reset_index() | 常用于数据清洗后，对数据重新设置连续行索引 |
| set_index() | 设置索引 |
| **GroupBy 分组与函数应用** | |
| apply() | 应用函数 |
| applymap() | 将函数应用于要操作的 DataFrame |
| groupby() | 数据分组 |
| **数据计算与描述性统计** | |
| abs() | 绝对值 |
| corr() | 相关系数 |
| corrwith() | 行或列两两相关 |
| count() | 计算非空值或空值数量 |
| cov() | 协方差 |
| cummax() | 累积最大值 |
| cummin() | 累积最小值 |
| cumprod() | 累乘，主要用于观察数据的变化趋势 |
| cumsum() | 累加 |
| describe() | 描述性统计 |

续表

| 数据计算与描述性统计 | |
|---|---|
| diff() | 数据移位（一阶差分操作） |
| eval() | 在调用 DataFrame 的上下文中对表达式求值 |
| kurt() | 偏度 |
| mad() | 平均绝对偏差 |
| max()/min() | 最大值/最小值 |
| mean() | 平均值 |
| median() | 中位数 |
| mode() | 众数 |
| pct_change() | 百分比 |
| prod() | 指定轴的值的乘积 |
| quantile() | 分位数 |
| rank() | 数据排名 |
| skew() | 峰度 |
| sum() | 求和 |
| std() | 标准差 |
| var() | 方差 |
| **标签操作/数据删除操作** | |
| rename() | 修改行列名称 |
| drop() | 删除数据返回新的 DataFrame 对象 |
| drop_duplicates() | 删除重复行的 DataFrame 数据 |
| pop() | 返回删除的项目 |
| **缺失数据处理** | |
| dropna() | 缺失值删除 |
| fillna() | 缺失值填充 |
| replace() | 数据替换 |
| **重塑/排序/转换** | |
| pivot() | 重塑数据（数据透视表） |
| reorder_levels() | 重新排列索引级别 |
| sort() | 数据排序 |
| sort_index() | 根据索引排序 |
| sortlevel() | 根据选择的轴和索引进行多级别排序 |
| stack() | 列索引转换成最内层的行索引 |
| swaplevel() | 更改索引的层级 |
| T 属性 | 行列数据转换 |
| unstack() | 最内层的行索引转换成列索引 |
| **数据增加与合并** | |
| align() | 将轴上的两个对象与每个轴索引的指定连接方法连接 |
| append() | 增加数据 |
| merge() | 按列名相同的列合并 DataFrame 数据 |

续表

| 数据增加与合并 | |
|---|---|
| concat() | 根据不同方式合并 DataFrame 数据 |
| transpose() | 转置索引和列 |
| update() | 通过传入非空值修改数据 |
| 日期处理与时间序列 | |
| asfreq() | 将指定的日期数据转换为一定频率的数据 |
| first() | 基于日期偏移量来设置时间序列数据的初始时段的便捷方法 |
| last() | 基于日期偏移量来划分时间 series 数据的最终时段的便捷方法 |
| resample() | 数据重采样 |
| shift() | 用一个可选的时间频率按所需的周期数移动索引 |
| to_period() | 将时间戳转换为时期 |
| to_timestamp() | 将时期转换为时间戳 |
| tz_convert() | 将轴转换为目标时区 |
| tz_localize() | 时区定位 |
| DataFrame 绘图 | |
| boxplot() | 绘制箱形图 |
| hist() | 绘制直方图 |
| plot() | 绘制折线图、柱形图、箱线图、密度图、饼图等 |
| plot.area() | 面积图 |
| plot.bar() | 垂直条形图 |
| plot.barh() | 水平条形图 |
| plot.box() | 箱形图 |
| plot.density() | 核密度 |
| plot.hexbin() | 热力图 |
| plot.hist() | 直方图 |
| plot.kde() | 核密度图 |
| plot.line() | 折线图 |
| plot.pie() | 饼形图 |
| plot.scatter() | 散点图 |
| 数据输入/输出 | |
| from_csv() | 输出 csv 文件，使存储的数据不变 |
| from_dict() | 通过字典创建 DataFrame 数据 |
| from_items() | 将键、值对转换为数据格式。其中，键就是轴 |
| from_records() | 将结构化或记录数组转换为 DataFrame 数据 |
| to_pickle() | 生成 pickle 文件对数据进行永久储存 |
| to_csv() | 输出数据为 csv 文件 |
| to_hdf() | 输出数据为 hdf 文件（可以存储不同类型的图像和数码数据的文件格式） |
| to_sql() | 将 DataFrame 数据写入 SQL 数据库中 |
| to_dict() | 将 DataFrame 数据转换为字典 |
| to_excel() | 输出数据为 Excel 文件 |

续表

| 数据输入/输出 | |
|---|---|
| to_json() | 将 DataFrame 数据转换为 JSON 字符串 |
| to_html() | 将数据输出为 HTML 网页格式 |
| to_stata() | 将 DataFrame 数据输出为 Stata（统计学软件）文件 |
| to_gbq() | 向谷歌 BigQuery 表中写入一个 DataFrame。 |
| to_records() | 将数据格式转换为记录数组 |

Matplotlib 模块速查表

| 图表绘制专属函数 | 说　明 | 图表绘制专属函数 | 说　明 |
|---|---|---|---|
| acorr() | 绘制 $x$ 的自相关图 | phase_spectrum | 绘制相位谱 |
| angle_spectrum | 绘制角度谱 | pie() | 绘制饼形图 |
| bar() | 绘制柱形图 | plot() | 绘制折线图 |
| barh() | 绘制水平条形图 | plot_date() | 绘制时间序列图 |
| boxplot() | 绘制箱形图 | polar() | 绘制极坐标图 |
| broken_barh() | 绘制水平断条图 | psd() | 绘制功率谱密度图 |
| contour()/contourf | 绘制等高线图 | scatter() | 绘制散点图 |
| csd() | 绘制交叉谱密度图 | specgram() | 绘制声谱图 |
| fill() | 绘制填充多边形 | stackplot() | 绘制堆叠面积图 |
| hexbin() | 绘制二维六角形多色柱状图 | step() | 绘制阶梯图 |
| hist() | 绘制直方图 | subplot() | 绘制子图表（该函数比较灵活） |
| magnitude_spectrum() | 绘制震级谱 | subplots() | 绘制子图表 |
| pcolor() | 绘制二维阵列的伪彩色图 | table() | 绘制表格 |
| pcolormesh | 绘制四边形网格 | violinplot() | 绘制小提琴图 |
| **图表设置函数** | **说　明** | **图表设置函数** | **说　明** |
| annotate() | 注释 | imread() | 读取图像 |
| arrow() | 在坐标轴上添加一个箭头 | imsave() | 保存图像 |
| axex() | 添加一个轴 | imshow() | 显示图像 |
| axis() | 获取或设置 axis 属性的方法 | legend() | 图例 |
| box() | 打开/关闭“坐标轴”框 | savefig() | 保存当前画布（图表） |
| cla() | 清除当前轴 | show() | 显示所有画布（图表） |
| clabel() | 等高线图标签 | subplots_adjust() | 图表与画布边缘间距 |
| clf() | 清除当前画布 | suptitle() | 子图标题 |
| colorbar() | 在绘图中添加一个颜色条 | text() | 文本标签 |
| draw() | 重新绘制当前图形 | title() | 图表标题 |
| errorbar() | 绘制误差线 | twinx()/ twiny() | 共享 $x$ 轴/$y$ 轴 |
| figtext() | 向图中添加文本 | xcorr() | 绘制相关性 |
| figure() | 创建新的画布 | xlabel()/ylabel() | $x$ 轴标题/$y$ 轴标题 |
| grid() | 为图表设置网格线 | xlim()/ylim() | $x$ 轴/$y$ 轴的坐标范围 |
| hlines() | 绘制水平线（横线） | xscale()/yscale() | $x$ 轴/$y$ 轴刻度 |
| vlines() | 绘制垂直线（竖线） | xticks()/yticks() | $x$ 轴/$y$ 轴刻度位置与标签 |

图表颜色值表

| 颜 色 名 称 | 颜 色 说 明 | 颜 色 代 码 | RGB 颜色值 |
| --- | --- | --- | --- |
| LightPink | 浅粉色 | #FFB6C1 | 255,182,193 |
| Pink | 粉红色 | #FFC0CB | 255,192,203 |
| Crimson | 深红色 | #DC143C | 220,20,60 |
| LavenderBlush | 淡紫色 | #FFF0F5 | 255,240,245 |
| PaleVioletRed | 浅紫红/苍紫罗/蓝色 | #DB7093 | 219,112,147 |
| HotPink | 桃红色/艳粉色/亮粉 | #FF69B4 | 255,105,180 |
| DeepPink | 深粉色 | #FF1493 | 255,20,147 |
| MediumVioletRed | 适中的紫罗兰红色 | #C71585 | 199,21,133 |
| Orchid | 兰花的淡紫色 | #DA70D6 | 218,112,214 |
| Thistle | 蓟的苍紫色 | #D8BFD8 | 216,191,216 |
| plum | 李子的紫红色 | #DDA0DD | 221,160,221 |
| Violet | 紫罗兰色 | #EE82EE | 238,130,238 |
| Magenta | 洋红 | #FF00FF | 255,0,255 |
| DarkMagenta | 深洋红色 | #8B008B | 139,0,139 |
| Purple | 紫色 | #800080 | 128,0,128 |
| MediumOrchid | 中紫色 | #BA55D3 | 186,85,211 |
| DarkVoilet | 深紫罗兰色 | #9400D3 | 148,0,211 |
| DarkOrchid | 暗紫色 | #9932CC | 153,50,204 |
| Indigo | 靛蓝色 | #4B0082 | 75,0,130 |
| BlueViolet | 蓝紫色 | #8A2BE2 | 138,43,226 |
| MediumPurple | 中紫色 | #9370DB | 147,112,219 |
| MediumSlateBlue | 中石板蓝色 | #7B68EE | 123,104,238 |
| SlateBlue | 石蓝色 | #6A5ACD | 106,90,205 |
| DarkSlateBlue | 暗灰蓝色 | #483D8B | 72,61,139 |
| Lavender | 薰衣草的淡紫色 | #E6E6FA | 230,230,250 |
| GhostWhite | 幽灵白色 | #F8F8FF | 248,248,255 |
| Blue | 纯蓝色 | #0000FF | 0,0,255 |
| MediumBlue | 中蓝色 | #0000CD | 0,0,205 |
| MidnightBlue | 午夜蓝色 | #191970 | 25,25,112 |
| DarkBlue | 深蓝色 | #00008B | 0,0,139 |
| Navy | 海军的深蓝色\藏青色 | #000080 | 0,0,128 |
| RoyalBlue | 宝蓝色 | #4169E1 | 65,105,225 |
| CornflowerBlue | 矢菊花蓝的浅蓝色 | #6495ED | 100,149,237 |
| LightSteelBlue | 淡钢蓝色 | #B0C4DE | 176,196,222 |
| LightSlateGray | 浅蓝灰色 | #778899 | 119,136,153 |
| SlateGray | 石板灰\灰石色 | #708090 | 112,128,144 |
| DoderBlue | 道奇蓝色 | #1E90FF | 30,144,255 |
| AliceBlue | 爱丽丝蓝色 | #F0F8FF | 240,248,255 |

续表

| 颜色名称 | 颜色说明 | 颜色代码 | RGB 颜色值 |
|---|---|---|---|
| SteelBlue | 钢蓝色/铁青色 | #4682B4 | 70,130,180 |
| LightSkyBlue | 浅天蓝色 | #87CEFA | 135,206,250 |
| SkyBlue | 天蓝色 | #87CEEB | 135,206,235 |
| DeepSkyBlue | 深天蓝色 | #00BFFF | 0,191,255 |
| LightBLue | 浅蓝色 | #ADD8E6 | 173,216,230 |
| PowDerBlue | 火药青/粉蓝色 | #B0E0E6 | 176,224,230 |
| CadetBlue | 军蓝色 | #5F9EA0 | 95,158,160 |
| Azure | 蔚蓝色 | #F0FFFF | 240,255,255 |
| LightCyan | 淡青色 | #E1FFFF | 225,255,255 |
| PaleTurquoise | 苍白的宝石绿色 | #AFEEEE | 175,238,238 |
| Cyan | 蓝绿色 | #00FFFF | 0,255,255 |
| DarkTurquoise | 深宝石绿色 | #00CED1 | 0,206,209 |
| DarkSlateGray | 墨绿色 | #2F4F4F | 47,79,79 |
| DarkCyan | 深青色 | #008B8B | 0,139,139 |
| Teal | 水鸭色/青色/蓝绿色 | #008080 | 0,128,128 |
| MediumTurquoise | 中宝石绿色 | #48D1CC | 72,209,204 |
| LightSeaGreen | 浅海蓝色的淡绿 | #20B2AA | 32,178,170 |
| Turquoise | 绿松石的蓝绿色 | #40E0D0 | 64,224,208 |
| MediumAquamarine | 中碧绿色 | #00FA9A | 0,250,154 |
| MediumSpringGreen | 中亮绿色/春天的绿色 | #F5FFFA | 245,255,250 |
| MintCream | 薄荷奶油色 | #00FF7F | 0,255,127 |
| SpringGreen | 春天的绿色/春绿色 | #3CB371 | 60,179,113 |
| SeaGreen | 海藻绿/海绿色 | #2E8B57 | 46,139,87 |
| Honeydew | 蜜瓜的蜜色 | #F0FFF0 | 240,255,0 |
| LightGreen | 淡绿色 | #90EE90 | 144,238,144 |
| PaleGreen | 苍绿色 | #98FB98 | 152,251,152 |
| DarkSeaGreen | 深绿色/青绿色 | #8FBC8F | 143,188,143 |
| LimeGreen | 橙绿色 | #32CD32 | 50,205,50 |
| Lime | 绿黄色 | #00FF00 | 0,255,0 |
| ForestGreen | 森林绿/葱绿色 | #228B22 | 34,139,34 |
| Green | 纯绿色 | #008000 | 0,128,0 |
| DarkGreen | 深绿色/暗绿色 | #006400 | 0,100,0 |
| Chartreuse | 淡黄绿色 | #7FFF00 | 127,255,0 |
| LawnGreen | 草绿色 | #7CFC00 | 124,252,0 |
| GreenYellow | 黄绿色 | #ADFF2F | 173,255,47 |
| OliveDrab | 橄榄土褐色 | #556B2F | 85,107,47 |
| Beige | 米色 | #F5F5DC | 245,245,220 |
| LightGoldenrodYellow | 浅金黄色 | #FAFAD2 | 250,250,210 |

续表

| 颜 色 名 称 | 颜 色 说 明 | 颜 色 代 码 | RGB 颜色值 |
| --- | --- | --- | --- |
| Ivory | 象牙色/乳白色 | #FFFFF0 | 255,255,240 |
| LightYellow | 浅黄色/鹅黄色 | #FFFFE0 | 255,255,224 |
| Yellow | 纯黄色 | #FFFF00 | 255,255,0 |
| Olive | 橄榄色 | #808000 | 128,128,0 |
| DarkKhaki | 暗卡其色 | #BDB76B | 189,183,107 |
| LemonChiffon | 柠檬纱色 | #FFFACD | 255,250,205 |
| PaleGodenrod | 灰秋麒麟色 | #EEE8AA | 238,232,170 |
| Khaki | 卡其色 | #F0E68C | 240,230,140 |
| Gold | 金色 | #FFD700 | 255,215,0 |
| Cornislk | 玉米色 | #FFF8DC | 255,248,220 |
| GoldEnrod | 秋麒麟色 | #DAA520 | 218,165,32 |
| FloralWhite | 花白色 | #FFFAF0 | 255,250,240 |
| OldLace | 浅米色 | #FDF5E6 | 253,245,230 |
| Wheat | 小麦色 | #F5DEB3 | 245,222,179 |
| Moccasin | 鹿皮色 | #FFE4B5 | 255,228,181 |
| Orange | 橙色 | #FFA500 | 255,165,0 |
| PapayaWhip | 番木瓜色 | #FFEFD5 | 255,239,213 |
| BlanchedAlmond | 白杏色 | #FFEBCD | 255,235,205 |
| NavajoWhite | 纳瓦白 | #FFDEAD | 255,222,173 |
| AntiqueWhite | 古董白色 | #FAEBD7 | 250,235,215 |
| Tan | 棕褐色/黝黑色 | #D2B48C | 210,180,140 |
| BrulyWood | 实木色 | #DEB887 | 222,184,135 |
| Bisque | 橘黄色 | #FFE4C4 | 255,228,196 |
| DarkOrange | 深橙色 | #FF8C00 | 255,140,0 |
| Linen | 亚麻色 | #FAF0E6 | 250,240,230 |
| Peru | 秘鲁 | #CD853F | 205,133,63 |
| PeachPuff | 桃色 | #FFDAB9 | 255,218,185 |
| SandyBrown | 黄褐色/沙棕色 | #F4A460 | 244,164,96 |
| Chocolate | 巧克力色 | #D2691E | 210,105,30 |
| SaddleBrown | 马鞍棕色/重褐色 | #8B4513 | 139,69,19 |
| SeaShell | 海贝壳色 | #FFF5EE | 255,245,238 |
| Sienna | 黄土赭色 | #A0522D | 160,82,45 |
| LightSalmon | 浅肉色 | #FFA07A | 255,160,122 |
| Coral | 珊瑚 | #FF7F50 | 255,127,80 |
| OrangeRed | 橙红色 | #FF4500 | 255,69,0 |
| DarkSalmon | 深肉色 | #E9967A | 233,150,122 |
| Tomato | 番茄色 | #FF6347 | 255,99,71 |
| MistyRose | 浅玫瑰色 | #FFE4E1 | 255,228,225 |

续表

| 颜色名称 | 颜色说明 | 颜色代码 | RGB 颜色值 |
| --- | --- | --- | --- |
| Salmon | 浅橙红色 | #FA8072 | 250,128,114 |
| Snow | 雪白色 | #FFFAFA | 255,250,250 |
| LightCoral | 浅珊瑚色 | #F08080 | 240,128,128 |
| RosyBrown | 玫瑰棕色 | #BC8F8F | 188,143,143 |
| IndianRed | 印度红色 | #CD5C5C | 205,92,92 |
| Red | 纯红色 | #FF0000 | 255,0,0 |
| Brown | 棕色 | #A52A2A | 165,42,42 |
| FireBrick | 砖红色 | #B22222 | 178,34,34 |
| DarkRed | 深红色 | #8B0000 | 139,0,0 |
| Maroon | 栗色 | #800000 | 128,0,0 |
| White | 纯白色 | #FFFFFF | 255,255,255 |
| WhiteSmoke | 烟白色 | #F5F5F5 | 245,245,245 |
| Gainsboro | 亮灰色 | #DCDCDC | 220,220,220 |
| LightGray | 浅灰色 | #D3D3D3 | 211,211,211 |
| Silver | 银灰色 | #C0C0C0 | 192,192,192 |
| DarkGray | 深灰色 | #A9A9A9 | 169,169,169 |
| Gray | 灰色 | #808080 | 128,128,128 |
| DimGray | 暗灰色 | #696969 | 105,105,105 |
| Black | 纯黑色 | #000000 | 0,0,0 |